요소공차 검토

기계제도 & 도면해독

MECHANICAL DRAWING & ELEMENTS DECIPHER

신동명 | 신창락 | 박재우

구민사

PREFACE

자동차공학 및 기계공학을 배우는 학생들에게 산업체에서 요구하는 것은 도면해독과 아울러 제도 기법 및 설계능력을 요구하고 있다. 설계, 생산, 품질관리 및 검사 등의 분야에서 가장 기초적인 업무가 도면해독이다.

책의 구성은 기계제도의 기초를 배움으로서 도면을 해독하도록 하였다. 따라서 제1편에서는 기계제도의 기초를 KS규격에서 나타내고 있는 내용을 바탕 도면 형식의 이해, 도형표기의 이해, 치수 및 공차의 이해, 재질표기의 이해를 하도록 구성하였다. 제2편에서는 모든 기계부품에서 공통으로 많이 사용되고 있는 기계요소부품을 제도하고 도면을 해독하는데 필요로 하는 내용으로 구성하였다. 나사, 볼트, 너트, 키, 핀, 코터, 리벳 등과 같이 결합, 이음에 사용되는 기계요소를 체결용 부품과 축, 기어, 벨트, 체인 등의 동력 전달용 부품과 회전 또는 왕복운동을 하는 축을 지지하고, 운동을 원활하게 시키는 요소인 베어링, 기계요소의 지지, 진동, 충격완화, 운동 및 압력의 억제 등의 역할을 하는 스프링 등의 도면표기 방법에 대하여 이해를 하도록 구성하였다. 또한 각 단원마다 평가할 수 있는 과제물을 연습문제로 하여 학생들에게 과제부여 및 이해도를 평가할 수 있도록 하였다.

저자들이 그간의 강의 경험을 토대로 기존의 책들과 다르게 엮어 보려고 하였으나 미흡한 부분이 많을 것으로 생각되어 여러분의 애정 어린 질정을 바라며, 또한 수정이 요구될 때에는 수정·보완해 나갈 것을 약속드립니다.

끝으로 이 책의 출판에 도움과 아낌없는 노력을 쏟아주신 도서출판 구민사 관계자 여러분께 진심으로 감사를 드립니다.

저자

CONTENTS

PART 01

기초제도

CHAPTER 1 제도의 규격

① 도면의 크기 및 양식 13

1. 도면의 크기 / 13
2. 도면의 양식 / 15
3. 척도 / 18

② 선의 종류 및 용도 21

1. 선의 종류 / 21
2. 겹치는 선의 우선순위 / 26
3. 글자와 문장 / 26

▶ 연습문제 / 29

CHAPTER 2 투상법

① 투상법 39

1. 정투상법 / 39
2. 회화적 투상법(사투상법) / 40
3. 투시도법 / 41

② 정투상법 41

1. 제1각법 / 42
2. 제3각법 / 43
3. 제3각법과 제1각법의 표시 기호 / 44
4. 투상도의 기준 배치 / 45

③ 투상도의 표시 방법 46
1. 일반 사항 / 46
2. 주 투상도 / 47
3. 보조 투상도 / 48
4. 회전 투상도 / 49
5. 부분 투상도 / 50
6. 국부 투상도 / 50
7. 부분 확대도 / 51
▶ 연습문제 / 52

CHAPTER 3 단면도

① 단면 표시 71

② 단면도의 종류 71
1. 온 단면도 / 71
2. 한쪽 단면도 / 72
3. 부분 단면도 / 72
4. 회전 도시 단면도 / 73
5. 조합에 의한 단면도 / 74
6. 다수의 단면도에 의한 도시 / 76

③ 긴쪽 방향으로 절단하지 않은 것 78

④ 단면도의 해칭 79
1. 단면도의 해칭 / 79
2. 스머징 / 80

⑤ 얇은 두께 부분의 단면도 80
▶ 연습문제 / 81

CHAPTER 4 특수 도시법

① 도형의 생략 ········· 95

1. 대칭 도형의 생략 / 95
2. 반복 도형의 생략 / 96
3. 중간부분의 생략 / 97

② 특별한 도시 방법 ········· 99

1. 두 면의 교차 / 99
2. 평면 부문 / 100
3. 전개 도시 / 100
4. 가공 · 처리 범위의 한정 / 101
5. 가공부의 표시 / 101
6. 기타 특수한 도시 방법 / 104

CHAPTER 5 치수 기입법

① 치수기입의 원칙 ········· 105

② 치수 보조선 ········· 108

③ 치수선 ········· 110

④ 치수 수치 ········· 115

⑤ 치수의 배치 ········· 119

1. 직렬치수의 기입법 / 119
2. 병렬 치수 기입 / 120
3. 누진 치수 기입 / 120
4. 좌표 치수 기입 / 122

⑥ 치수 보조 기호 ········· 126

1. 치수 보조 기호의 종류 / 126
2. 반지름의 표시 방법 / 127
3. 지름의 표시방법 / 129

4. 구의 지름 또는 반지름 표시 방법 / 131
5. 정사각형 변의 표시 방법 / 132
6. 두께의 표시 방법 / 132
7. 현 및 원호의 표시 방법 / 133
8. 모따기 표시 방법 / 135
9. 곡선의 표시 방법 / 136

⑦ 구멍의 치수 표시 방법 137

⑧ 키 홈의 표시 방법 142

1. 원통 축의 키 홈 표시 방법 / 142
2. 테이퍼 축의 키 홈 표시 방법 / 143
3. 구멍의 키 홈 표시 방법 / 144
4. 원추 구멍의 키 홈 표시 방법 / 144
5. 원통 축의 보수의 키 홈 표시 방법 / 145
6. 원통 축의 스냅 링 홈의 표시 방법 / 145
7. 원통 구멍의 스냅 링 홈의 표시 방법 / 146
8. 구배 표시 방법 / 146
9. 테이퍼의 표시 방법 / 147

⑨ 강 구조물 등의 치수 표시 방법 147

⑩ 얇은 두께 부분의 표시 방법 150

⑪ 가공·처리 범위 등의 표시 151

⑫ 비 강성 부품의 치수 152

⑬ 비 비례 치수 152

⑭ 동일 형상의 치수 153

⑮ 외형도 치수의 표시 방법 154

⑯ 부품 번호 154

⑰ 도면의 정정·변경 155

▶ 연습문제 / 157

CHAPTER 6 치수공차 및 끼워 맞춤

① 치수공차 179

1. 용어 / 179
2. IT 기본 공차 / 181
3. 기초가 되는 치수 허용차 / 183
4. 치수 허용차 계산법 / 186

② 끼워 맞춤 186

1. 헐거운 끼워 맞춤 / 187
2. 중간 끼워 맞춤 / 188
3. 억지 끼워 맞춤 / 189

③ 끼워 맞춤 방식 190

1. 구멍과 축의 종류와 기호 / 190
2. 끼워 맞춤 방식의 종류 / 190
3. 상용 끼워 맞춤 / 193

④ 치수공차와 끼워 맞춤의 기입법 195

1. 치수공차의 기입법 / 195
2. 끼워 맞춤의 기입법 / 197

▶ 연습문제 / 199

CHAPTER 7 표면 거칠기

① 표면 거칠기 206

1. 용어 / 206

② 표면 거칠기 기호 211

1. 산술 평균 거칠기(R_a)의 정의 및 표시 / 211
2. 최대 높이(R_y)의 정의 및 표시 / 214
3. 10점 평균 거칠기(R_z)의 정의 및 표시 / 217
4. 요철의 평균 간격(S_m)의 정의 및 표시 / 220
5. 국부 산봉우리의 평균 간격(S)의 정의 및 표시 / 223
6. 부하 길이율(t_p)의 정의 및 표시 / 226

③ 철강제품의 표면가공 229
1. 가공의 종류 / 229
2. 등급 / 229

④ 표면의 결 도시방법 230
1. 정의 및 기호 / 230
2. 지시 사항 / 230
3. 대상면을 지시하는 기호 / 231
4. 제거가공의 지시방법 / 231
5. 표면 거칠기의 지시방법 / 232
6. 특수한 요구사항의 지시방법 / 237
7. 면의 지시기호에 대한 각 지시사항의 위치 / 239
8. 도면 기입방법 / 240
▶ 연습문제 / 244

CHAPTER 8 기하공차

① 기하공차의 일반 248
1. 용어 / 248
2. 일반사항 / 248
3. 기하공차의 종류와 그 기호 / 249
4. 공차역에 관한 일반사항 / 250

② 공차의 도시방법 251
1. 도시방법의 일반적인 사항 / 251
2. 공차기입 틀에의 표시사항 / 252
3. 공차에 의하여 규제되는 형체의 표시방법 / 253

③ 도시방법과 공차역의 관계 254

④ 데이텀 및 기타 도시방법 257
1. 데이텀 / 257
2. 데이텀의 도시방법 / 258
3. 공차 적용의 한정 / 261
4. 이론적으로 정확한 치수의 도시방법 / 262

5. 돌출 공차역의 지시방법 / 262
6. 최대 실체 공차방식의 적용을 지시하는 방법 / 263
7. 공차역의 정의, 도시 보기와 그 해석 / 264
▶ 연습문제 / 289

PART 02

기계요소 제도

CHAPTER 1 나사, 볼트, 너트

① 용어 ······ 295

② 나사 ······ 298

1. 나사 부품의 도시방법 / 298
2. 볼트, 너트, 작은 나사류의 약도 / 300
3. 나사의 표시방법 / 301
4. 나사산의 종류와 규격 / 306

③ 볼트(bolt), 너트(nut), 와셔(washer) ······ 309

1. 볼트 / 310
2. 너트 / 311
3. 와셔 / 313
▶ 연습문제 / 314

CHAPTER 2 키, 핀

① 키와 키 홈 ······ 327

1. 묻힘 키(sunk key) 및 키 홈 / 327
2. 반달 키(woodruff key) 및 키 홈 / 329
3. 미끄럼 키(sliding key) 및 키 홈 / 331
4. 기타 키 / 331
5. 키 홈의 표시방법 / 331

② 핀 333

1. 평행 핀 / 333
2. 분할 핀 / 333
3. 테이퍼 핀 / 334
▶ **연습문제** / 335

CHAPTER 3 기어

① 기어의 종류 337

1. 평행축 기어 / 338
2. 교차축 기어 / 338
3. 어긋난 축 기어 / 339
4. 기타의 기어 / 340

② 기어의 각부 명칭과 이의 크기 341

1. 기어의 각부 명칭 / 341
2. 이의 크기 / 342

③ 기어의 제도 343

1. 부품도의 항목표 및 그림의 기입사항 / 343
2. 도시방법 / 343
▶ **연습문제** / 358

CHAPTER 4 축 및 축이음

① 축 369

1. 축의 종류 / 369
2. 축의 재료 / 370
3. 축의 제도법 / 370

② 축 이음 371

1. 축이음의 종류 / 371
2. 축이음 설계 시 유의사항 / 373

CHAPTER 5 벨트풀리와 스프로킷

① 벨트풀리 ········ 375

1. 평 벨트와 평 벨트풀리 / 375
2. V벨트와 V벨트 풀리 / 377

② 스프로킷 ········ 379

1. 스프로킷의 형식 / 379
2. 스프로킷의 제도법 / 380
▶ 연습문제 / 382

CHAPTER 6 베어링

① 베어링의 종류 ········ 385

1. 하중의 작용방향에 따른 분류 / 385
2. 접촉방법에 따른 분류 / 385

② 구름 베어링 ········ 386

1. 구름(롤링) 베어링의 호칭번호 / 387
2. 구름 베어링의 도시법 / 390

③ 미끄럼 베어링 ········ 394

1. 미끄럼 베어링의 장점 / 394
2. 미끄럼 베어링의 단점 / 394

PART 03

부 록

① 실습도면 ········ 397

② 연습문제 정답 ········ 401

※ 참고문헌 / 435

PART

01

기초제도

CHAPTER 01 제도의 규격

CHAPTER 02 투상법

CHAPTER 03 단면도

CHAPTER 04 특수 도시법

CHAPTER 05 치수 기입법

CHAPTER 06 치수공차 및 끼워 맞춤

CHAPTER 07 표면 거칠기

CHAPTER 08 기하공차

요소공차 검토

기계제도&도면해독

CHAPTER 01

제도의 규격

01 도면의 크기 및 양식

기계 제도의 표준은 한국공업규격 KS B 0001[기계 제도]을 기본으로 기계공업 분야에서 주로 사용하는 부품도 및 조립도의 제도에 대하여 규정하고 있다.

1 도면의 크기

도면의 크기는 다음에 따른다.

① 사용하는 용지의 크기는 [표 1-1]에서 선택한다.

② 원도는 대상물이 필요로 하는 선명도 및 적절한 크기를 유지할 수 있는 최소의 용지를 사용한다.

표 1-1 재단한 용지와 재단하지 않은 용지의 크기 및 제도 영역 크기 (단위 : mm)

크기	[그림]	재단한 용지		제도 공간		재단하지 않은 용지	
		a1	b1	a2	b2	a3	b3
		주1)	주1)	±0.5	±0.5	±2	±2
A0	(a)	841	1189	821	1159	880	1230
A1	(a)	594	841	574	811	625	880
A2	(a)	420	594	400	564	450	625
A3	(a)	297	420	277	390	330	450
A4	(a)와 (b)	210	297	180	277	240	330

비고 : A0 크기보다 클 경우에는 KS M ISO 216 참조

주 1) 공차는 KS M ISO 216 참조

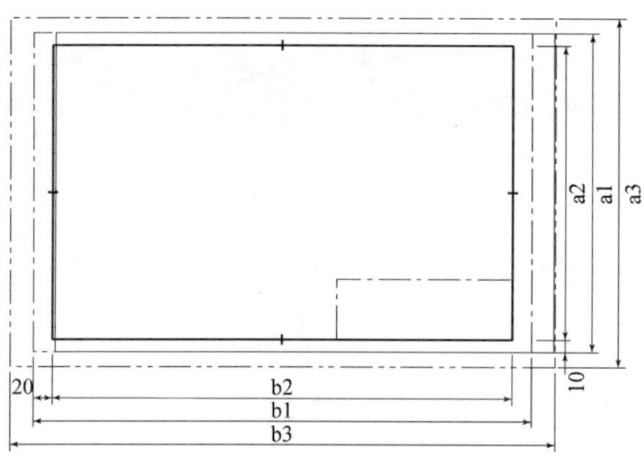

(a) A4에서 A0까지의 크기

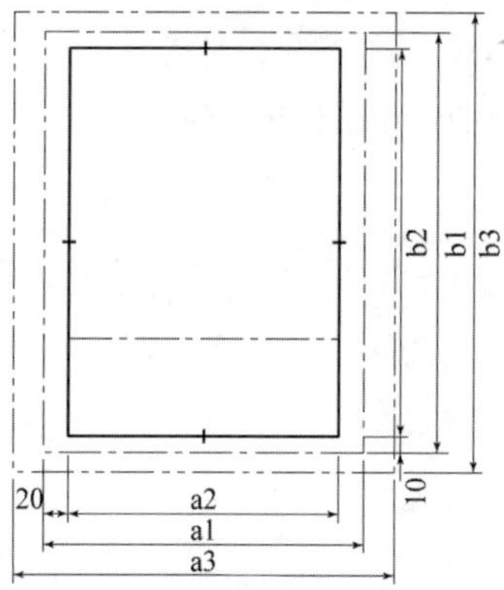

(b) A4의 크기

③ 확장된 크기[KS B ISO 5457]

크기의 확장은 피해야 한다. 만약 그렇지 않다면 그것은 A열(예 : A3) 용지의 짧은 변의 치수와 이것보다 더 큰 A열(예 : A1) 용지의 긴 변의 치수 조합에 의한다. 예를 들면 호칭 A3, 1과 같이 표시되는 새로운 크기가 결과적으로 만들어진다. 이러한 크기의 확장은 [그림 1-1]에서 보여주고 있다.

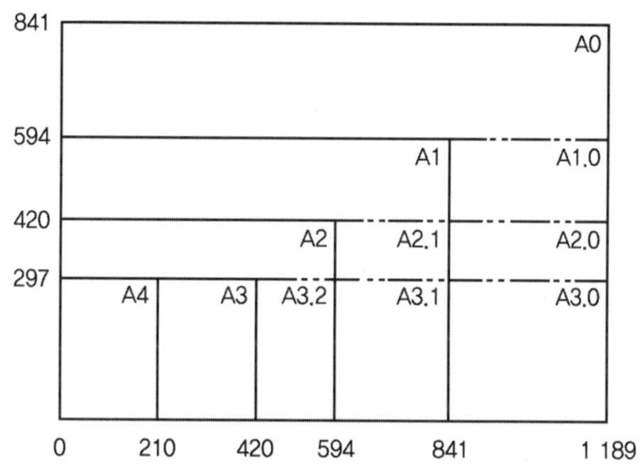

• 그림 1-1 • 도면의 연장 크기

2 도면의 양식

도면의 양식은 다음에 따른다.

① 긴 쪽을 좌우 방향으로 이용하지만 $A4$는 짧은 쪽을 좌우 방향으로 이용하여도 좋다.
② 제도 영역을 나타내는 윤곽은 KS B ISO 5457에 따라 0.7mm 굵기의 실선으로 그린다.
③ 도면에는 그 오른쪽에 표제란을 그리고 원칙적으로, 도면 번호, 도명, 기업(단체)명, 책임자의 서명, 도면 작성 연월일, 척도 및 투상법 등을 기입한다.
④ 도면에 중심 마크, 구역 표시 및 재단 마크는 KS B ISO 5457에 따른다.
⑤ 복사한 도면을 접을 때는 그 크기는 210mm × 297mm($A4$의 크기)로 하는 것이 좋다.

※ 원도는 접지 않는 것이 보통이다. 원도를 갈아 보관할 경우에는 그 안지름은 40mm 이상으로 하는 것이 좋다.

1) 표제란[KS B ISO 5457]

표제란의 크기와 양식은 KS A ISO 7200에 있다. A0부터 A3까지 용지에서 표제란의 위치는 제도 영역의 오른쪽 아래 구석에 마련한다. 수평으로 놓인 용지들은 이런 양식을 허용한다[표 1-1의 (a)]. A4 크기에서 용지는 수평 또는 수직으로 놓인 것이 허용된다. 표제란은 제도 영역의 아래 부분에 마련한다[표 1-1의 (a), (b)]. 도면을 읽는 방향은 표제란을 읽는 방향과 같다.

2) 경계와 윤곽[KS B ISO 5457]

재단된 용지의 제도 영역을 4개 변으로 둘러싸는 윤곽은 여러 가지 크기가 있다. 왼쪽의 윤곽은 20mm 폭을 가진다. 이것은 철할 때의 여백으로 사용하기도 한다. 다른 윤곽은 10mm 폭을 가진다[그림 1-2].

제도 영역을 나타내는 윤곽은 0.7mm 굵기의 실선으로 그린다.

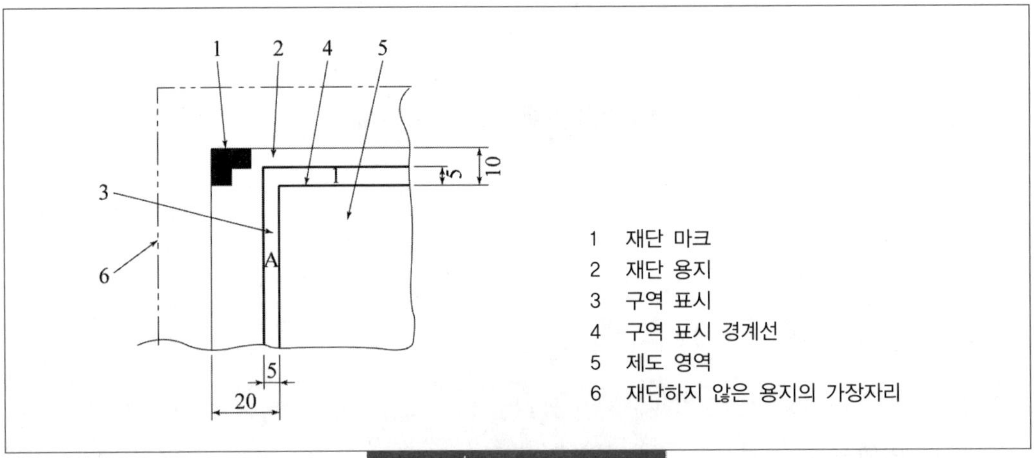

• 그림 1-2 • 경계와 윤곽

3) 중심 마크[KS B ISO 5457]

도면을 다시 만들거나 마이크로필름을 만들 때, 도면 위치를 잘 잡기 위하여 4개 중심 마크를 표시한다. 이 마크는 1mm 대칭 공차를 가지고 재단된 용지의 두 대칭축 끝에 표시한다. 이 중심 마크의 형식은 자유롭게 선택할 수 있다. 중심 마크는 구역 표시의 경계에서 시작해서 도면의 윤곽을 지나 10mm까지 0.7mm 굵기의 실선으로 그린다[그림 1-3].

A0보다 더 큰 크기에서는 마이크로필름으로 만들 영역의 가운데에 중심 마크를 추가로 표시한다.

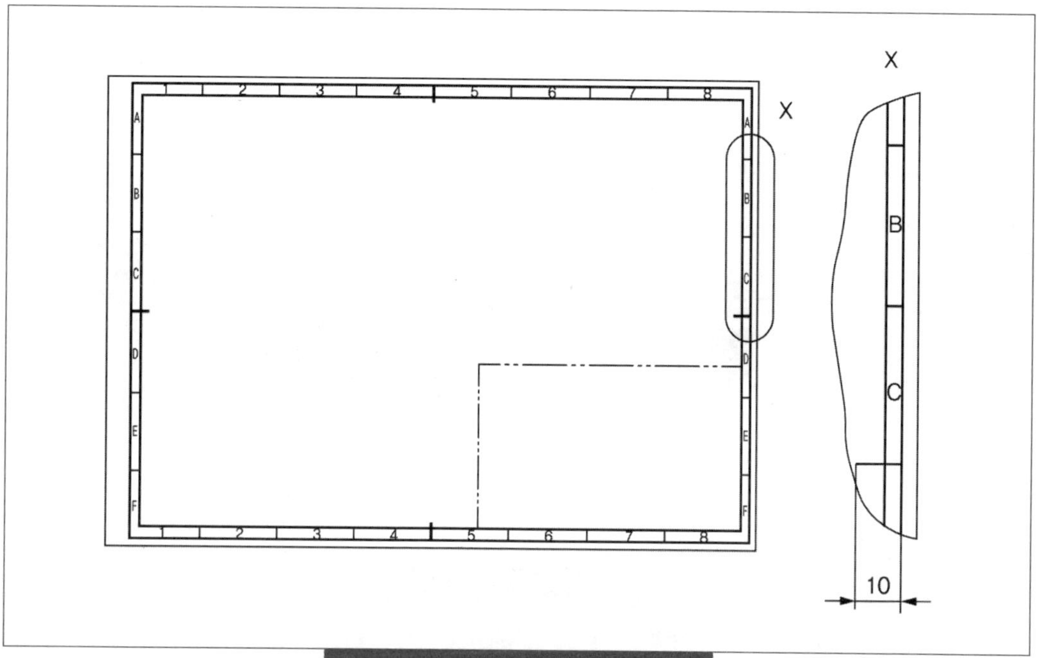

• 그림 1-3 • 구역 표시와 중심 마크

4) 구역 표시[KS B ISO 5457]

도면에서 상세, 추가, 수정 등의 위치를 알기 쉽도록 용지를 여러 구역으로 나눈다[그림 1-3].

각 구역은 용지 위쪽에서 아래쪽으로는 대문자(I와 O는 사용 금지)로 표시하고, 왼쪽에서 오른쪽으로는 숫자로 표시한다. A4 크기 용지에서는 단지 위쪽과 오른쪽에만 표시한다. 문자와 숫자의 크기는 3.5mm이다. 이 한 구역의 길이는 재단된 용지 대칭축(중심 마크)에서 시작해서 50mm이다. 이 구역의 개수는 용지 크기에 따라 다르다[표 1-2]. 구역의 분할로 인한 차이는 구석 부분의 구역에 추가된다.

문자와 숫자는 구역 표시 경계 안에 표시된다. 그리고 KS A ISO 3098-1에 따라서 수직으로 쓴다. 이 구역 표시의 선은 0.35mm 굵기의 실선으로 그린다.

표 1-2 구역의 개수

구 분	A0	A1	A2	A3	A4
긴 변	24	16	12	8	6
짧은 변	16	12	8	6	4

5) 재단 마크[KS B ISO 5457]

수동이나 자동으로 용지를 잘라내는 데 편리하도록 재단된 용지의 4변의 경계에 재단 마크를 표시한다. 이 마크는 10mm × 5mm의 두 직사각형이 합쳐진 표시된다[그림 1-4].

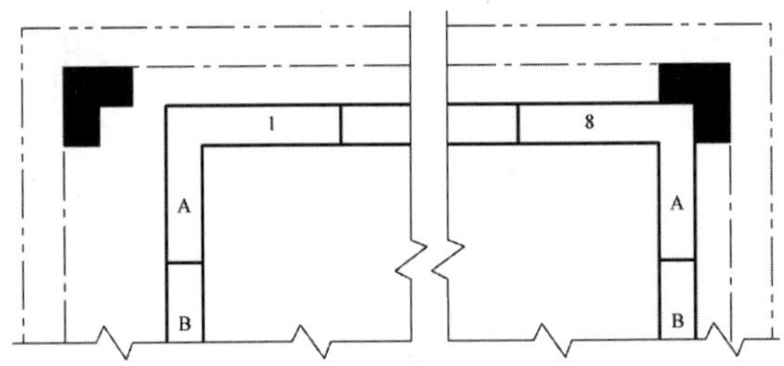

• 그림 1-4 • 재단 마크

3 척도

도면에 사용되는 척도는 KS A ISO 5455에 따른다.

① 척도는 A : B로 표시한다.
   여기에서 A : 그린 도형에서의 대응하는 길이
   B : 대상물의 실제 길이

   또한, 현척에서는 A, B를 다 같이 1, 배척의 경우에는 B를 1, 축척에는 A를 1로 하여 나타낸다.

> [보기 1] 현척의 경우 1 : 1
> [보기 2] 배척의 경우 5 : 1
> [보기 3] 축척의 경우 1 : 2

② 척도의 값은 [표 1-3]에 나타낸다.

표 1-3 현척, 배척 및 축척의 값

종 류	권장 척도		
현 척	1 : 1		
배 척	50 : 1 5 : 1	20 : 1 2 : 1	10 : 1
축 척	1 : 2 1 : 20 1 : 200 1 : 2 000	1 : 5 1 : 50 1 : 500 1 : 5 000	1 : 10 1 : 100 1 : 1 000 1 : 10 000

③ 1매의 도면에 여러 척도를 이용하는 경우에는 주된 척도만을 표제란에 나타낸다. 그 외 모든 척도는 관계하는 부품의 부품번호 또는 상세를 나나내는 상세도, 또는 다면도의 부품번호(예를 들면 A부) 부근에 나타낸다. 도형이 치수에 비례하지 않을 경우에는 그 취지를 적당한 곳에 명기한다.
또한, 이들 척도의 표시는 잘못 볼 염려가 없을 경우에는 기입하지 않아도 좋다.

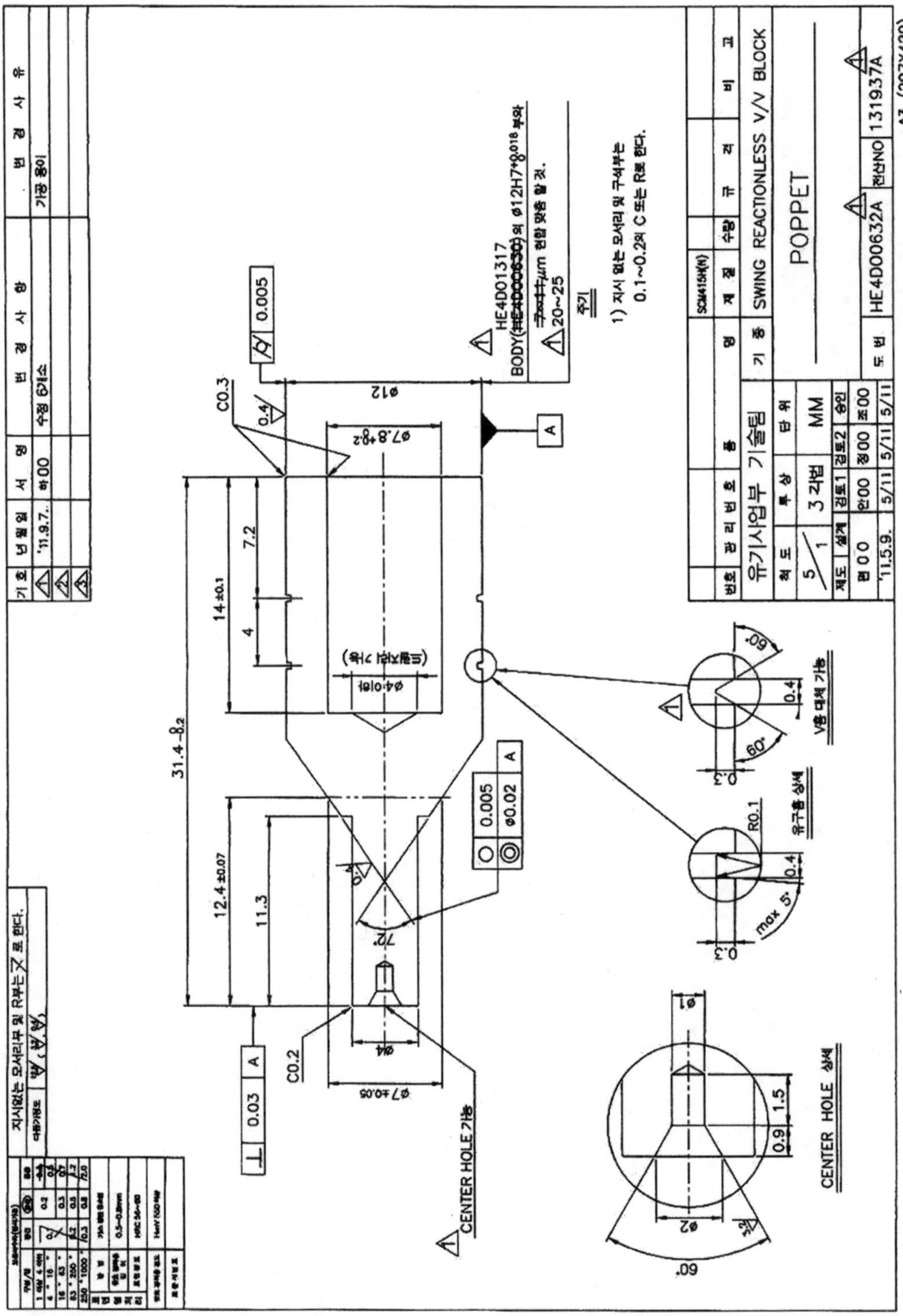
SWING REACTIONLESS V/V BLOCK
POPPET
HE4D00632A
131937A
A3 (297X420)
CENTER HOLE 상세
CENTER HOLE 가능
유구홈 상세
V홈 대체 가능
1) 지시 없는 모서리 및 구석부는 0.1~0.2의 C 또는 R로 한다.
31.4-8.2
14±0.1
12.4±0.07
11.3
7.2
0.005
0.03
A
C0.3
C0.2
72°
60°
max 5°
R0.1

02 선의 종류 및 용도

기계제도에서는 도형이 정확하고 명확하게 또한 빨리 이해되어지게 선에 대하여 굵기, 종류 및 용도에 따라서 다음과 같이 분류하고 있다.

도면에 사용하는 선은 다음에 따른다.

1 선의 종류

1) 선의 굵기

선의 굵기는 기준은 0.13mm, 0.18mm, 0.25mm, 0.35mm, 0.5mm, 0.7mm, 1mm, 1.4mm 및 2mm로 한다. 그리고 굵기에 따른 종류는 일반적으로 3가지로 두고 있다.

① **아주 굵은 선** : 굵기가 0.7 ~ 2mm인 선
② **굵은 선** : 굵기가 0.35 ~ 1mm인 선
③ **가는 선** : 굵기가 0.18 ~ 0.5mm인 선

2) 선의 종류의 용도

선은 선의 용도에 따라 [표 1 - 4], [그림 1 - 5]와 같이 사용한다. 단, 가는 선, 굵은 선 및 아주 굵은 선의 굵기 비율은 1 : 2 : 4로 한다.

① 선의 종류는 실선, 파선, 쇄선(일점 쇄선, 이점 쇄선)의 3종류로 나눈다.
② 실선은 외형 부분을 표시하는 선(외형선, 파단선) 등에 사용하며, 외형선은 굵은 실선을 사용하고 치수선, 치수 보조선, 지시선, 회전 단면선, 중심선 등에는 가는 실선을 사용한다.
③ 파선은 보이지 않는 부분의 모양을 표시하는 선으로 가는 파선과 굵은 파선으로 나누어진다.
④ 쇄선은 중심선, 기준선, 피치선 등에는 가는 일점 쇄선을 사용하고, 특수 지정선에는 굵은 일점 쇄선을 사용한다. 또한 가상선, 무게 중심선, 광축선 등에는 가는 이점 쇄선을 사용한다.
⑤ 하나의 도면 안에서 한 종류의 선의 굵기는 균일해야 한다.

⑥ 기타 다른 선의 종류는 KS A ISO 128－20, KS A ISO 128－24, KS B ISO 128－21에 의한 것이 좋다.

⑦ [표 1-4]에 의하지 않는 선을 사용할 때에는 그 선의 용도를 도면 안에 주기한다.

표 1-4 선의 종류 및 용도

용도에 의한 명칭	선의 종류		선의 용도	그림 1-1
외형선	굵은 실선	———	대상물의 보이는 부분의 모양을 표시하는데 쓰인다.	1.1
치수선	가는 실선	———	치수를 기입하기 위하여 쓰인다.	2.1
치수 보조선			치수를 기입하기 위하여 도형으로부터 끌어내는데 쓰인다.	2.2
지시선			기술·기호 등을 표시하기 위하여 끌어내는데 쓰인다.	2.3
회전 단면선			도형 내의 그 부분의 끊은 곳을 90°회전하여 표시하는 데 쓰인다.	2.4
중심선			도형의 중심선(4.1)을 간략하게 표시하는데 쓰인다.	2.5
수준면선[a]			수면, 유면 등의 위치를 표시하는데 쓰인다.	2.6
숨은선 (파선)	가는 파선 또는 굵은 파선	- - - - - - - - -	대상물의 보이지 않는 부분의 모양을 표시하는데 쓰인다.	3.1
중심선	가는 일점 쇄선	—·—·—	① 도형의 중심을 표시하는데 쓰인다. ② 중심이 이동한 중심궤적을 표시하는데 쓰인다.	4.1 4.2
기준선			특히 위치 결정의 근거가 된다는 것을 명시할 때 쓰인다.	4.3
피치선			되풀이 하는 도형의 피치를 취하는 기준을 표시하는데 쓰인다.	4.4
특수 지정선	굵은 일점 쇄선	—·—·—	특수한 가공을 하는 부분 등 특별한 요구사항을 적용할 수 있는 범위를 표시하는데 사용한다.	5.1

용도에 의한 명칭	선의 종류		선의 용도	그림 1-1
가상선[b)]	가는 이점 쇄선		① 인접부분을 참고로 표시하는데 사용한다. ② 공구, 지그 등의 위치를 참고로 나타내는데 사용한다. ③ 가동부분을 이동 중의 특정한 위치 또는 이동 한계의 위치로 표시하는데 사용한다. ④ 가공 전 또는 가공 후의 모양을 표시하는데 사용한다. ⑤ 되풀이하는 것을 나타내는데 사용한다. ⑥ 도시된 단면의 앞쪽에 있는 부분을 표시하는데 사용한다.	6.1 6.2 6.3 6.4 6.5 6.6
무게 중심선			단면의 무게 중심을 연결한 선을 표시하는데 쓰인다.	6.7
광축선			렌즈를 통과하는 광축을 나타내는 선에 사용한다.	6.8
파단선	불규칙한 파형의 가는 실선 또는 지그재그선		대상물의 일부를 파단한 경계 또는 일부를 떼어낸 경계를 표시하는데 사용한다.	7.1
절단선	가는 일점 쇄선으로 끝부분 및 방향이 변하는 부분을 굵게 한 것[c)]		단면도를 그리는 경우 그 절단 위치를 대응하는 그림에 표시하는데 사용한다.	8.1
해칭	가는 실선으로 규칙적으로 줄을 늘어놓은 것		도형의 한정된 특정 부분을 다른 부분과 구별하는데 사용한다. 보기를 들면 단면도의 절단된 부분을 나타낸다.	9.1
특수한 용도의 선	가는 실선		① 외형선 및 숨은선의 연장을 표시하는데 사용한다. ② 평면이란 것을 나타내는데 사용한다. ③ 위치를 명시하는데 사용한다.	10.1 10.2 10.3
	아주 굵은 실선		얇은 부분의 단선 도시를 명시한데 사용한다.	11.1

a) KS A ISO 128에는 규정되어 있지 않다.
b) 가상선은 투상법상에서는 도형에 나타나지 않으나, 편의상 필요한 모양을 나타내는 데 사용한다. 또, 기능상 · 공작상의 이해를 돕기 위하여 도형을 보조적으로 나타내기 위하여도 사용한다.
c) 다른 용도와 혼용할 염려가 없을 때는 끝부 및 방향이 변하는 부분을 굵게 할 필요는 없다.

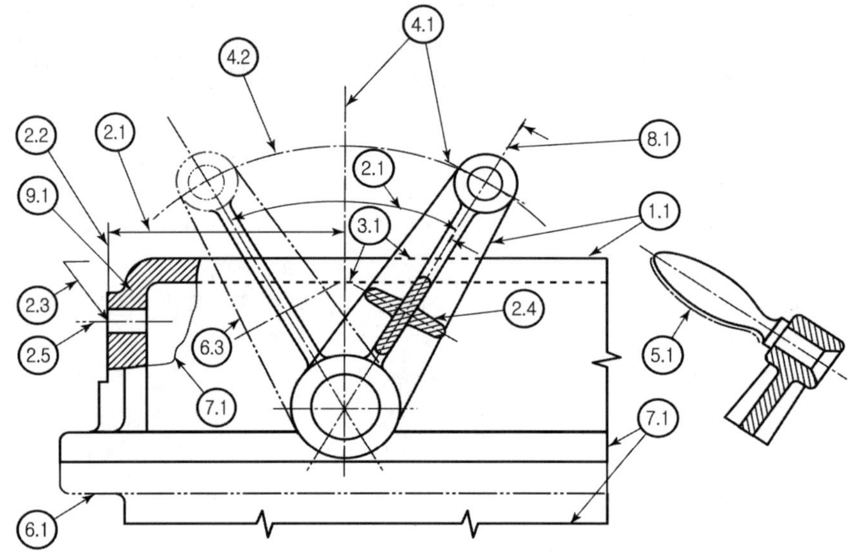

보기 1

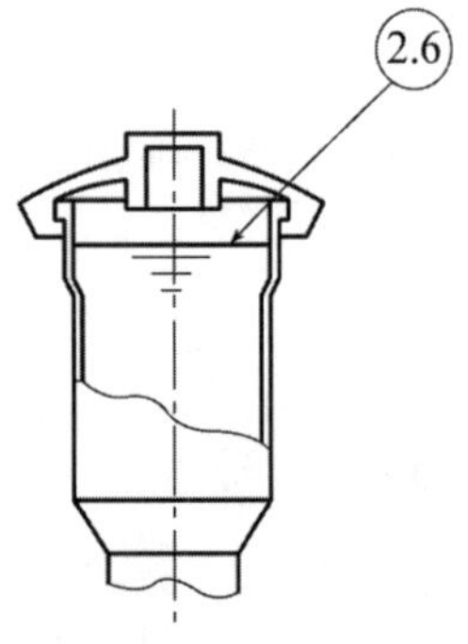

보기 2

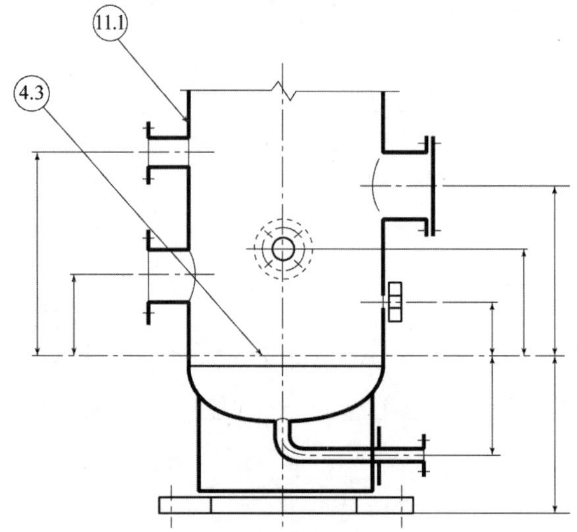

보기 3

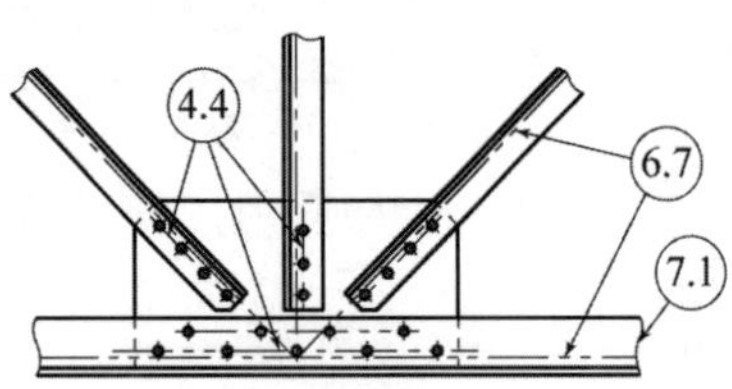

보기 4

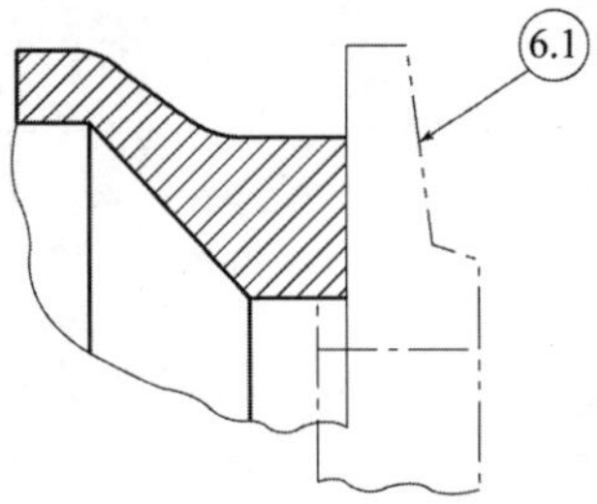

보기 5

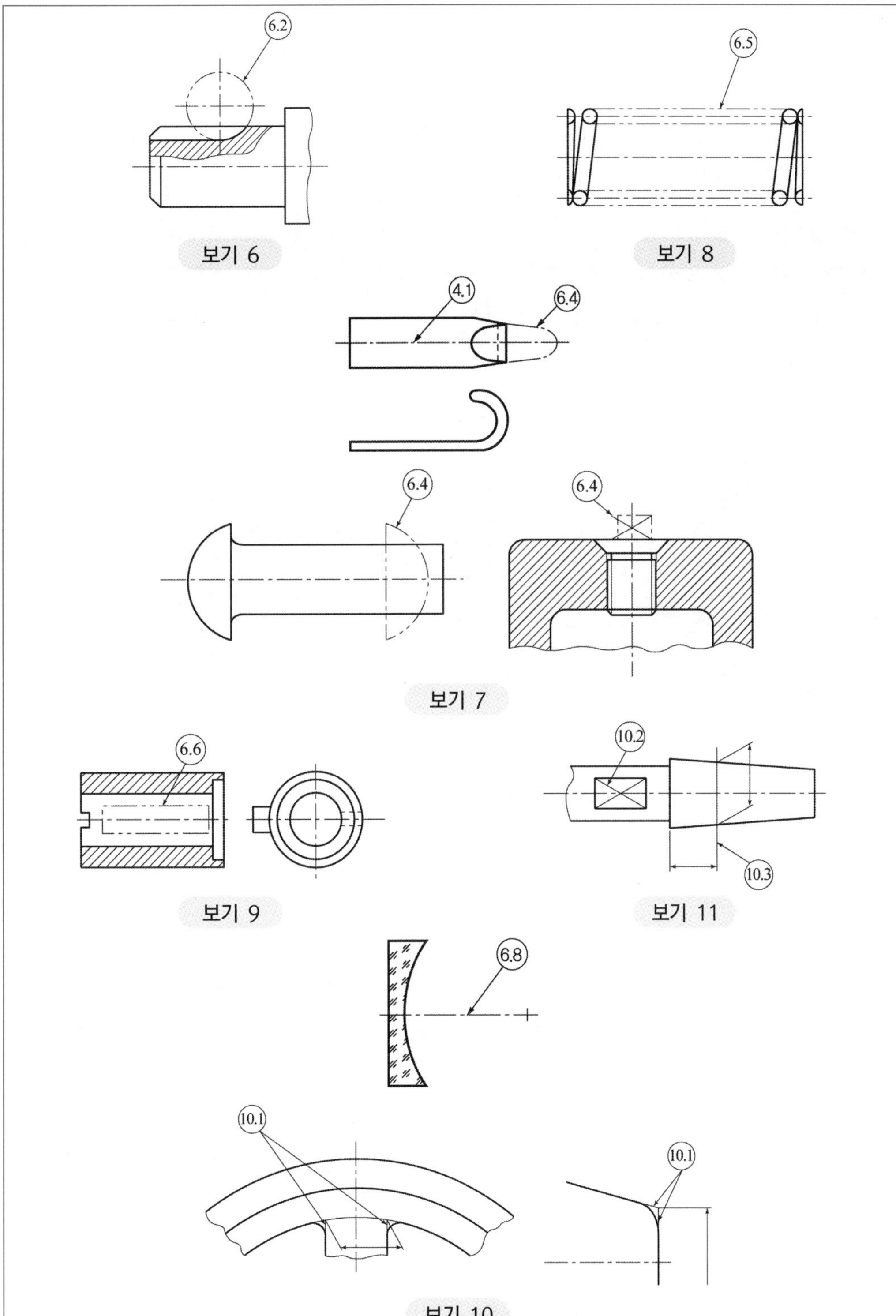

• 그림 1-5 • 선 사용법 그림의 보기

2 겹치는 선의 우선순위

도면에서 2종류 이상의 선이 같은 장소에 겹치게 될 경우에는 다음에 나타낸 순위에 따라 우선되는 종류의 선을 그린다[그림 1-6].

① 외형선(visible outline)
② 숨은 선(hidden line)
③ 절단선(line of cutting plan)
④ 중심선(center line)
⑤ 무게 중심선(centroidal line)
⑥ 치수 보조선(projection line)

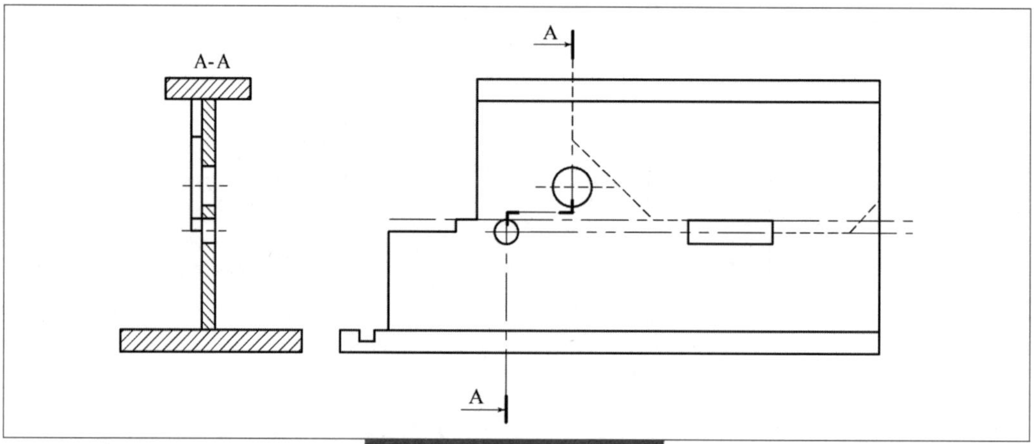

• 그림 1-6 • 선의 우선순위

3 글자와 문장

도면에 사용하는 글자와 문장을 쓰는 방법은 다음에 따른다.

① 글자는 명백히 쓰고 글자체는 고딕체로 하여 수직 또는 15°경사로 씀을 원칙으로 한다.

② 국문 글자의 크기는 호칭[2], 2.24mm[3], 3.15mm, 4.5mm, 6.3mm 및 9mm의 5종류로 한다[그림 1-7]. 다만, 특히 필요할 경우에는 다른 치수를 사용하여도 좋다.

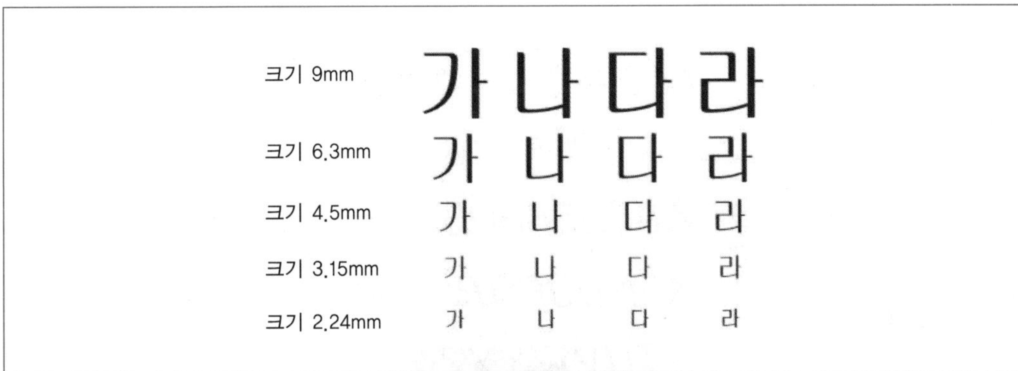

• 그림 1-7 • 한글의 서체

주 2) KS A ISO 3098(모든 부)에서 문자 크기의 표시 방법에 따른다.
주 3) 어떤 종류의 복사 방식에서는 이 크기는 적합하지 않다. 특히 연필로 그릴 경우에는 주의할 것.

③ 아라비아 숫자의 크기는 호칭[4], 2.24mm[5], 3.15mm, 4.5mm, 6.3mm 및 9mm의 5종으로 한다. 다만, 특히 필요한 경우는 이에 따르지 않아도 좋다. 또, 서체는 원칙적으로 J형 사체[그림 1-8] 또는 B형 사체[그림 1-9] 중 어느 것을 사용하여도 좋으나 혼용은 불가하다.

• 그림 1-8 • J형 사체의 아라비아 숫자 및 영문자의 서체

주 4) KS A ISO 3098(모든 부)에서 문자 크기의 표시 방법에 따른다.
주 5) 어떤 종류의 복사 방식에서는 이 크기는 적합하지 않다. 특히 연필로 그릴 경우에는 주의할 것.

1234567890

1234567890

ABCDEFGHIJ

KLMNOPQR

STUVWXYZ

abcdefghijklm

nopqrstuvwxyz

• 그림 1-9 • B형 사체의 아라비아 숫자 및 영문자의 서체

④ 문장은 왼편에서 가로쓰기를 원칙으로 한다.

CHAPTER 01

제도의 규격 / 연습문제

척 도[1]

전공		학 번		학 년		반		성 명	

주어진 척도에 따라 F방향에서 본 투상도를 완성하세요.

01 F방향에서 본 투상도를 그리세요.

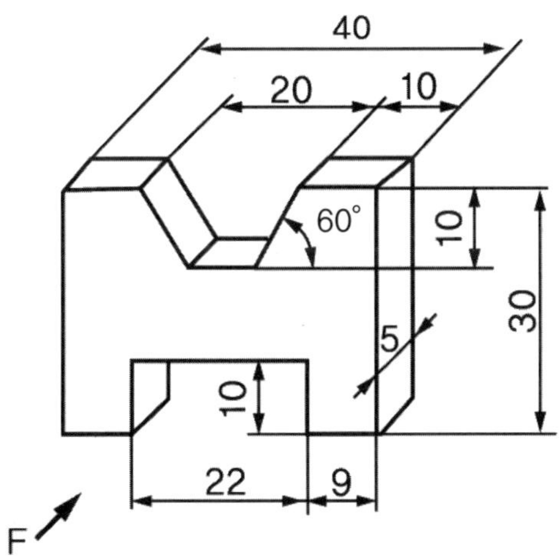

척도 1 : 1

02 F방향에서 본 투상도를 그리세요.

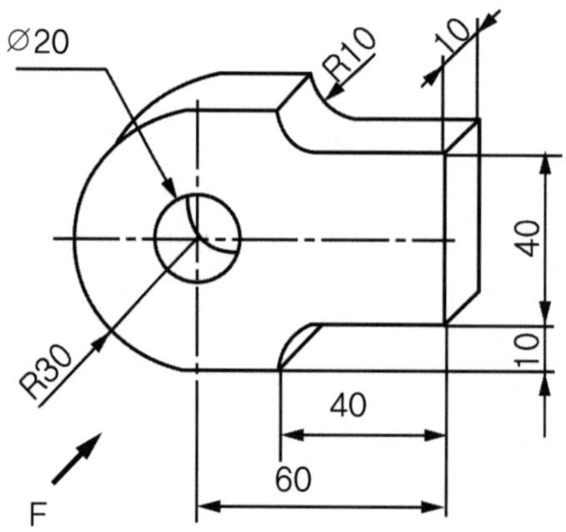

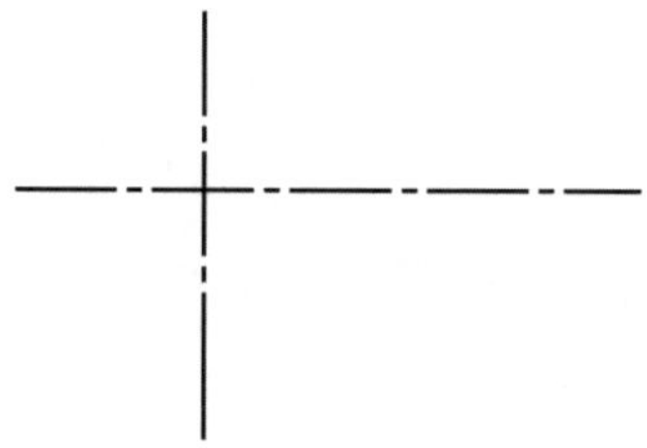

척도 1 : 2

선 [1]

전공		학 번		학 년		반		성 명	

01 예제를 참조하여 공란에 적합한 용어를 기입하시오.

번 호	선의 명칭	선의 종류	선의 형상	예
1	외형선	굵은 실선		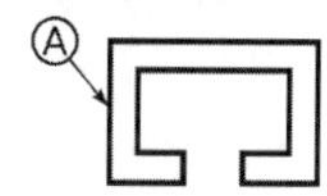
2		가는 일점 쇄선		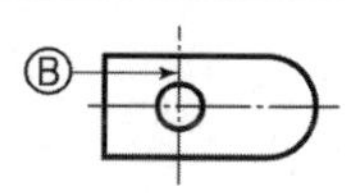
3	치수 보조선	가는 실선		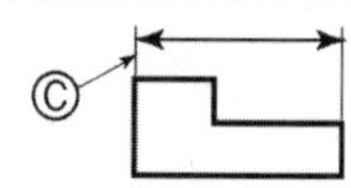
4			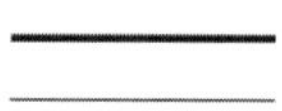	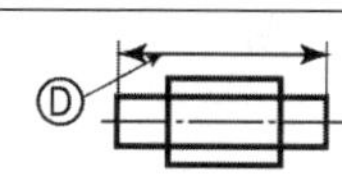
5		굵은 파선 또는 가는 파선		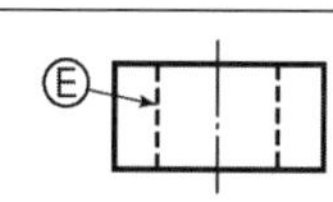
6			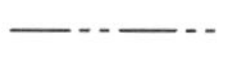	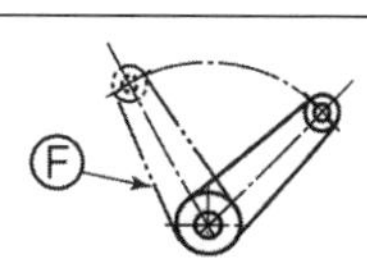
7		파형의 가는 실선		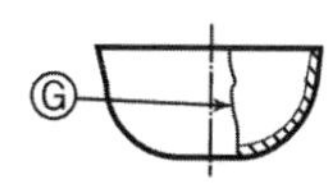
8			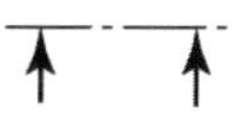	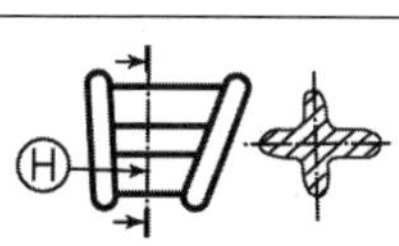
9	지시선			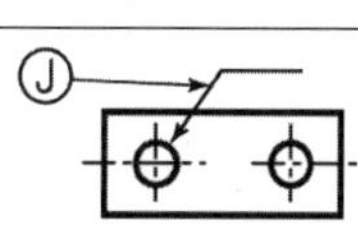
10		가는 실선	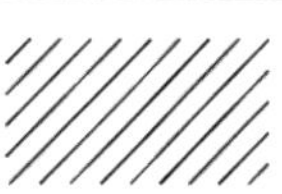	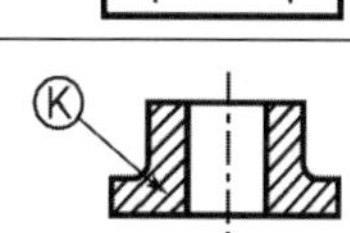

02 문제 01의 선의 명칭 1~10을 ○안에 기입하시오.

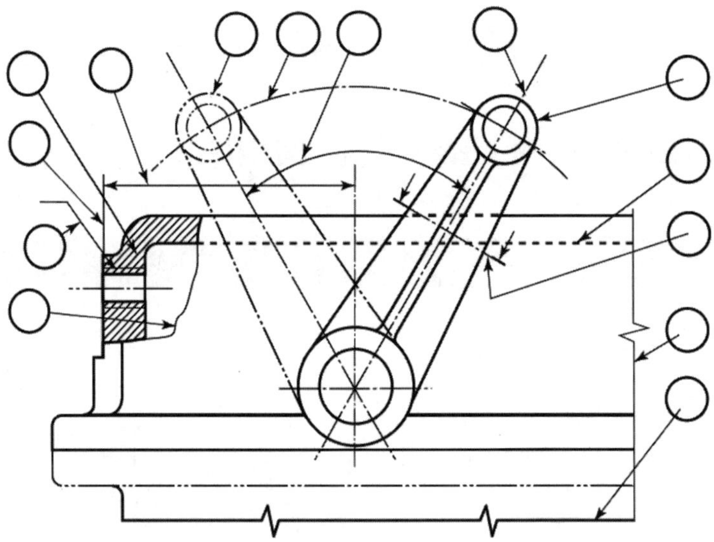

선 [2]

전공		학 번		학 년		반		성 명	

도면을 참조하여 용도에 의한 선의 명칭을 아래 표에 기입하세요.

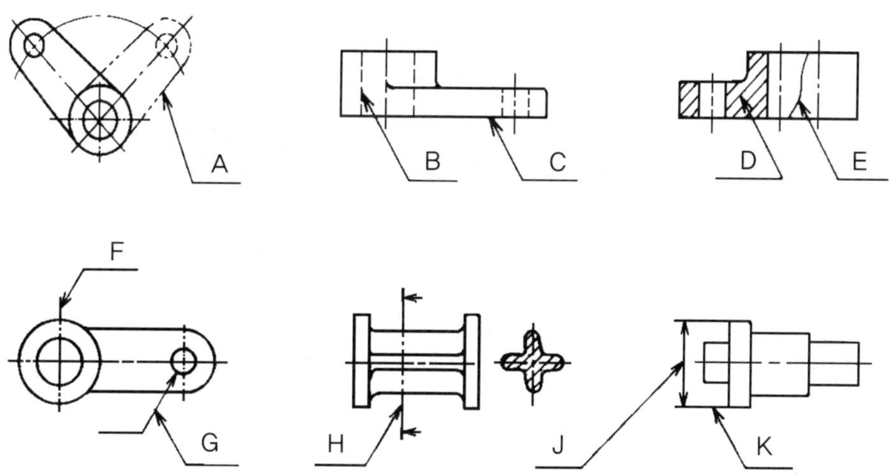

번호	명 칭	형 상	선의 종류
예	치수보조선	————	가는 실선
A			
B			
C			
D			
E			
F			
G			
H			
J			
K			

선 [3]

전공		학 번		학 년		반		성 명	

선의 종류를 바르게 사용한 것을 찾아보세요.

01 (A) (B) (C) (D)

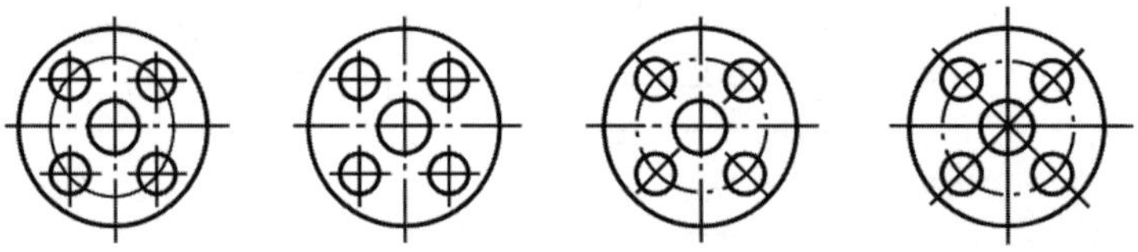

02 (A) (B) (C) (D)

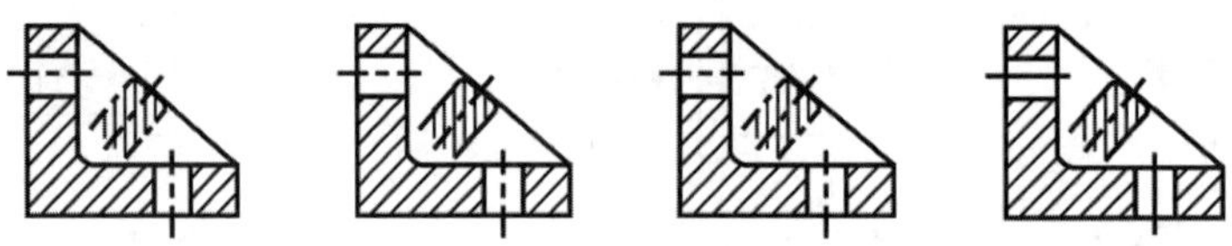

03 (A) (B) (C) (D)

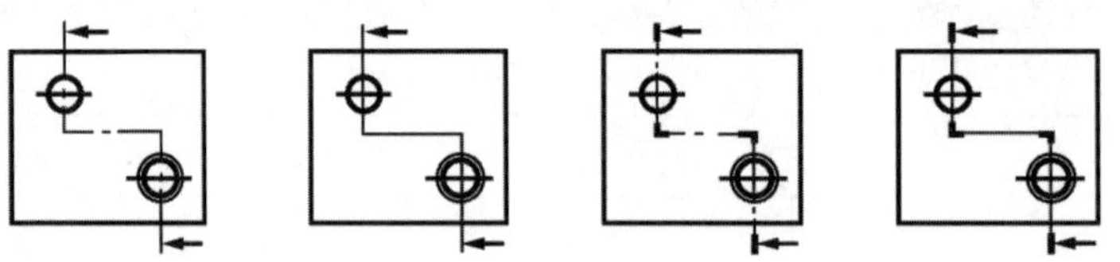

04 (A) (B) (C) (D)

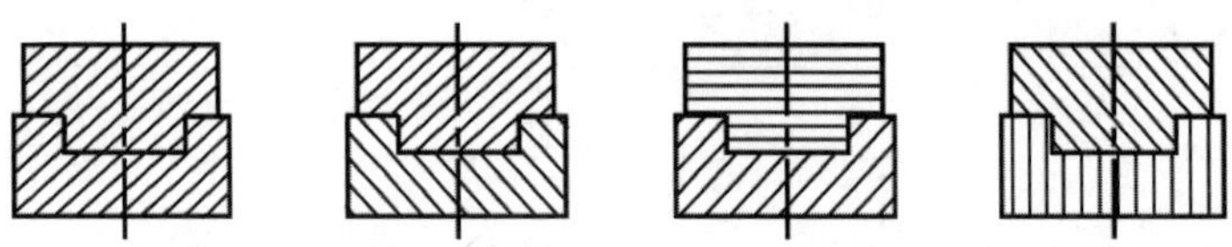

[1]		[2]		[3]		[4]	

선 [4]

전공		학 번		학 년		반		성 명	

도면을 보고 각 질문에 답을 하세요.

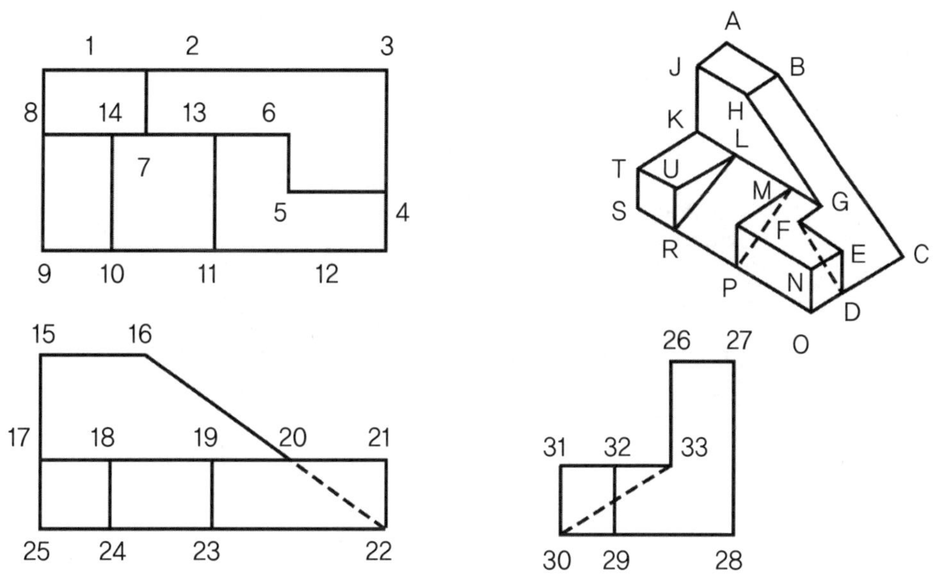

(A) 평면도의 2, 3, 4, 5, 6, 7은 우측면도에서는 어떤 면인가?

(B) 입체도의 선 FD는 정면도에서는 어느 선인가?

(C) 입체도의 선 HG는 평면도에서는 어느 선인가?

(D) 정면도의 17, 20은 입체도에서는 어느 선인가?

(E) 평면도의 면 10, 11, 13, 14는 정면도에서는 어느 면인가?

(F) 입체도의 BC의 실제 길이가 나타내고 있는 선은 어느 선인가?

(G) 입체도의 LR의 실제 길이가 나타내고 있는 선은 어느 선인가?

(H) 입체도의 면 G, H, J, K는 우측면도에서는 어느 선인가?

A		B		C		D	
E		F		G		H	

선 [5]

전공		학 번		학 년		반		성 명	

01 다음의 A ~ D는 어떤 선을 사용하는 것이 좋을까. 용도에 의한 선의 명칭을 기입하세요.

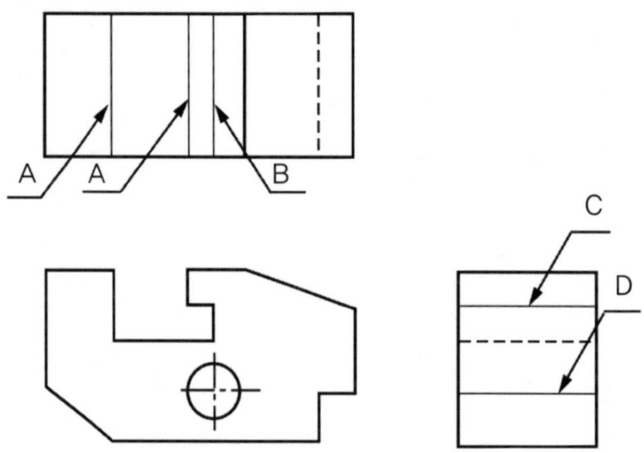

A		B		C		D	

02 용도에 의한 선의 명칭에 적합하는 A ~ K를 아래 란에 기입해 보세요.

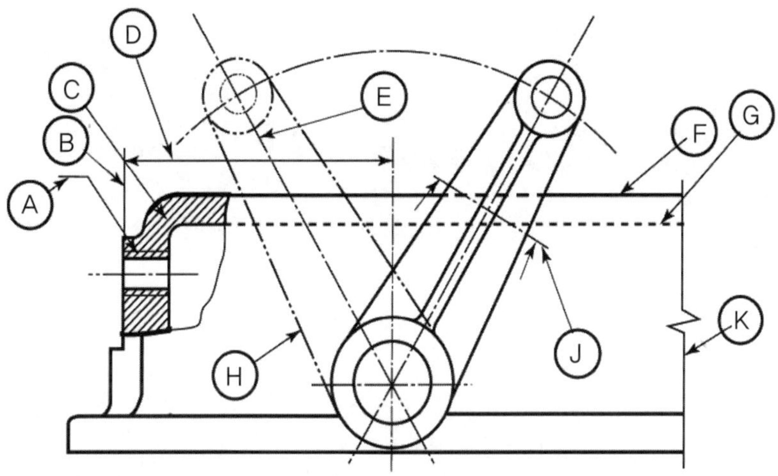

치수보조선		외형선		절단선		가상선		중심선	
숨은선		파단선		지시선		치수선		해칭	

memo

CHAPTER

02 투상법

01 투상법

어떤 입체물을 평면 위에 표시한 도면에 나타내려면 그 입체를 어느 방향에서 보고 어떤 면을 그렸는지 명확히 밝혀져야 한다. 따라서 도면으로 작성하고자 하는 대상물의 위치, 크기, 모양 등을 일정한 규칙에 의해 도면 용지의 평면상에 도형으로 나타내는 방법을 투상법이라 한다. 이때 평면을 투상면이라 하고 투상면에 투상된 물건의 모양을 투상도라고 한다. 투상법의 종류에는 정 투상법, 회화적 투상법(사투상법), 투시도법의 3종류가 있다.

① 정투상법

[그림 2-1]에 나타낸 것과 같이 도면에 직교하는 광선과 대상물 등에 그 형상을 수직으로 되어 투상하는 것을 정 투상법이라 한다. 물체를 정면에서 투상하여 그린 그림을 정면도, 위에서 투상하여 그린 그림을 평면도, 옆에서 투상하여 그린 그림을 측면도라 한다.

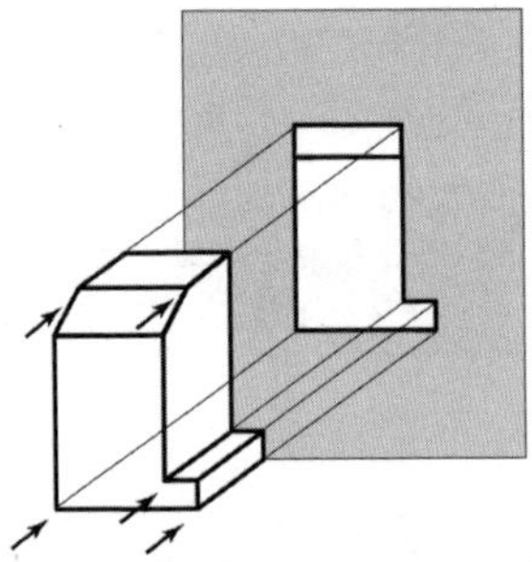

• 그림 2-1 • 정투상법

2 회화적 투상법(사투상법)

정 투상도로 나타내면 평행 광선에 의해 투상이 되기 때문에 경우에 따라서는 선이 겹쳐서 이해하기가 곤란할 때가 있다. 이를 보완하기 위하여 경사진 광선에 의해 투상하는 것을 회화적 투상법이라 한다. 회화적 투상법의 종류에는 등각 투상도[그림 2-2], 부등각투상도[그림 2-3], 사투상도[그림 2-4]가 있다.

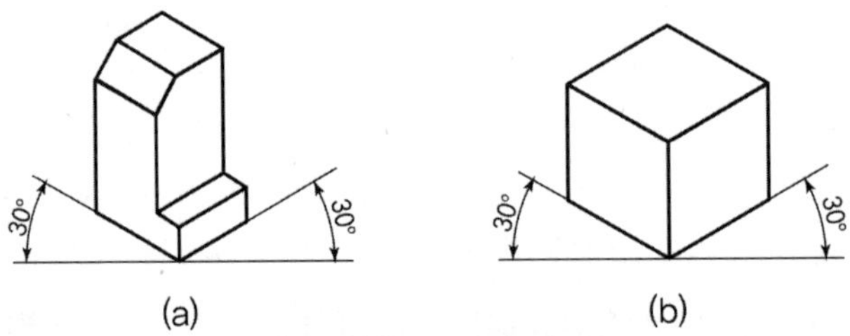

• 그림 2-2 • 등각 투상법

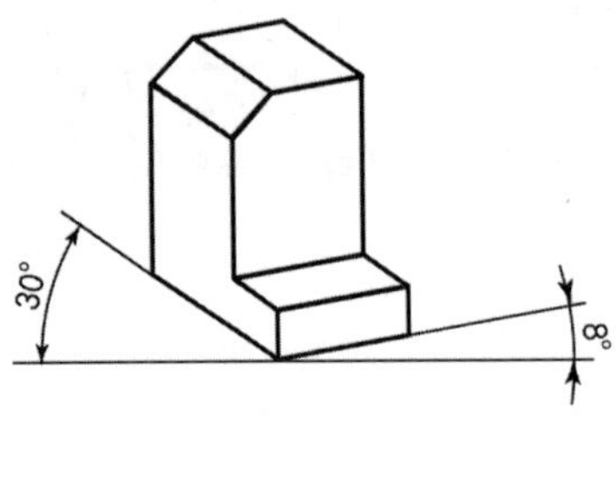

• 그림 2-3 • 부등각 투상법

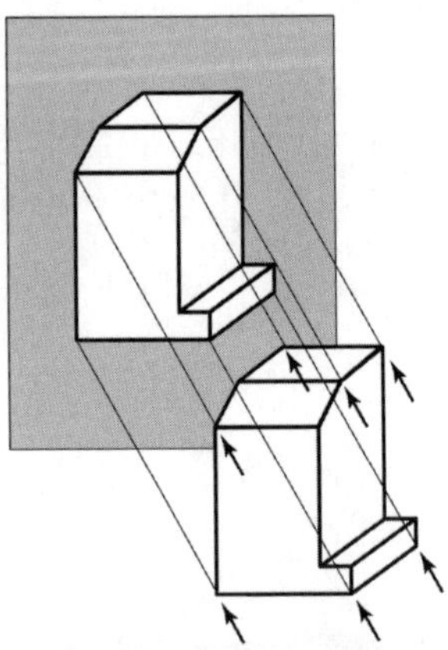

• 그림 2-4 • 사투상법

3 투시도법

시점과 물체의 각 점을 연결하는 방사선에 의하여 그리는 것으로 원근감이 있어 건축 조감도 등 건축제도에 널리 사용된다[그림 2-5].

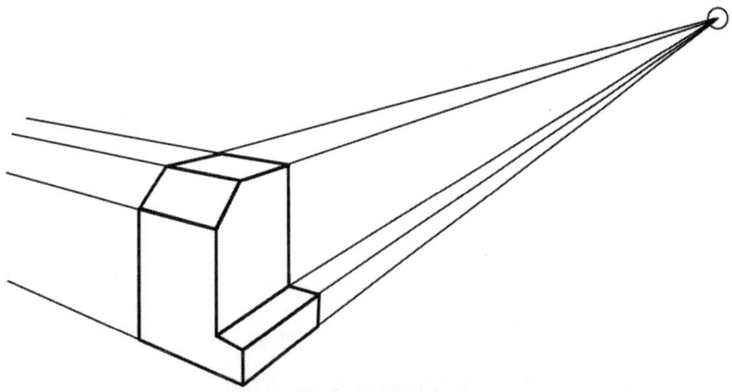

• 그림 2-5 • 투시도법

02 정투상법

[그림 2-6]과 같이 수직으로 교차하는 2개의 가상 평면으로 하나의 공간을 4등분하였을 때 오른쪽 위의 공간을 제1각(또는 1사분면)이라 하며, 제1각을 기준으로 반시계 방향으로 제2각(또는 2사분면), 제3각(또는 3사분면), 제4각(또는 4사분면)이라고 한다.

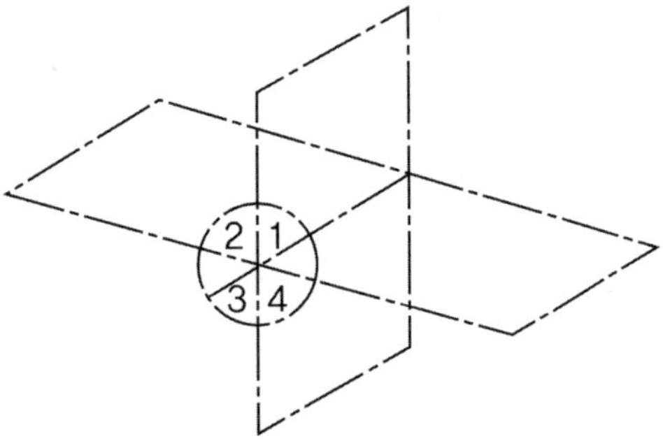

• 그림 2-6 • 공간의 4등분

정투상에서는 1개의 물체를 나타내는 경우 적어도 2개 이상 면의 투상도가 필요하고 그 물체를 [그림 2-7]과 같이 제1각(또는 제1사분면)에 배치하는 방법에 의해 투상도를 나타내는 제1각법과 제3각(또는 제3사분면)에 배치하는 방법에 의해 투상도를 나타내는 제3각법의 2가지 방법으로 나타낼 수 있다.

1 제1각법

[그림 2-7]과 같이 제1각(또는 제1사분면)에 배치하는 방법에 의해 투상도를 나타내는 제1각법의 경우는 물체의 후방에 투상면(입화면, 평화면, 측화면)을 배치하고 물체의 앞면이 투상면에 그림자로 나타나도록 한다.

이 상태로 투상을 하면 3개 투상면에 각각 투상도가 얻어지지만 그 상태로는 한 평면에 나타낼 수 없기 때문에 [그림 2-8]과 같이 입화면을 기준으로 하고 평화면 및 측화면을 바깥쪽으로 90°전개하여 입화면과 동일 평면으로 되게 한다.

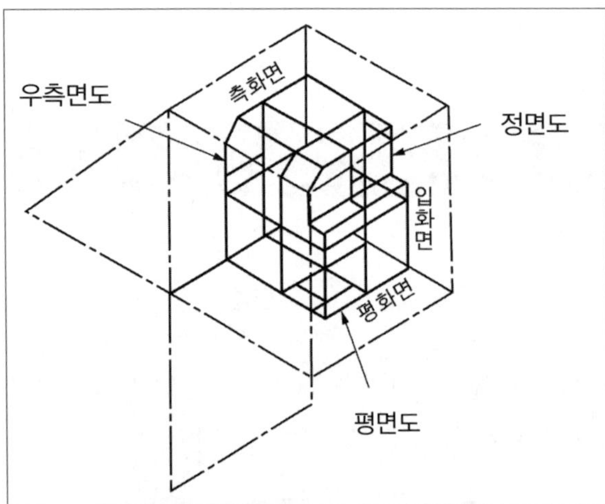

• 그림 2-7 • 제1각법에 의한 투상

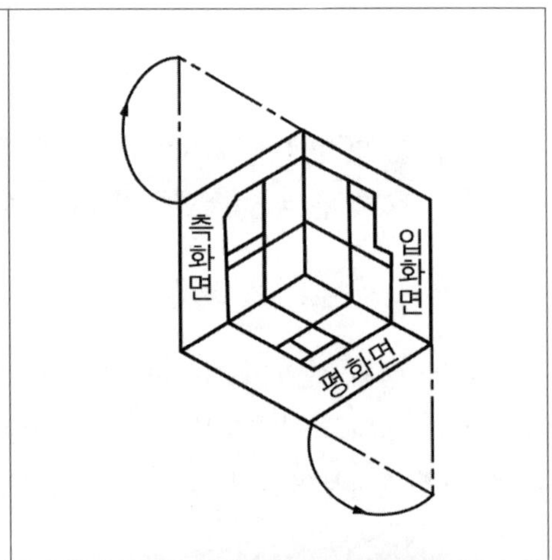

• 그림 2-8 • 투상면의 전개

투상면을 전개하면 투상도도 동시에 전개되어져 이와 같은 배치로 그림을 축소시키면 [그림 2-9]와 같은 그림을 얻어진다.

이 투상법에서는 투상의 방향과 배치는 역으로 된다.

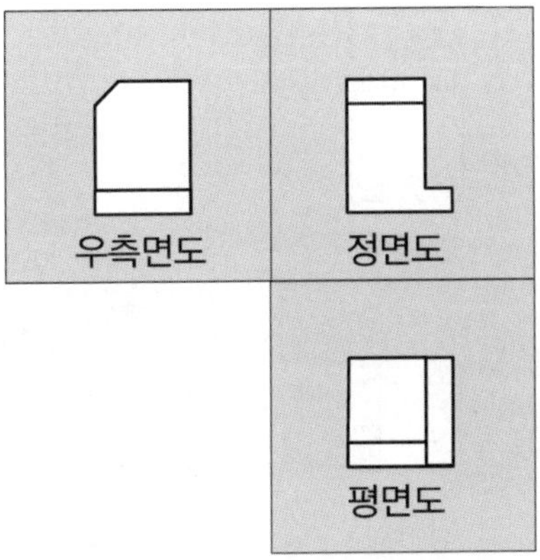

• 그림 2-9 • 제1각법에 의한 투상도

② 제3각법

[그림 2-10]과 같이 제3각(또는 제3사분면)에 배치하는 방법에 의해 투상도를 나타내는 제3각법의 경우는 물체의 전방에 투상면(입화면, 평화면, 측화면)을 배치하고 그 투상면을 통과하여 바깥측에 투상을 행한다.

이 경우 3개의 투상면에 각각 그림이 그려지지만 제1각법과 같이 입화면을 기준으로 하여 평화면 및 측화면을 외측으로 전개하여 입화면과 동일 평면으로 되도록 한다[그림 2-11]. 이 같은 배치로 그림을 그리면 [그림 2-12]와 같은 그림이 얻어진다.

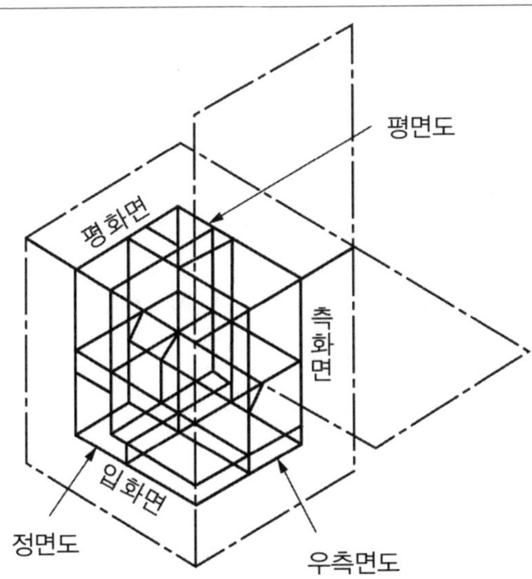

• 그림 2-10 • 제3각법에 의한 투상

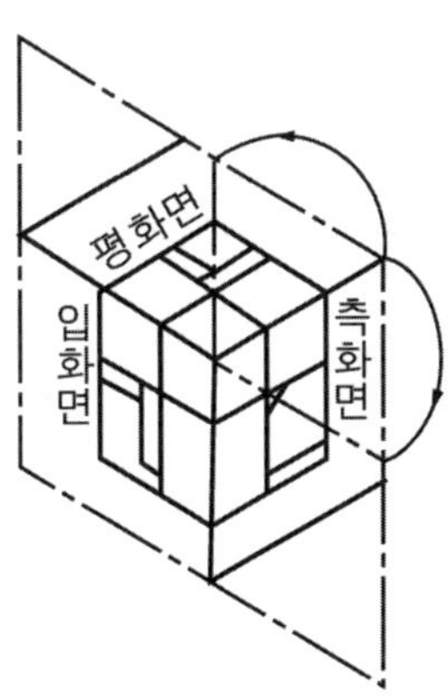

• 그림 2-11 • 투상면의 전개

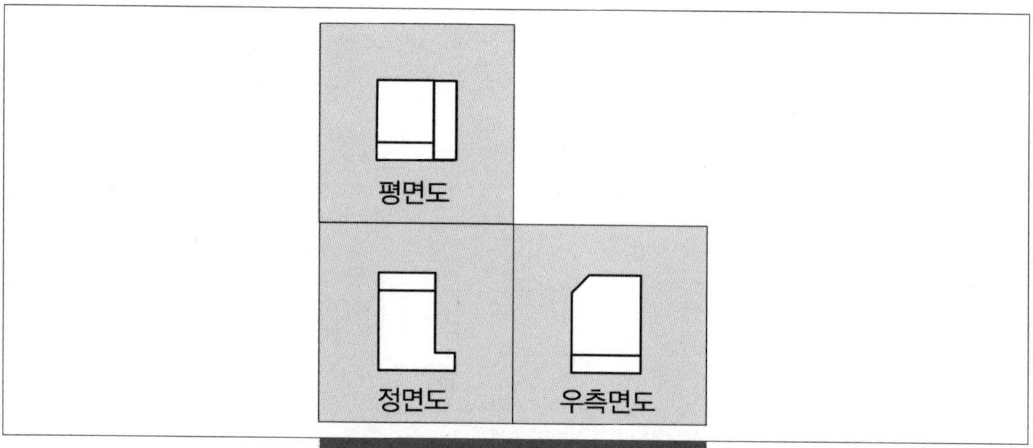

• 그림 2-12 • 제3각법에 의한 투상도

이 투상법에서는 제1각법과는 반대로 투상의 방향과 그림의 배치가 일치하여 이해하기 쉬우며, 치수기입이 편리하고, 보조 투상도를 사용하여 복잡한 물체도 쉽고 정확하게 나타낼 수 있다.

한국산업규격(KS)에서는 기계제도에 원칙적으로 제3각법을 사용하도록 규정하고 있다.

3 제3각법과 제1각법의 표시 기호

제3각법, 제1각법을 특별히 명시해야 할 때에는 도면의 적당한 위치(표제란)에 "3각법", "1각법"이라 기입하거나 비고란에 문자 대신 [그림 2-13]과 같이 기호를 사용한다.

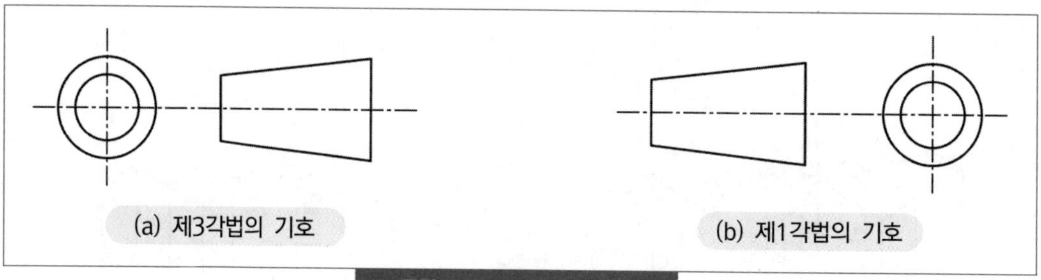

• 그림 2-13 • 투상법의 기호

4 투상도의 기준 배치

투상법은 제3각법[그림 2-14 (a)]에 따르는 것을 원칙으로 한다. 다만, 필요한 경우에는 제1각법[그림 2-14 (b)]에 따를 수도 있다. [그림 2-13]에 나타낸 투상법의 기호를 표제란 또는 그 근처에 나타낸다. 다만, 도면 용지 관계 등으로 투상도를 제3각법에 의한 정확한 위치에 그리지 못하는 경우, 또는 그림의 일부가 제3각법에 의한 위치에 의한 위치에 그리면 도리어 도형을 이해하기 곤란한 경우에는 상호관계를 화살표와 문자를 사용하여 표시하고 그 글자는 투상 방향과 관계없이 전부 위 방향으로 명백하게 쓴다.

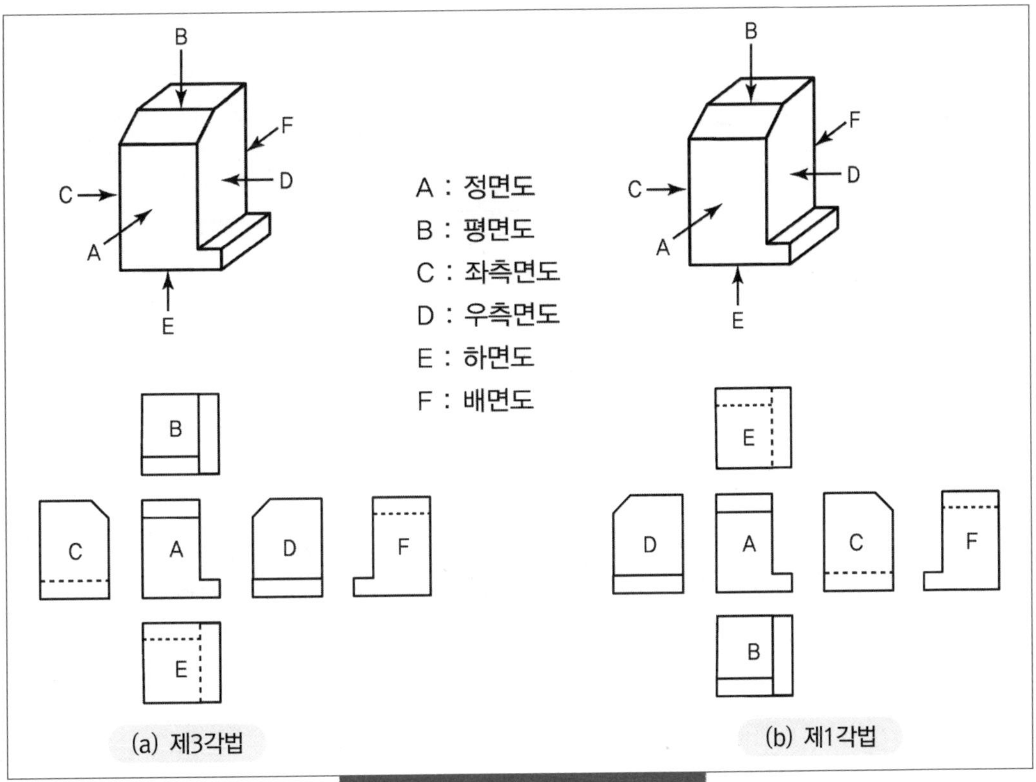

• 그림 2-14 • 투상도의 기준 배치

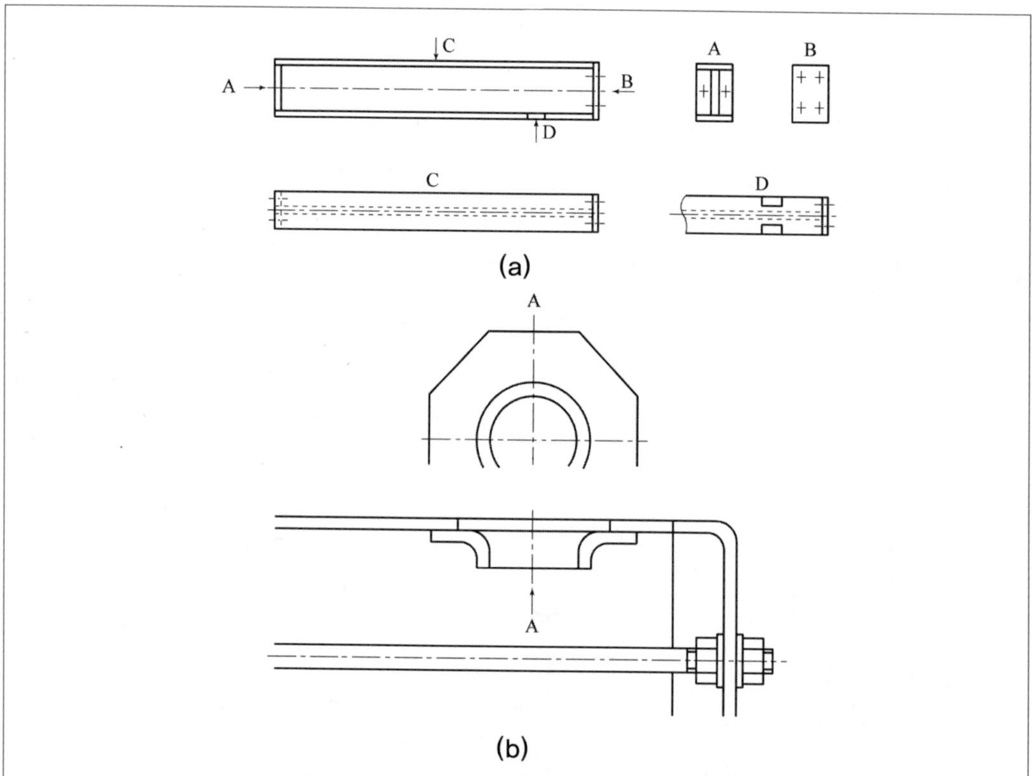

• 그림 2-15 • 화살표를 사용하는 방법의 보기

03 투상도의 표시 방법

1 일반 사항

① 대상물의 정보를 가장 명료하게 나타내는 투상도를 주 투상도 또는 정면도로 한다.
② 다른 투상도(단면도를 포함한다)가 필요한 경우에는 모호함이 없도록 완전히 대상물을 규정하는데 필요하고, 또한 충분한 투영도 및 단면도의 수로 한다.
③ 가능한 숨겨진 외형선과 모서리를 포현할 필요가 없는 투상도를 선택한다.
④ 불필요한 세부 사항의 반복은 피한다.

2 주 투상도

주 투상도는 다음에 따른다.

① 주 투상도에는 대상물의 형상 및 기능을 가장 명확하게 표시하는 면을 그린다. 또한 대상물을 도시하는 상태는 도면의 목적에 따라 다음 중 하나에 따른다.

㉮ 조립도 등 주로 기능을 표시하는 도면에서는 대상물을 사용하는 상태

㉯ 부품도 등 가공하기 위한 도면에서는 가공에 있어서 도면을 가장 많이 이용하는 공정에서 대상물을 놓은 상태[그림 2-16, 17]

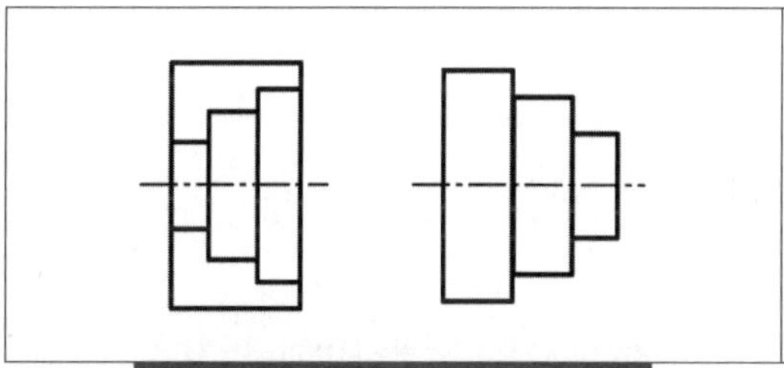

• 그림 2-16 • 선삭 가공의 보기

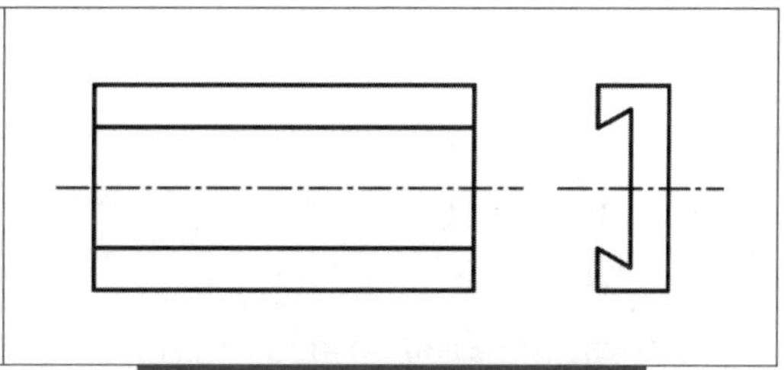

• 그림 2-17 • 평삭 가공의 보기

※ 특별한 이유가 없는 경우, 대상물을 가로 길이로 놓은 상태

② 주 투상도를 보충하는 다른 투상도는 되도록 적게 하고 주 투상도만으로 투상이 가능할 때는 다른 투상도는 그리지 않는다[그림 2-18].

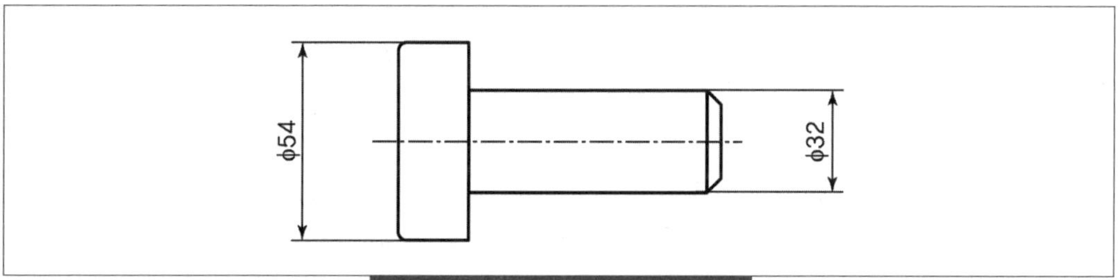

• 그림 2-18 • 선삭 가공의 보기

③ 서로 관련되는 그림의 배치는 되도록 숨은 선을 쓰지 않도록 한다[그림 2-19]. 다만, 비교 대조하기 불편하게 되는 경우는 예외로 한다[그림 2-20].

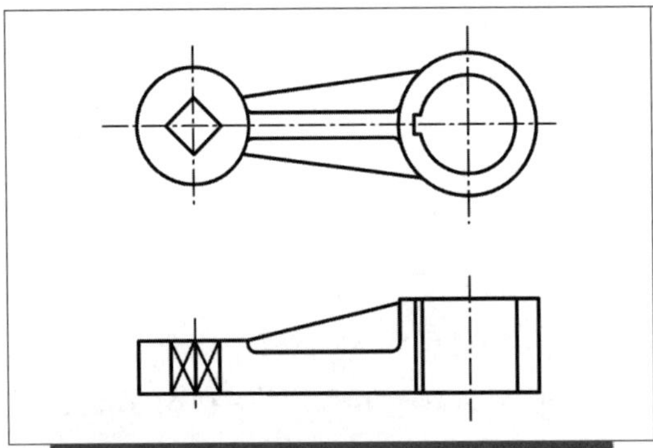

• 그림 2-19 • 숨은선을 이용하지 않은 보기

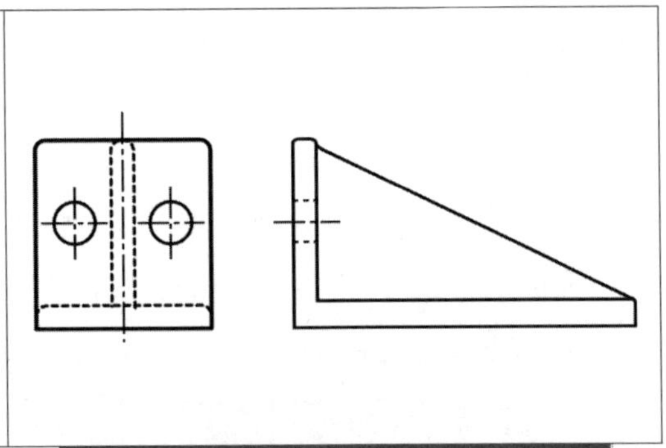

• 그림 2-20 • 비교 대조하는 구멍의 보기

3 보조 투상도

경사부가 있는 대상물에서 그 경사면의 실형을 표시할 필요가 있는 경우에는 다음에 의하여 보조 투상도로 표시한다.

① 대상물 경사면의 실형을 도시할 필요가 있을 경우에는 그 경사면과 맞서는 위치에 보조 투상도를 표시한다[그림 2-21]. 이 경우, 필요한 부문만을 부분 투상도[3-5 참조] 또는 국부 투상도[3-6 참조]로 그리는 것이 좋다.

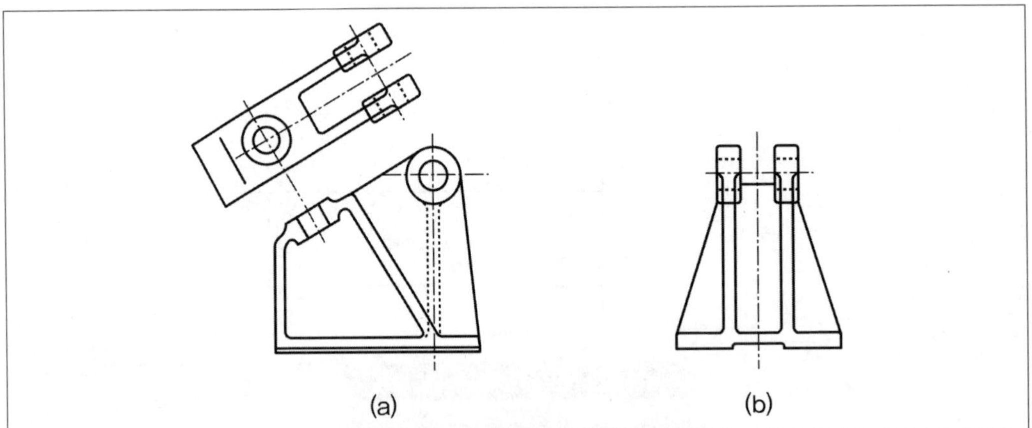

• 그림 2-21 • 보조 투상도의 보기

② 지면의 관계 등으로 보조 투상도를 경사면에 맞서는 위치[그림 2-21 참조]에 배치할 수 없는 경우에는 화살표를 이용하여 나타내고, 그 의미를 화살표와 영문자의 대문자로 나타낸다[그림 2-22(a)]. 다만, [그림 2-22(b)]에 나타낸 것과 같이 구부린 중심선으로 연결하여 투상 관계를 표시해도 좋다.

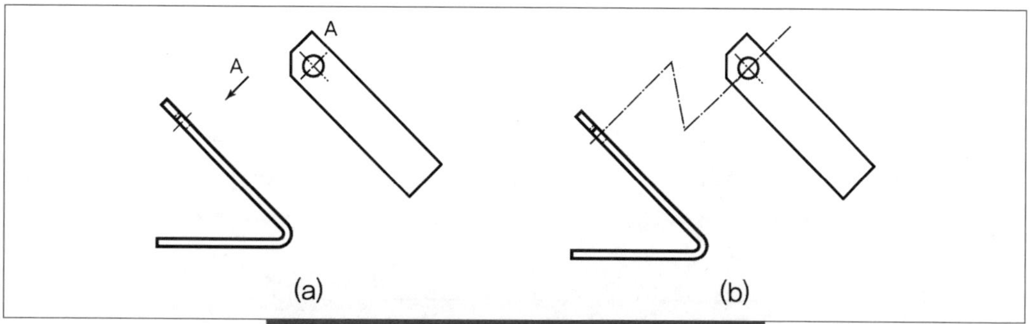

• 그림 2-22 • 구분 기호를 부기하는 투상도의 보기

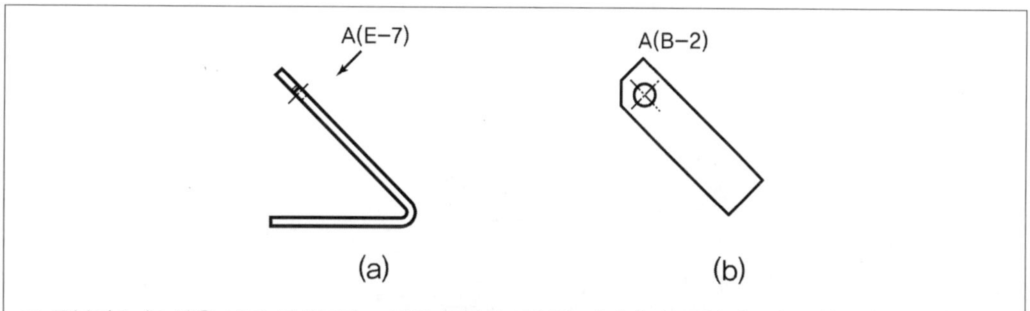

※ 구분기호 (E-7)은 보조 투상도가 그려진 도면의 구역을 나타내며, 구분기호 (B-2)는 화살표가 그려진 도면의 구역을 나타낸다.(KS B ISO 5457 참조)

• 그림 2-23 • 구분 기호를 부기하는 투상도의 보기

4 회전 투상도

투상면이 어떤 각도를 가져서 그 실형을 표시하지 못할 때에는 그 부분을 회전해서 그 실형을 도시할 수 있다[그림 2-24(a)(b)]. 또한 잘못 볼 우려가 있을 경우에는 작도에 사용한 선을 남긴다[그림 2-24(c)].

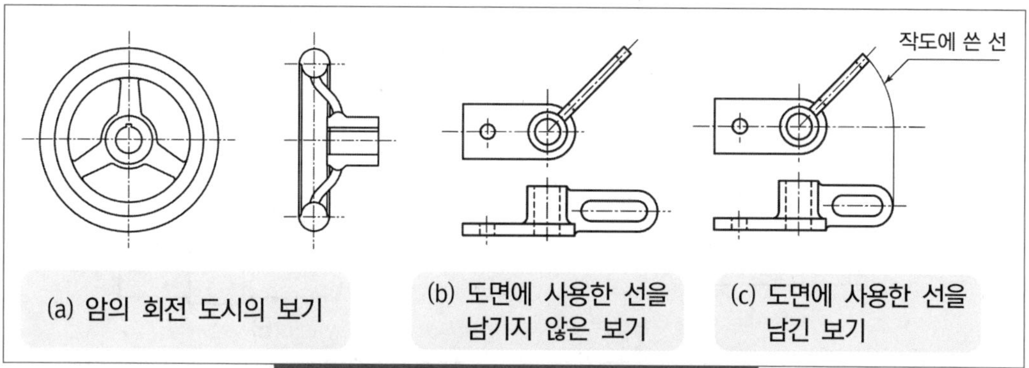

• 그림 2-24 • 구분기호를 부기하는 투상도의 보기

5 부분 투상도

그림의 일부를 도시하는 것으로 충분한 경우에는 그 필요 부분만을 부분 투상도로서 표시한다. 이 경우에는 생략한 부분과의 경계를 파단선으로 나타낸다[그림 2-25]. 다만, 명확한 경우에는 파단선을 생략하여도 좋다.

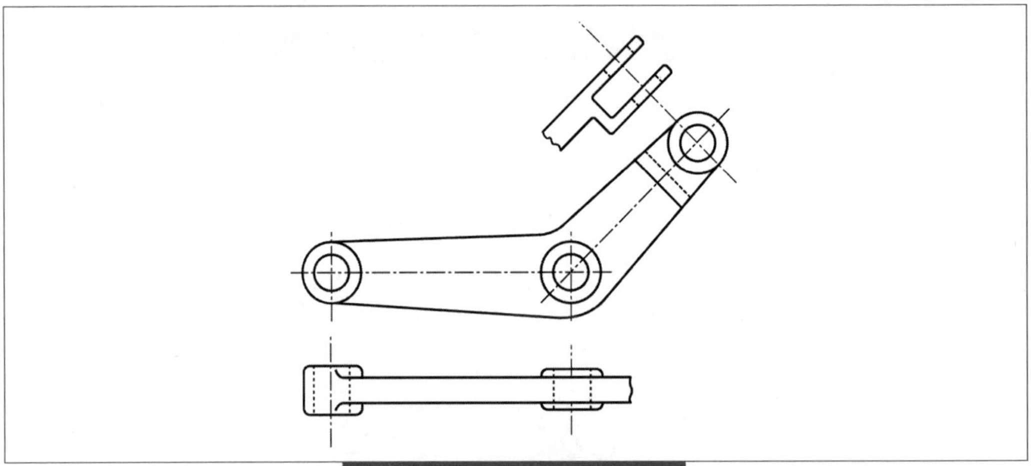

• 그림 2-25 • 부분 투상도의 보기

6 국부 투상도

대상물의 구멍, 홈 등 한 국부만의 모양을 도시하는 것으로 충분한 경우에는 그 필요 부분을 국부 투상도로서 나타낸다. 투상 관계를 나타내기 위하여 원칙으로 주된 그림에 중심선, 기준선, 치수보조선 등으로 연결한다[그림 2-26, 27].

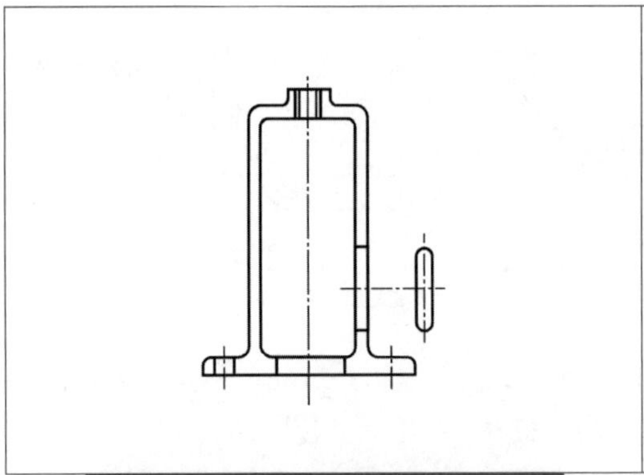

• 그림 2-26 • 국부 투상도의 보기(1)

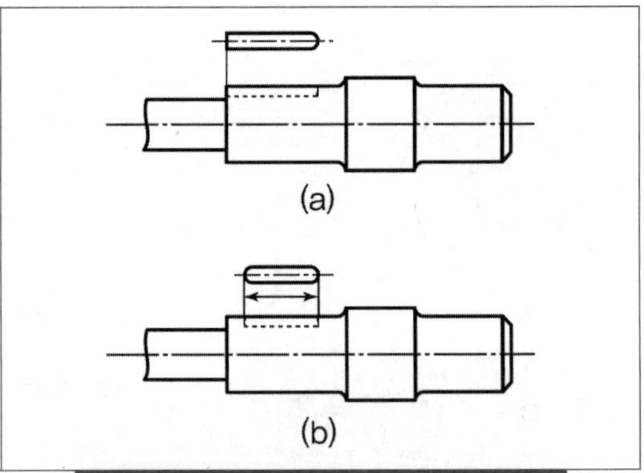

• 그림 2-27 • 국부 투상도의 보기(2)

7 부분 확대도

특정 부분의 도형이 작아서 그 부분의 상세한 도시나 치수 기입을 할 수 없을 때는 그 부분을 가는 실선으로 에워싸고, 영문자의 대문자로 표시함과 동시에 그 해당 부분을 다른 장소에 확대하여 그리고 표시하는 글자 및 척도를 부기한다 [그림 2-28]. 다만, 확대한 그림의 척도를 나타낼 필요가 없는 경우에는 척도 대신 "확대도"라고 부기하여도 좋다.

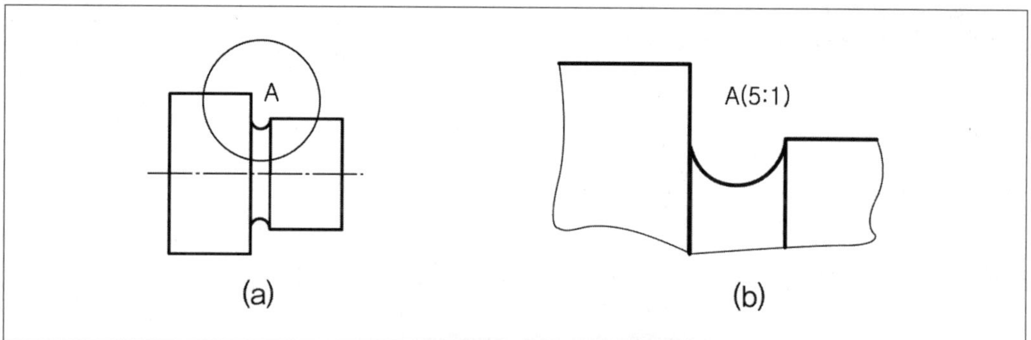

• 그림 2-28 • 부분 확대도의 보기

CHAPTER 02

투상법 / 연습문제

투상법 [1]

전공		학 번		학 년		반		성 명	

01 다음의 투상법은 제 몇 각법으로 그렸는지 아래에 기입하시오.

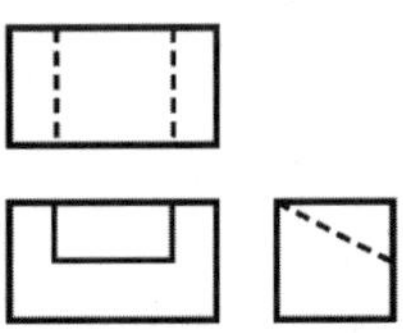

[A]

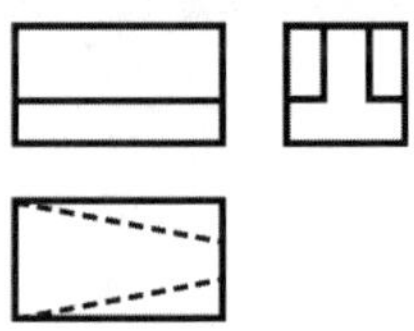

[B]

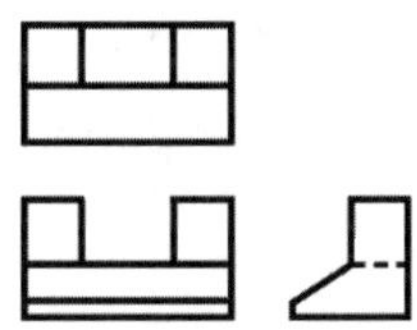

[C]

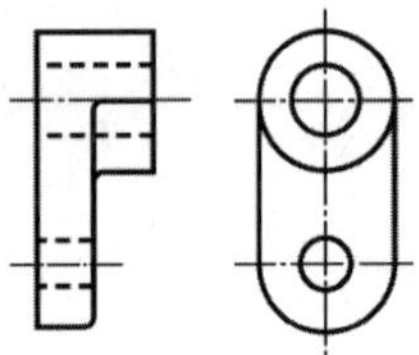

[D]

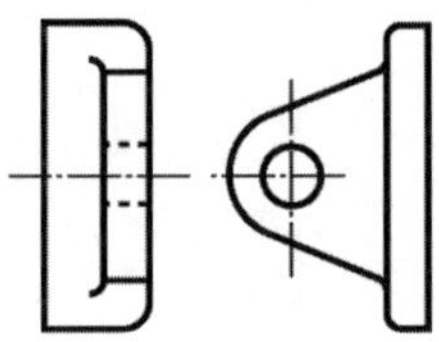

[E]

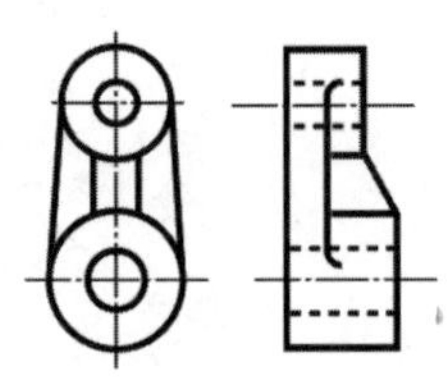

[F]

A		B		C		D		E		F	

02 입체도로부터 제3각법에 의한 투상도를 그렸다. F 방향에서 본 투상도를 정면도로 할 것.

정면도

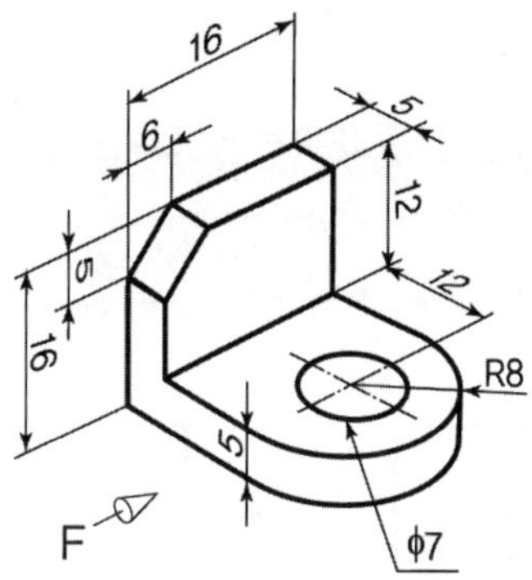

투상법 [2]

전공		학 번		학 년		반		성 명	

정투상도에 대응하는 입체도를 선택하시오.

01

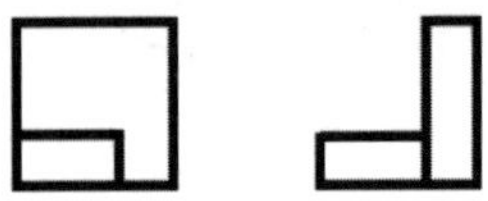

(A)

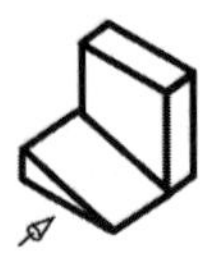

(B)

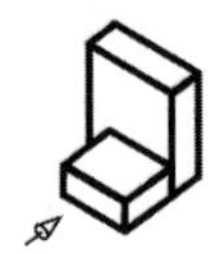

(C)

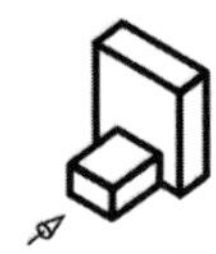

(D)

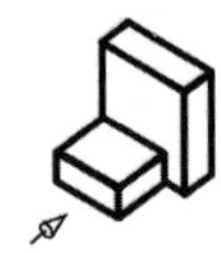

02

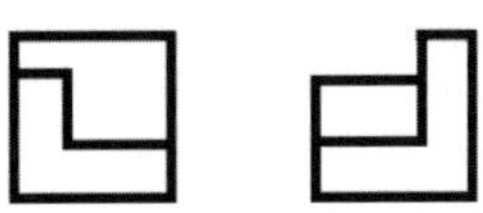

(A)

(B)

(C)

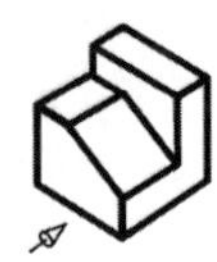

(D)

03

(A)

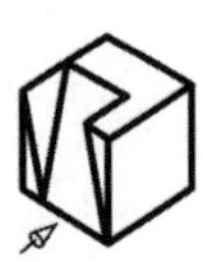

(B)

(C)

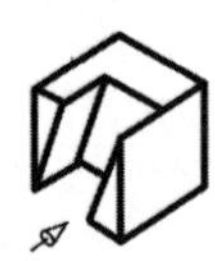

(D)

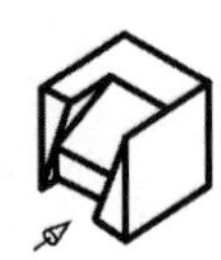

04

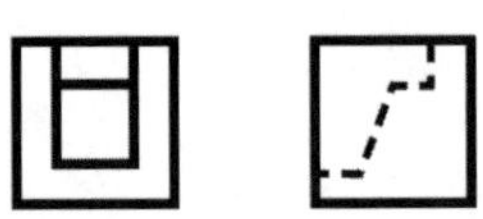

(A)

(B)

(C)

(D)

05

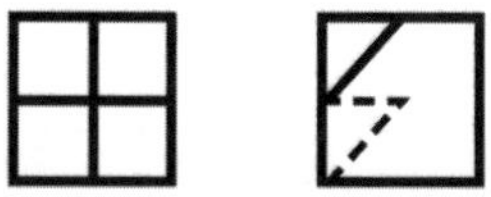

(A)

(B)

(C)

(D)

06

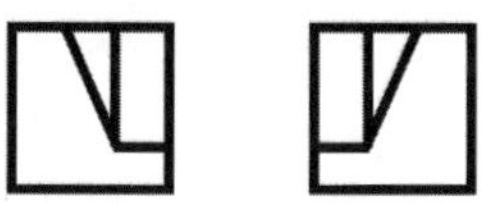

(A)

(B)

(C)

(D)

[1]		[2]		[3]		[4]		[5]		[6]	

투상법 [3]

전공		학 번		학 년		반		성 명	

정투상도에 대응하는 입체도를 선택하시오.

[1]
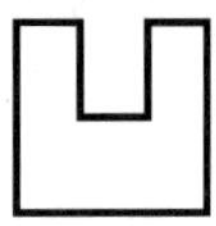
[2]
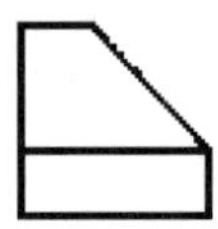
[3]
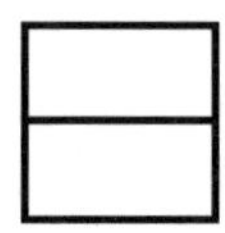
[4]
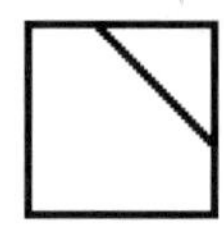
[5]
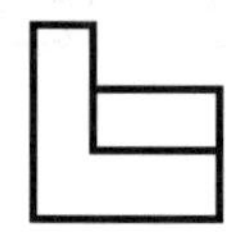

[6]
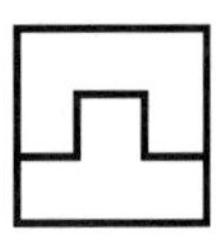
[7]

[8]

[9]
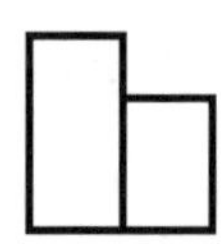
[10]
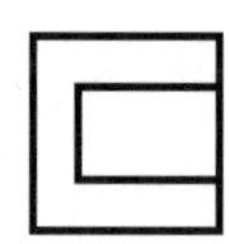

[A]
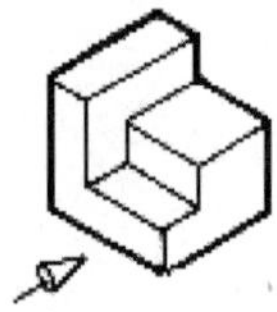
[B]
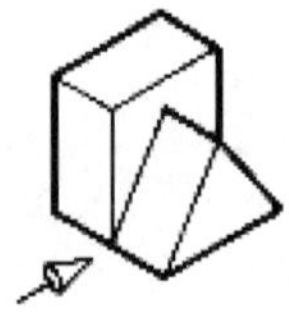
[C]
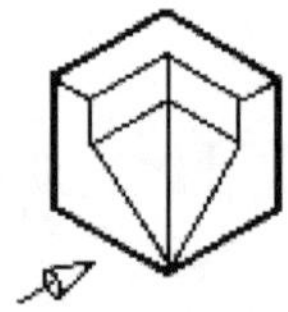
[D]
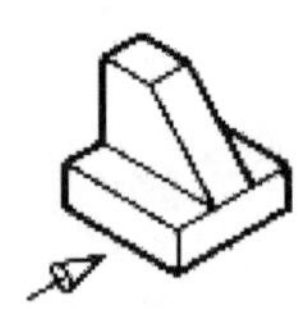
[E]
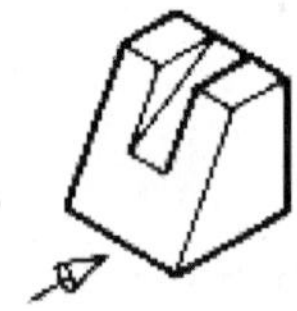

[F]
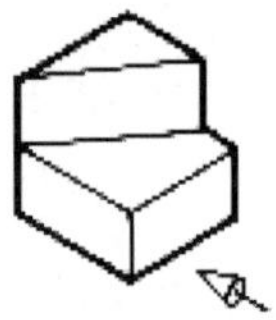
[G]
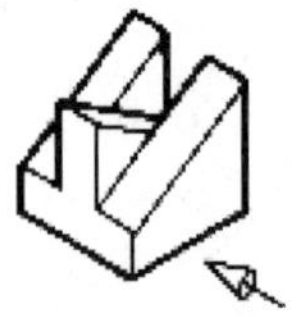
[H]

[J]
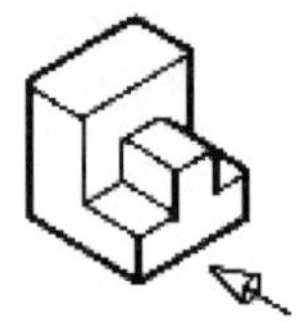
[K]
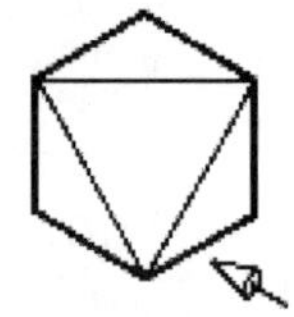

[L]

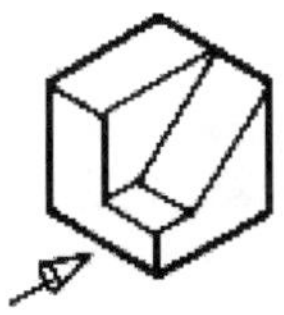

[M]

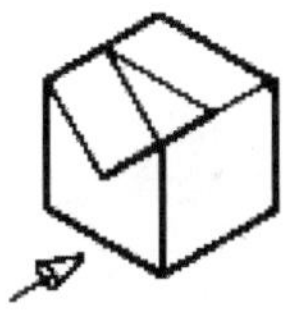

[N]

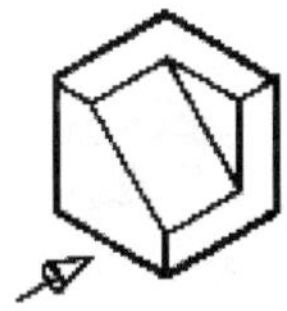

[P]

[R]

[S]

[T]

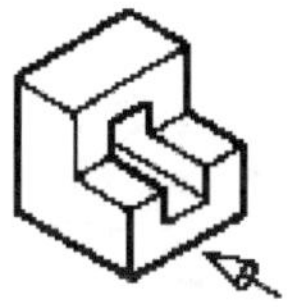

[U]

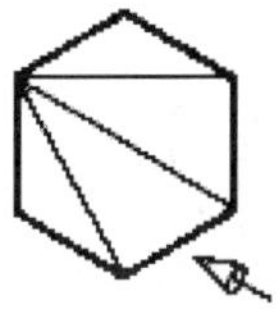

[W]

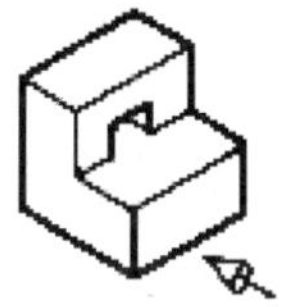

[X]

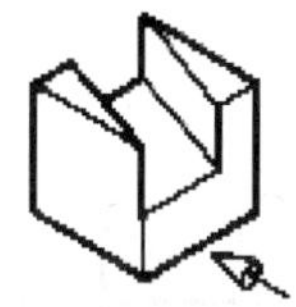

[1]		[2]		[3]		[4]		[5]	
[6]		[7]		[8]		[9]		[10]	

투상법 [4]

전공		학 번		학 년		반		성 명	

정투상도에 대응하는 입체도를 선택하시오.

01

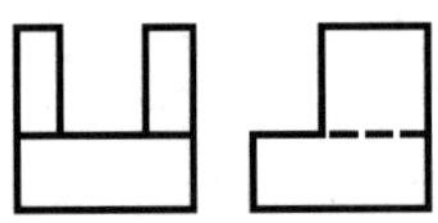

(A)

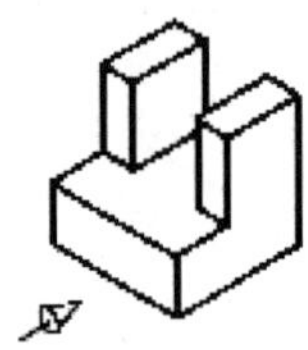

(B)

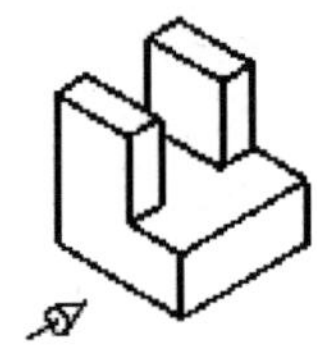

(C)

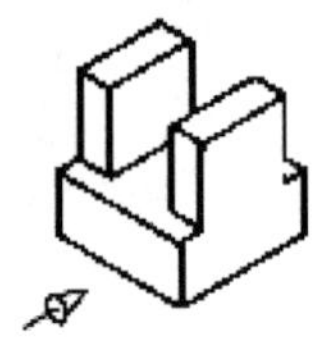

02

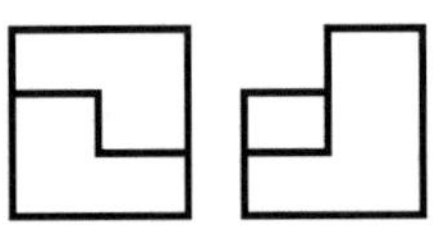

(A)

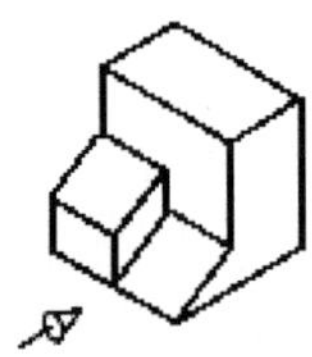

(B)

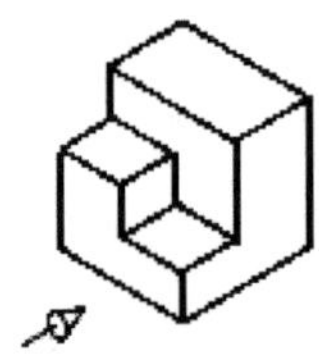

(C)

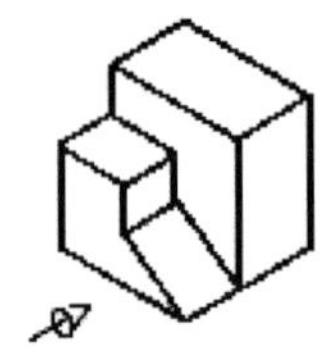

03

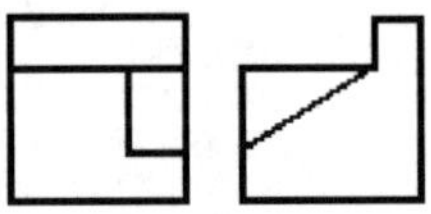

(A)

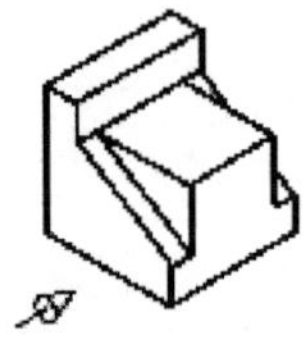

(B)

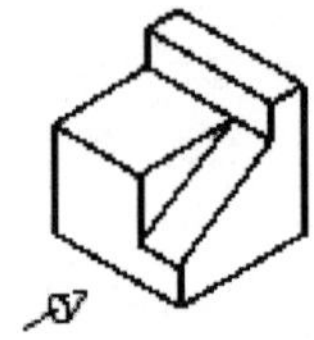

(C)

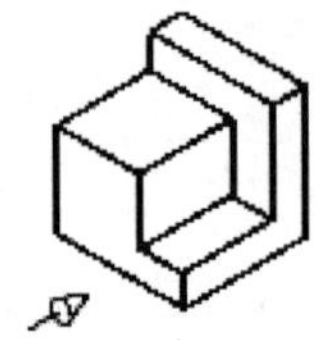

04

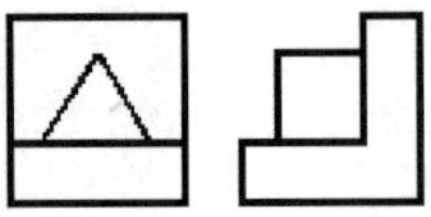

(A)

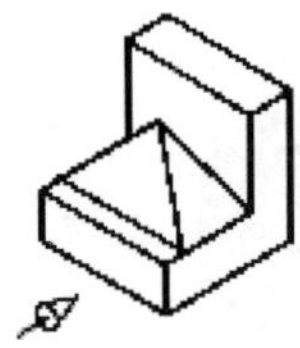

(B)

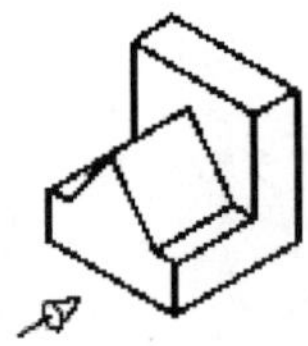

(C)

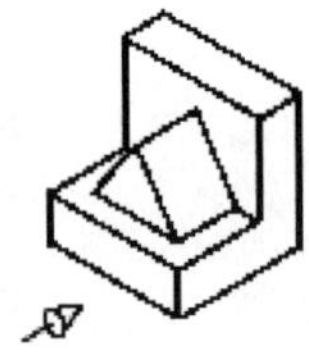

05

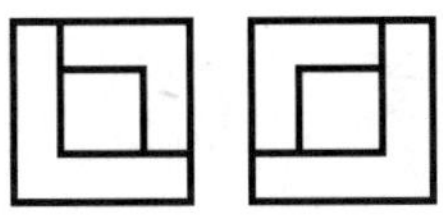

(A)

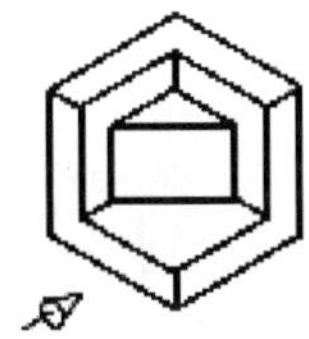

(B)

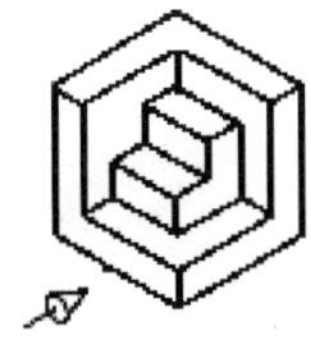

(C)

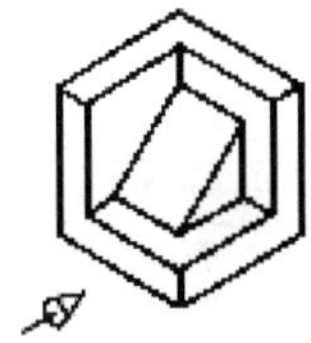

06

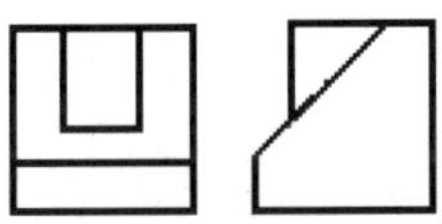

(A)

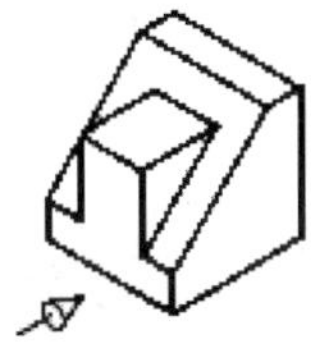

(B)

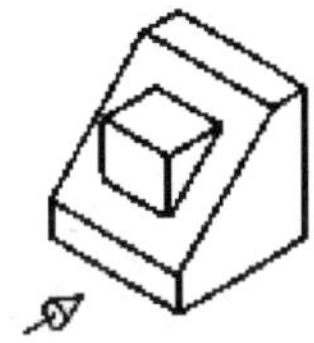

(C)

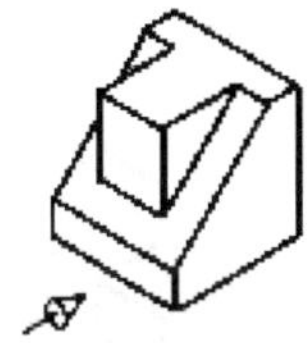

[1]		[2]		[3]		[4]		[5]		[6]	

투상법 [5]

전공		학 번		학 년		반		성 명	

정투상도에 대응하는 입체도를 선택하시오.

[A]

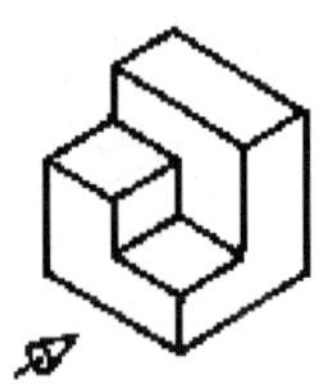

[B]

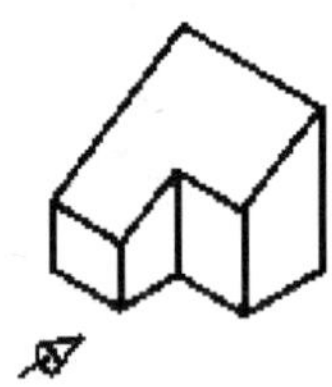

[C]

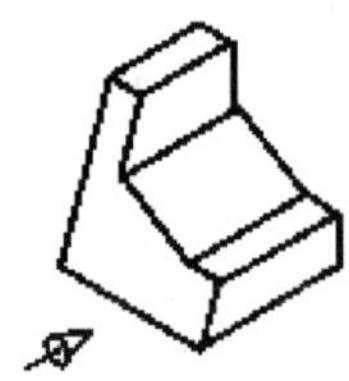

[D]

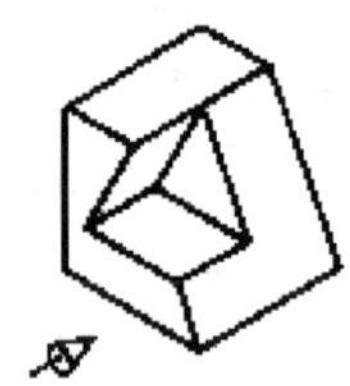

[E]

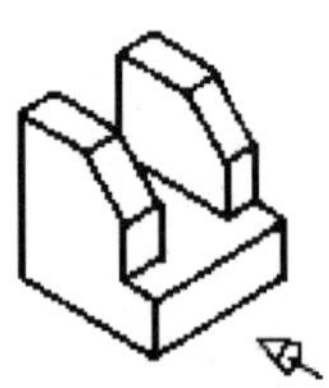

[F]

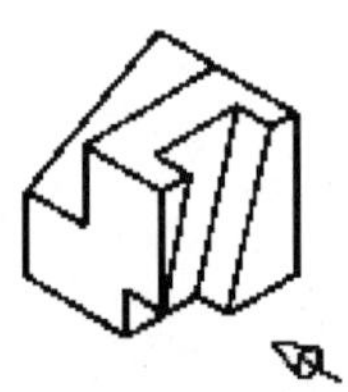

[G]

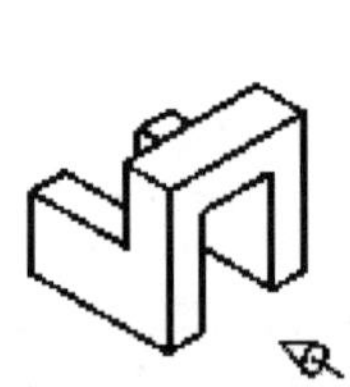

[H]

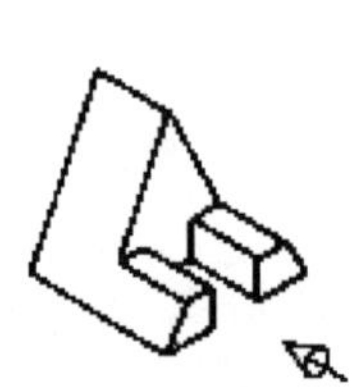

[J]

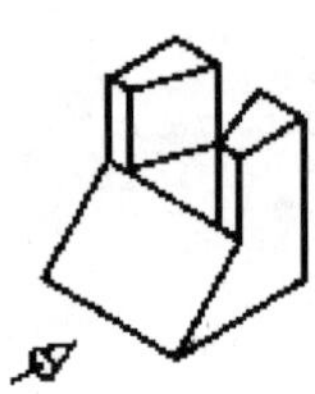

[K]

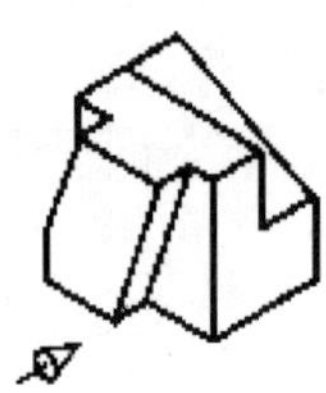

[L]

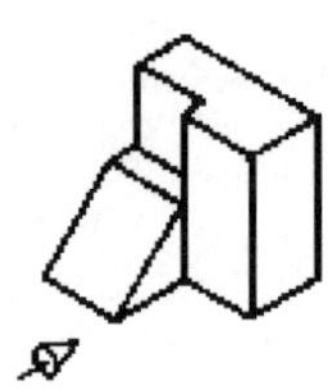

[M]

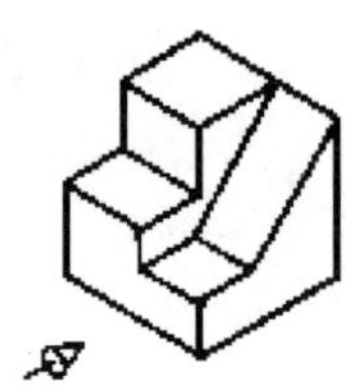

[N]

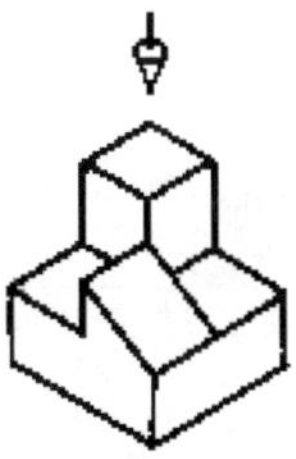

[P]

[R]

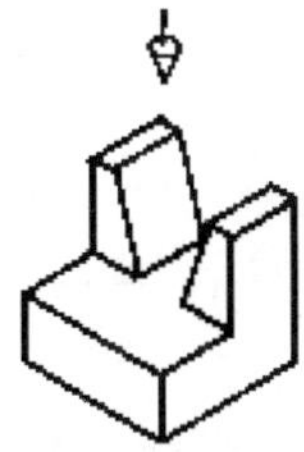

[S]

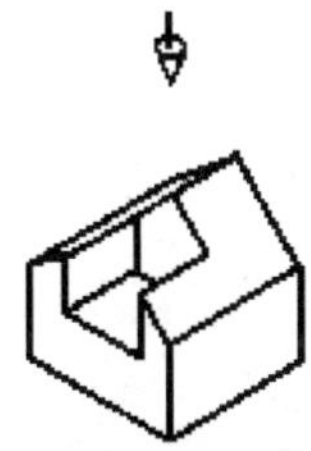

[1]

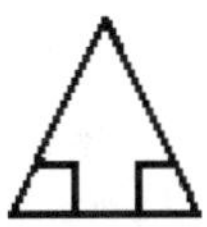

[2]

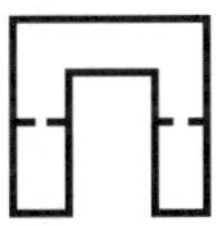

[3]

[4]

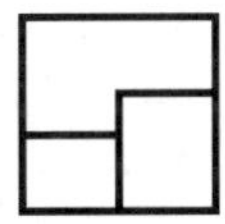

[5]

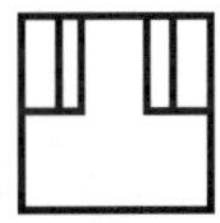

[6]

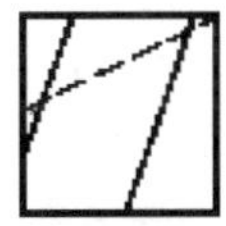

[7]

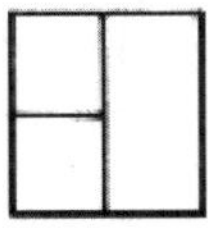

[8]

[9]

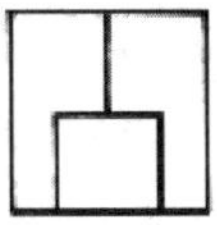

[10]

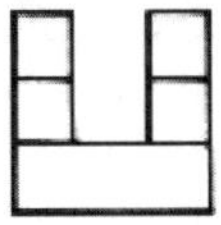

[11]

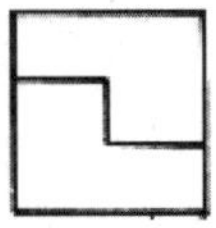

[12]

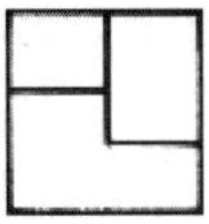

[1]		[2]		[3]		[4]		[5]		[6]	
[7]		[8]		[9]		[10]		[11]		[12]	

투상법 [6]

전공		학 번		학 년		반		성 명	

정투상도에 대응하는 입체도를 선택하시오.

01

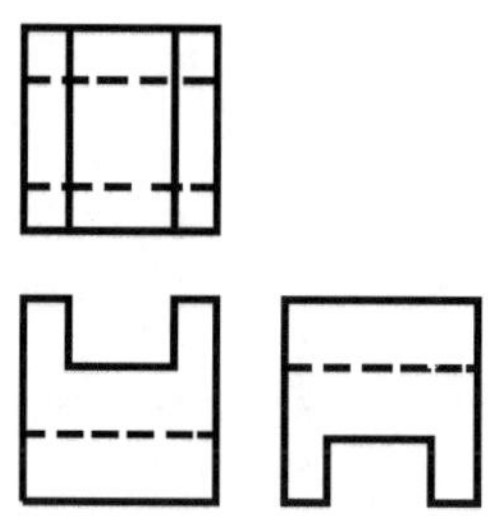

(A) (B) (C) (D) (E) (F)

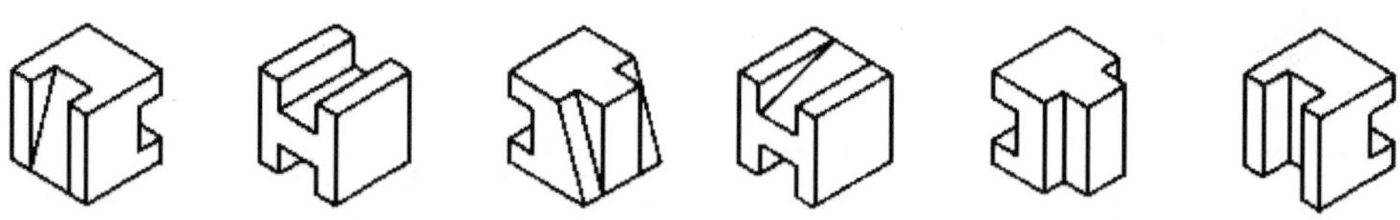

02

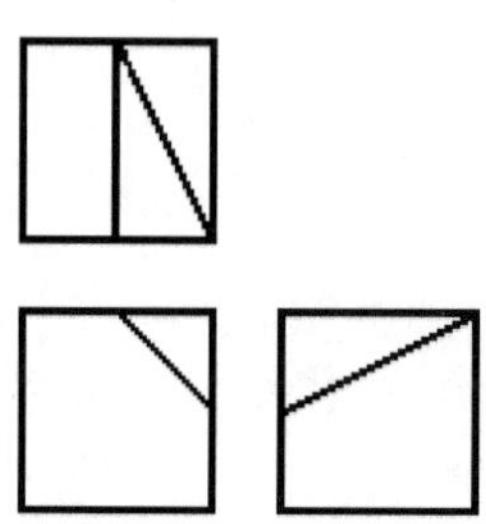

(A) (B) (C) (D) (E) (F)

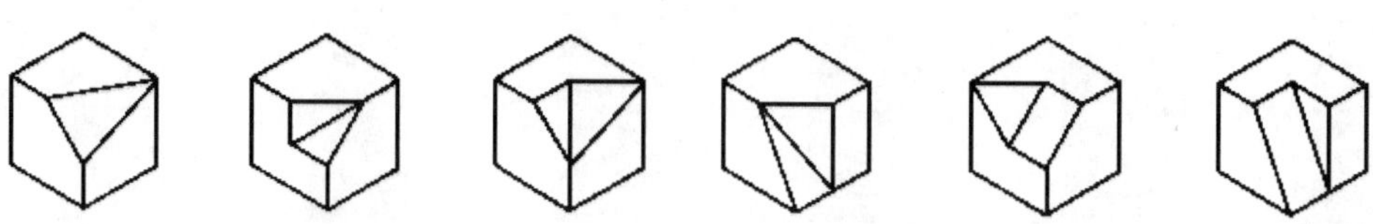

03

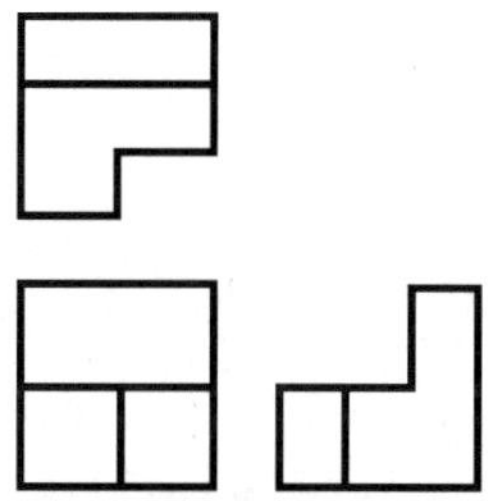

(A)

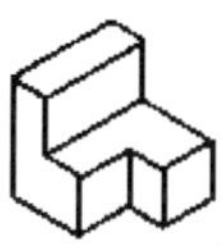

(B)

(C)

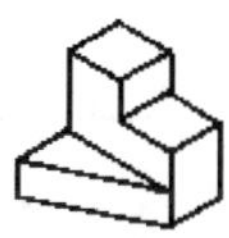

(D)

(E)

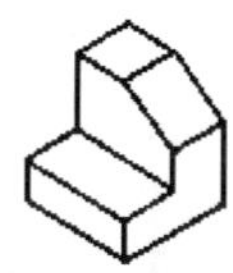

(F)

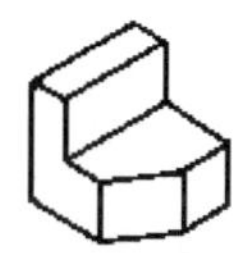

[1]		[2]		[3]	

투상법 [7]

전공		학 번		학 년		반		성 명	

3면도에서 부족한 선을 그려 넣어 도면을 완성하세요.

01

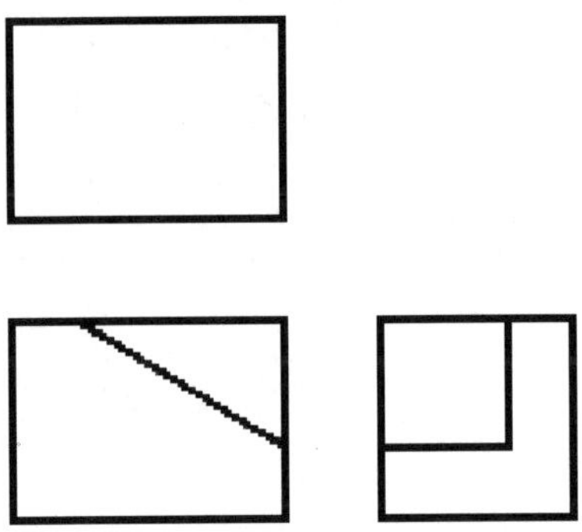

02

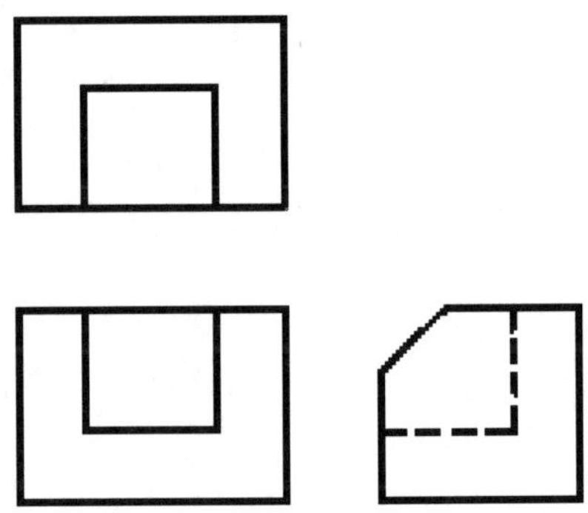

03

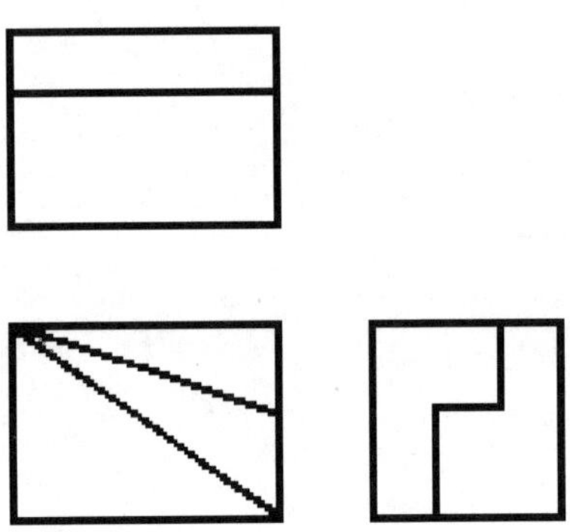

04

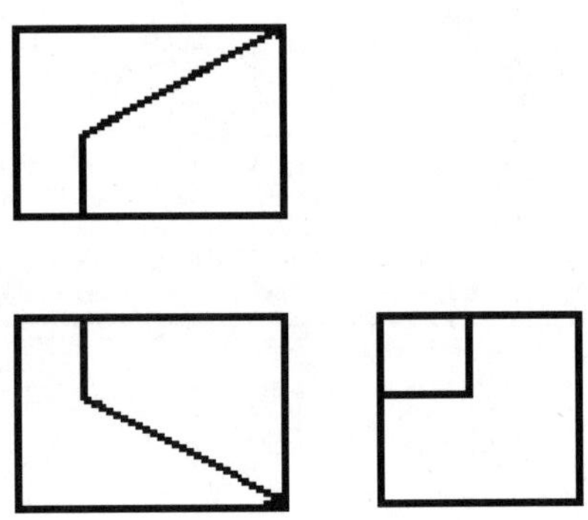

05

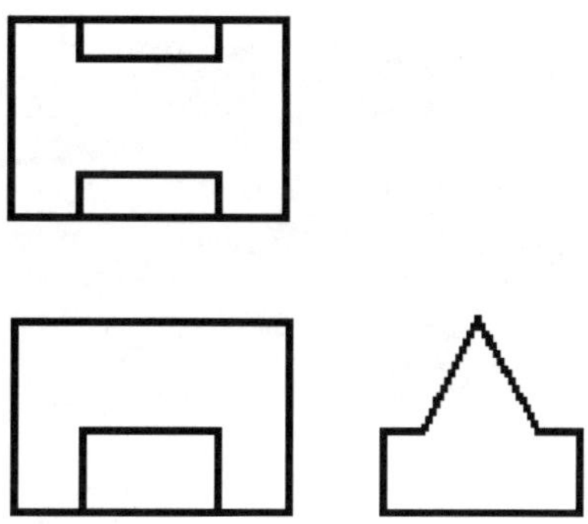

06

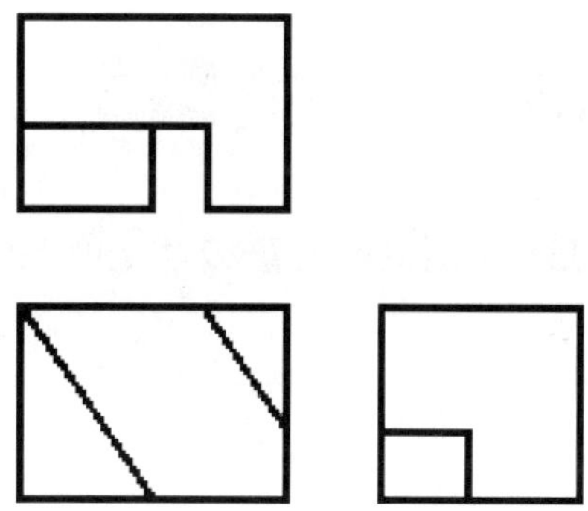

07

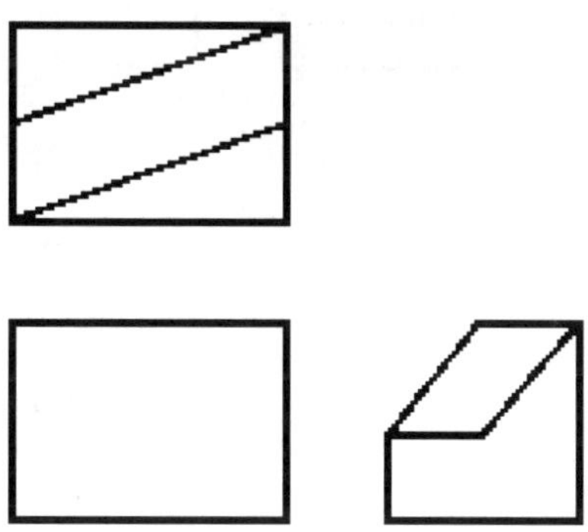

08

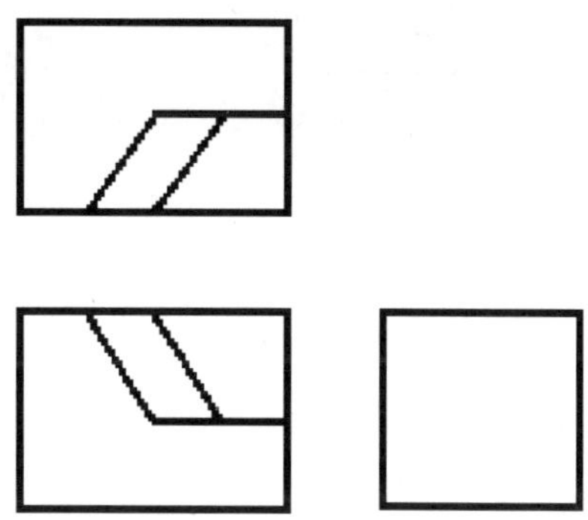

투상법 [8]

전공		학 번		학 년		반		성 명	

3면도에서 부족한 선을 그려 넣어 도면을 완성하세요.

01

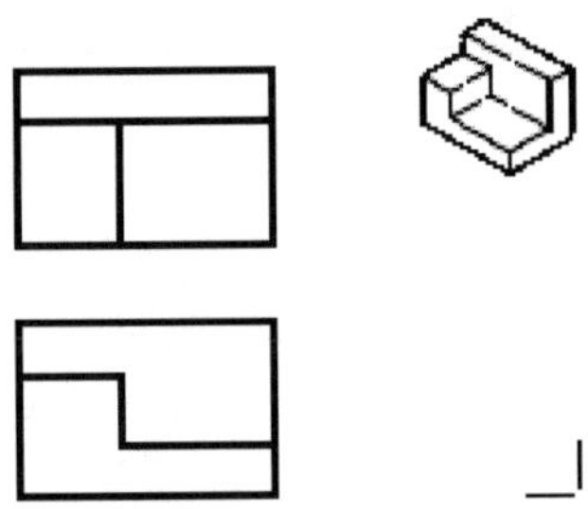

02

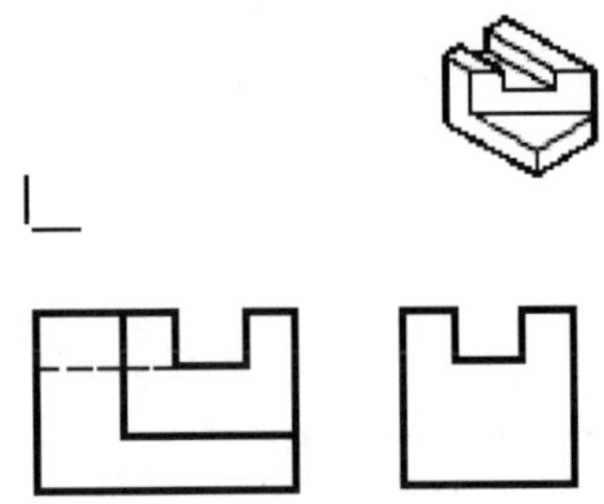

03

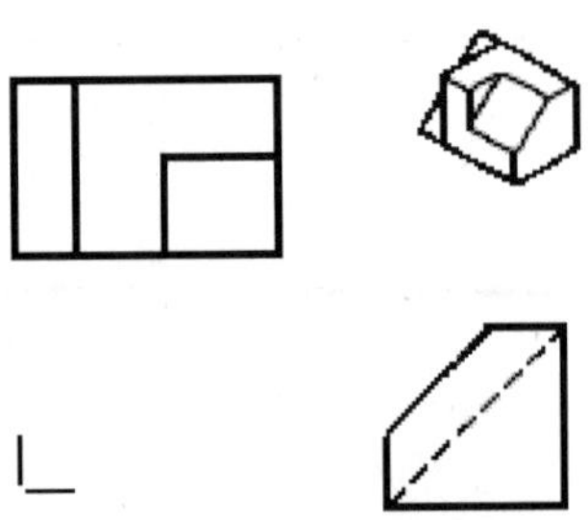

04

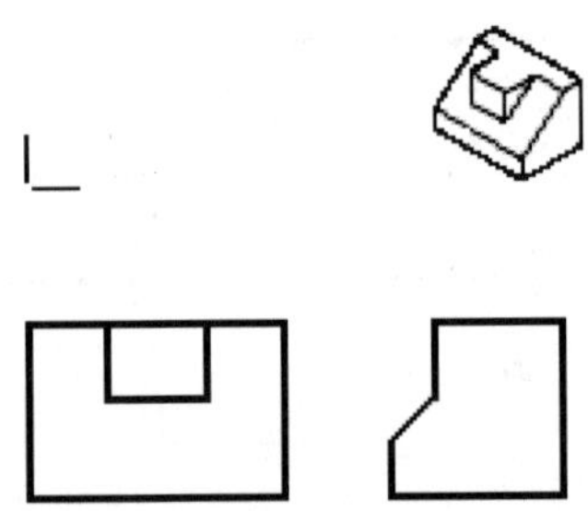

05

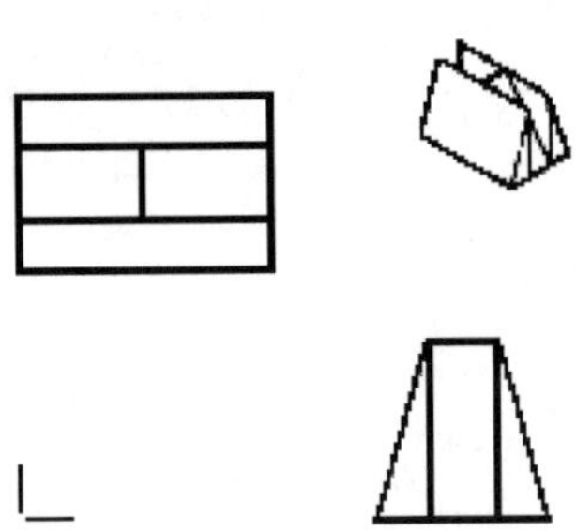

06

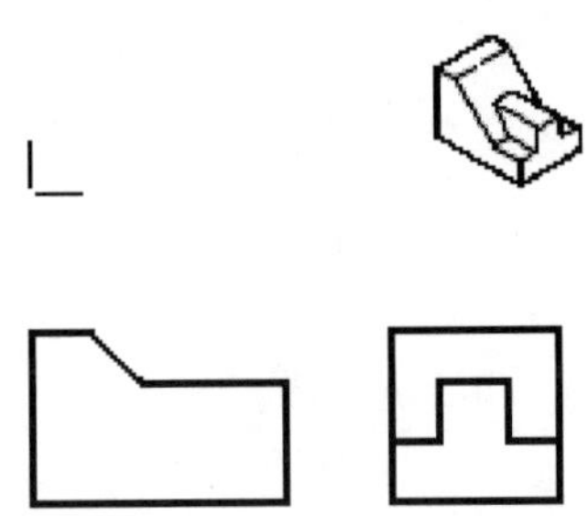

07

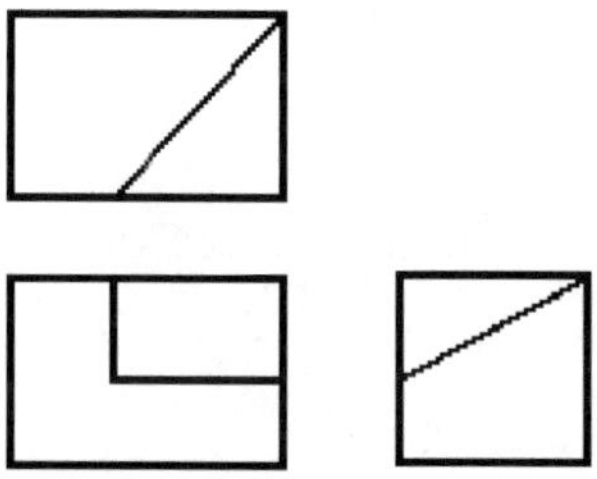

08

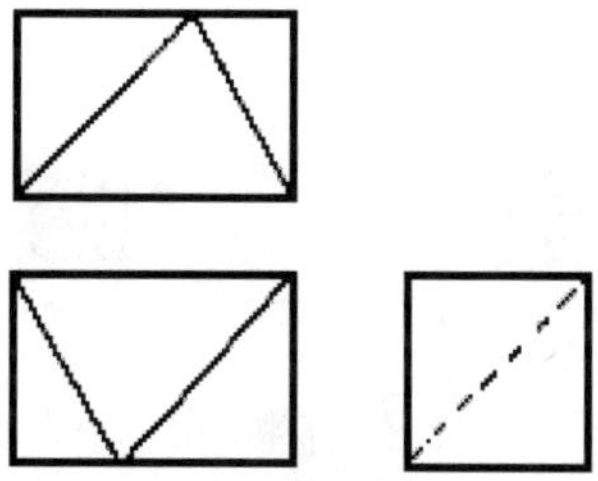

09

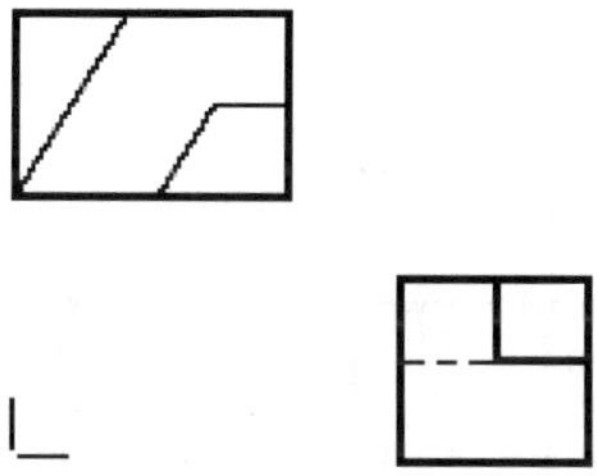

10

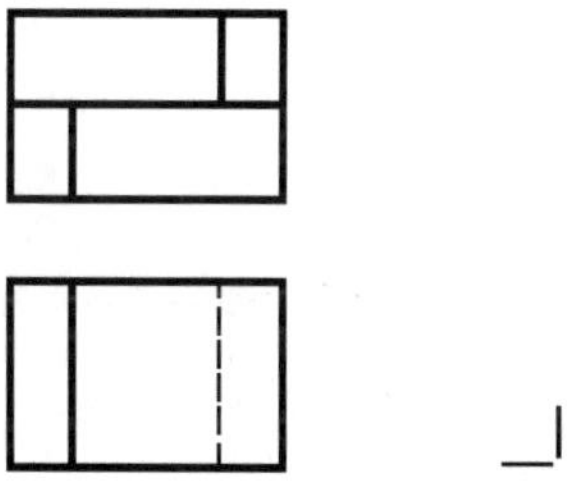

11

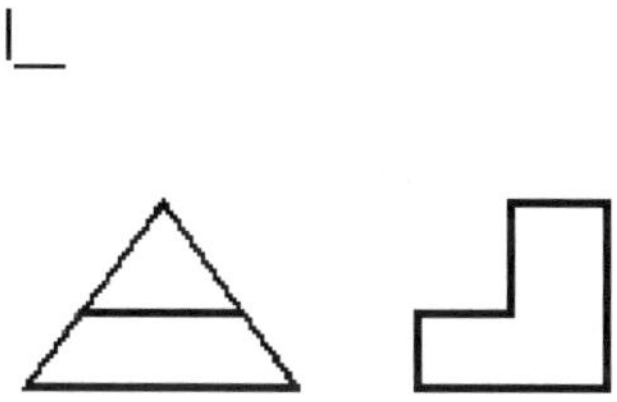

12

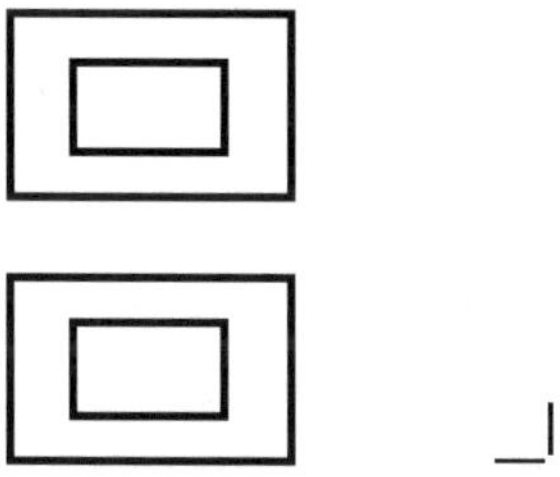

투상법 [9]

전공		학 번		학 년		반		성 명	

정투상도를 보고 입체도로 나타내시오.

01

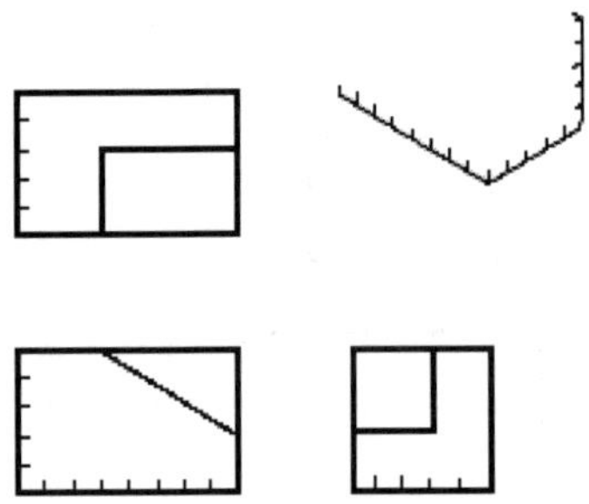

02

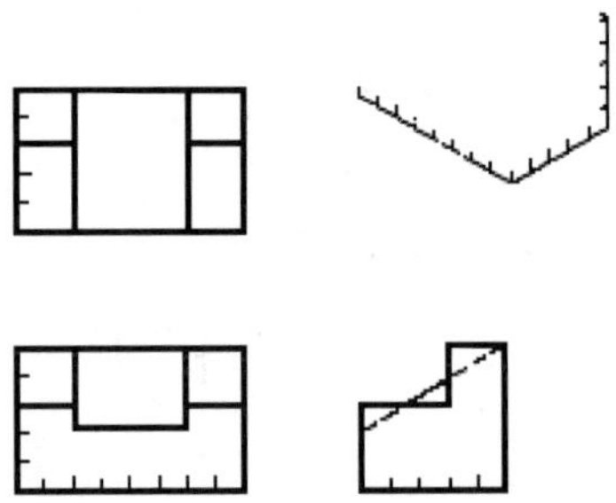

03

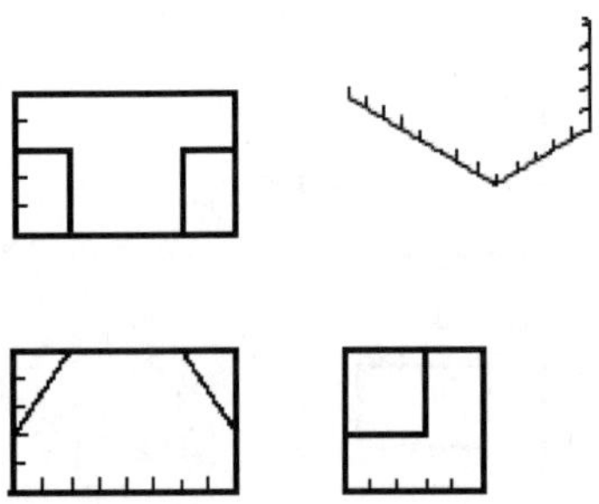

04

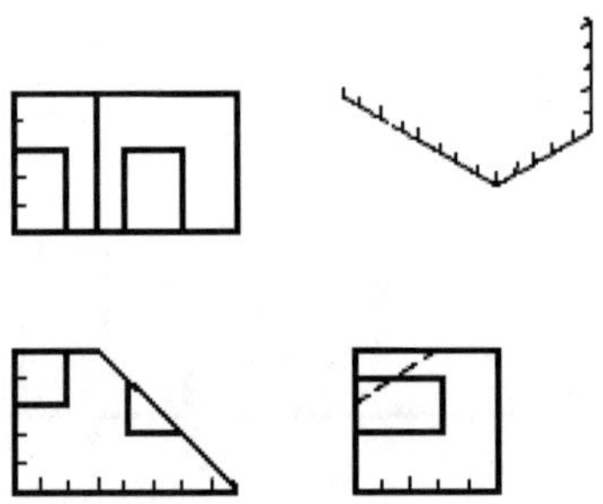

05

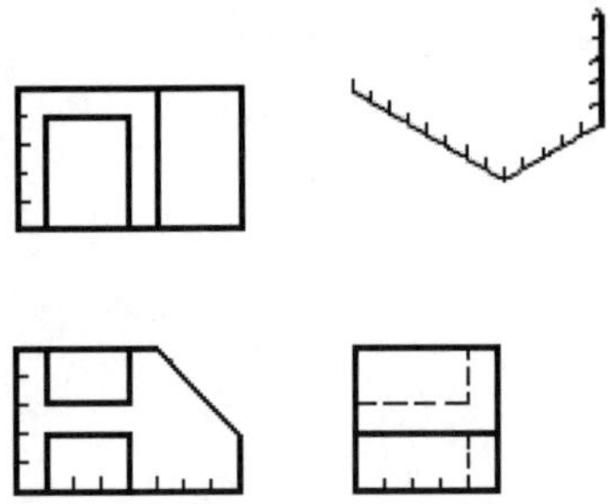

06

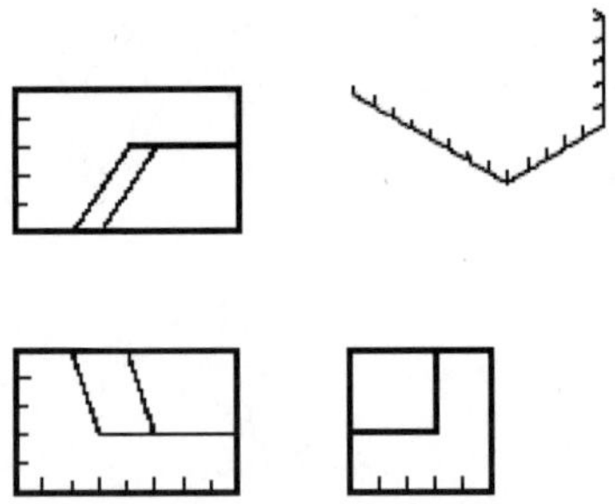

투상법 [10]

전공		학 번		학 년		반		성 명	

01 입체도로부터 제3각법에 의한 정면도와 평면도를 그리세요. F 방향에서 본 투상도를 정면도로 할 것(1눈금은 5mm로 한다).

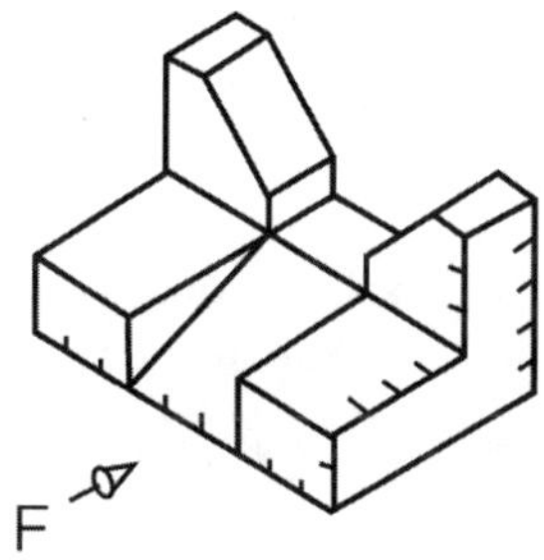

02 입체도로부터 제3각법에 의한 정면도와 평면도를 그리세요. F 방향에서 본 투상도를 정면도로 할 것(1눈금은 5mm로 한다).

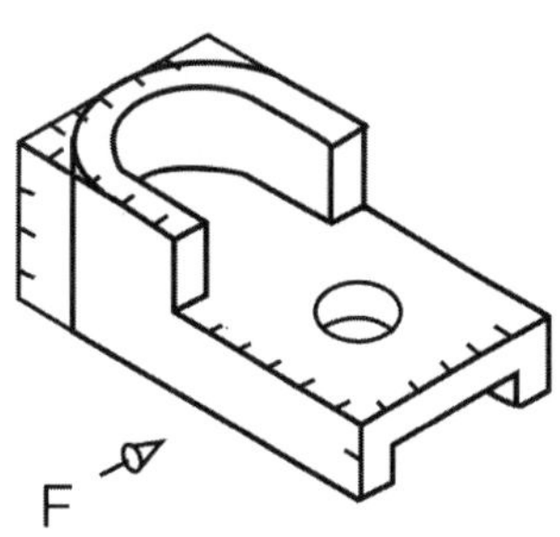

보조 투상법

전공		학 번		학 년		반		성 명	

01 F에서 본 보조 투상도를 그리세요.

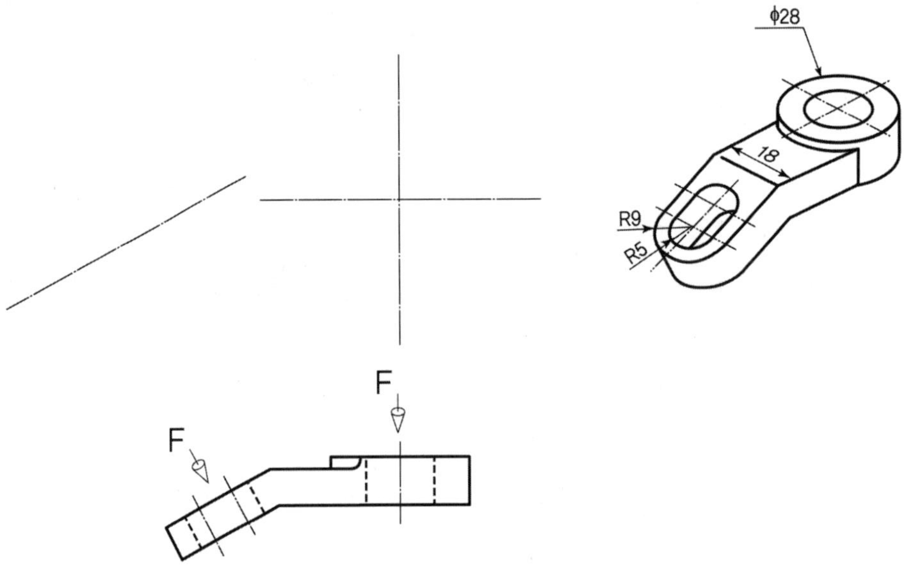

02 F에서 본 보조 투상도를 그리세요.

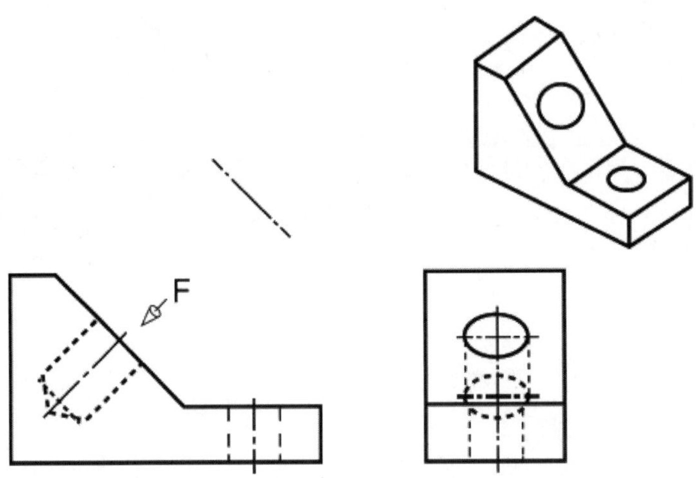

CHAPTER

03 단면도

01 단면 표시

가려져서 보이지 않는 부분을 알기 쉽게 나타내기 위하여 단면도로 나타낼 수 있다. 단면도의 도형은 절단면을 사용하여 대상물을 절단하였다고 가정하고 절단면의 앞부분을 제거하고 앞에서 설명한 2장 “3. 투상도의 표시 방법”에 따라 그린다.

02 단면도의 종류

1 온 단면도

온 단면도는 다음에 따라 그린다.

① 대상물의 기본적인 형상을 가장 좋게 표시할 수 있도록 절단면을 정하여 그린다[그림 3-1, 2]. 이 경우에는 절단선은 기입하지 않는다.

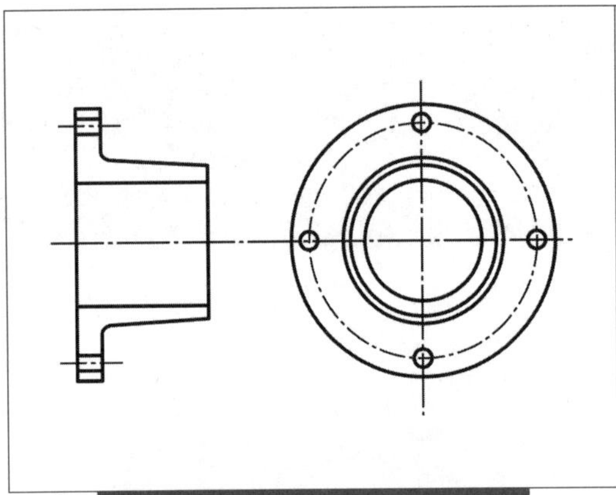

• 그림 3-1 • 온 단면도의 보기(1)

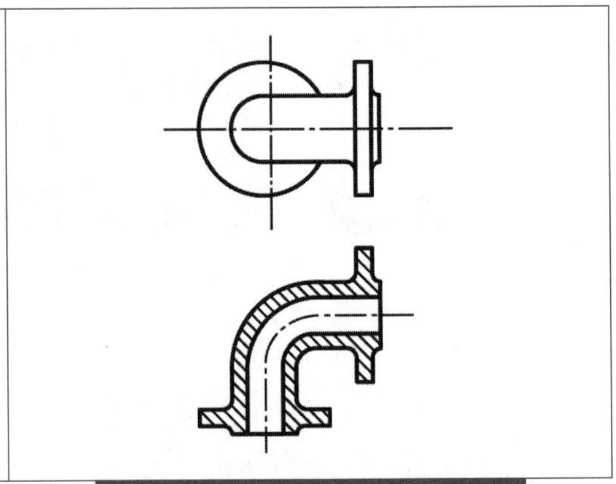

• 그림 3-2 • 온 단면도의 보기(2)

② 필요한 경우에는 특정 부분의 모양을 잘 표시할 수 있는 절단면을 설정하여 그리는 것이 좋다. 이 경우에는 절단선에 의하여 절단 위치를 나타낸다[그림 3-3].

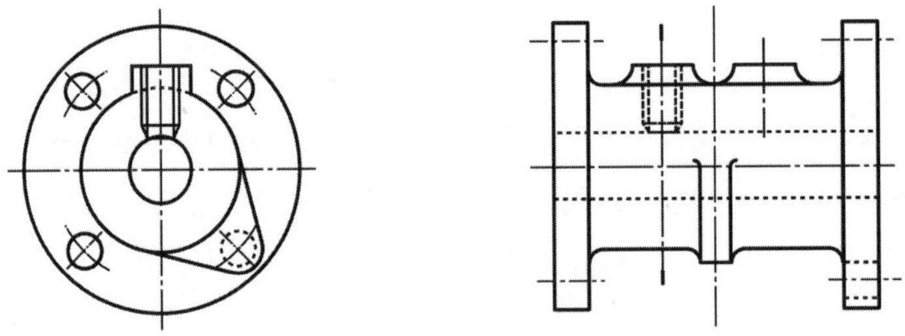

(a) (b)

• 그림 3-3 • 절단 위치를 나타내는 보기

2 한쪽 단면도

대칭형의 대상물은 외형도의 절반과 온 단면도의 절반을 조합하여 표시할 수 있다[그림 3-4].

3 부분 단면도

외형도에 있어서 필요로 하는 요소의 일부만을 부분 단면도로 표시할 수 있다. 이 경우, 파단선에 의하여 그 경계를 나타낸다[그림 3-5].

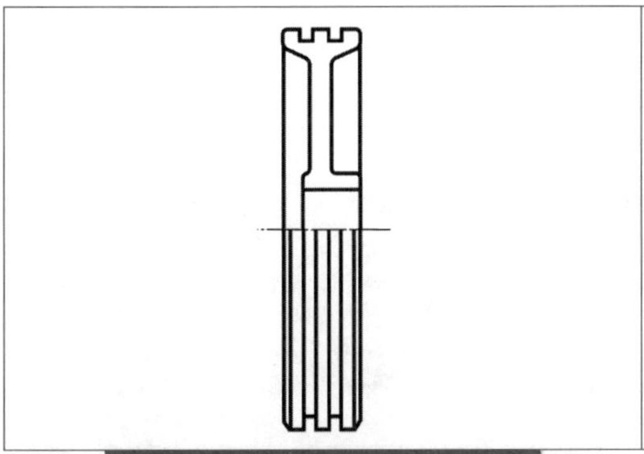

• 그림 3-4 • 한쪽 단면도의 보기

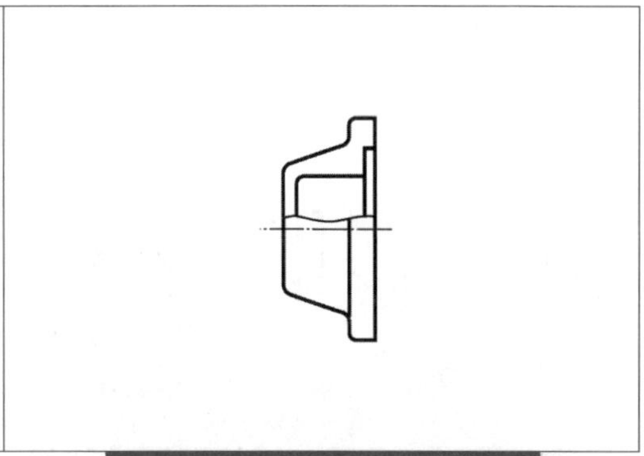

• 그림 3-5 • 부분 단면도의 보기

4 회전 도시 단면도

핸들이나 바퀴 등의 암 및 림, 리브, 축, 구조물의 부재 등의 절단면은 다음에 따라 90° 회전하여 표시하여도 좋다.

① 절단할 곳의 전후를 파단해서 그 사이에 그린다[그림 3-6].

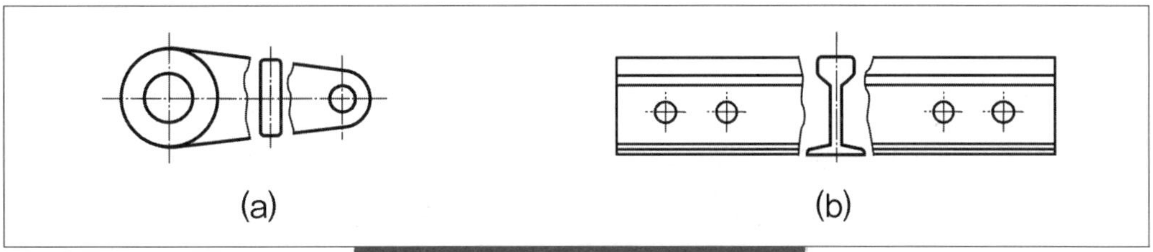

• 그림 3-6 • 파단면을 회전 도시한 보기

② 절단선의 연장선 위에 그린다[그림 3-7, 18, 19].

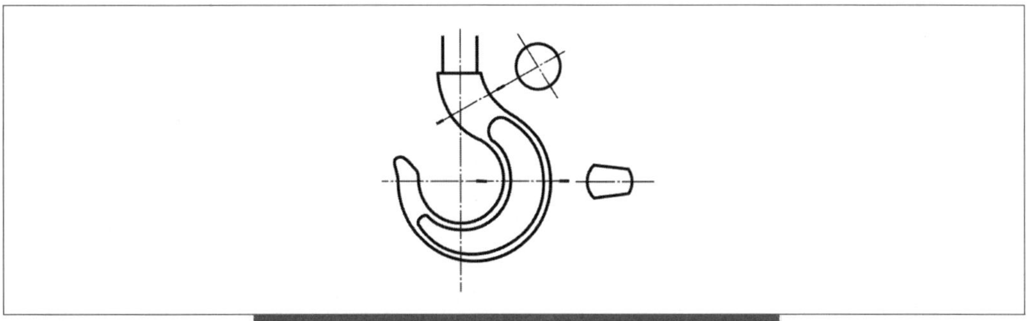

• 그림 3-7 • 절단선의 연장선상에 그린 단면의 보기

③ 도형 내의 절단한 곳에 겹쳐서 가는 실선을 사용하여 그린다[그림 3-8, 9].

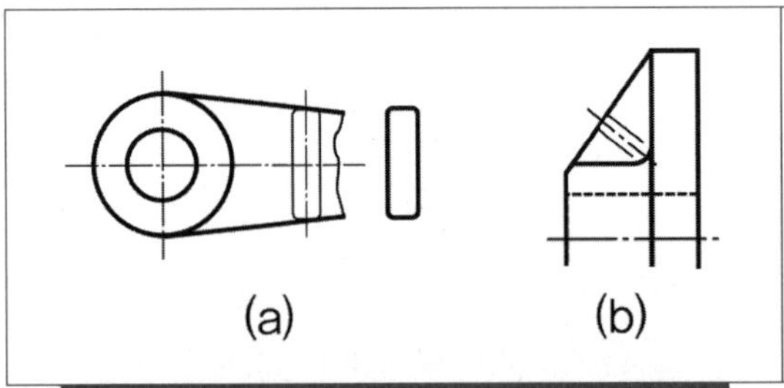

• 그림 3-8 • 절단 개소에 단면을 그린 보기(1)

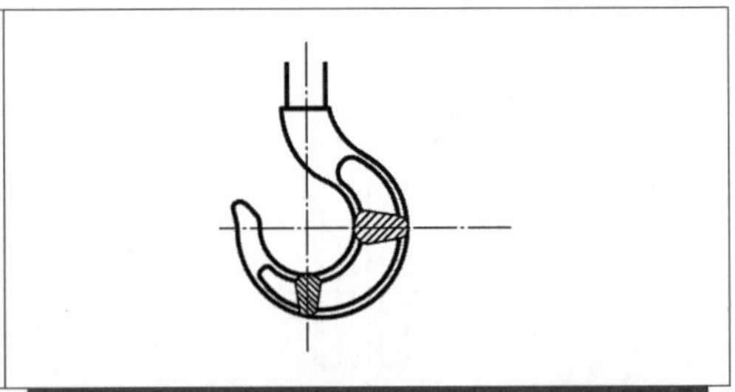

• 그림 3-9 • 절단 개소에 단면을 그린 보기(2)

5 조합에 의한 단면도

2개 이상이 절단면에 의한 단면도를 조합하여 나타내는 단면 도시는 다음에 따른다. 또한, 이와 같은 경우 필요에 따라서 단면을 보는 방향을 나타내는 화살표와 글자기호를 붙인다[그림 3-10].

1) 예각 및 직각 단면도

대칭형 또는 이에 가까운 모양을 가진 대상물의 경우에는 대칭의 중심선을 경계로 하여 그 한쪽을 투상면에 평행하게 절단하고, 다른쪽을 투상면과 어떤 각도를 이루는 방향으로 절단할 수가 있다. 이 경우, 후자의 단면도는 그 각도만큼 투상면 쪽으로 회전시켜서 도시한다[그림 3-10, 11].

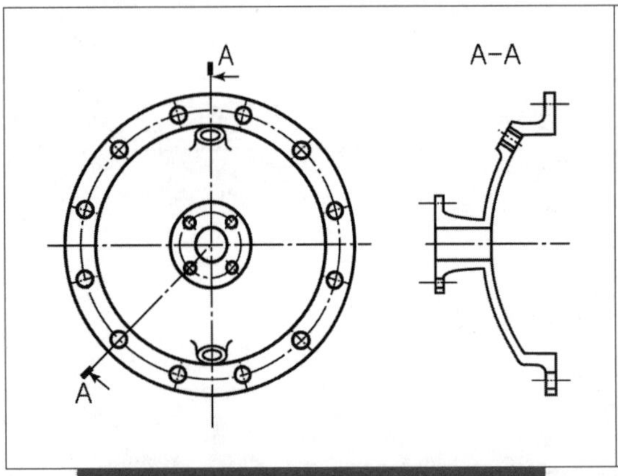

• 그림 3-10 • 조합에 의한 단면도의 보기

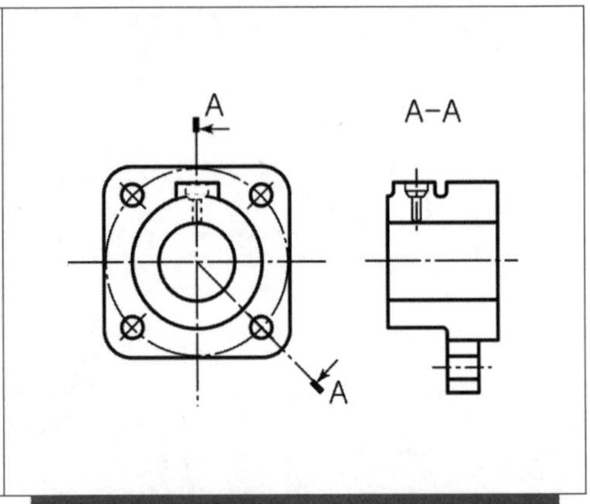

• 그림 3-11 • 회전 이동한 단면 도시의 보기

2) 계단 단면도

단면도는 평행한 2개 이상의 평면에서 절단한 단면도의 필요 부분만을 합성해서 나타낼 수 있다. 이 경우, 절단선으로 절단해서 위치를 나타내고 조합에 의한 단면도라는 것을 나타내기 위하여 2개의 절단선을 임의의 위치에서 이어지게 한다[그림 3-12].

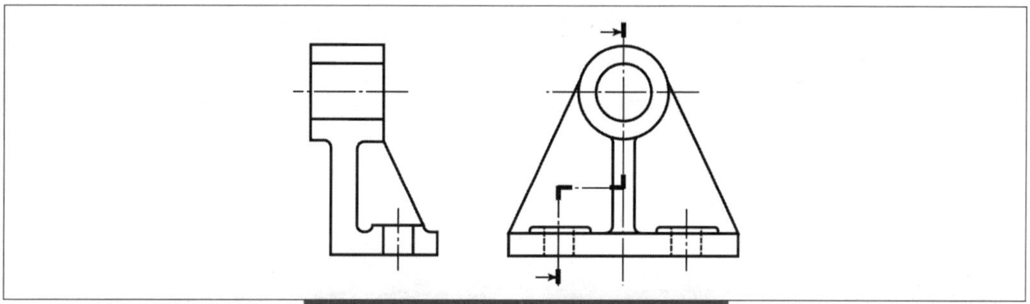

• 그림 3-12 • 조합에 의한 단면도의 보기

3) 구부러진 관 등의 단면을 표시하는 경우의 단면도

구부러진 관 등의 단면을 표시하는 경우에는 그 구부러진 중심선에 따라 절단하고, 그대로 투상할 수 있다[그림 3-13].

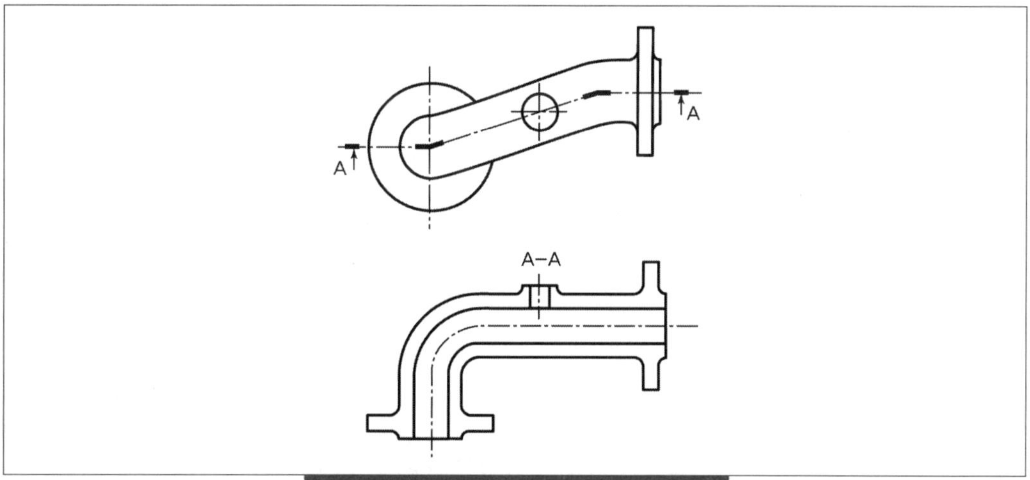

• 그림 3-13 • 구부러진 관 단면도의 보기

4) 조합 단면도

단면도는 필요에 따라 1)~3)의 방법을 조합하여 표시하여도 좋다[그림 3-14, 15].

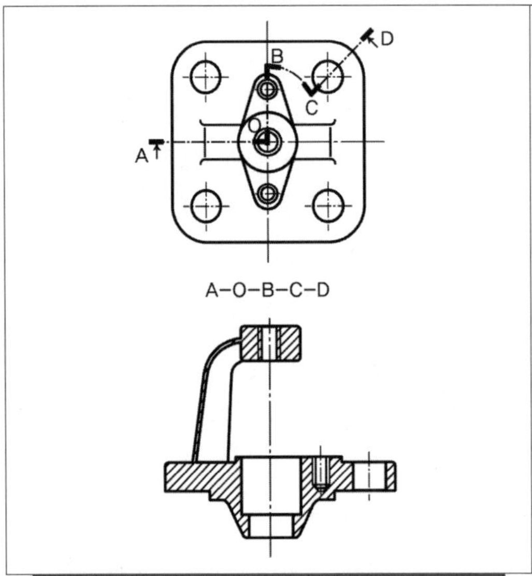

• 그림 3-14 • 단면을 조합해서 표시한 보기(1)

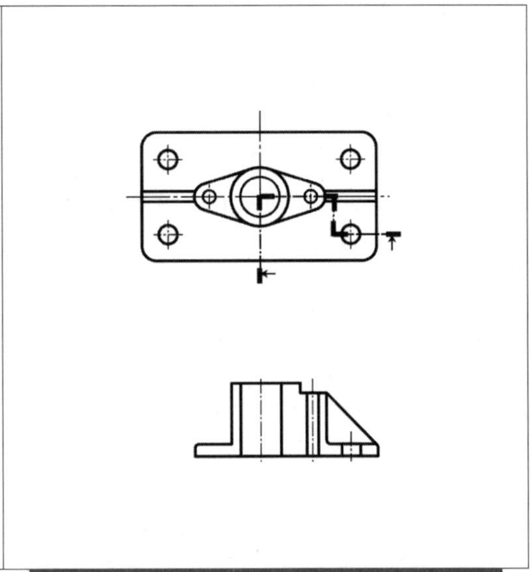

• 그림 3-15 • 단면을 조합해서 표시한 보기(2)

6 다수의 단면도에 의한 도시

다수의 단면도에 의한 도시는 다음에 따른다.

① 복잡한 모양의 대상물을 표시하는 경우, 필요에 따라 다수의 단면도를 그려도 좋다 [그림 3-16, 17].

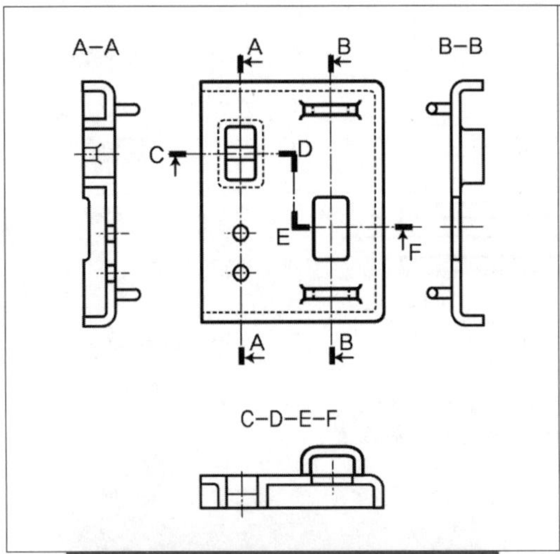

• 그림 3-16 • 다수의 단면에 의한 보기

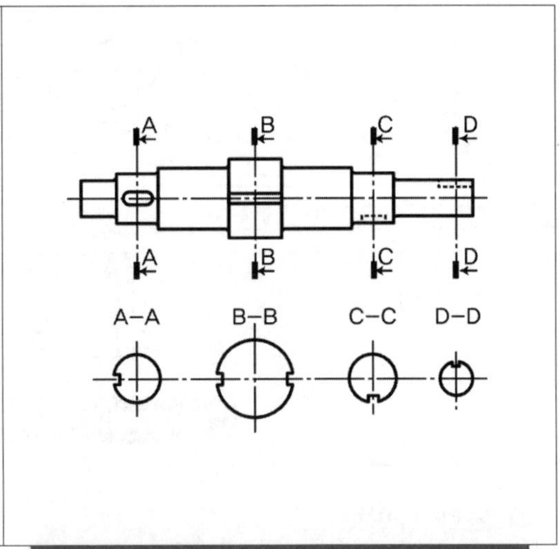

• 그림 3-17 • 절단선의 연장선상에 단면도를 배치한 보기

② 하나로 이어진 단면도는 치수의 기입과 도면의 이해에 편리하도록 투상의 방향을 맞추어서 그리는 것이 좋다. 이 경우, 절단선의 연장선상[그림 3-17] 또는 주 중심선상[그림 3-18]에 배치하는 것이 좋다.

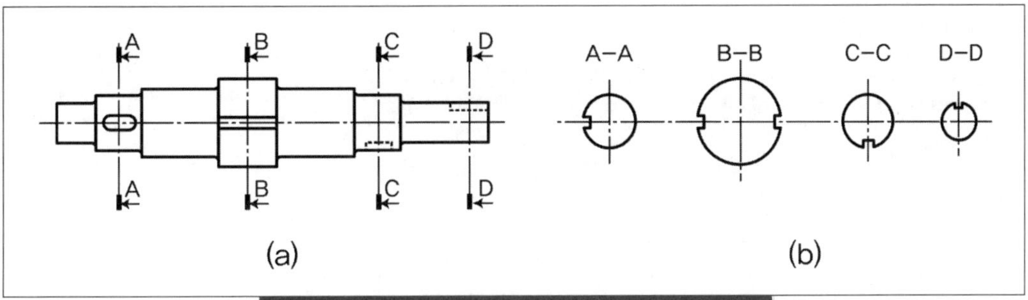

• 그림 3-18 • 주 중심선상에 단면도를 배치한 보기

③ 대상물의 모양이 서서히 변화하는 경우 다수의 단면에 의하여 표시할 수 있다[그림 3-19].

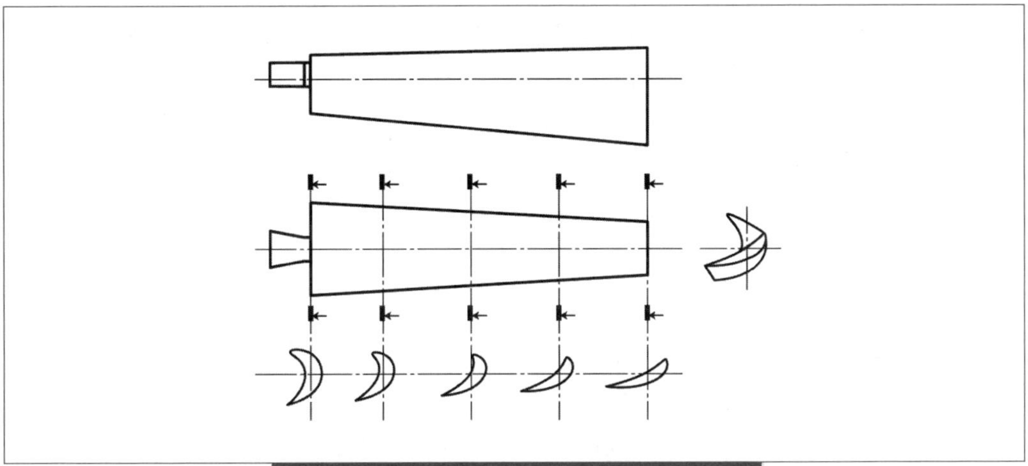

• 그림 3-19 • 서서히 변화하는 다수의 단면 보기

03 긴쪽 방향으로 절단하지 않는 것

1 일반 사항

절단하면 오히려 이해를 방해하는 것, 또는 절단하여도 의미가 없는 것은 원칙으로 긴쪽 방향으로는 절단하지 않는다[그림 3-20].

① **절단하면 오히려 이해를 방해하는 것** : 리브, 암, 기어의 이

② **절단하여도 의미가 없는 것** : 축, 핀, 볼트, 너트, 와셔, 작은 나사, 리벳, 키, 강구, 원통 롤러

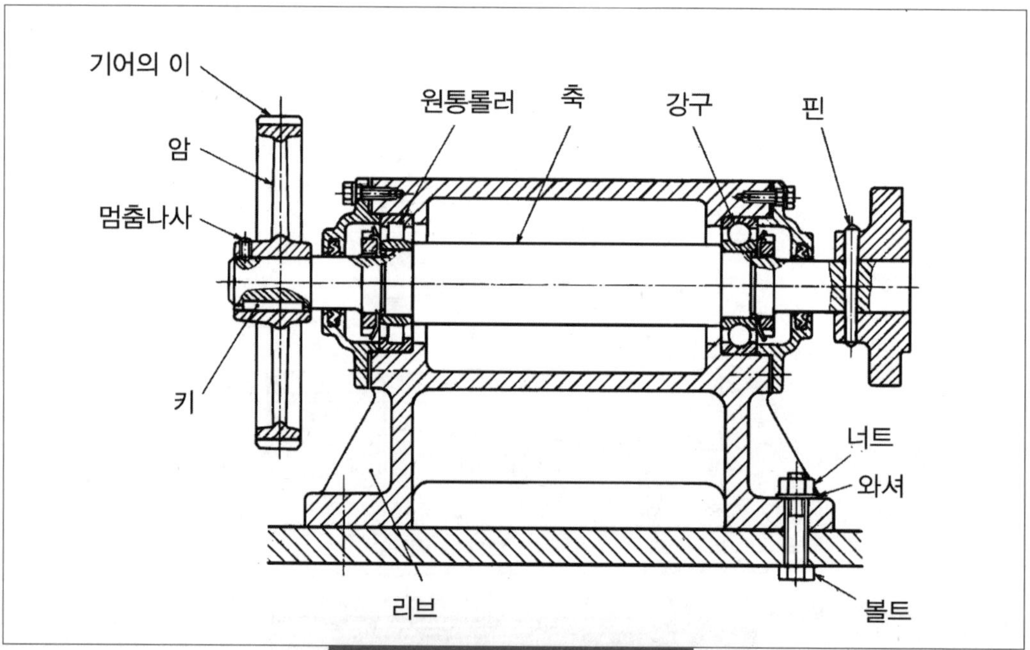

• 그림 3-20 • 절단하지 않는 보기

04 단면도의 해칭

1 단면도의 해칭

단면도의 절단면에 해칭(또는 스머징)을 할 필요가 있을 경우에는 다음에 따른다.

① 같은 절단면상에 나타나는 부품의 단면에는 같은 해칭(또는 스머징)을 한다 [그림 3-20, 23]. 다만, 계단 모양의 절단면의 각 단에 나타나는 부분을 구분할 필요가 있을 경우에는 해칭을 같은 방향으로 중복되지 않게 한다 [그림 3-21]. 또한 해칭은 주된 중심선에 대하여 45°로 하는 것이 좋다.

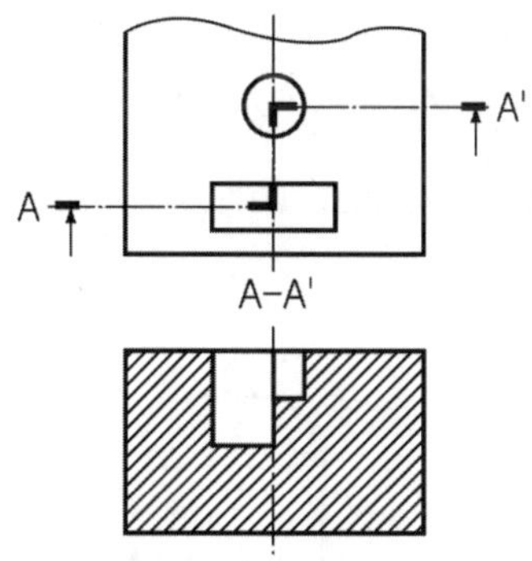

• 그림 3-21 • 단면의 지시 및 해칭이 겹치지 않는 보기

② 인접한 단면의 해칭은 선의 방향 또는 각도를 변경하든지 그 간격을 변경하여 구별한다 [그림 3-22, 23]. 또한 단면 면적이 넓은 경우에는 그 외형선에 따라서 적절한 범위에 해칭(또는 스머징)을 한다 [그림 3-23].

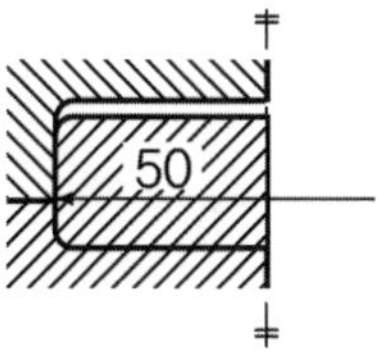

• 그림 3-22 • 선의 방향과 중단한 해칭의 보기

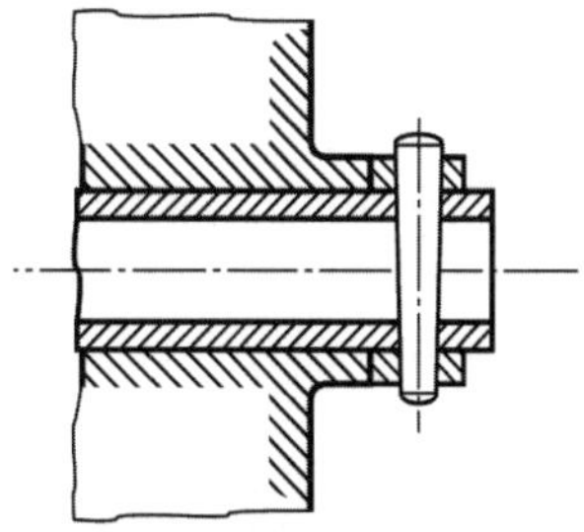

• 그림 3-23 • 외형선을 따라 선의 방향 및 간격을 변경한 해칭의 보기

③ 단면도에 재료 등을 표시하기 위하여 특수한 해칭(또는 스머징)을 하여도 좋다. 이 경우에는 그 뜻을 도면 내에 명확하게 지시하거나 해당 표준을 인용하여 나타낸다.

2 스머징

스머징은 단면 표시 방법으로 주로 단면 주변에 엷게 색연필(흑색)로 칠하는 것을 말한다.

05 얇은 두께 부분의 단면도

개스킷, 박판, 형강 등에서 절단면이 얇은 경우에는 다음에 따라 표시할 수가 있다.

① 절단면을 검게 칠한다[그림 3-24(a), (b)].

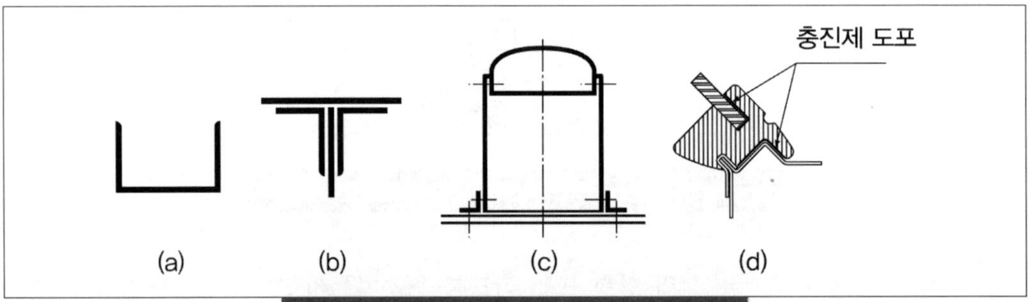

• 그림 3-24 • 얇은 두께 부분의 단면도의 보기

② 실제 치수와 관계없이 1개의 아주 굵은 실선으로 표시한다[그림 3-24(c), (d)].

또한 어떤 경우라도 이들의 단면이 인접되어 있을 경우에는 그것을 표시하는 도형 사이(다른 부분을 표시하는 도형과의 사이도 포함한다)에 약간의 간격을 둔다. 다만, 이 간격은 0.7mm 이상으로 한다.

CHAPTER 03

단면도 / 연습문제

단면도 작성법 [1]

전공		학 번		학 년		반		성 명	

다음의 단면도에서 바르게 된 것을 고르시오.

01

[A]

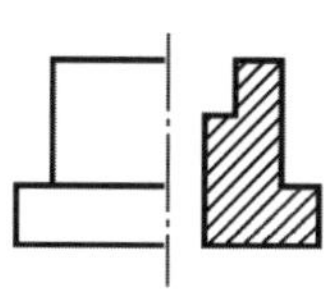

[B]

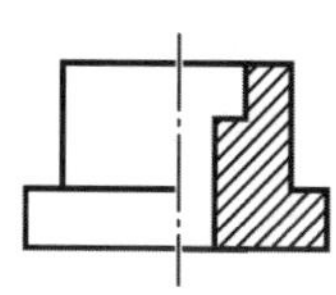

[C]

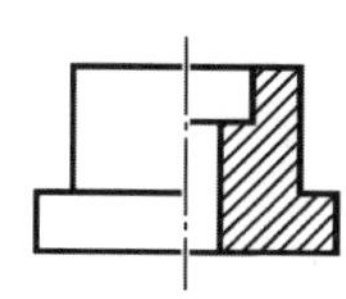

02

[A]

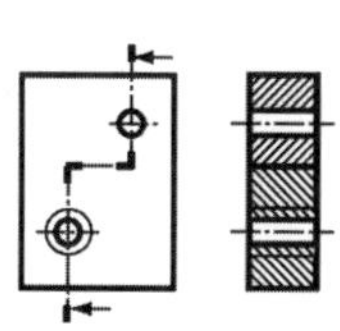

[B]

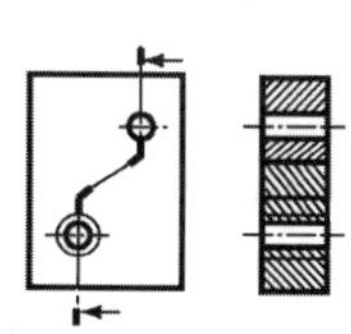

[C]

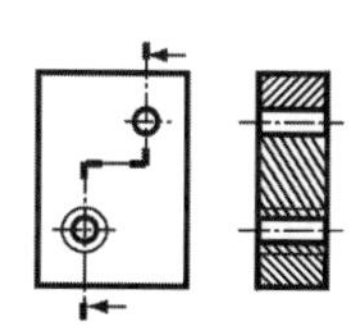

03

[A]

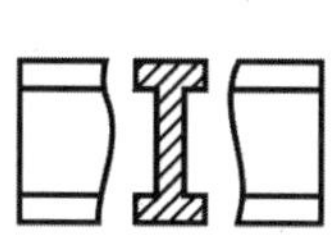

[B]

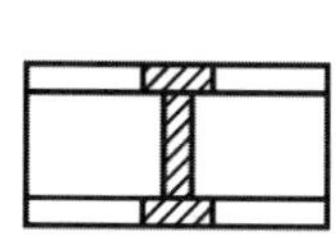

[C]

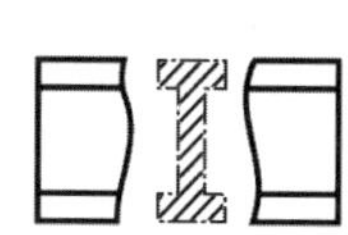

04 [A]

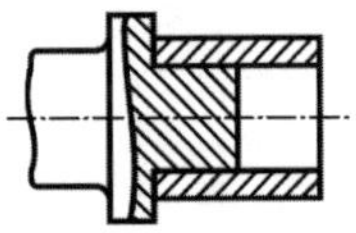

[B]

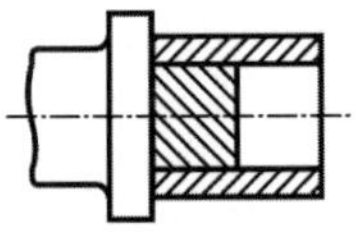

[C]

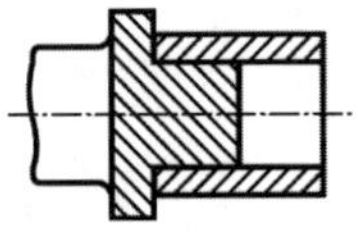

05 [A]

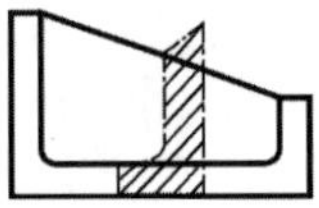

[B]

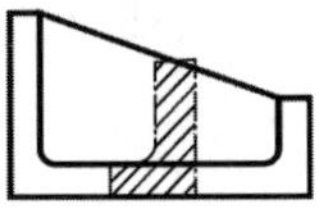

[C]

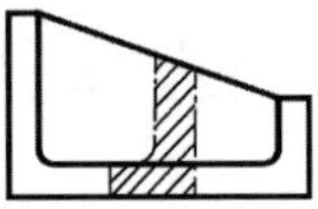

[1]		[2]		[3]		[4]		[5]	

단면도 작성법 [2]

전공		학 번		학 년		반		성 명	

지시한 대로 도면을 완성하시오.

01 정면도를 온 단면도로 나타내세요.

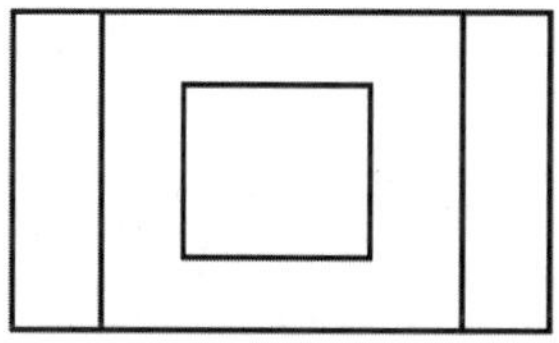

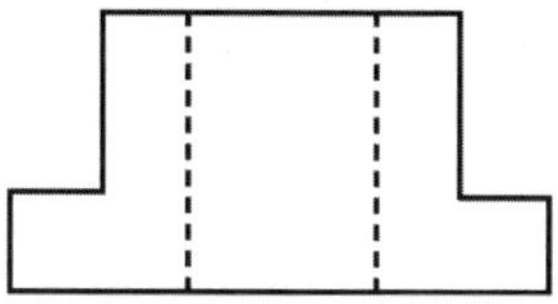

02 정면도를 한쪽 단면도로 나타내세요.

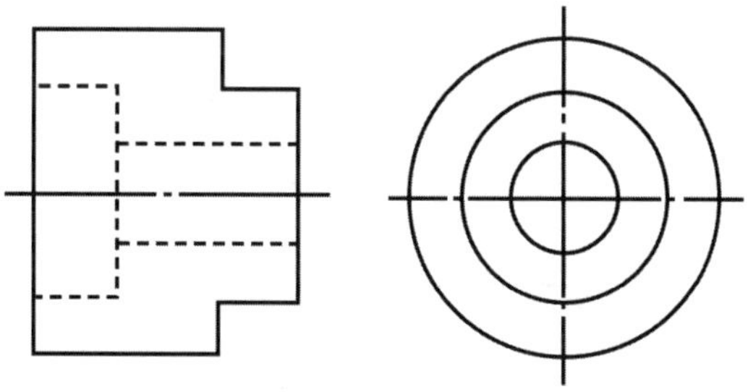

03 정면도를 온 단면도로 나타내세요.

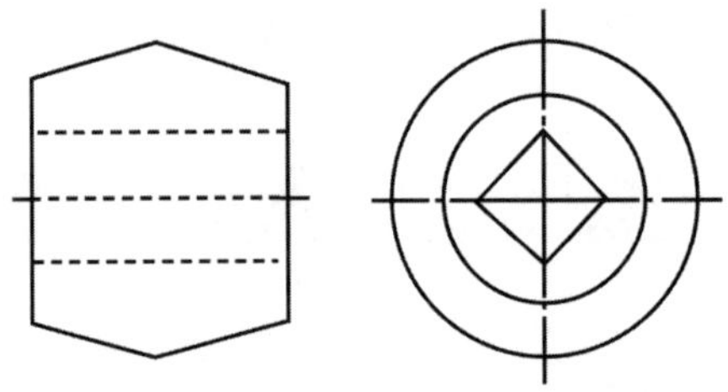

04 정면도를 한쪽단면도로 나타내세요.

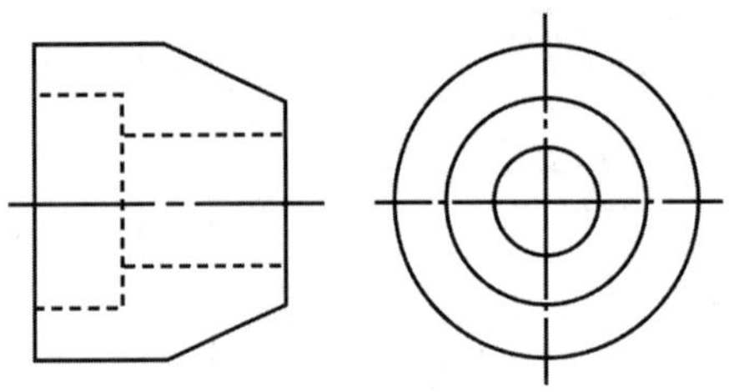

05 절단선을 기입하세요.

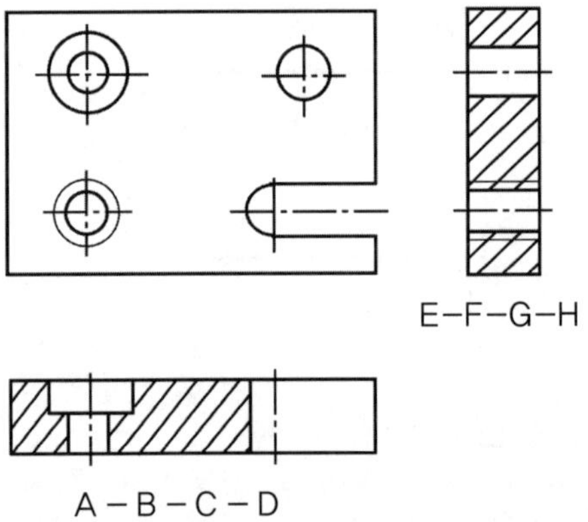

06 해칭을 기입하세요.

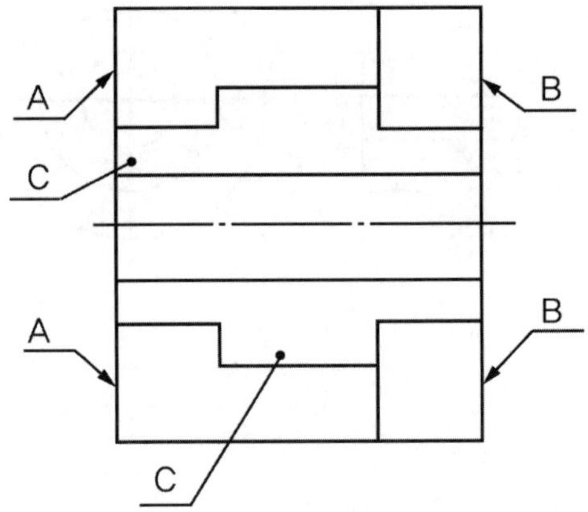

단면도 작성법 [3]

전공		학 번		학 년		반		성 명	

[1], [2], [3]은 온 단면도를 나타내고, [4], [5], [6]은 한쪽 단면도를 나타내세요.

[1]

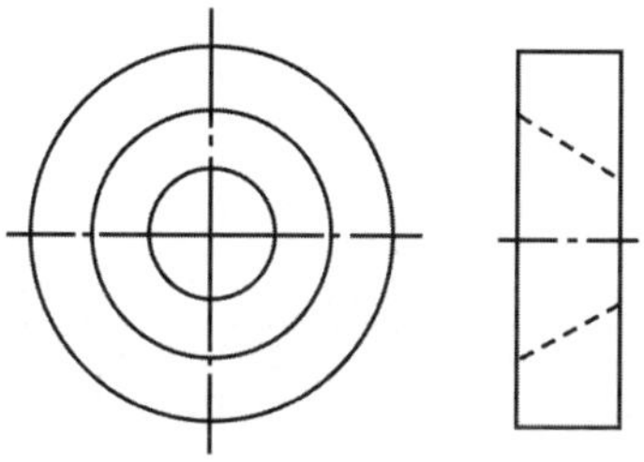

[2]

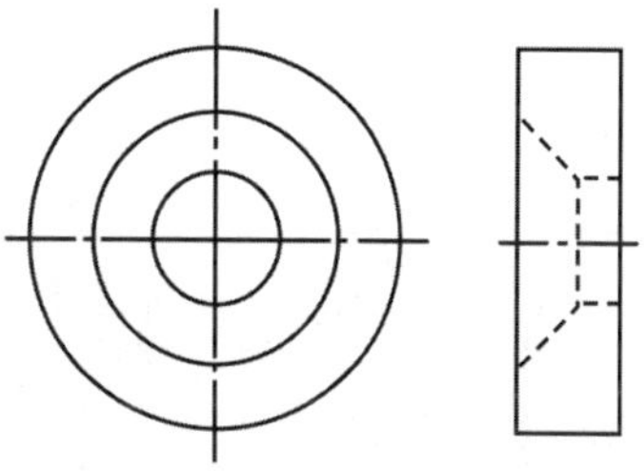

[3]

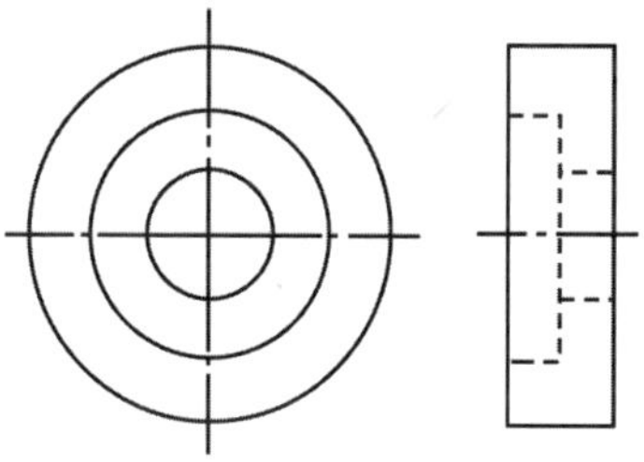

[4]

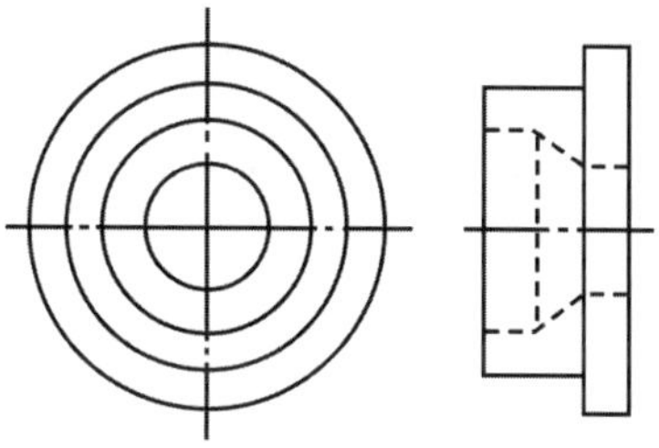

[5]

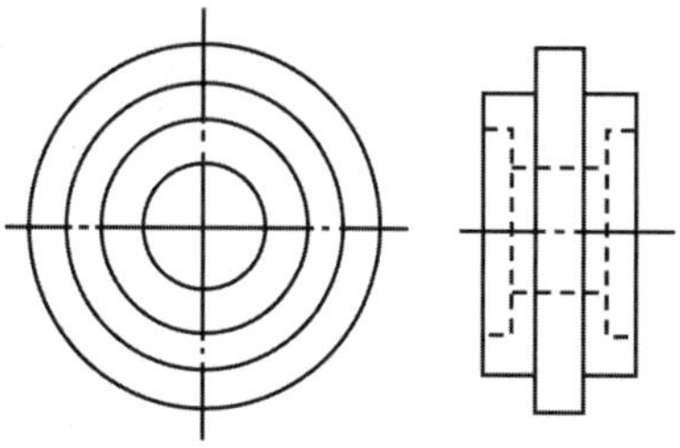

[6]

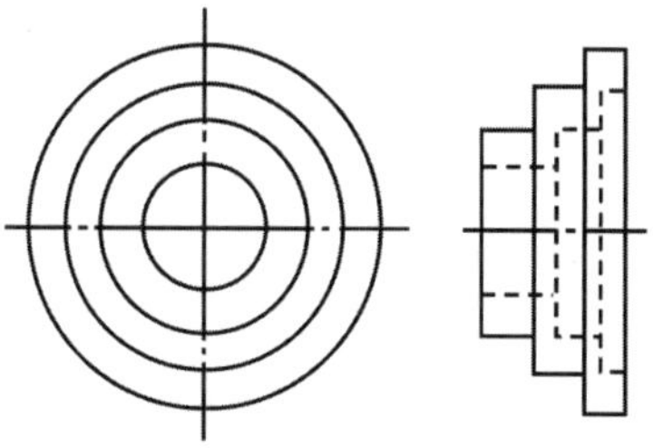

단면도 작성법 [4]

전공		학 번		학 년		반		성 명	

지시한 대로 도면을 완성하시오.

01 온 단면도로 나타내세요.

[1]

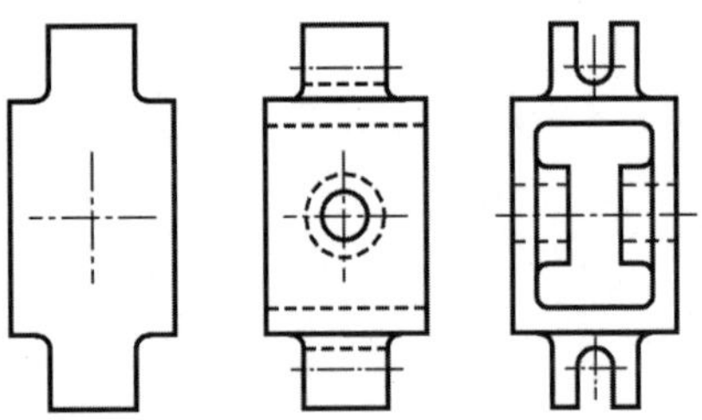

[2]

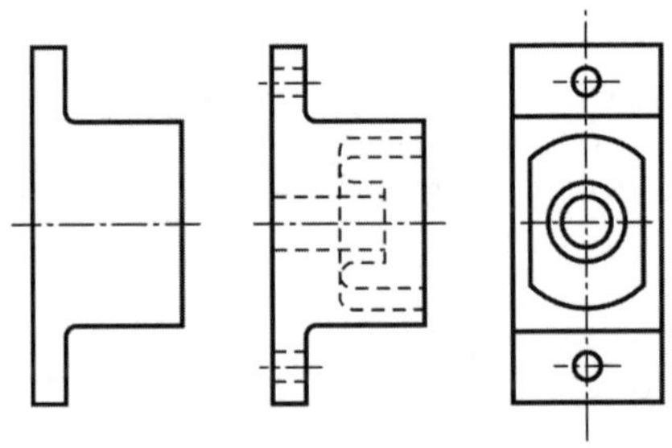

02 한쪽 단면도로 나타내세요(상측).

[1]

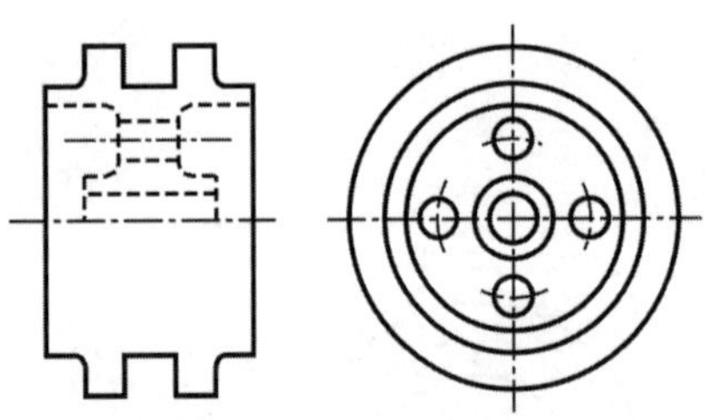

[2]

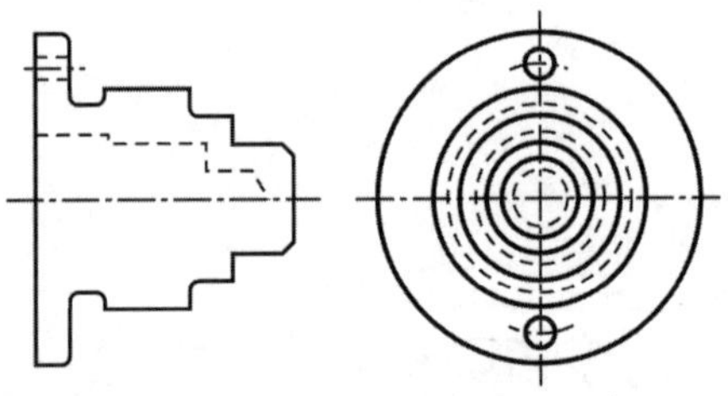

정면도를 온 단면도로 나타내세요.

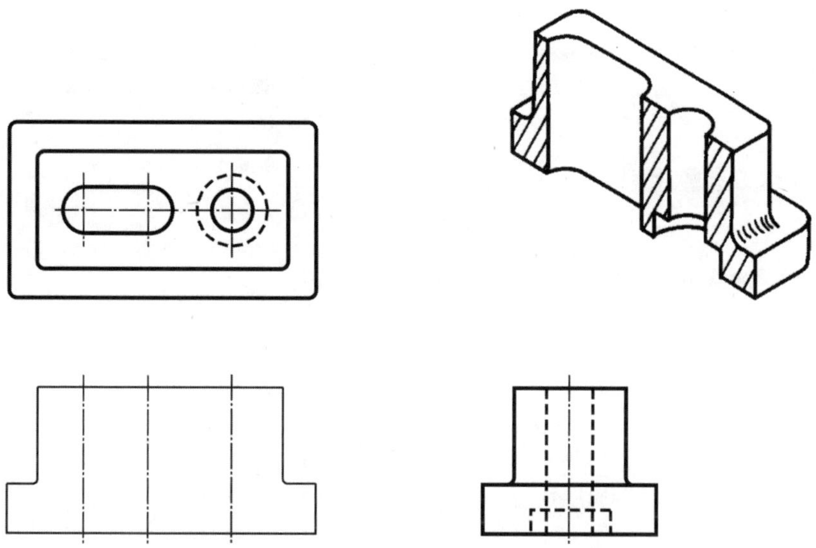

단면도 작성법 [5]

전공		학 번		학 년		반		성 명	

지시한 대로 도면을 완성하시오.

01 평행한 3평면에서 절단한 도면(단면도)을 그려라.

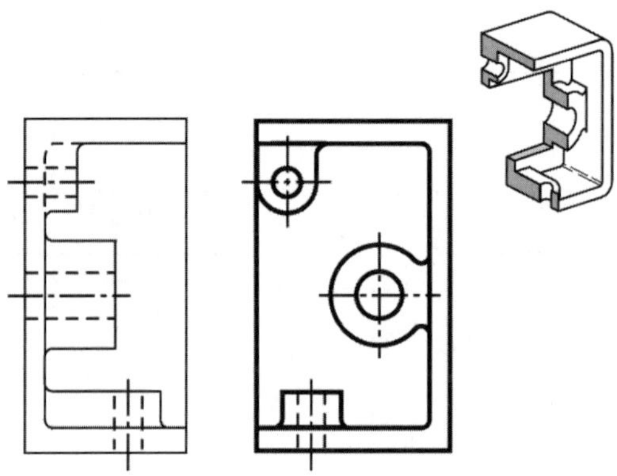

02 평행한 2평면에서 절단한 도면(단면도)을 그려라.

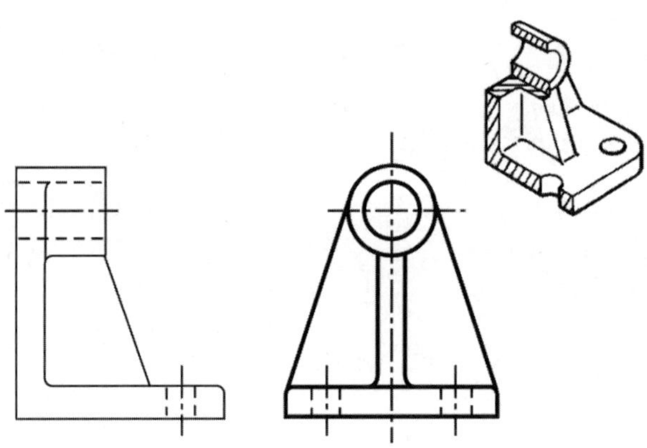

03 부분 단면도를 그려라.

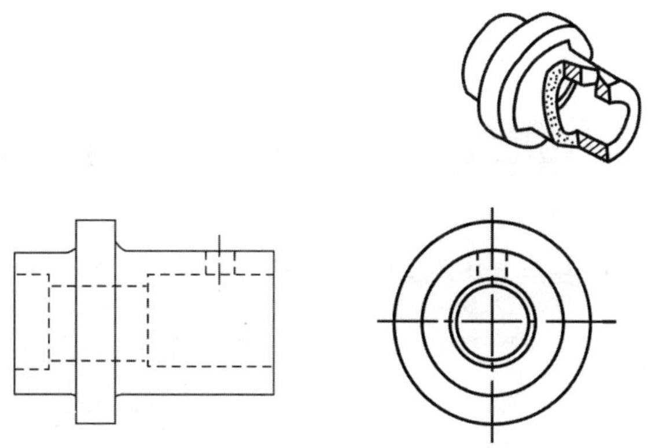

04 회전도시 단면도(평면도)를 그려라.

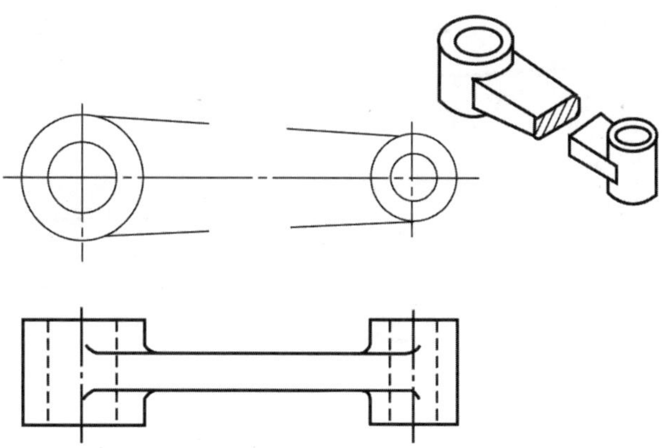

정면도를 한쪽 단면도로 나타내세요.

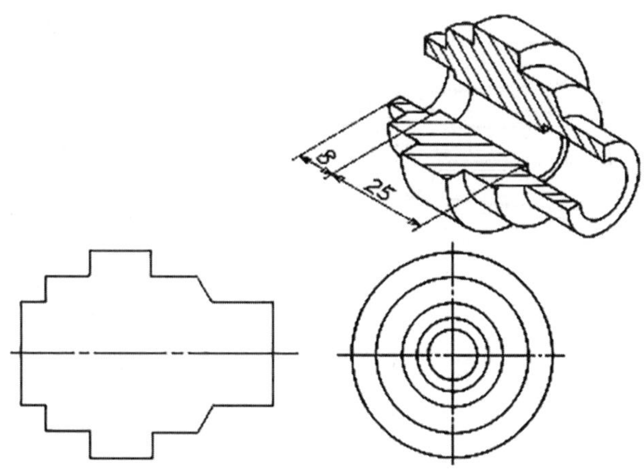

단면도 작성법 [6]

전공		학 번		학 년		반		성 명	

01 정면도를 계단 단면도로 나타내세요.

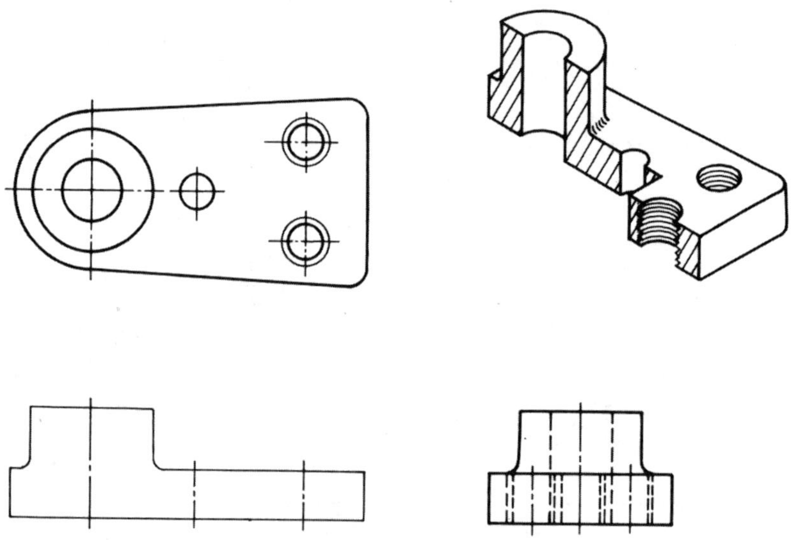

02 정면도를 회전 단면도로 나타내세요.

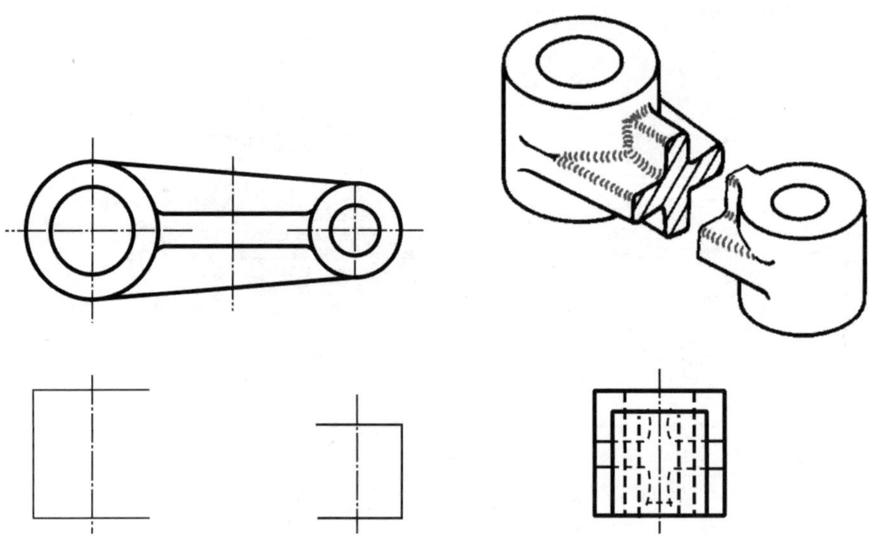

단면도 작성법 [7]

전공		학 번		학 년		반		성 명	

01 정면도를 부분 단면도로 나타내세요.

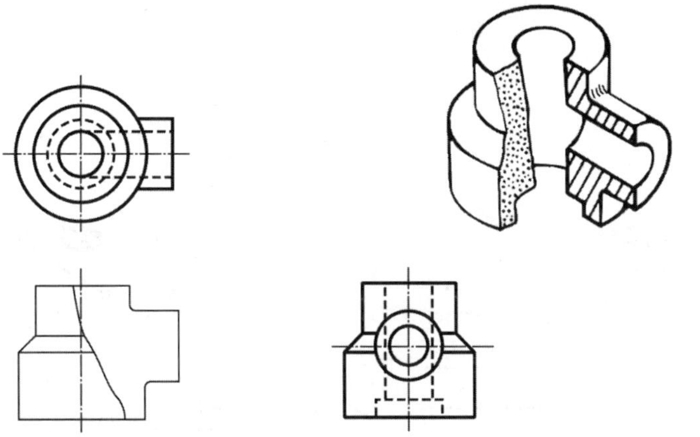

02 절단선의 부분을 뽑아내어 회전도시 단면도로 나타내세요.

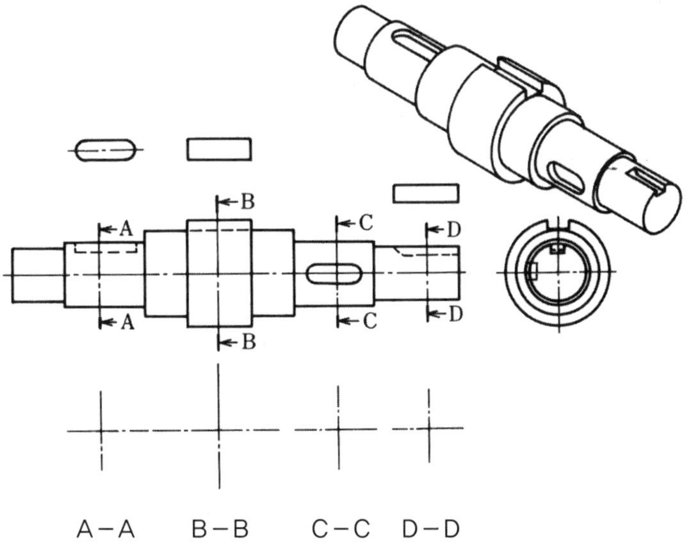

단면도 작성법 [8]

전공		학 번		학 년		반		성 명	

01 정면도를 계단 단면도로 나타내고, 절단선을 기입해 주세요.

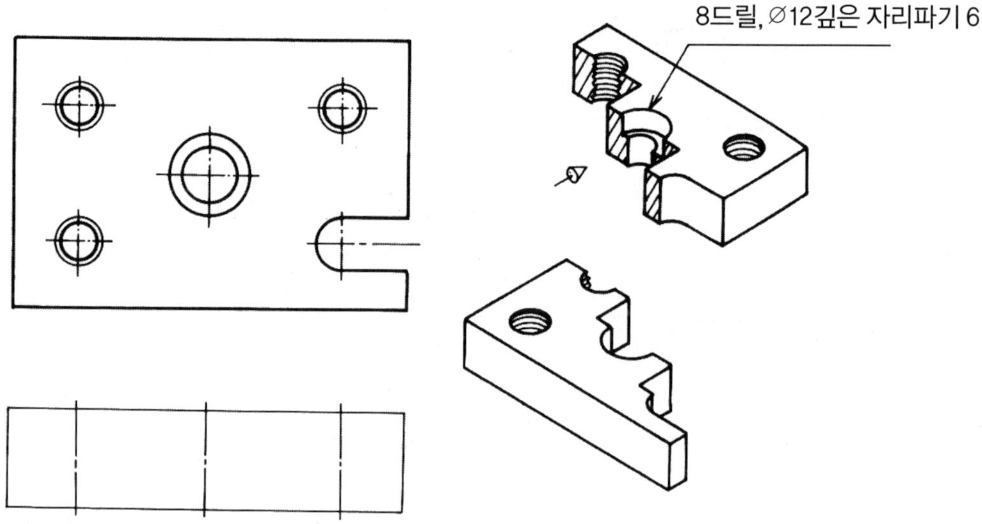

02 정면도를 회전도시 단면도로 나타내고, 절단선을 기입해 주세요.

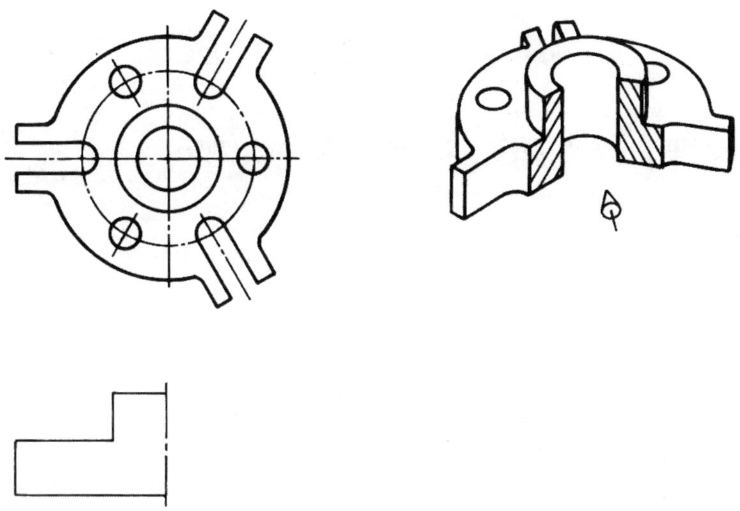

단면도 작성법 [9]

전공		학 번		학 년		반		성 명	

단면도로서 바르게 도시한 것을 찾아 아래 란에 기입하세요.

01

[A]

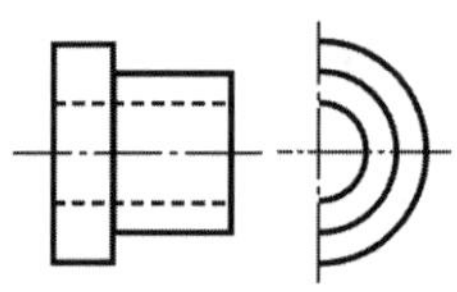

[B]

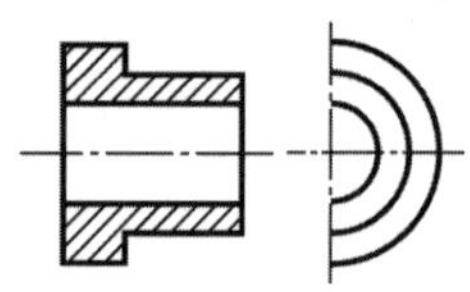

[C]

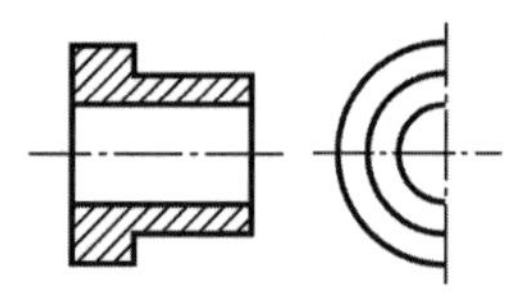

02

[A]

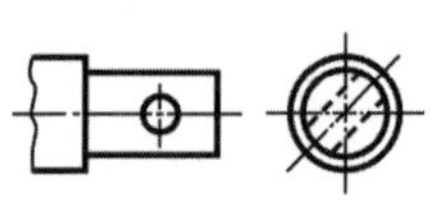

[B]

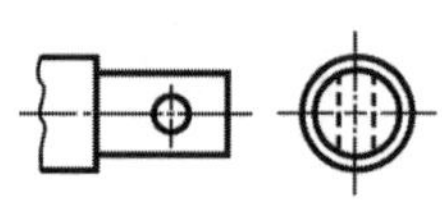

[C]

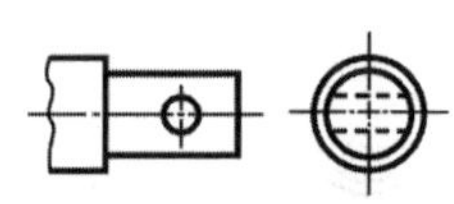

03

[A]

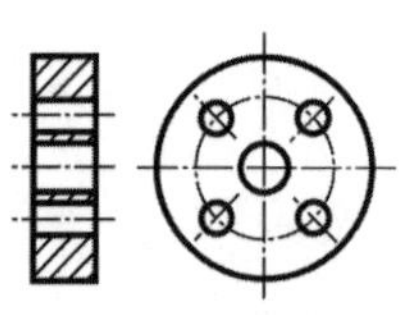

[B]

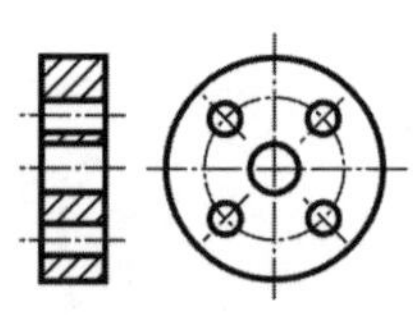

[C]

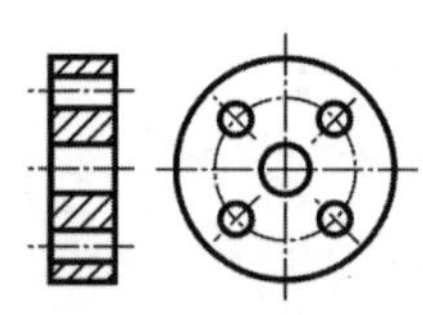

04

[A]

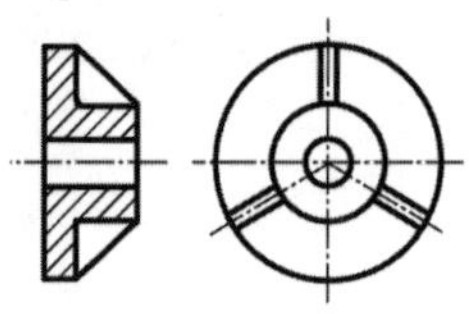

[B]

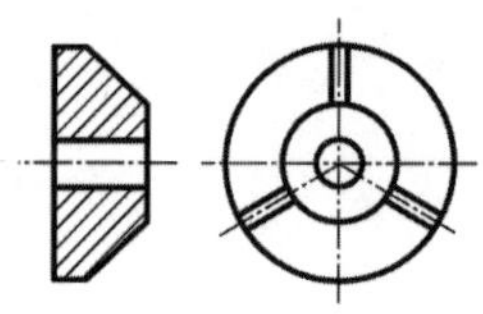

[C]

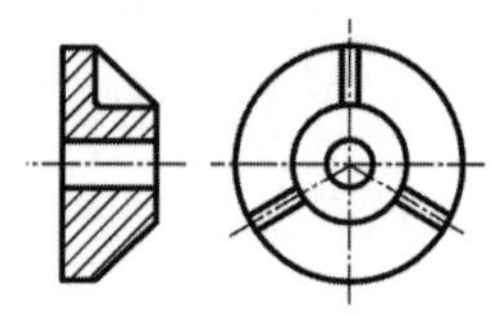

[1]		[2]		[3]		[4]	

CHAPTER

04 특수 도시법

01 도형의 생략

1 대칭 도형의 생략

도형이 대칭 형식의 경우에는 다음 중 어느 한 방법에 따라 대칭 중심선의 한쪽을 생략할 수 있다.

① 대칭 중심선의 한쪽 도형만을 그리고, 그 대칭 중심선의 양끝 부분에 짧은 2개의 나란한 가는 선(대칭 그림기호라 한다)을 그린다[그림 4-1, 2, 3].

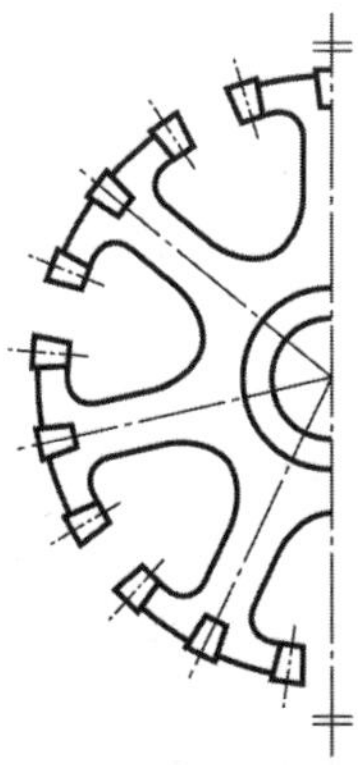

• 그림 4-1 • 대칭도시기호 지시의 보기(1)

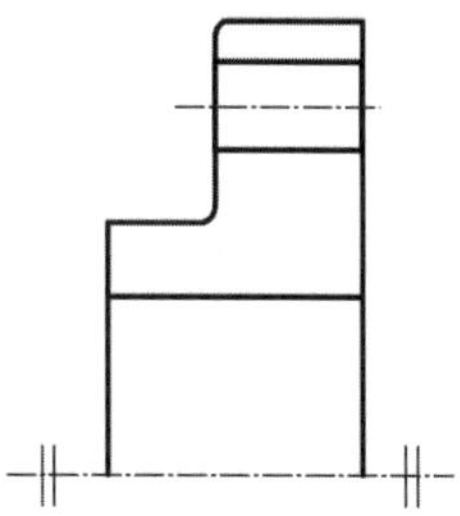

• 그림 4-2 • 대칭도시기호 지시의 보기(2)

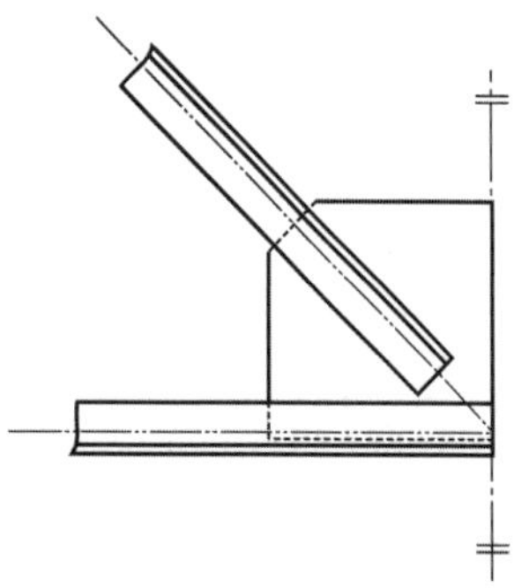

• 그림 4-3 • 대칭도시기호 지시의 보기(3)

② 대칭 중심선의 한쪽 도형을 대칭 중심선을 조금 초과한 부분까지 그린다. 이 때에는 대칭 그림기호를 생략할 수 있다[그림 4-4, 5].

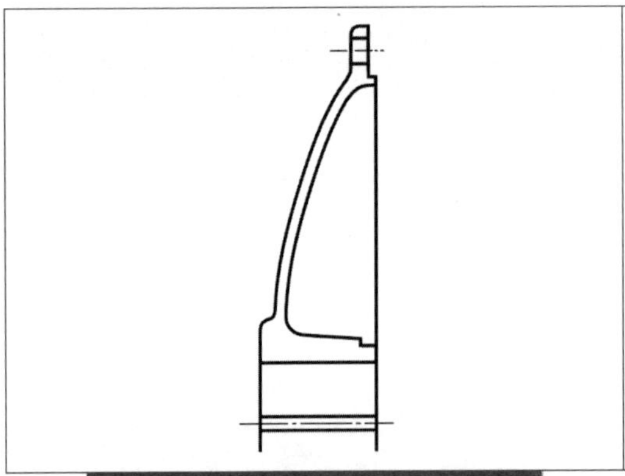

• 그림 4-4 • 대칭 도시 기호를 이용하지 않는 보기(1)

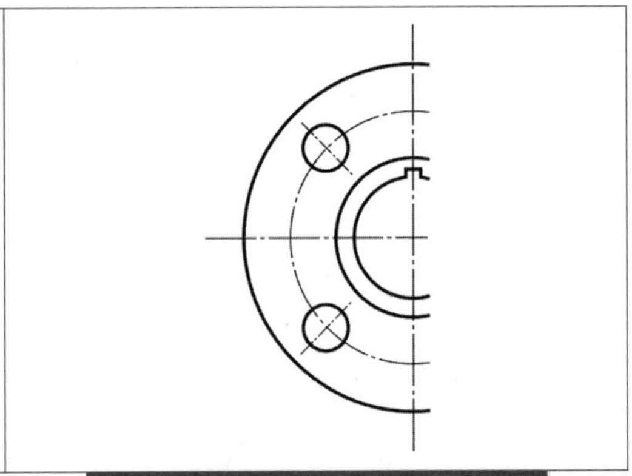

• 그림 4-5 • 대칭 도시 기호를 이용하지 않는 보기(2)

2 반복 도형의 생략

같은 종류, 같은 모양의 것이 다수 줄지어 있는 경우에는 다음에 따라 형체 도형을 생략할 수가 있다. 다만, 그림기호를 사용하여 생략할 경우에는 그 뜻을 알기 쉬운 위치에 기술하거나[그림 4-6], 지시선을 사용하여 기술한다[그림 4-7(b)].

① 실제 형상 대신 그림기호를 피치선과 중심선과의 교점에 기입한다[그림 4-6].

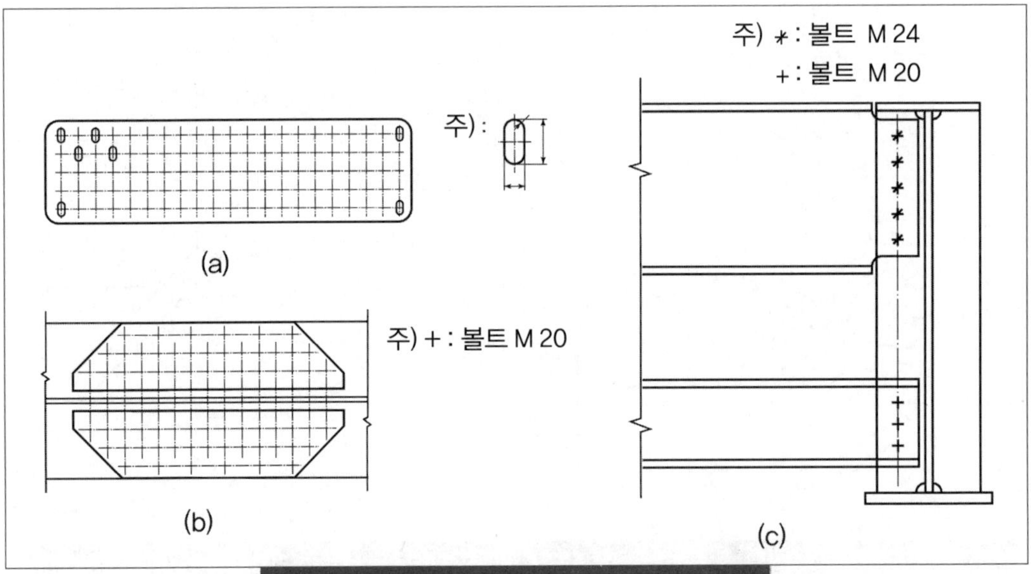

• 그림 4-6 • 그림 기호를 이용한 도형 생략의 보기

② 잘못 볼 우려가 있을 경우에는 양끝부(한끝은 1피치분), 또는 요점만을 실형 또는 도면 기호로 나타내고 다른 쪽은 피치선과 중심선과의 교점으로 나타낸다[그림 4-7]. 다만, 치수 기입에 의하여 교점의 위치가 명확할 때는 피치선에 교차되는 중심선을 생략하여도 좋다[그림 4-8]. 또, 이 경우에는 반복 부분의 수를 치수 기입 또는 주기에 의하여 지시하여야 한다.

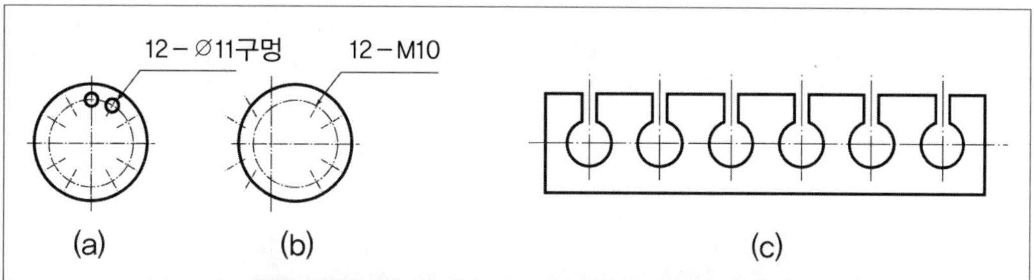

• 그림 4-7 • 중심선을 이용한 반복 도형을 생략한 보기

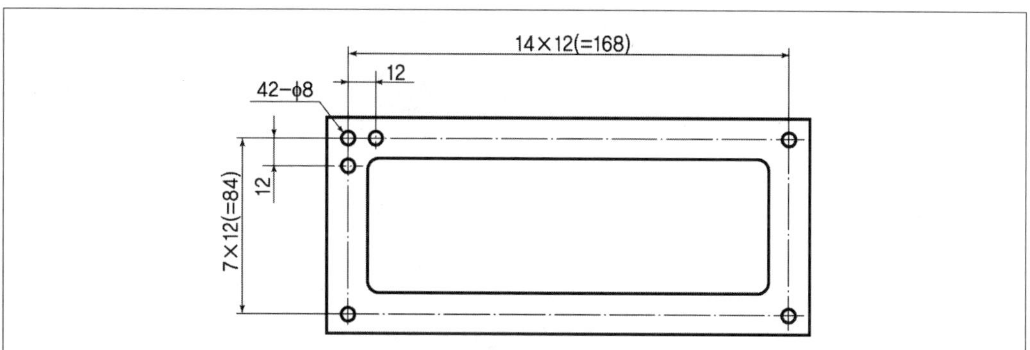

• 그림 4-8 • 치수에 의해 교점의 위치가 명확한 반복 도형을 생략한 보기

3 중간부분의 생략

동일 단면형의 부분(보기 1), 같은 모양이 규칙적으로 줄지어 있는 부분(보기 2) 또는 긴 테이퍼 등의 부분(보기 3)은 지면을 생략하기 위하여 중간 부분을 잘라내서 그 긴요한 부분만을 가까이 도시할 수가 있다.

[보기 1] 축, 봉, 관, 형강
[보기 2] 래크, 공작기계의 이송나사, 교량의 난간, 사다리
[보기 3] 테이퍼 축

이 경우 잘라 낸 끝 부분은 파단선으로 나타낸다[그림 4-9, 10, 11].

또한, 요점만을 도시하는 경우, 혼동될 염려가 없을 때는 파단선을 생략하여도 좋다[그림 4-10의 우측 부분].

또 긴 테이퍼 부분, 또는 기울기 부분을 잘라낸 도시에서는 경사가 완만한 것은 실제의 각도로 도시하지 않아도 좋다[그림 4-11(b)].

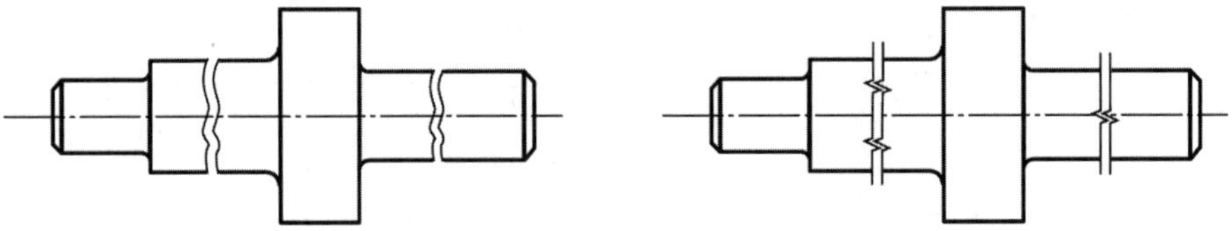

(a) (b)

• 그림 4-9 • 중간 부분 생략의 보기(1)

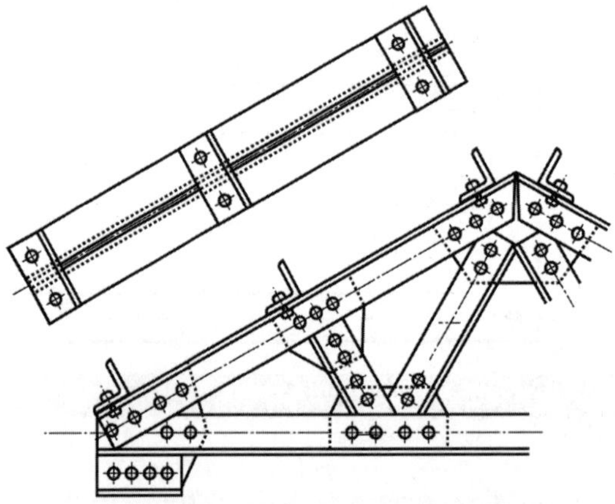

• 그림 4-10 • 중간 부분 생략의 보기(2)

(a) 경사가 급한 경우 (b) 경사가 완만한 경우

• 그림 4-11 • 테이퍼 축 중간 부분 생략의 보기

02 특별한 도시 방법

1 두 면의 교차

두 면이 교차하는 부분을 나타내는 선은 다음과 같다.

① 교차점에 곡률이 있는 경우, 대응하는 도면에 이 곡률 부분을 나타낼 필요가 있을 경우에는 [그림 4-12]와 같이 교차부의 곡률 교선의 위치에 굵은 실선으로 표시한다.

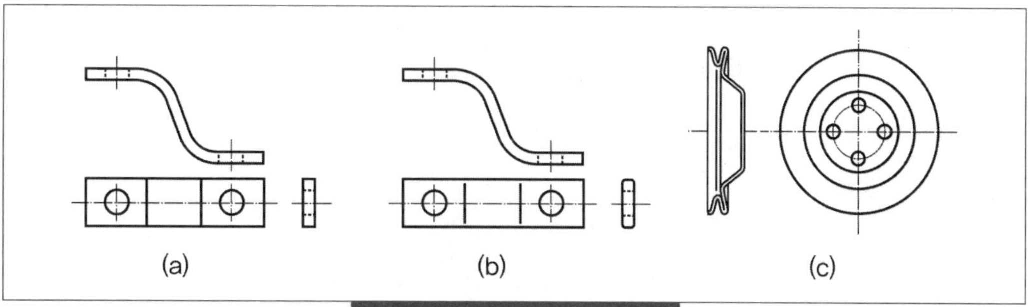

• 그림 4-12 • 교차부의 보기

② 곡면 상호 또는 곡면과 평면이 교차하는 부분의 선은 직선으로 나타내거나 [그림 4-13(a), (b), (c), (d), (e), (f)], 올바른 투영에 근사 시킨 원호로 표시한다 [그림 4-13(g), (h), (i)].

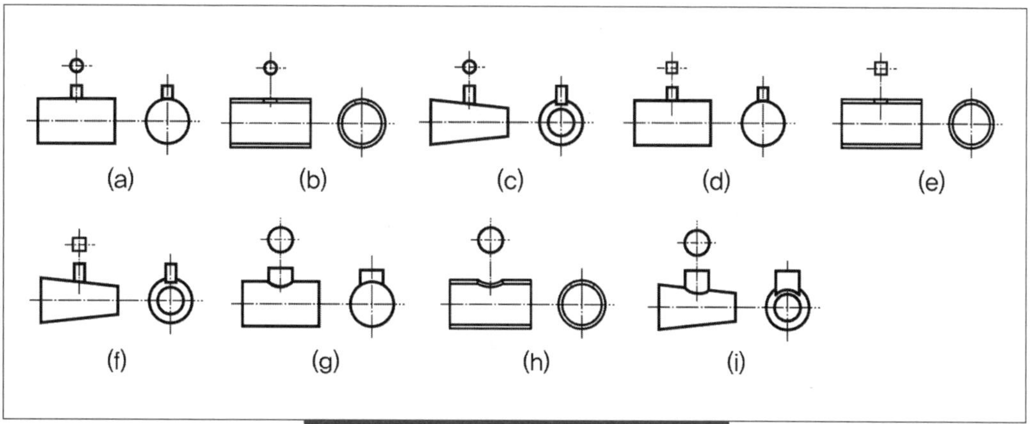

• 그림 4-13 • 교차부 생략 도시의 보기

③ 리브 등을 나타내는 선의 끝부분은 직선 그대로 끝낸다[그림 4-14(a)]. 또한 관련의 반지름이 크게 다를 경우에는 끝부분을 안쪽 또는 바깥쪽으로 구부리고 정지하여도 좋다[그림 4-14(b), (c)].

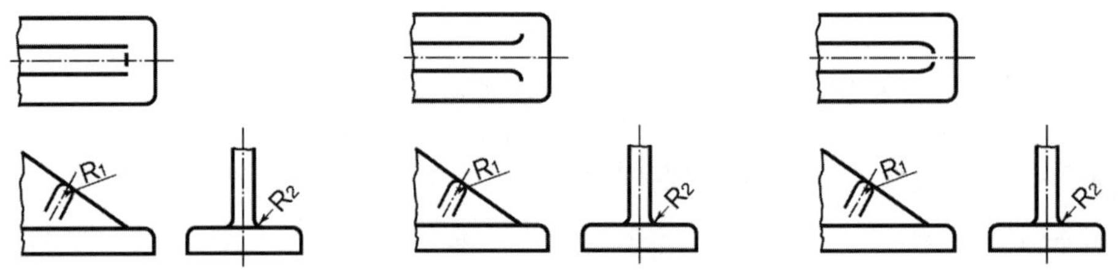

(a) 일반의 경우 (b) $R_1 < R_2$의 경우 (b) $R_1 > R_2$의 경우

• 그림 4-14 • 리브 교차부 간략 도시의 보기

2 평면 부문

도형 내의 특정한 부분이 평면이란 것을 표시할 필요가 있을 경우에는 가는 실선으로 대각선을 기입한다[그림 4-15].

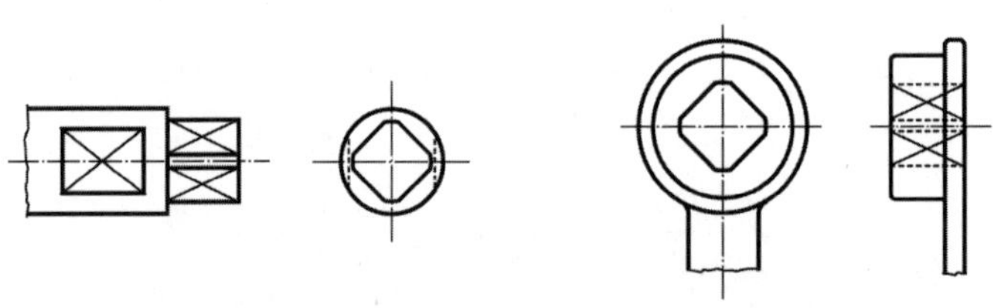

(a) (b)

• 그림 4-15 • 평면 부문 표시방법의 보기

3 전개 도시

판을 구부려 만드는 대상물 또는 면으로 구성되는 대상물의 펼친 형상을 나타낼 필요가 있을 경우에는 전개도로 나타낸다. 이 경우, 전개도의 위쪽 또는 아래쪽 하나로 통일해서 "전개도"라고 기입하는 것이 좋다[그림 4-16].

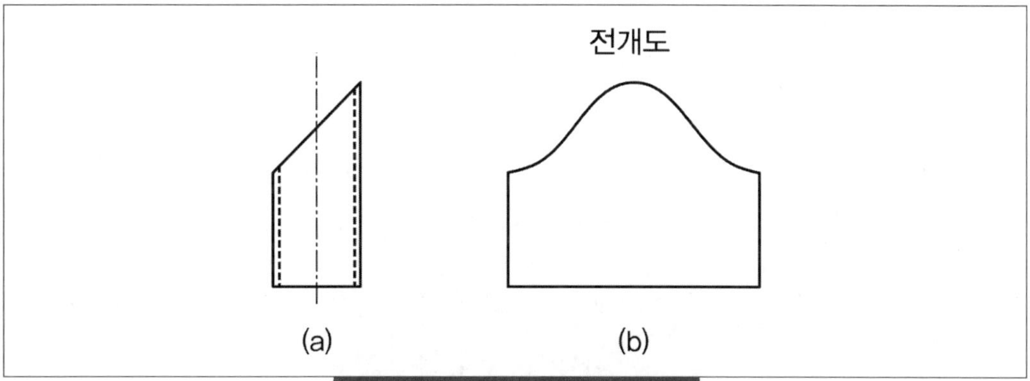

• 그림 4-16 • 전개도 도시의 보기

4 가공 · 처리 범위의 한정

① 대상물의 면의 일부분에 특수한 가공을 하는 경우에는 그 범위를 외형선에 평행하게 조금 떨어진 곳에 굵은 일점 쇄선으로 나타낼 수 있다[그림 4-17(a)].
② 도형 중 특정 범위 또는 영역을 지시할 필요가 있을 경우에는 그 범위를 굵은 일점 쇄선으로 둘러싼다[그림 4-17(b)].
③ 이들의 경우 특수한 가공에 관한 필요 사항을 지시한다.

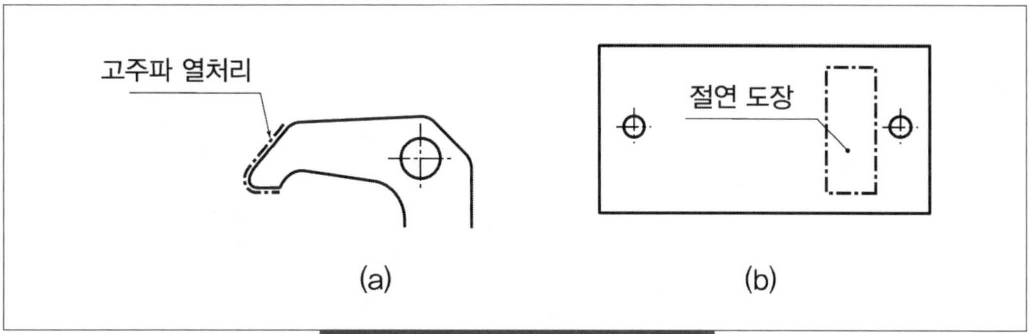

• 그림 4-17 • 한정 범위 지시의 보기

5 가공부의 표시

가공부의 표시는 다음과 같다.

① 용접 부품의 용접 부분을 참고로 표시할 필요가 있는 경우에는 다음 예에 따른다.
㉮ 용접 부재의 중복 관계를 나타내는 경우에는 [그림 4-18]의 보기에 따른다.

㉯ 용접 구성부재의 중복 관계, 용접의 종류 및 크기를 나타낼 경우에는 [그림 4-19(a)]의 용접 기호를 이용한 지시로, 조립도와 같이 용접치수가 필요하지 않는 경우는 [그림 4-19(b)]의 예와 같이 용접 부위를 채우고 지시할 수 있다.

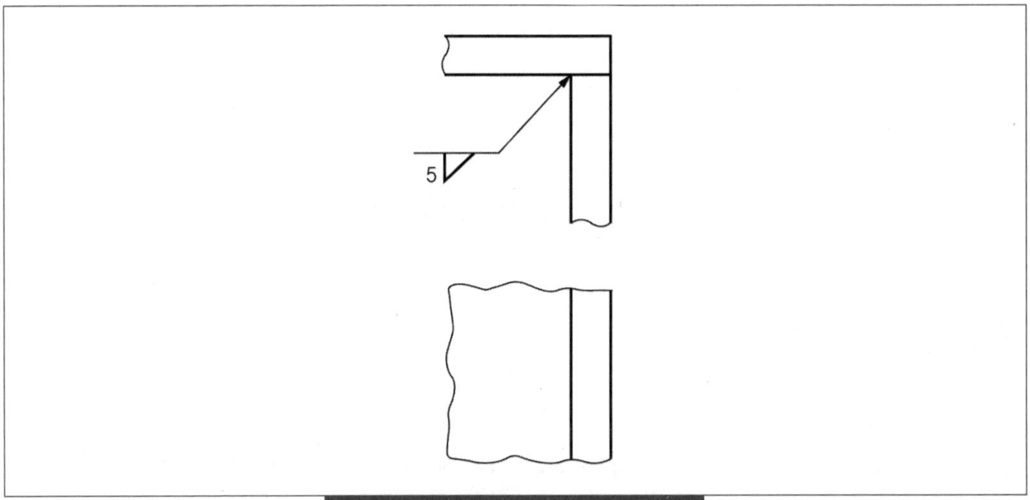

• 그림 4-18 • 용접 지시의 보기(1)

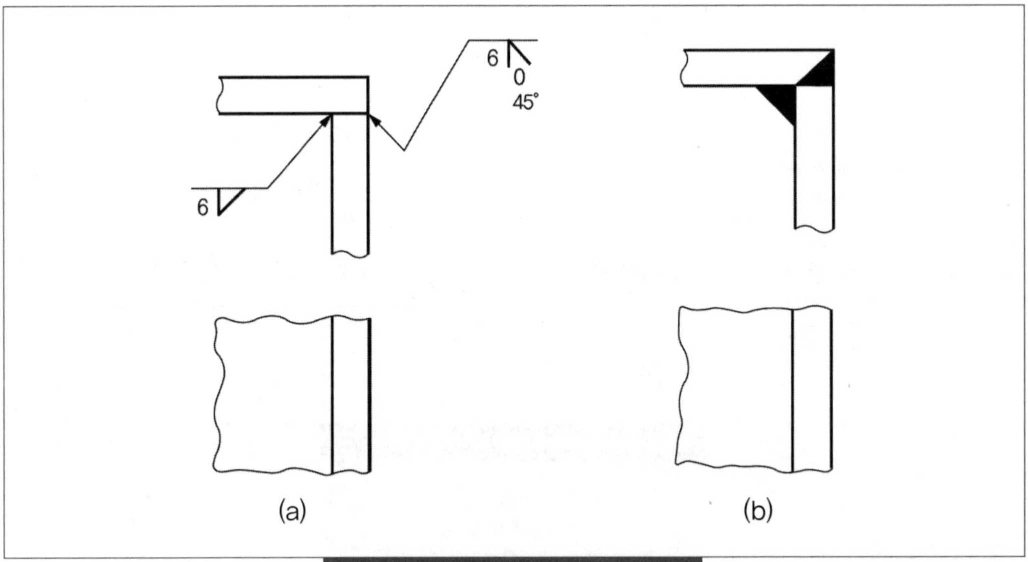

• 그림 4-19 • 용접 지시의 보기(2)

② 박판의 강도를 증가시키는 용접 구조의 지시 보기를 [그림 4-20]에 나타내고 있다.

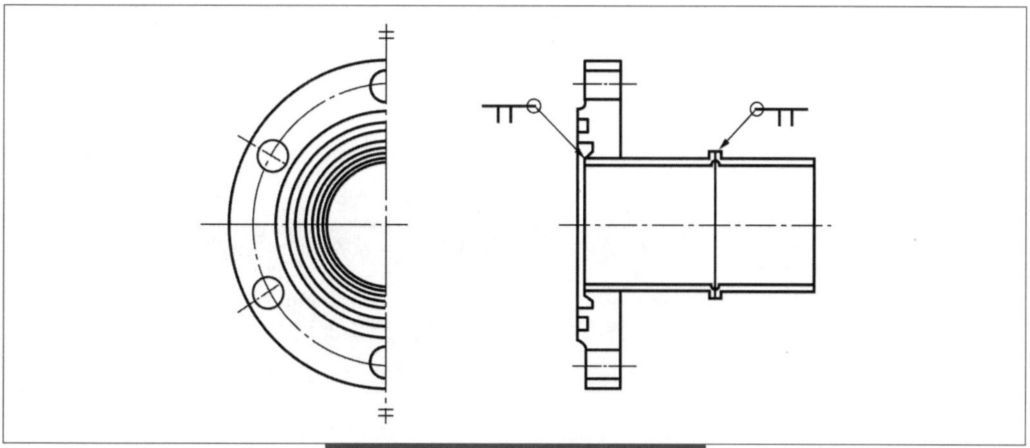

• 그림 4-20 • 용접 구조 지시의 보기

③ 널링 가공 한 부분, 철망, 무늬 강판 등의 특징을 외형의 일부분에 그 모양을 그려서 나타내도 좋다. 이 경우에는 다음 예에 의한 것이 좋다[그림 4-21, 22, 23].

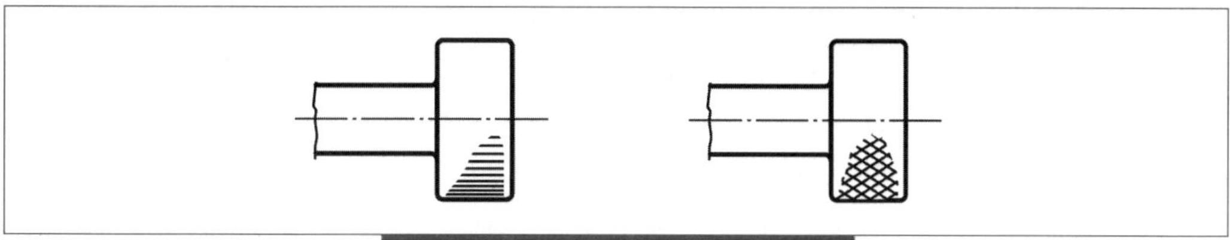

• 그림 4-21 • 널링 가공 도시의 보기

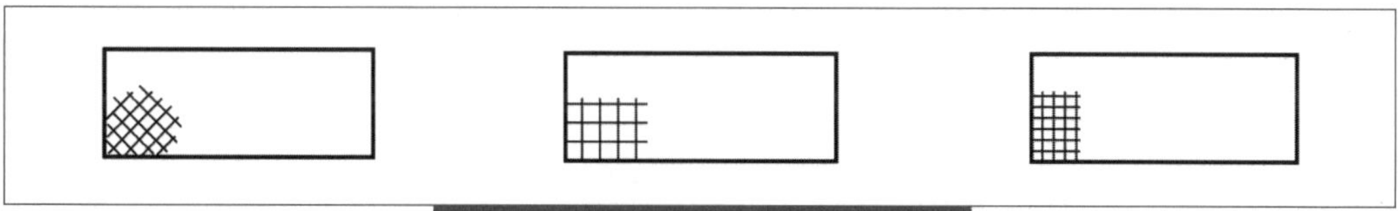

• 그림 4-22 • 철망 도시의 보기

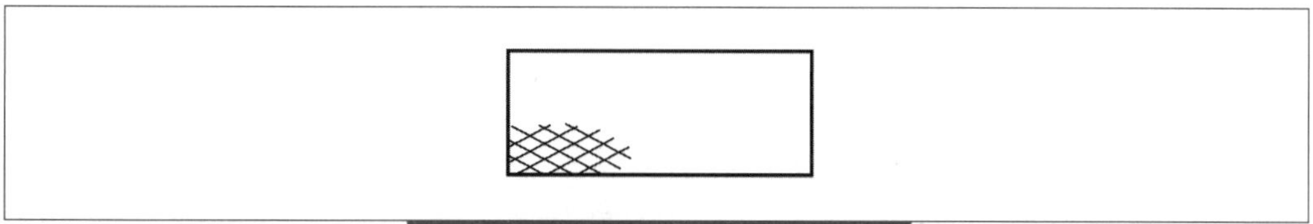

• 그림 4-23 • 무늬 강판 도시의 보기

특히 비금속 재료를 나타낼 필요가 있을 경우에는 [그림 4-24]의 표시방법에 의하거나, 해당 규격의 표시 방법에 따른다. 이 경우에도 부품도에는 별도로 재질을 문자로 기입한다. 외관 및 단면을 나타낼 경우에도 이에 따르는 것이 좋다.

재료	표시
유리	
보온흡음재	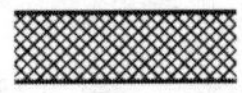
목재	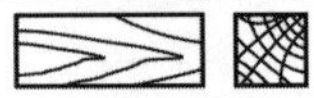
콘크리트	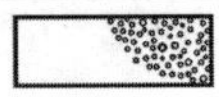
액체	

• 그림 4-24 • 비금속 재료 도시의 보기

④ 그림에 나타내는 대상물의 가공 전 또는 후의 형상을 도시할 필요가 있을 경우에는 다음에 따른다.

㉮ 가공 전의 형상 또는 거친 재료의 수치를 나타내는 경우에는 모양을 표시하는 경우에는 가는 이점 쇄선으로 도시한다 [그림 1-5의 보기 7a].

㉯ 가공 후의 형상, 예를 들면 조립 후 형상을 나타내는 경우에는 가는 이점 쇄선으로 도시한다 [그림 1-5의 보기 7b].

⑤ 가공에 사용하는 공구 지그 등의 형상, 공구 크기 등을 참고로 도시할 필요가 있는 경우에는 가는 이점 쇄선으로 도시한다 [그림 1-5의 보기 6].

6 기타 특수한 도시 방법

기타 특수한 도시 방법은 다음과 같다.

① 절단면의 앞쪽에 있는 부분을 도시할 필요가 있는 경우에는, 그것을 가는 이점 쇄선으로 도시한다 [그림 1-5의 보기 9].

② 인접 부분의 도시 대상물에 인접하는 부분을 참고로 하여 도시할 필요가 있는 경우에는 가는 이점 쇄선으로 도시하고, 대상물의 도형은 인접 부분에 가려져도 파선으로 하지 않는다 [그림 1-5의 보기 5]. 단면도에 있어서 인접부분에는 해칭을 하지 않는다.

05 치수 기입법

치수는 도형과 함께 도면 중에서 가장 중요한 것이다. 치수는 그 물체의 크기뿐만 아니라 물체의 재질·가공방법 등의 지시도 포함하기 때문에 그 기입법이 제품의 가공·사상에 큰 영향을 미친다. 따라서 치수기입을 할 때에는 물체의 가공방법을 충분히 고려하여 이것에 합당한 기입방법을 취하지 않으면 안 된다. 또한 동시에 기입되어진 숫자, 기호 등도 꽤 쉽게 쓰여져야 한다.

01 치수 기입의 원칙

도면에 치수를 기입하는 경우에는 다음 점에 유의하여 적절히 기입한다.

① 대상물의 기능, 제작, 조립 등을 고려하여, 도면에 필요 불가결 하다고 생각되는 치수를 명료하게 지시한다.

② 대상물의 크기, 자세 및 위치를 가장 명확하게 표시하는데 필요하고 충분한 것을 기입한다.

③ 치수는 치수선, 치수보조선, 치수 보조 기호 등을 이용해서 치수 수치로 나타낸다.

④ 치수는 되도록 주 투상도에 집중해서 지시한다.

⑤ 치수는 특별히 명시하지 않는 한, 그 도면에 도시한 대상물의 다듬질 치수를 표시한다.

⑥ 치수는 되도록 계산해서 구할 필요가 없도록 기입한다.

⑦ 가공 또는 조립 시에 기준이 되는 형체가 있는 경우에는 그 형체를 기준으로 해서 치수를 기입한다 [그림 5-1].

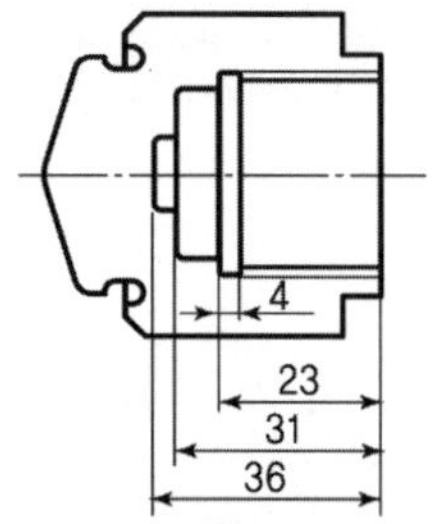

• 그림 5-1 • 기준으로부터 치수 기입의 보기

⑧ 치수는 되도록 공정마다 배열을 분리하여 기입한다 [그림 5-2].

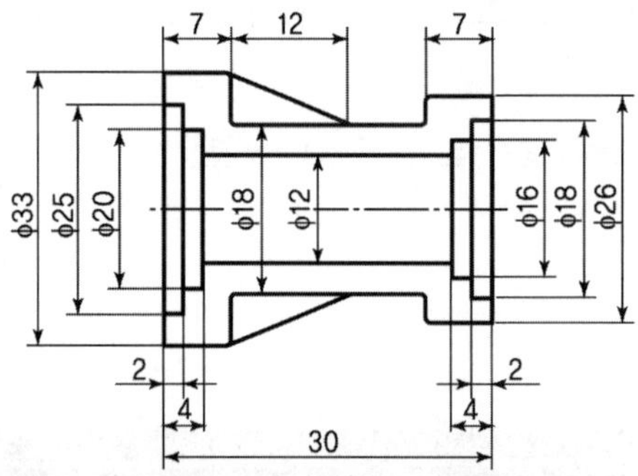

• 그림 5-2 • 공정마다 치수를 배열한 보기

⑨ 관련되는 치수는 되도록 한곳에 모아서 기입한다 [그림 5-3].

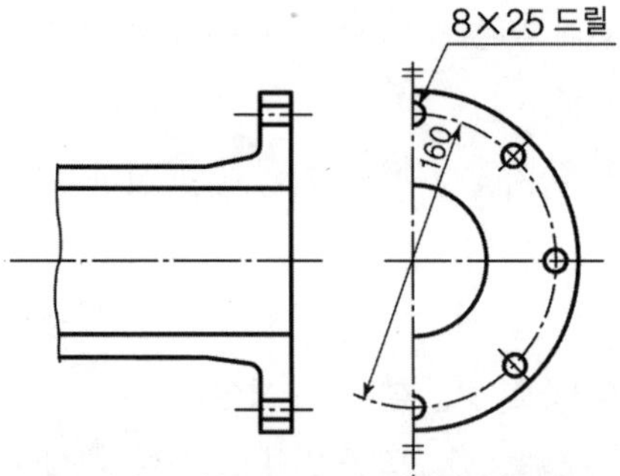

• 그림 5-3 • 관련 치수 지시의 보기

⑩ 치수는 중복 기입을 피한다. 그러나 중복 치수를 기입하는 것이 도면의 이해를 용이하게 하는 경우에는 치수의 중복 기입을 해도 좋다.(예를 들면 중복되는 치수 숫자 앞에 흑점 기호를 붙여 [그림 5-4], 중복 치수를 의미하는 기호에 대해서는 도면 주기에 표기한다).

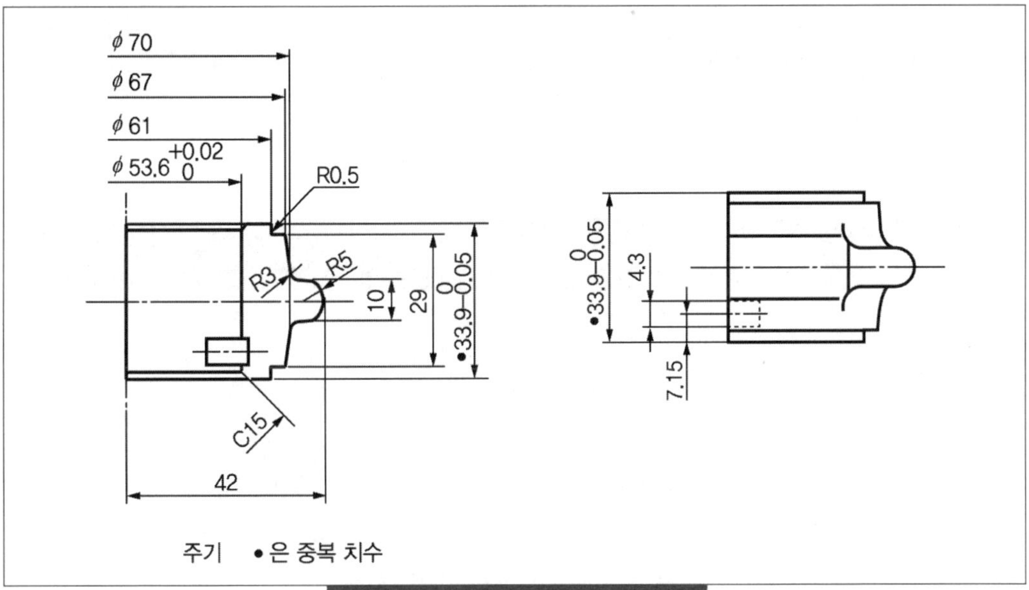

• 그림 5-4 • 중복 치수 기입의 보기

⑪ 원호 부분의 치수는 원호가 180°까지는 반지름으로 나타내고 [그림 5-5(a)], 180°를 초과하는 경우에는 지름으로 나타낸다 [그림 5-5(b)]. 그러나 원호가 180° 이내라도 기능상 또는 가공상, 특히 지름의 치수를 필요로 하는 경우네는 지름의 치수를 기입한다 [그림 5-6].

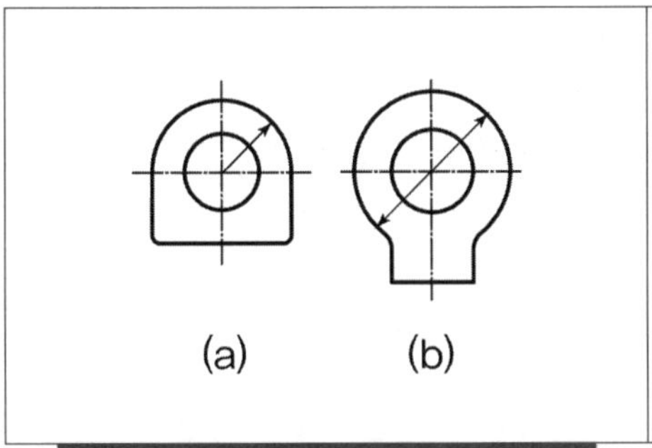

• 그림 5-5 • 반지름 및 지름의 보기

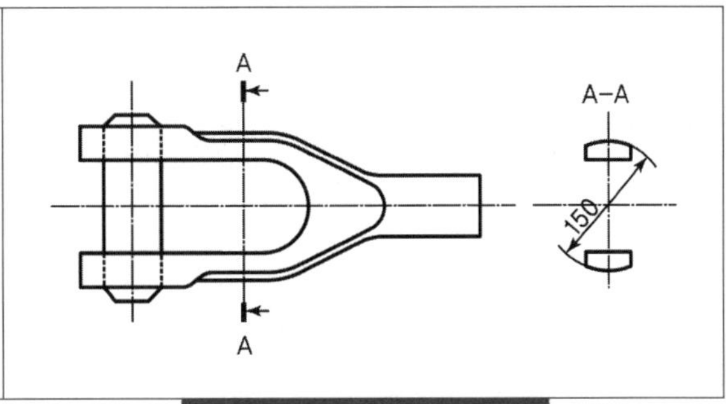

• 그림 5-6 • 지름의 보기

⑫ 기능상(호환성을 포함) 필요한 치수에는 KS A ISO 128(모든 부)에 따라 치수의 허용 한계를 지시한다. 다만, 이론적으로 정확한 치수 및 참조 치수는 제외한다. 또한 치수의 허용 한계의 지시가 없는 경우에는 개별적으로 규정하는 일반 공차를 적용한다. 이 경우 적용 규격 번호 및 등급 기호 또는 수치를 표제란 내에 표기하거나 또는 표제란 근처에 일괄 지시한다.

⑬ 치수 가운데 이론적으로 정확한 치수(TED)는 직사형안에 치수 수치를 기입하고, 참고 치수는 괄호 안에 기입한다. 또한, 참고 치수는 검증 대상으로 하지 않는다.

02 치수 보조선

치수 보조선은 다음에 따른다.

① 치수는 일반적으로 치수 보조선을 사용하여 치수를 기입하고 [그림 5-7], 그 위쪽에 치수 값을 지시한다. 그러나 치수 보조선을 그었을 때 오히려 도면에서 혼동의 우려가 있을 경우에는 이에 따르지 않아도 좋다 [그림 5-8].

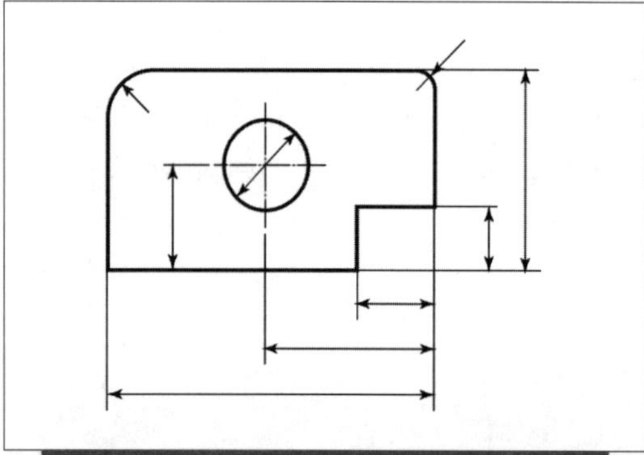

• 그림 5-7 • 치수 보조선 및 치수선의 보기

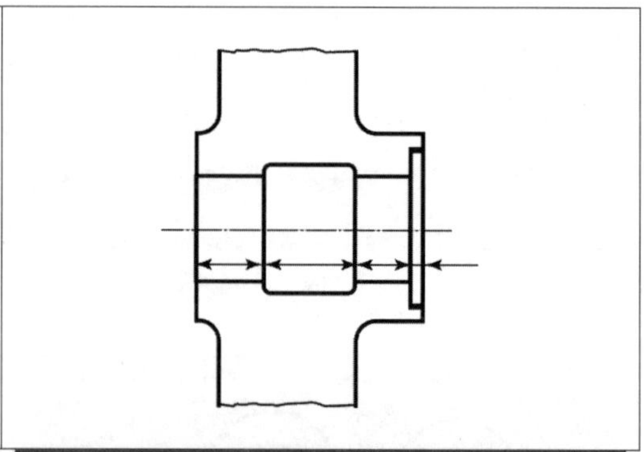

• 그림 5-8 • 치수 보조선을 사용하지 않은 보기

② 치수 보조선은 지시하는 치수 끝에 해당하는 도형상의 점 또는 선의 중심을 지나 치수선에 직각으로 긋고 치수선을 약간 초과하도록 연장한다 [그림 5-7]. 그러나 치수 보조선과 도형 사이를 약간 띄워도 좋지만, 한 도면내에서는 통일한다 [그림 5-9].

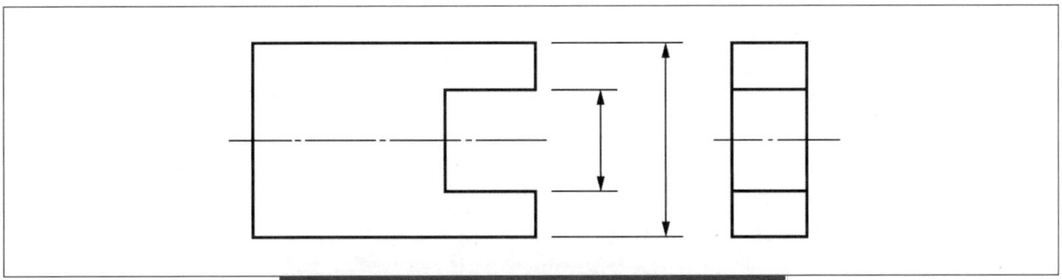

• 그림 5-9 • 간격을 설정한 치수 보조선의 보기

③ 치수를 지시하는 점 또는 선의 위치를 명확히 하기 위해, 특히 필요한 경우에는 치수선에 대해 적절한 각도를 갖는 서로 평행한 치수 보조선을 사용할 수 있다. 이 각도는 가급적 60°가 좋다[그림 5-10].

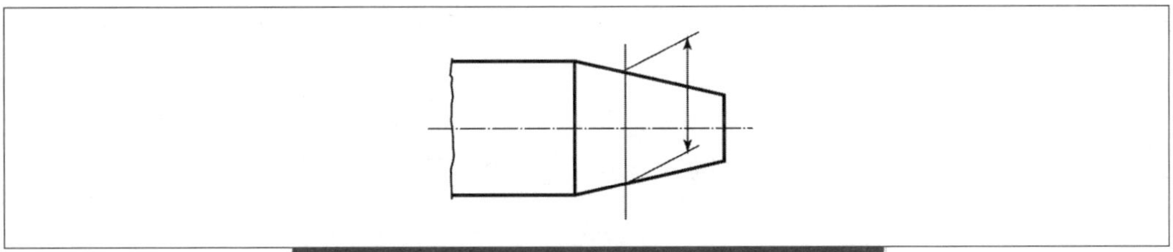

• 그림 5-10 • 치수의 위치를 명확히 하는 선의 보기

④ 서로 경사진 두 개의 면 사이에 곡률 또는 모따기가 되어있을 때, 두 면이 만나는 위치를 나타내려면, 곡률 또는 모따기 이전의 형상을 가는 실선으로 나타내고, 그 교점에서 치수 보조선 시작한다[그림 5-11(a)]. 또한, 이 경우 교점을 명확하게 나타낼 필요가 있는 경우에는 각각의 선을 서로 교차하거나 또는 교차점에 흑점을 기호를 붙인다[그림 5-11(b) 및 (c)].

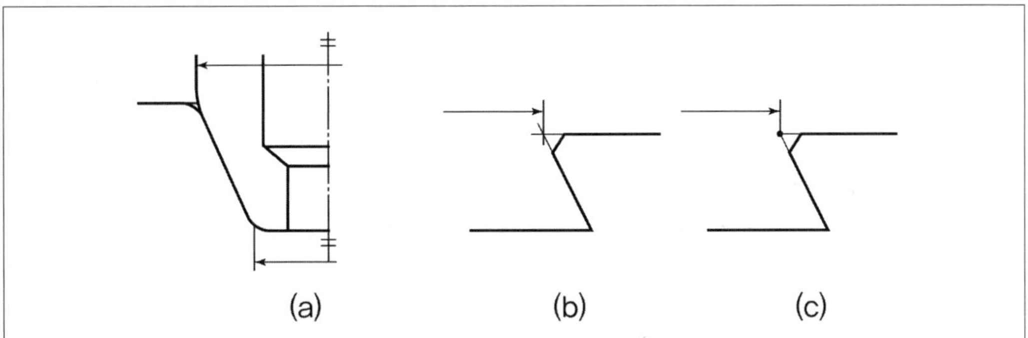

• 그림 5-11 • 곡률 또는 모따기 부분에서의 치수 보조선 사용의 보기

03 치수선

치수선은 다음에 따른다.

① 치수선은 지시하는 선/길이 또는 각도를 측정하는 방향으로 평행하게 긋는다[그림 5-12]. 선의 양 단에는 단말 기호를 붙인다[그림 5-13]. 또한, 한 장의 도면 중에서는 ⑦의 ⓒ의 규정에 의한 경우를 제외하고 [그림 5-13]의 (a), (b), (c)를 혼용해서는 안 된다.

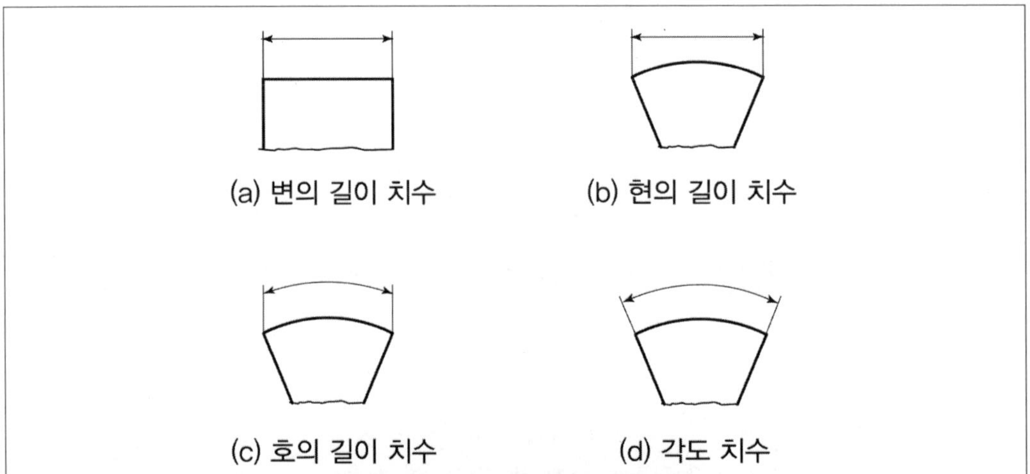

• 그림 5-12 • 치수선 사용의 보기

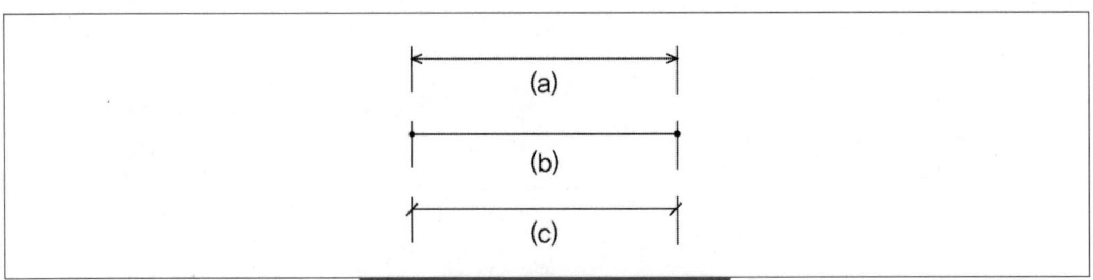

• 그림 5-13 • 단말 기호의 보기

② 각도 치수를 기입하는 치수선은 각도를 구성하는 두 번 또는 그 연장선(치수 보조선)의 교점을 중심으로 양변 또는 그 연장선 사이에 그린 원호에 나타낸다[그림 5-14].

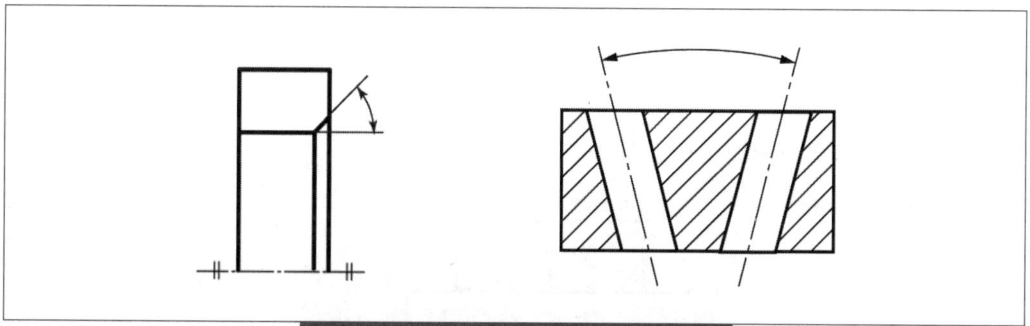

• 그림 5-14 • 각도 치수를 기입하는 보기

③ 각도 치수를 기입하는 치수선은 형체의 두 평면이 이루는 각 또는 서로 마주 보는 테이퍼 표면의 모선이 이루는 각 사이에 그린 원호로 나타낸다 [그림 5-15].

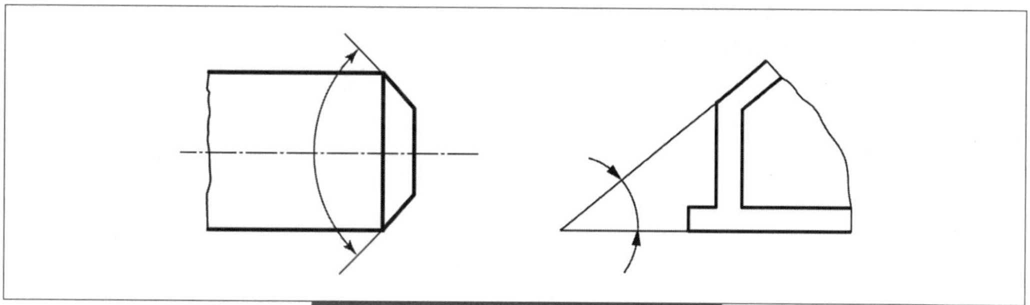

• 그림 5-15 • 각도 치수 치수선의 보기

④ 치수가 인접하여 연속하는 경우에는 치수는 일직선 상에 모아 기입하는 것이 좋다 [그림 5-16(a)]. 또한 관련 부분의 치수는 일직선 상에 기입하는 것이 좋다 [그림 5-16(b)].

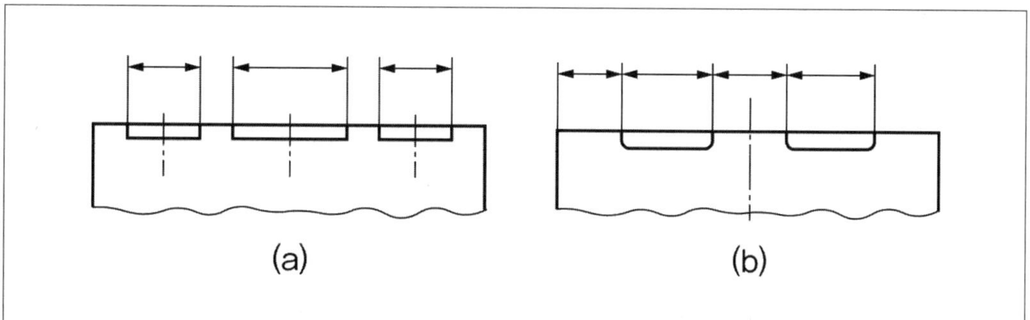

• 그림 5-16 • 치수선을 일직선상에 모아서 기입하는 보기

⑤ 단차가 있는 형체 사이의 치수는 다음 중 하나에 따른다.

㉮ 형체 사이에 직렬 치수를 지시한다[그림 5-17].

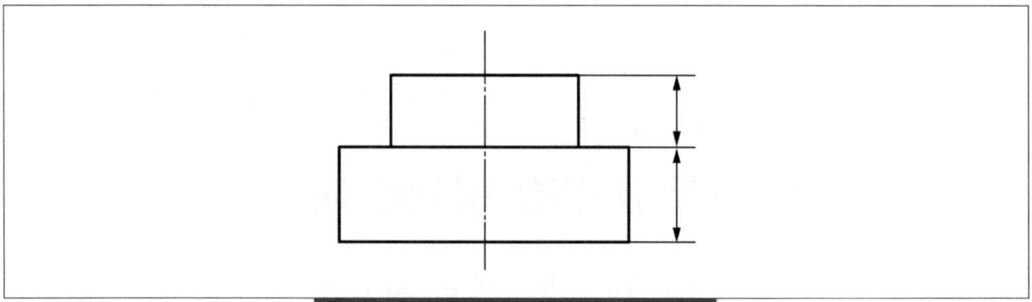

• 그림 5-17 • 직렬 치수 지시의 보기

㉯ 누진 치수 기입 방법에 의해서, 한쪽 형체 측에는 기점 기호를, 다른 한 형체 측에 화살표를 지시한다[그림 5-18].

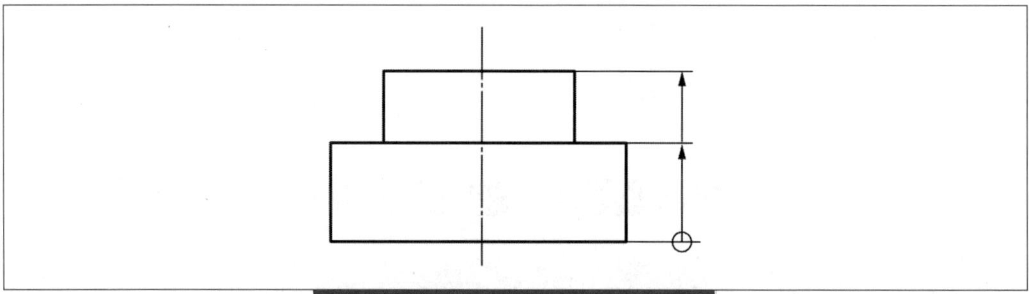

• 그림 5-18 • 누진 치수 지시의 보기

⑥ 구멍 가공의 드릴 지름, 리머 지름, 평면 가공의 밀링 커터 지름, 홈 가공의 브로치 사이즈 등을 지시하면 설계 요구를 충족하는 경우에는 그 공구 지름을 지시한다.

⑦ 좁은 곳에서의 치수 기입은 부분 확대도를 그려 기입하거나 또는 다음 중 하나에 따른다.

㉮ 지시선을 치수선에서 사선으로 긋고 치수 수치를 기입한다. 이 경우에는 지시선 인출 측의 가장자리에 아무것도 붙이지 않는다[그림 5-19].

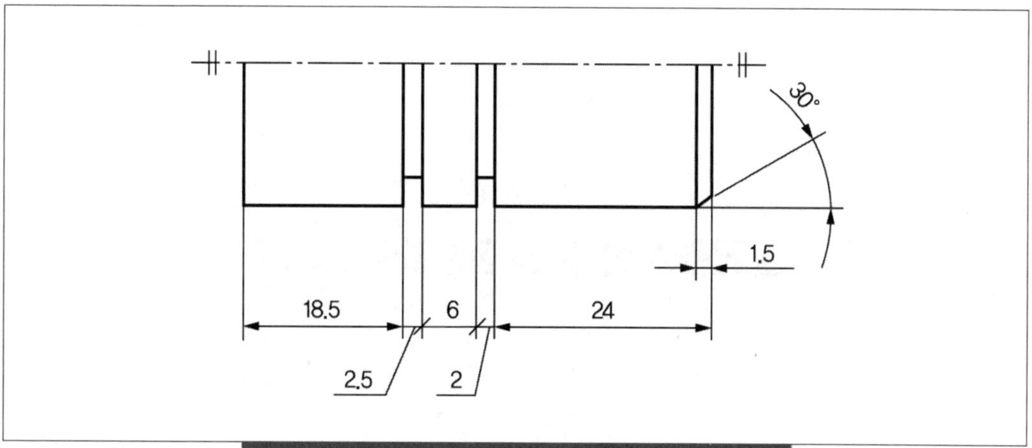

• 그림 5-19 • 지시선을 이용한 치수 수치 기입의 보기

㉯ 치수선을 연장해서 위쪽에 기입해도 좋다[그림 5-19 및 그림 5-20].

㉰ 치수 보조선의 간격이 좁아서 화살표를 기입할 여유가 없는 경우에는 화살표 대신 사선[그림 5-19] 또는 흑점[그림 5-20]을 이용해도 좋다.

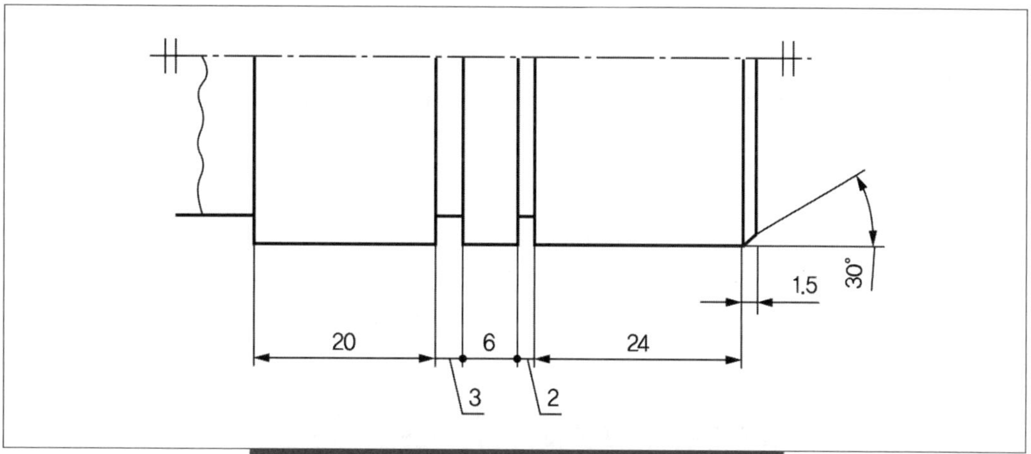

• 그림 5-20 • 화살표 대신 흑점을 사용한 경우의 보기

⑧ 대칭 도형에서 대칭 중심선의 한쪽만 나타내는 그림에서는 치수선은 중심선을 넘어 적절한 길이로 연장한다. 이 경우 연장한 치수선의 끝에는 단말기호를 붙이지 않는다[그림 5-21]. 그러나 오해의 우려가 없는 경우에는 치수선은 중심선을 넘지 않아도 좋다[그림 5-22].

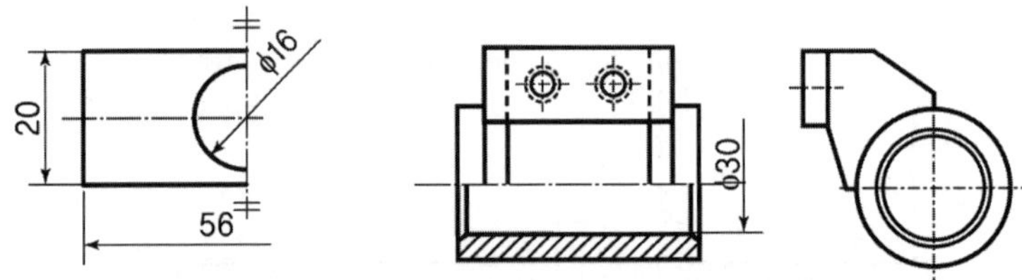

• 그림 5-21 • 대칭 도형의 한쪽 화살표 치수선의 보기

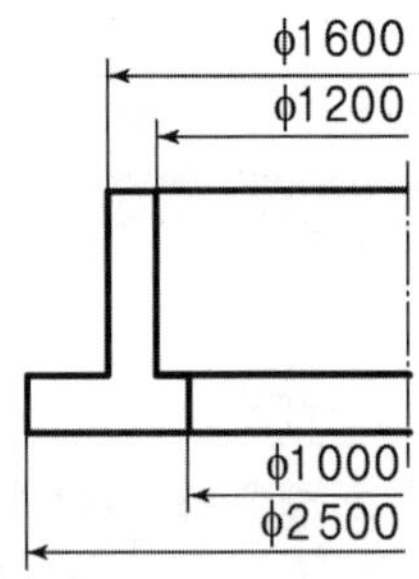

• 그림 5-22 • 중심선을 초월하지 않은 치수선의 보기

⑨ 대칭 도형에서 다수의 지름 치수를 기입하는 경우에는 치수선의 길이를 더 짧게 하여 [그림 5-23]의 예와 같이 다 단계로 나누어 기입할 수 있다.

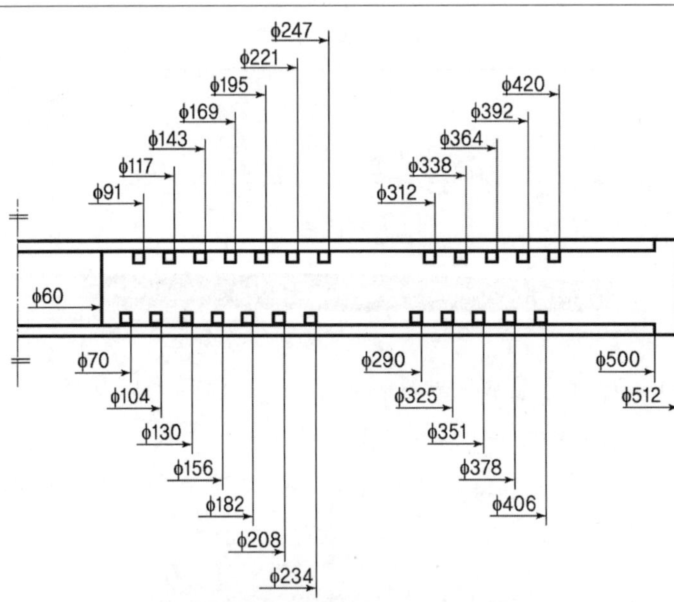

• 그림 5-23 • 짧은 치수선의 보기

04 치수 수치

치수 수치는 다음에 따라 지시한다.

① 선/길이의 치수 수치는 일반적으로 밀리미터(mm)의 단위로 기입하고 단위 기호는 붙이지 않는다.

② 각도 치수의 수치는 일반적으로 도(°)의 단위로 기입하고 필요한 경우에는 분과 초를 병용해도 있다.

㉮ 도, 분, 초를 나타내는 숫자의 우측 상단에 각각 °, ′, ″를 기입한다.

[보기 1] 90°, 24.5°, 8° 26′5″(또는 8°26′05″), 6°0′14″(또는 6°00′14″), 3′21″

㉯ 각도 수치의 값을 라디안의 단위로 기입하는 경우에는 단위 기호 rad를 기입한다.

[보기 2] 0.61rad, π/2 rad

③ 치수 수치의 소수점은 아래 점으로 하고, 숫자 사이를 적절히 띄우고 그 중간에 쓴다. 또한 치수 숫자의 자리수가 많은 경우에도 쉼표는 붙이지 않는다.

[보기] 12.25 12.00 22 320

④ 치수기입은 특별히 지정한 누진 치수 기입법(5.3)의 경우를 제외하고는 다음에 의한다.

㉮ 치수 수치는 수평 방향의 치수선에 대해서는 도면의 아래쪽에서, 수직방향의 치수선에 대해서는 도면의 오른쪽에서 읽을 수 있도록 지시한다. 경사 방향의 치수선에 대해서도 이에 준하여 기입한다[그림 5-24, 25, 26].

㉯ 치수 수치는 치수선의 위쪽으로 약간 떨어진 곳에 기입한다. 이 경우, 치수선의 중앙에 지시하는 것이 좋다[그림 5-24].

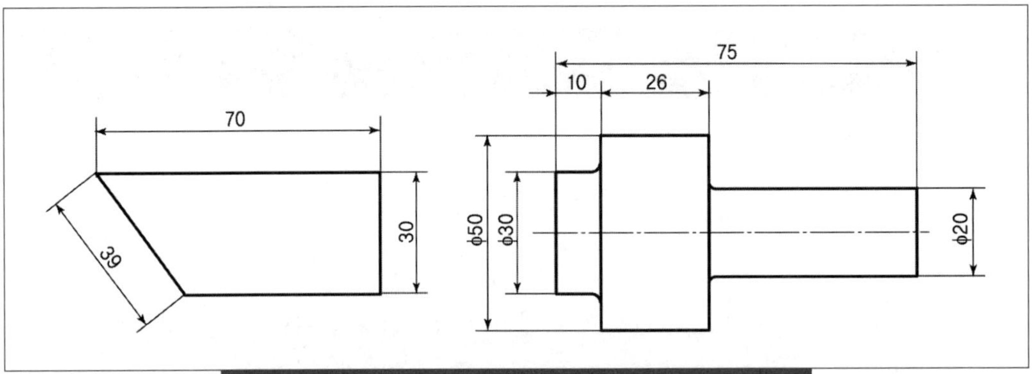

• 그림 5-24 • 수평 방향 및 수직방향 치수 수치 지시의 보기

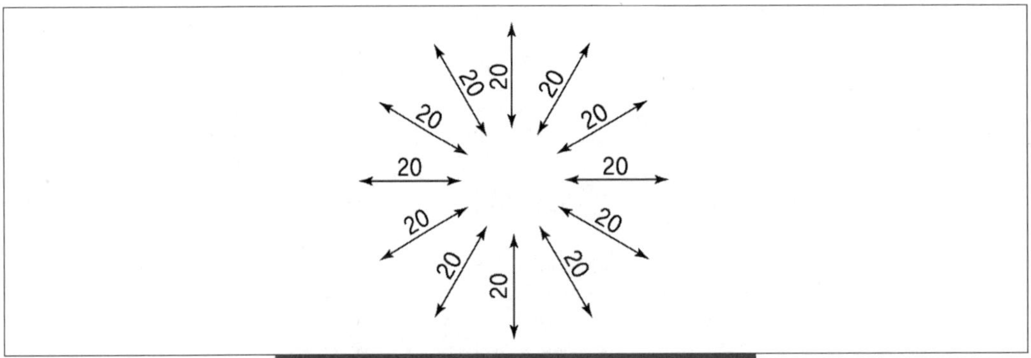

• 그림 5-25 • 선 / 길이 치수 기입 방향의 보기

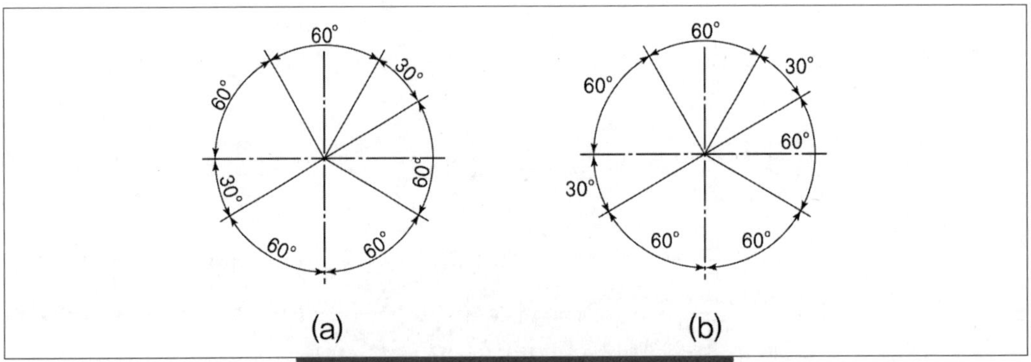

• 그림 5-26 • 각도 치수 기입 방향의 보기

㉰ 치수 수치는 수직선에 대해 왼쪽 위에서 오른쪽 아래로 향해 약 30° 이하의 각도를 이루는 방향으로는 치수 기입을 피한다 [그림 5-27(a)]. 그러나, 도형의 관계에서 기입해야 하는 경우에는 해당 위치에 따라 혼동되지 않도록 기입한다 [그림 5-27(b), (c)].

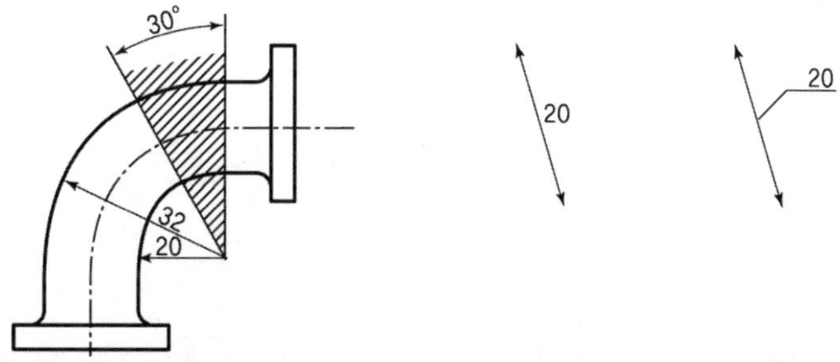

• 그림 5-27 • 30° 이하의 각을 이루는 방향에 있어서 치수선의 기입을 피하는 보기

⑤ 치수 수치를 나타내는 일련의 숫자는 도면에 그린 선으로 분할되지 않는 위치에 지시하는 것이 좋다 [그림 5-28(a)].

⑥ 치수 수치는 선에 겹쳐 기입하지 않아야 한다. 부득이한 경우에는 지시선을 사용하여 기입한다 [그림 5-28(b)].

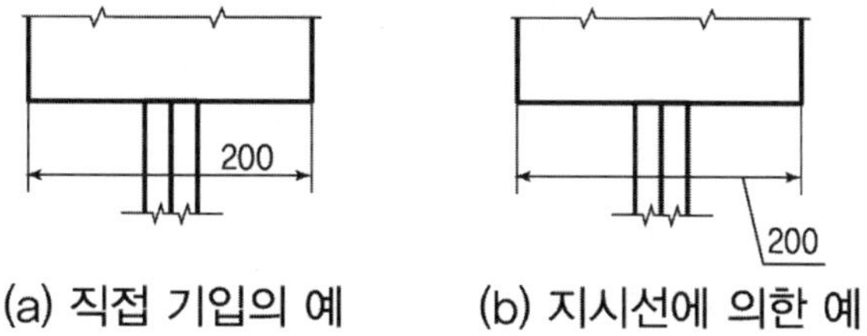

• 그림 5-28 • 치수 수치를 선에 중첩해서 기입하지 않은 보기

⑦ 치수 수치는 치수선이 교차하지 않는 위치에 기입한다 [그림 5-29].

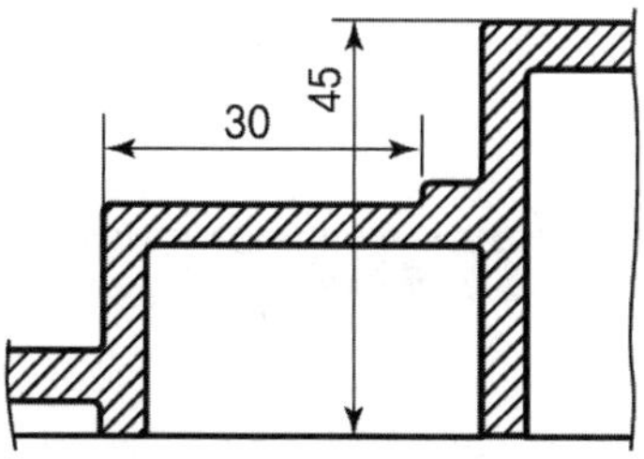

• 그림 5-29 • 치수 수치를 치수선이 교차하지 않는 위치에 기입한 보기

⑧ 치수 보조선을 그어 기입하는 지름 크기가 대칭 중심선 방향으로 나란한 경우에 각 치수선은 가능한 한 같은 간격으로 하고, 작은 치수를 안쪽으로 큰 치수를 바깥쪽으로 하여 치수 수치를 모아 기입한다 [그림 5-30(a)]. 그러나 지면 사정으로 치수선의 간격이 좁은 경우는 치수 수치를 대칭 중심선의 양쪽에 번갈아 기입해도 좋다 [그림 5-30(b)].

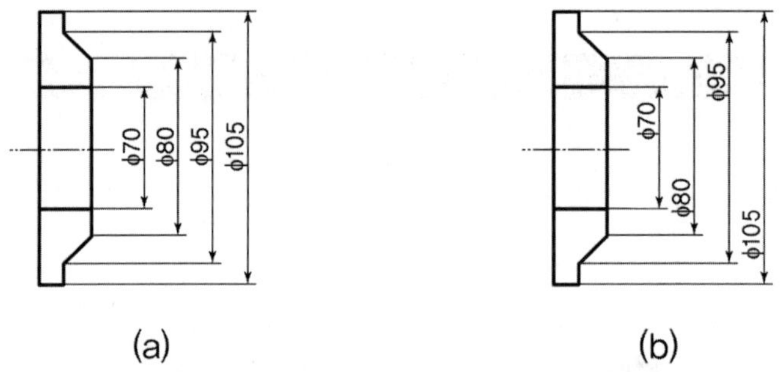

• 그림 5-30 • 지름의 지시가 많은 경우의 보기

⑨ 치수선이 길고, 그 중앙에 치수값을 기입하면 알기 어려운 경우에는 어느 한쪽의 단말 기호 근처에 치우쳐서 기입할 수 있다 [그림 5-31].

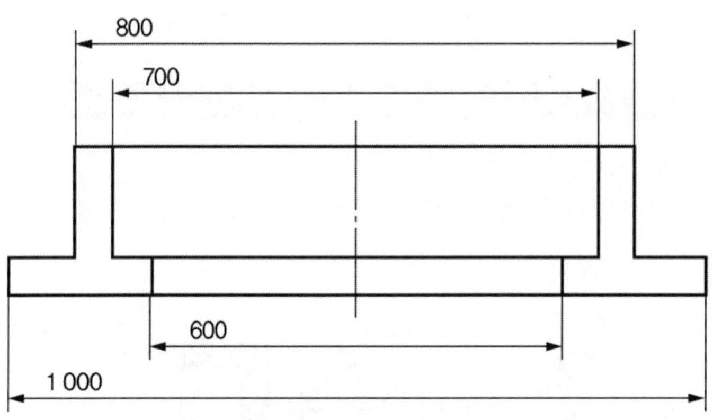

• 그림 5-31 • 치수선이 긴 경우의 보기

⑩ 치수 수치 대신에 문자 기호를 이용해도 좋다. 이 경우에는 수치를 별도로 표시한다 [그림 5-32 및 5-33].

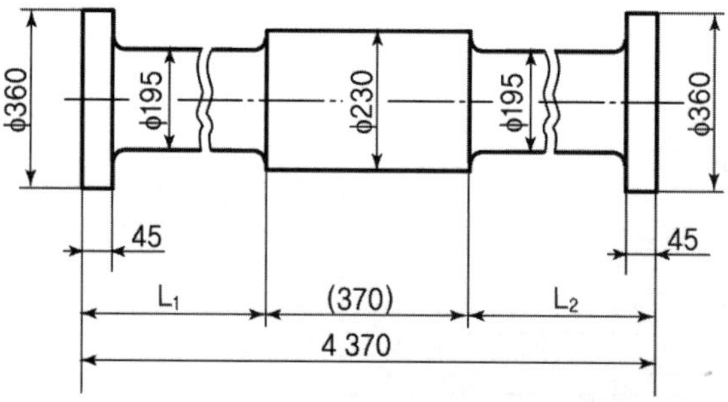

기호	품번		
	1	2	3
L_1	1 915	2 500	3 115
L_2	2 085	1 500	885

• 그림 5-32 • 표 형식 치수 기입의 보기

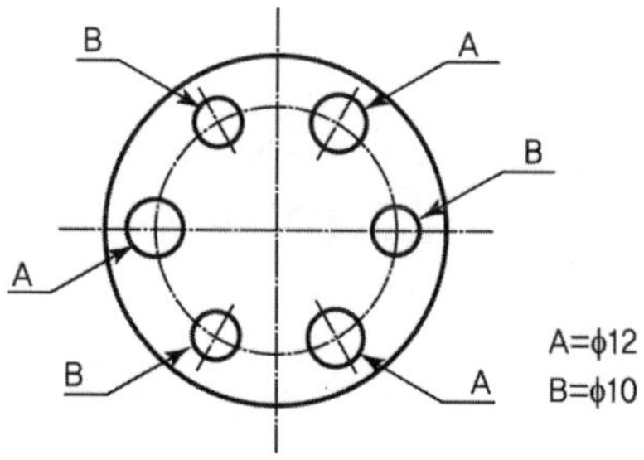

• 그림 5-33 • 문자 기호를 이용한 보기

05 치수의 배치

1 직렬치수의 기입법

직렬 치수 기입 방법은 직렬로 이어진 개별 치수에 주어진 치수 공차가 순차적으로 누적되어도 좋은 경우에 적용한다[그림 5-34].

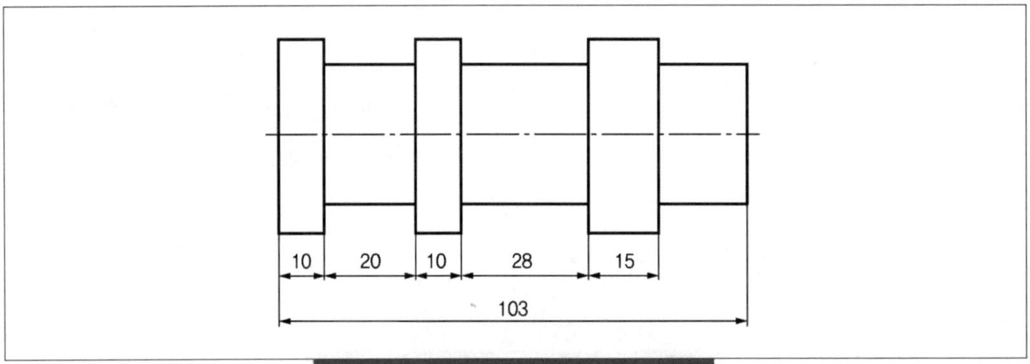

• 그림 5-34 • 직렬 치수 기입의 보기

② 병렬 치수 기입

병렬 치수 기입은 병렬로 치수를 기입하기 때문에 개별 치수 공차가 다른 치수 공차에 영향을 미치지 않는다 [그림 5-35]. 이 경우 공통 측 치수 보조선의 위치는 기능·가공 등의 조건을 고려하여 적절히 선택한다.

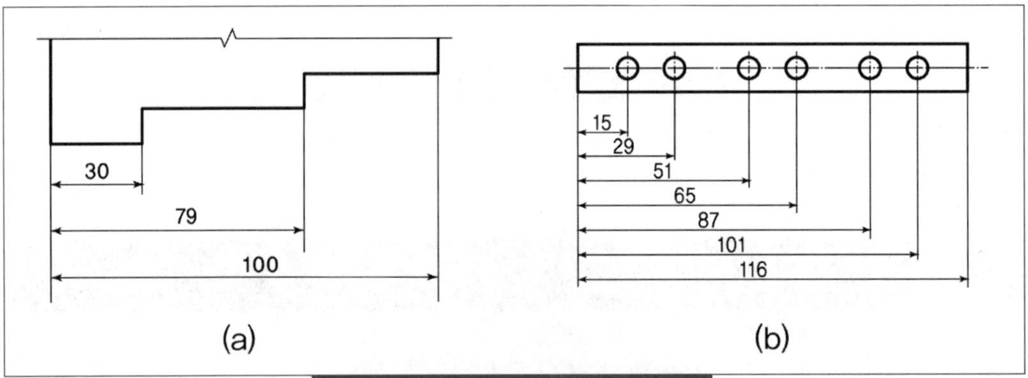

• 그림 5-35 • 병렬 치수 기입의 보기

③ 누진 치수 기입

누진 치수 기입은 치수 공차에 대해 병렬 치수 기입법과 완전히 동일한 의미를 가지며, 하나의 형체에 치수선을 연결하여 하나의 연속된 치수선을 이용하여 간편하게 표시할 수 있다.

① 이 경우 치수의 기점 위치는 기점 기호(○)로 나타내고 치수선의 다른 쪽 끝은 화살표로 나타낸다.

② 치수 수치는 치수 보조선에 나란히 기입하거나[그림 5-36, 38, 39, 40] 화살표 근처의 치수선 위쪽에 지시한다[그림 5-37]. 또한 누진 치수 기입이라고는 하지만 두 개의 형체 간 치수에도 준용할 수 있다[그림 5-39].

③ 각도 치수나 반지름 치수 표기도 동일하게 치수선의 화살표 근처에 기입한다[그림 5-37, 38]. 또한 각도 치수에 있어서도 누진 치수로 지시할 수 있고 반지름 치수에도 누진 치수를 적용할 수 있다[그림 5-41, 42].

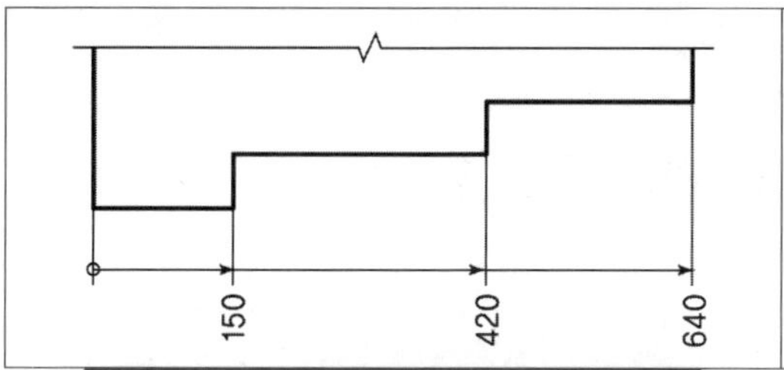

• 그림 5-36 • 누진 치수 기입의 보기(1)

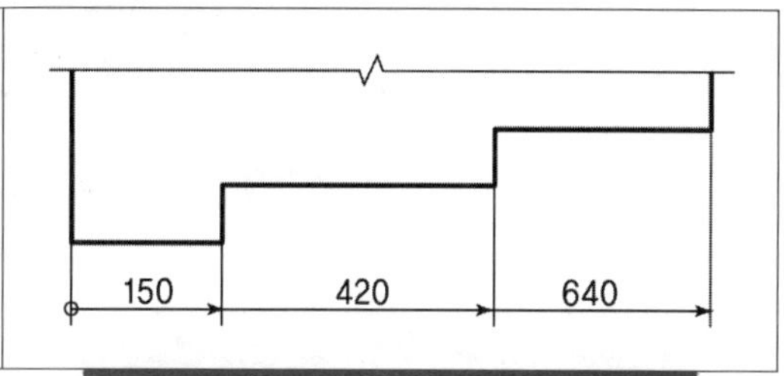

• 그림 5-37 • 누진 치수 기입의 보기(2)

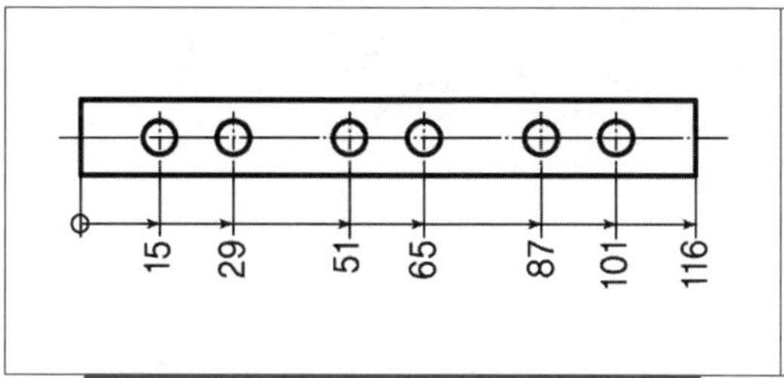

• 그림 5-38 • 누진 치수 기입의 보기(3)

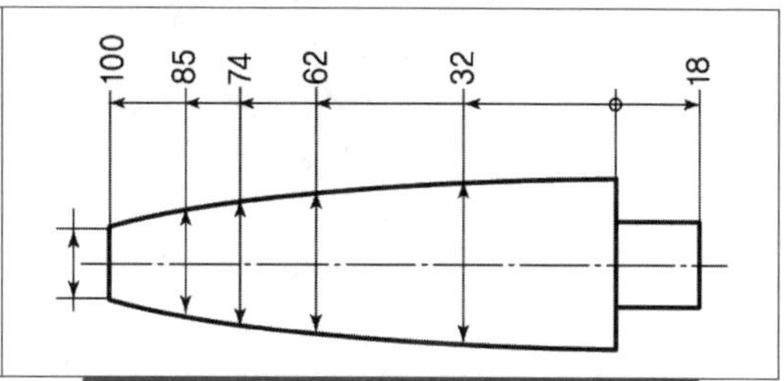

• 그림 5-39 • 누진 치수 기입의 보기(4)

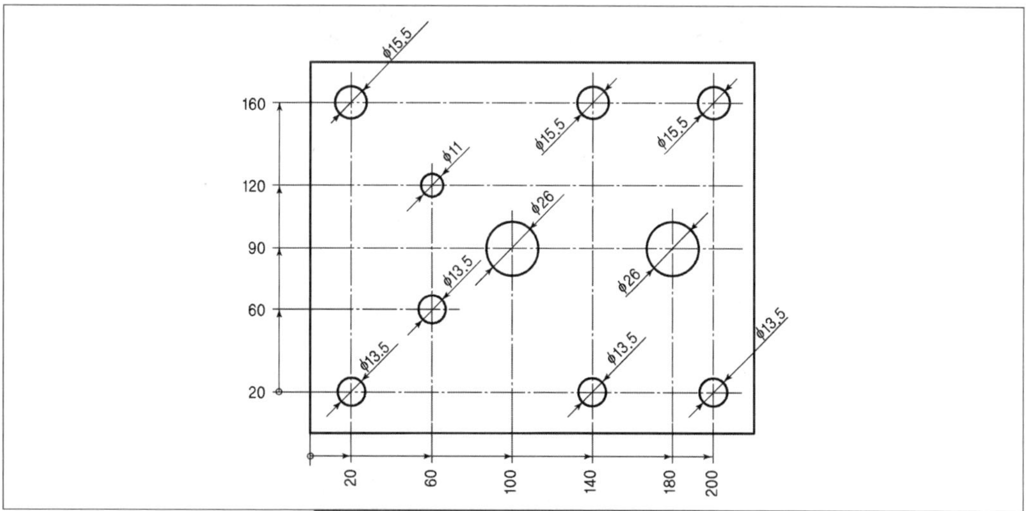

• 그림 5-40 • 누진 치수 기입의 보기(5)

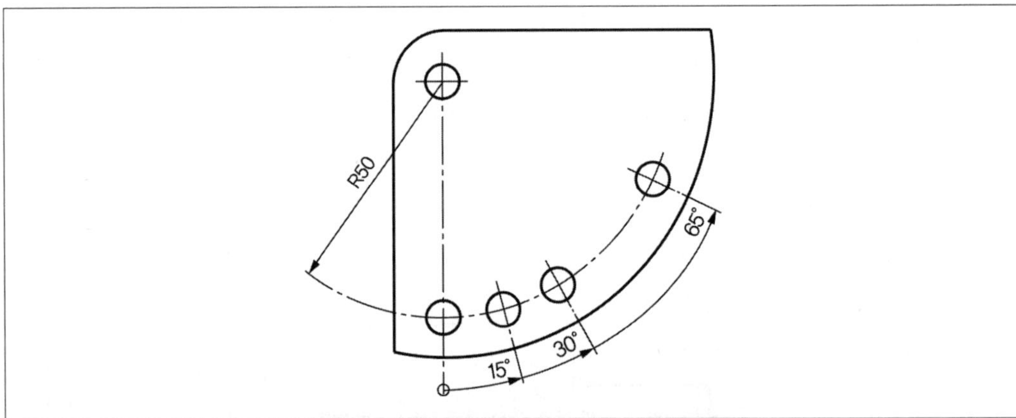

• 그림 5-41 • 각도의 누진 치수 기입의 보기

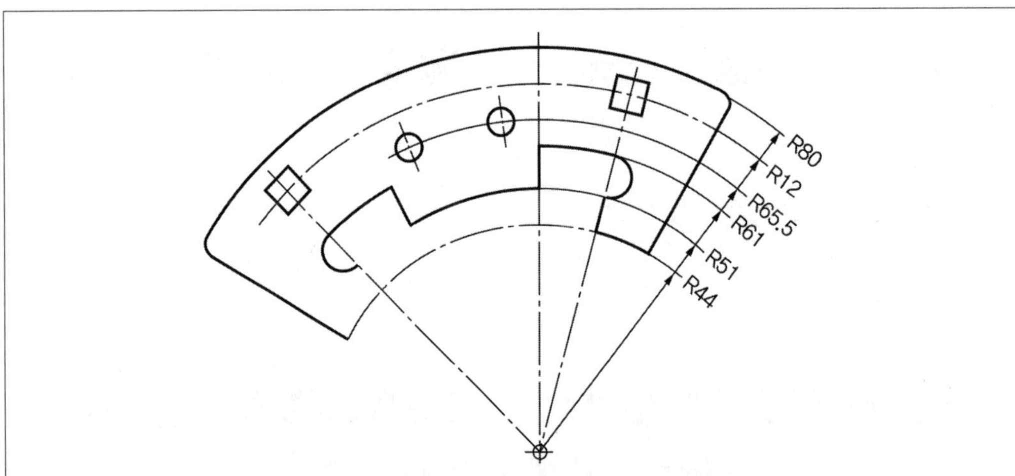

• 그림 5-42 • 반지름의 누진 치수 기입의 보기

4 좌표 치수 기입

1) 직교 좌표 치수 기입

직교 좌표는 원점에서부터 직각 방향의 선형 치수로 정의하며, 구멍의 위치, 크기 등의 치수는 직교 좌표 치수 기입 방법을 사용하여 나타낼 수 있다 [그림 5-43]. 이 경우 표에 표시된 X 및 Y의 좌표값은 기점으로부터의 치수이다. 또한 형체의 교점도 직교 좌표로 나타낼 수 있다 [그림 5-44]. 기점은 예를 들면 표준 구멍, 대상물의 모서리 등 기능 또는 가공 조건을 고려하여 적절하게 선택한다.

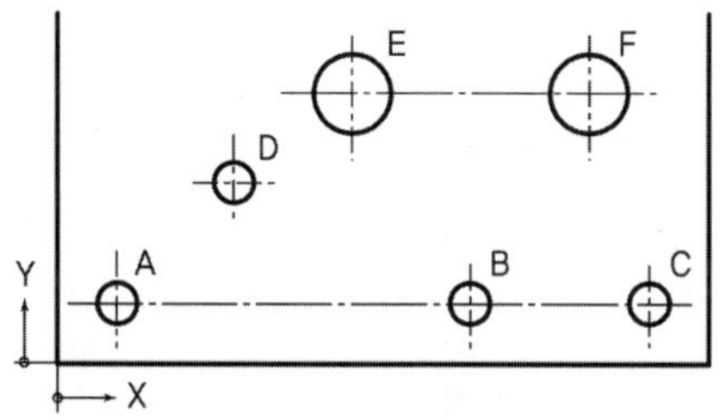

	X	Y	ϕ
A	20	20	13.5
B	140	20	13.5
C	200	20	13.5
D	60	60	13.5
E	100	90	26
F	180	90	26
G			
H			

• 그림 5-43 • 직교 좌표 치수 기입의 보기(1)

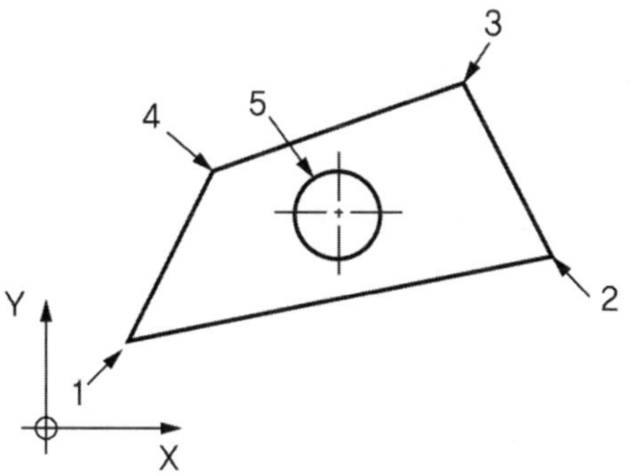

위치	X	Y	d
1	10	10	–
2	60	20	–
3	50	40	–
4	20	30	–
5	35	25	ϕ10

• 그림 5-44 • 직교 좌표 치수 기입의 보기(2)

2) 극좌표 치수 기입

극좌표는 반지름 및 각도의 원점에서 시작하여 정의한다. 극좌표는 항상 극축을 기준으로 반 시계 방향으로 나타낸다. 점은 90° 교차된 가는 실선으로 표시한다[그림 5-45]. 캠의 윤곽 등의 치수도 극좌표 치수 기입법을 이용하여 지시할 수 있다[그림 5-46].

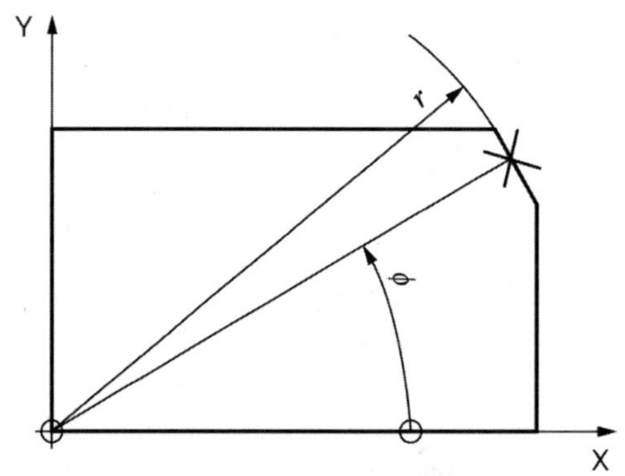

• 그림 5-45 • 직좌표 치수 기입의 보기(1)

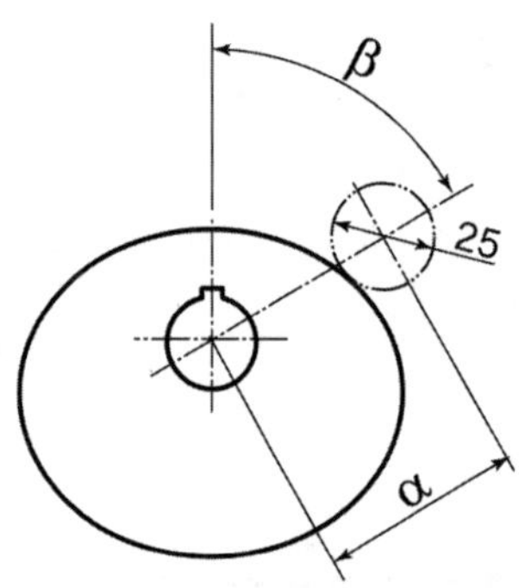

β	0°	20°	40°	60°	80°	100°	120~210°	230°	260°	280°	300°	320°	340°
α	50	52.5	57	63.5	70	74.5	76	75	70	65	59.5	55	52

• 그림 5-46 • 직좌표 치수 기입의 보기(2)

3) 복합 치수 기입

일반적으로 두 가지 이상의 치수 기입 방법이 도면에 복합적으로 표기된다. [그림 5-47]은 누진 치수와 단일 치수가 도면에서 혼합해서 사용되고 있는 예이다.

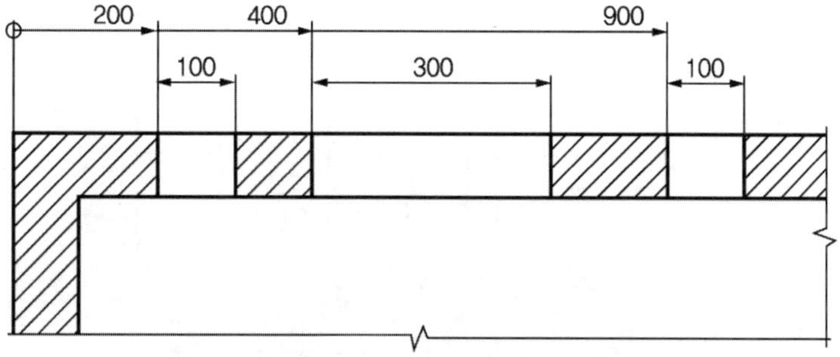

• 그림 5-47 • 복합 치수 기입의 보기(1)

[그림 5-48]은 병렬 치수, 누진 치수 및 단일 치수를 도면에서 혼용해 사용하는 예이다.

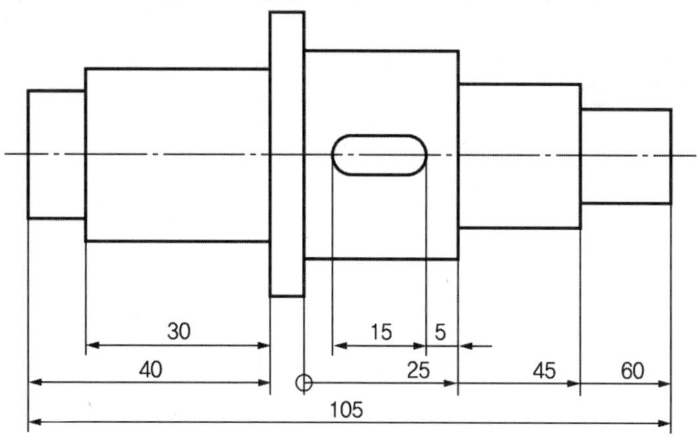

• 그림 5-48 • 복합 치수 기입의 보기(2)

[그림 5-49]는 직렬 치수, 병렬 치수 및 단일 치수를 도면에 복합적으로 사용되고 있는 예이다.

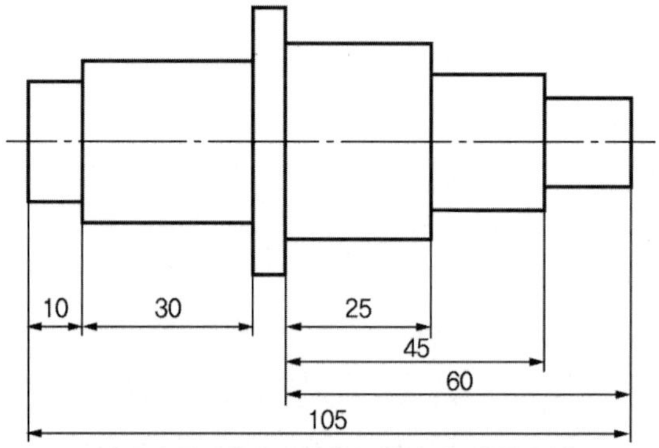

• 그림 5-49 • 복합 치수 기입의 보기(3)

06 치수 보조 기호

1 치수 보조 기호의 종류

치수 보조 기호의 종류 및 호칭방법은 [표 5-1]에 따른다.

표 5-1 치수 보조 기호의 종류 및 특징

기 호	구 분	특 징
ϕ	지름	원통 형체 또는 지름으로 나타내는 원주 형체
$S\phi$	구의 지름	지름으로 나타내는 구 형체
□	정육면체의 변	4개의 같은 변과 4개의 동일한 각도를 가진 사각 형체
R	반지름	반지름으로 나타내는 원통 형체 또는 원주 형체
SR	구의 반지름	반지름으로 나타내는 구 형체
CR	제어 반지름	직선부와 반지름의 곡선 부분이 매끄럽게 연결되는 반지름
⌒	원호의 길이	평평하지 않은 형체의 곡선 치수
C	45° 모떼기	45° 모따기 치수 표기
$t=$	두께	$t=$으로 표기
⌴	카운터 보어	평평한 바닥이 있는 원통형 구멍은 지름과 깊이로 표시
⌵	카운터 싱크 (접시 자리파기)	지름과 각도로 표시하는 원형 모따기
↧	깊이	구멍 또는 내측 형체의 깊이

② 반지름의 표시 방법

반지름을 나타내는 방법은 다음과 같다.

① 반지름 치수는 반지름 기호 R을 치수 수치 앞에 치수 수치와 같은 크기로 지시한다 [그림 5-50(a)]. 다만, 반지름을 나타내는 치수선을 원호의 중심까지 긋는 경우에는 이 기호를 생략하여도 좋다 [그림 5-50(b)].

• 그림 5-50 • 반지름 지시의 보기

② 호의 반지름을 나타내는 치수선에는 원호 쪽에만 화살표를 붙이고 중심 쪽에는 붙이지 않는다 [그림 5-51]. 또한, 화살표 및 치수 수치를 입력할 공간이 없는 경우에는 [그림 5-51(c)] 및 [그림 5-51(d)]의 예에 따른다.

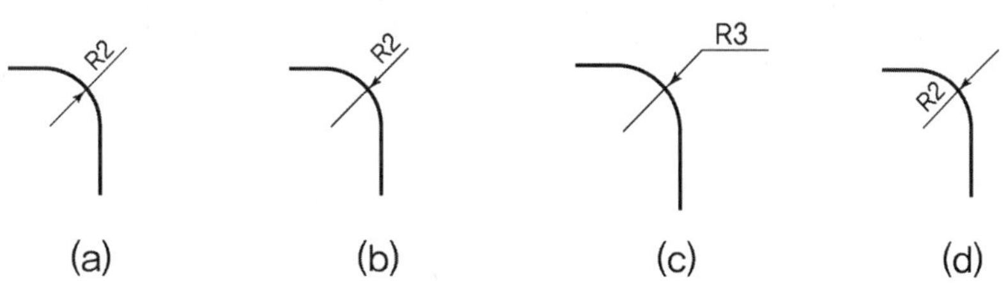

• 그림 5-51 • 여러 가지 반지름 지시의 보기

③ 반지름의 치수를 지시하기 위해 원호의 중심 위치를 나타낼 필요가 있는 경우에는 십자 또는 흑점으로 그 위치를 나타낸다 [그림 5-52].

④ 호의 반지름이 커서, 그 중심 위치를 나타낼 필요가 있을 경우에 지면 등의 제약이 있는 경우에는 그 반지름 치수선을 구부릴 수 있다. 이 경우 치수선의 화살표가 있은 부분은 정확한 중심 위치로 향하고 있어야만 한다 [그림 5-52].

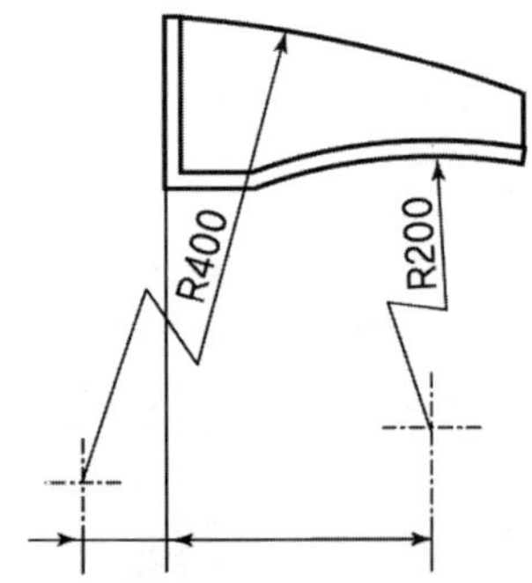

• 그림 5-52 • 반지름이 큰 지시의 보기

⑤ 동일 중심을 가진 반지름은 길이 치수와 마찬가지로 누진 치수 기입을 사용하여 지시해도 좋다[그림 5-53].

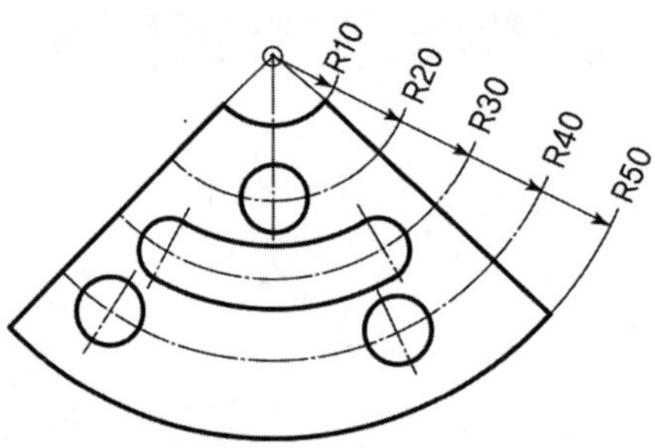

• 그림 5-53 • 누진 치수 기입을 사용하여 반지름을 지시하는 보기

⑥ 실제 형상을 표시하지 않는 투상 도형에 실제 반지름을 지시하는 경우에는 치수 숫자 앞에 "실R" [그림 5-54] 문자 기호를, 펼쳐놓은 상태의 반지름을 지시하는 경우는 "전개R" [그림 5-55]의 문자 기호를 수치 앞에 기입한다.

• 그림 5-54 • 실 R 지시의 보기

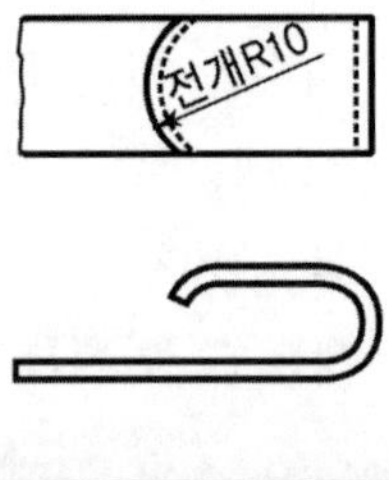

• 그림 5-55 • 전개 R 지시의 보기

⑦ 평행선을 연결하는 반 원형 형체의 반지름은 설계 기능에 따라 반지름의 치수가 다른 치수에서 파생될 수 있는 경우, 반지름 화살표와 기호 R을 사용하여 치수값을 표시하지 않고 나타낼 수 있다[그림 5-56(a)]. 또한 반지름의 중심 위치에 대한 치수를 지정하고 반지름 값을 직접 지정할 수 있다[그림 5-56(b)].

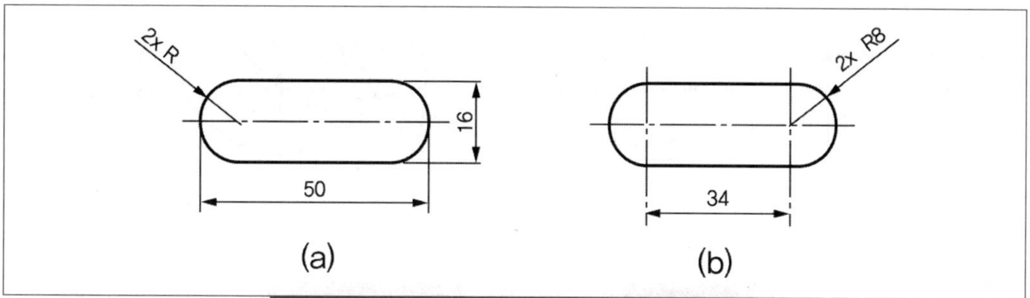

• 그림 5-56 • 반 원형 형체 반지름 지시의 보기

⑧ 모서리의 둥글기, 코너의 둥글기 등에 제어 반지름을 요구하는 경우에는 반지름 수치 앞에 기호 "CR"을 지시한다[그림 5-57].

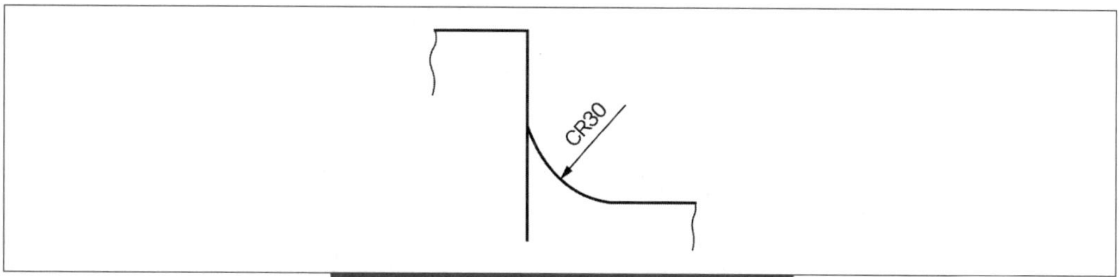

• 그림 5-57 • 제어 반지름 지시의 보기

3 지름의 표시 방법

지름을 나타내는 방법은 다음에 따른다.

① 지름 기호 ϕ는 형체의 단면이 원임을 나타내고 있다. 도면에서 지름을 지시할 경우에는 ϕ를 치수값 앞에 기입해야 한다. 즉, 기호 ϕ는 원형 형상을 정의할 때 표시해야 한다[그림 5-58, 59].

② 180°를 넘는 원호 또는 원형 도형에는 치수 수치 앞에 지름 기호 ϕ를 기입하여야 한다[그림 5-59]. 도면 형상에서는 반지름 또는 지름으로 지시할 것인지를 명확히 하여야 한다.

③ 일반적으로 180°보다 큰 호에는 지름 치수로 표시하도록 한다. 지름을 지시하는 치수선이 하나의 화살표로 나타낼 때 치수선은 원의 중심을 통과하고 초과해야 한다[그림 5-59].

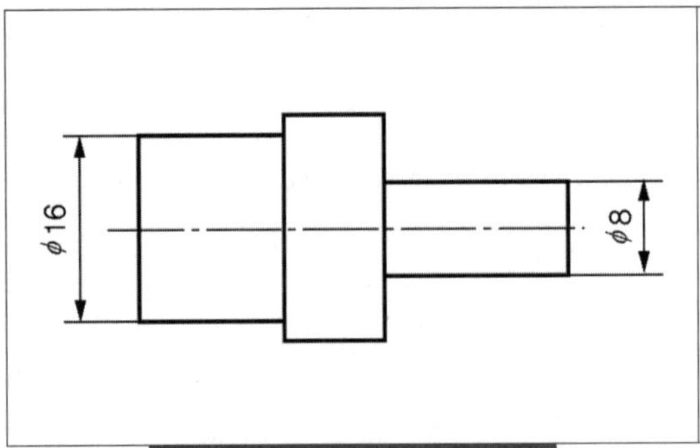

• 그림 5-58 • 지름의 표시

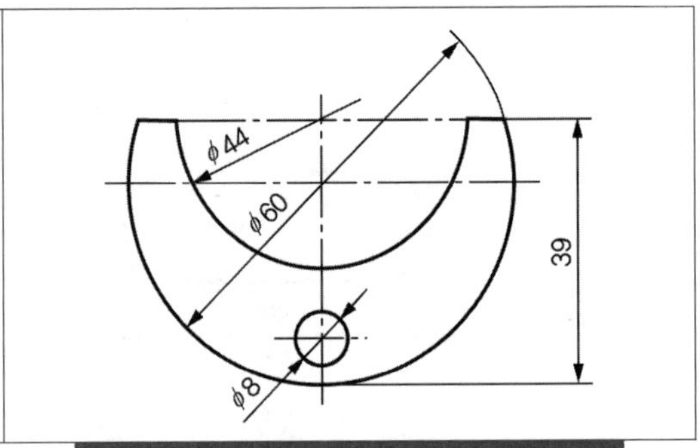

• 그림 5-59 • 원형 형체의 지름의 표시

④ 지시선을 사용하여 지름을 표시할 수 있다[그림 5-60].

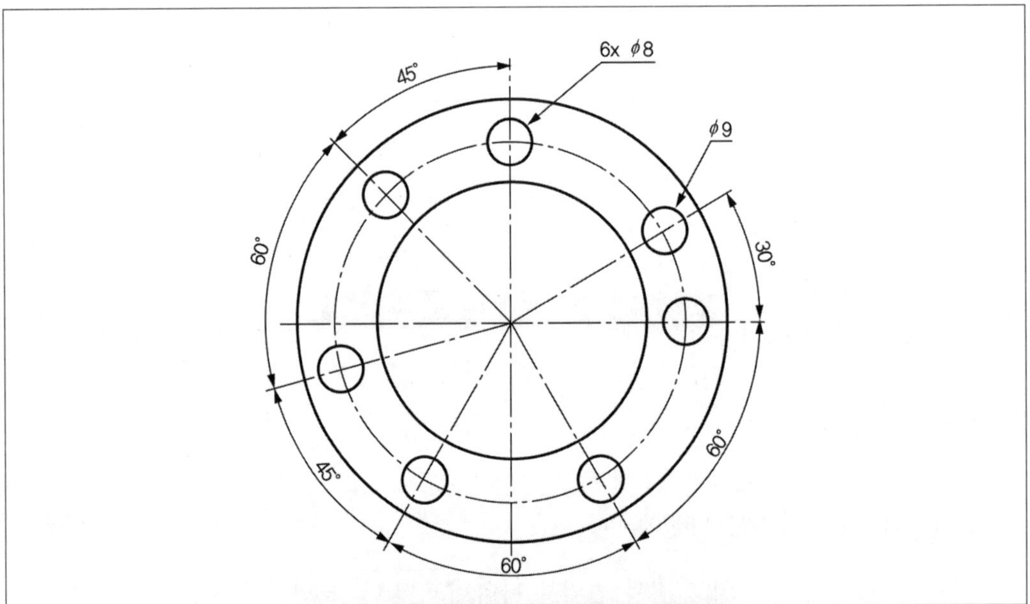

• 그림 5-60 • 지시선을 사용한 지름의 표시

⑤ 대상으로 하는 부분의 단면이 원형일 때 그 모양을 원형으로 표현하지 않고 원형임을 나타내는 경우에는 지름 기호 ϕ를 치수 수치 앞에 치수 수치와 같은 문자 높이로 기입한다[그림 5-61(a)].

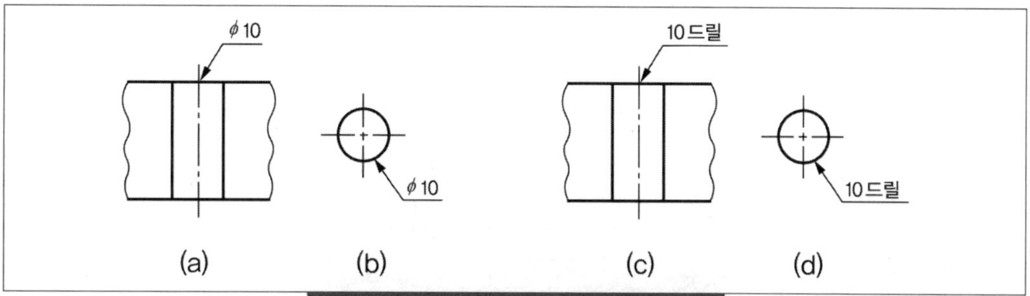

• 그림 5-61 • 다양한 지름 지시의 보기

⑥ 지름이 다른 원통이 연속하고 그 치수 수치를 입력할 공간이 없는 경우는 [그림 5-62] 및 [그림 5-63]과 같이 한쪽에 치수선의 연장선과 화살표를 그려 지름 기호 ϕ와 치수 수치를 기입한다.

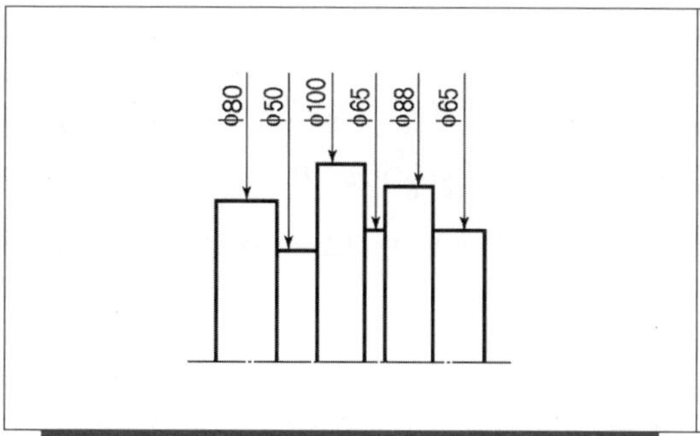

• 그림 5-62 • 외측에서 편측으로 화살표를 지시하는 치수기입의 보기

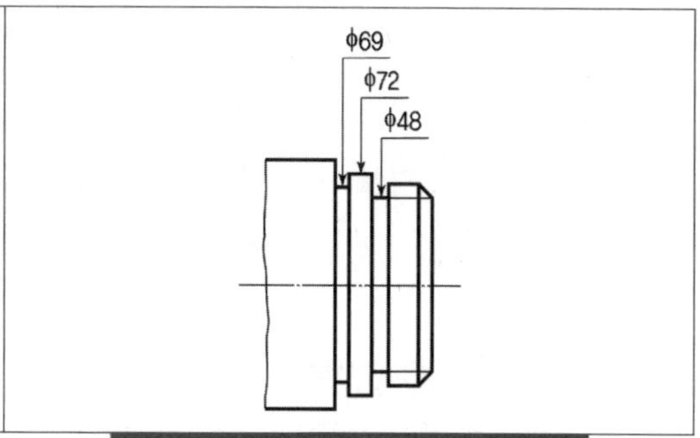

• 그림 5-63 • 치수선을 직각으로 구부리는 보기

4 구의 지름 또는 반지름 표시 방법

① 구의 지름 또는 반지름의 치수는 그 치수 수치의 앞에 치수 숫자와 같은 크기로 구의 기호 $S\phi$ 또는 SR을 기입하여 표시한다 [그림 5-64].

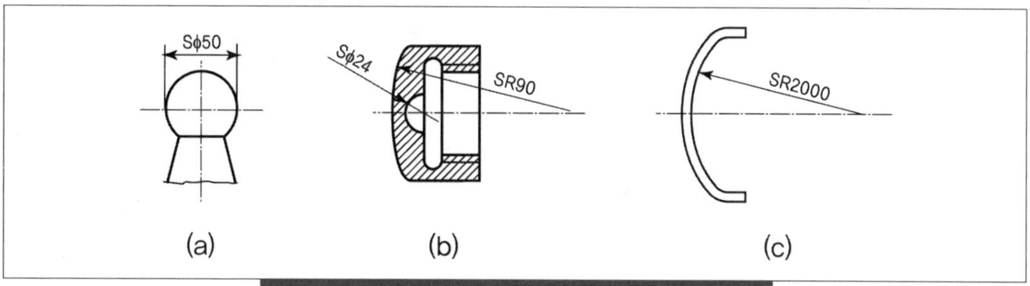

• 그림 5-64 • 구의 지름 또는 반지름 지시의 보기

② 구 반지름의 치수가 다른 치수로부터 유도되는 경우에는 반지름을 나타내는 치수선 및 수치 없이 기호 SR 로 지시한다 [그림 5-65].

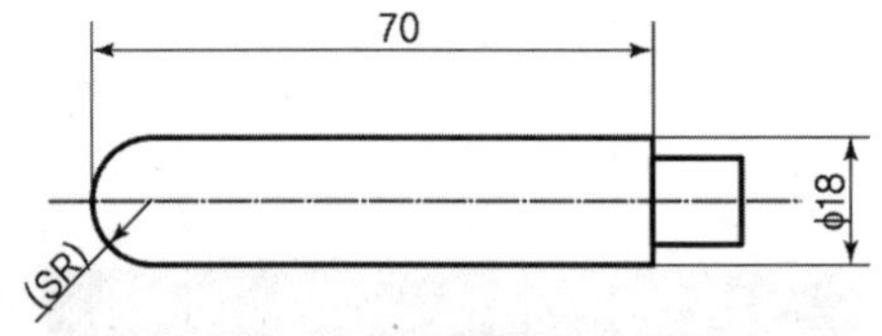

• 그림 5-65 • 수치없는 기호(SR) 지시의 보기

5 정사각형 변의 표시 방법

정사각형 변의 표시 방법은 다음과 같다.

① 대상으로 하는 부분의 단면이 정사각형인 경우 그 형태를 그림으로 표현하지 않고 정사각형인 것을 표시하는 경우에는 그 변의 길이를 나타내는 치수 수치 앞에 치수 수치와 같은 크기로 정사각형의 한 변이라는 것을 나타내는 기호 ㅁ을 기입한다 [그림 5-66].

② 정사각형을 정면에서 보았을 때처럼 정사각형이 그림에 나타나는 경우에는 정사각형임을 나타내는 기호 ㅁ을 붙이지 않고, 양 변의 치수를 기입해야 한다 [그림 5-67].

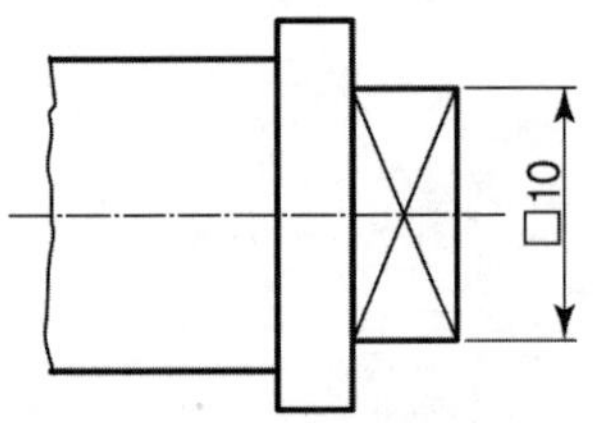

• 그림 5-66 • 정사각 기둥의 한 변 지시의 보기

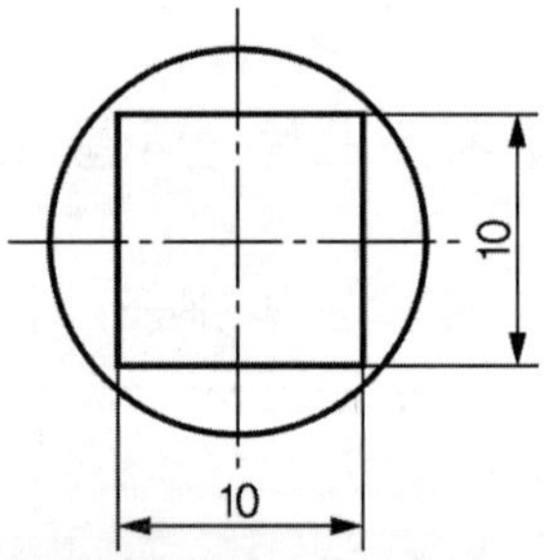

• 그림 5-67 • 정사각 변의 지시의 보기

6 두께의 표시 방법

부품의 두께는 "$t$mm"기호로 표시하고 한 점으로 끝나는 지시선이 있는 두께 치수로 표시할 수 있다 [그림 5-68].

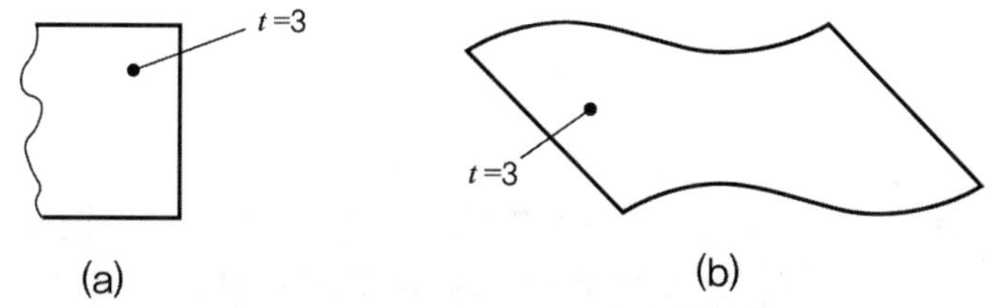

• 그림 5-68 • 부품 두께 지시의 보기

판의 주 투상도에 그 두께 치수를 표시하는 경우에는 그 도면의 부근 또는 그림 중 보기 쉬운 위치에 두께를 표시하는 치수의 수치 앞에 치수숫자와 같은 크기로 두께를 나타내는 기호 "*t* mm"을 기입한다 [그림 5-69].

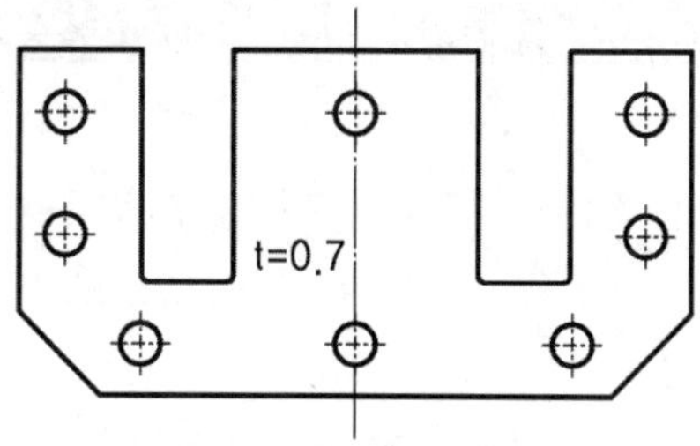

• 그림 5-69 • 두께 지시의 보기

7 현 및 원호의 표시 방법

1) 현의 길이 표시 방법

현의 길이는 원칙으로 현에 직각으로 치수 보조선을 긋고, 현에 평행한 치수선을 사용하여 표시한다 [그림 5-70].

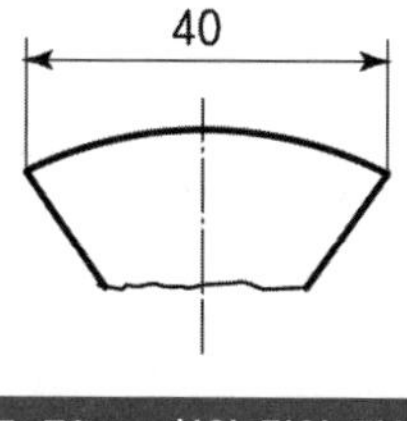

• 그림 5-70 • 현의 길이 지시의 보기

2) 원호의 길이 표시 방법

원호의 길이의 표시 방법은 다음에 따른다.

① 현의 경우와 같은 치수 보조선을 긋고 그 원호와 동심의 원호를 치수선으로 하고, 치수 수치 앞에 원호를 나타내는 기호를 붙인다 [그림 5-71]. 기존에는 원호 기호를 치수 수치 위에 표기하였으나 원호 기호를 치수 수치 앞에 표기하는 것으로 개정하였다.

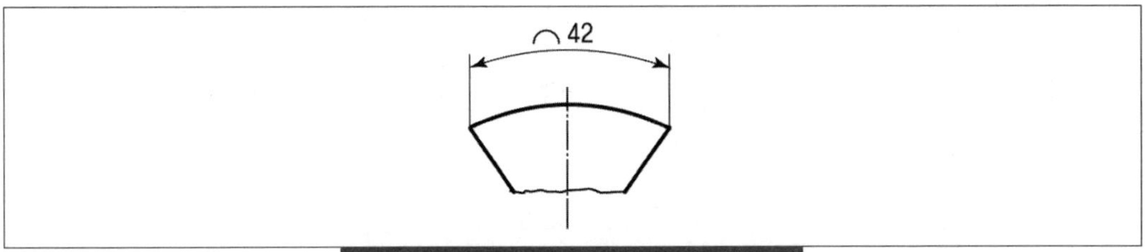

• 그림 5-71 • 원호의 길이 지시의 보기

② 원호를 구성하는 각도가 클 때나 [그림 5-72(a)], 연속적으로 원호의 치수를 기입할 때 [그림 5-72(b)]는 원호의 중심으로부터 방사형으로 그린 치수 보조선에 치수선을 맞추어도 좋다. 이 경우 2개 이상의 동심 원호 중 1개의 원호의 길이를 명시할 필요가 있을 때에는 다음 중 하나에 따른다.

㉮ 원호의 치수 수치에 대하여 지시선을 긋고 끌어낸 원호쪽에 화살표를 그린다 [그림 5-72(a), (b)].

㉯ 원호의 길이 치수 수치 뒤에 원호의 반지름을 괄호에 넣어서 나타낸다 [그림 5-72(c)]. 이 경우에는 원호의 길이의 기호를 붙이지 않는다.

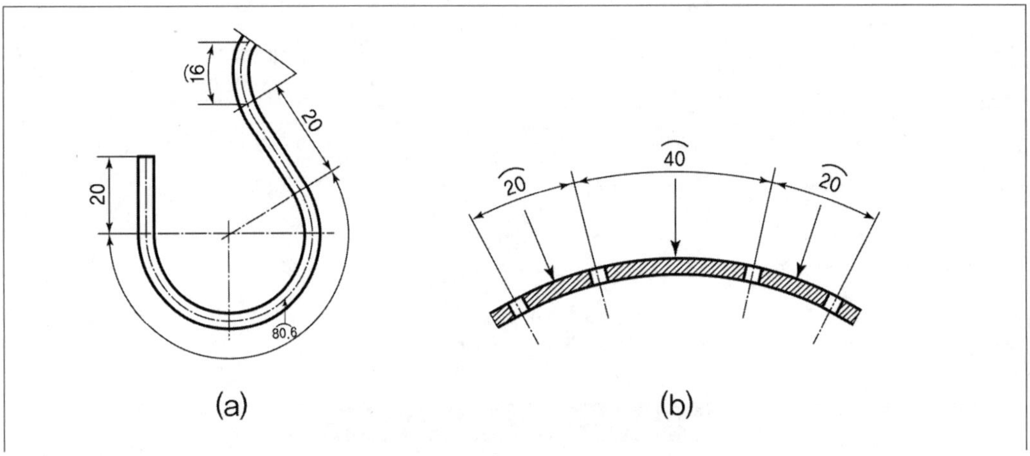

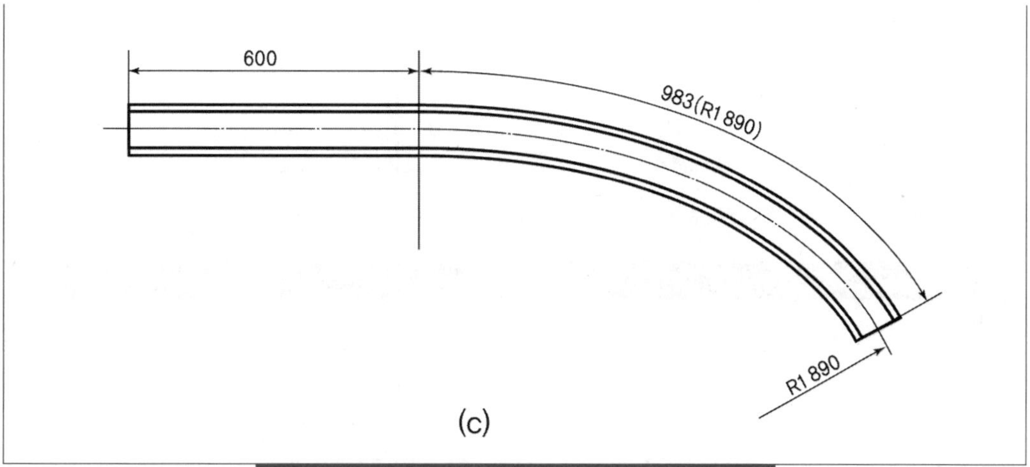

• 그림 5-72 • 여러 가지 원호의 길이 지시의 보기

8 모따기 표시 방법

일반적인 모따기는 보통 치수 기입 방법에 따라 표시한다[그림 5-73]. 45° 모따기의 경우에는 모따기의 치수 수치×45° [그림 5-74] 또는 기호 C를 치수 수치 앞에 치수 숫자와 같은 크기로 기입하여 표시한다[그림 5-75].

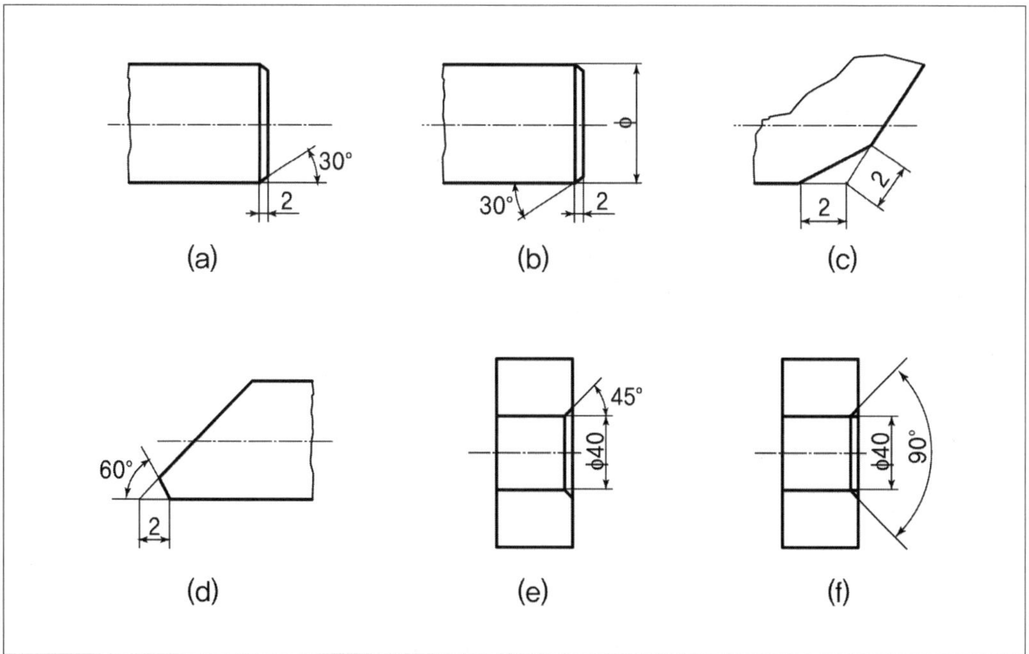

• 그림 5-73 • 모따기 치수 지시의 보기(1)

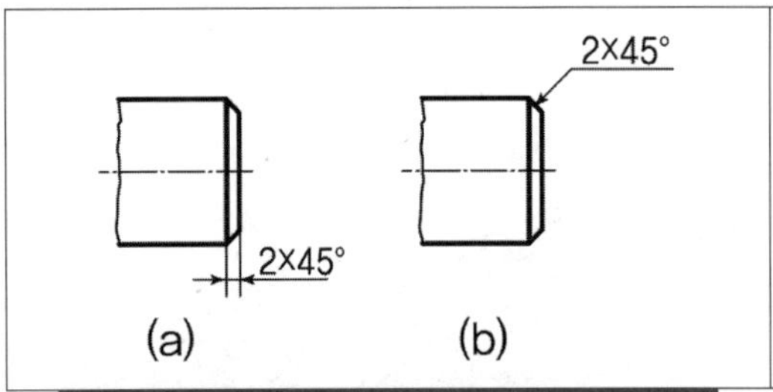

• 그림 5-74 • 모따기 치수 지시의 보기(2)

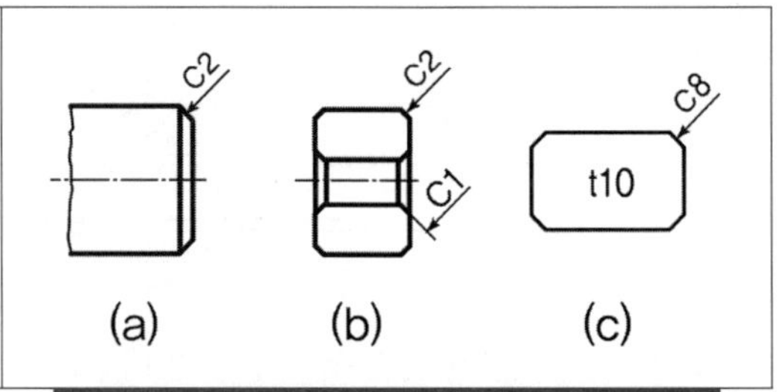

• 그림 5-75 • 모따기 치수 지시의 보기(3)

9 곡선의 표시 방법

곡선의 표시 방법은 다음에 따른다.

① 원호로 구성되는 곡선의 치수는 일반적으로 이들 원호의 반지름과 그 중심 또는 원호 접선의 위치로 표시한다 [그림 5-76].

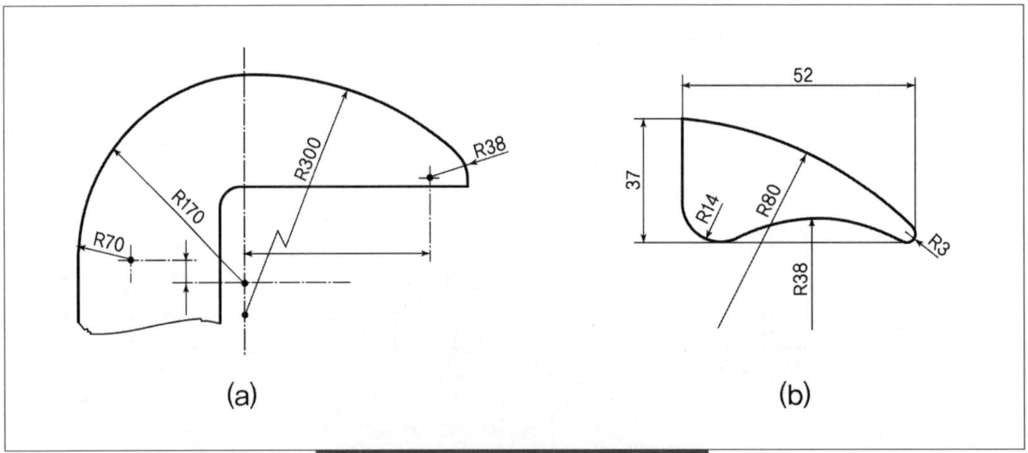

• 그림 5-76 • 곡선 표시 방법의 보기

② 원호로 구성되지 않은 곡선의 치수는 곡선상 임의의 점의 좌표 치수로 표시한다 [그림 5-77(a)]. 이 방법은 원호로 구성되는 곡선의 경우에도 필요하면 사용하여도 좋다 [그림 5-77(b)].

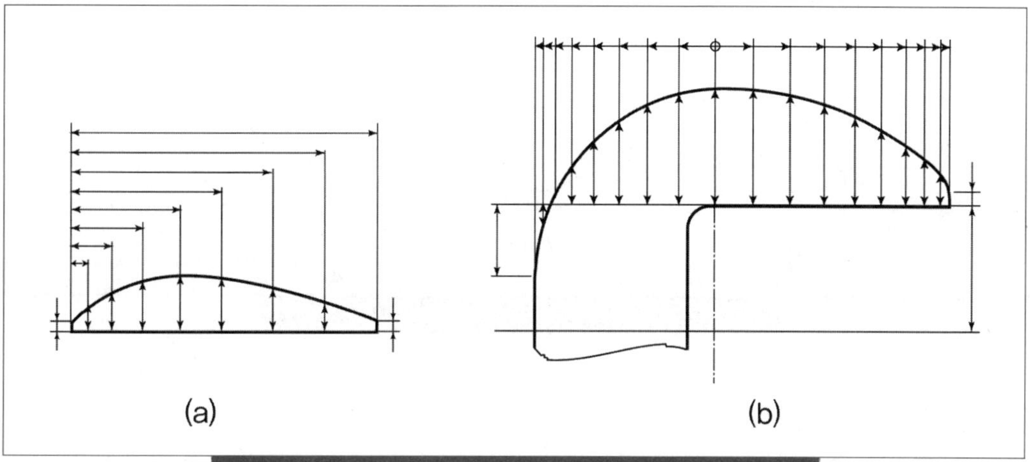

• 그림 5-77 • 원호로 구성되지 않은 곡선의 치수 기입의 보기

07 구멍의 치수 표시 방법

구멍의 표시방법은 다음에 따른다.

① 드릴 구멍, 펀칭 구멍, 코어 구멍 등 구멍의 가공방법에 의한 구별을 나타낼 필요가 있을 경우에는 원칙으로 공구의 호칭 치수 또는 기준 치수를 나타내고, 그 뒤에 가공방법의 구별을 가공방법 용어를 규정하고 있는 한국산업표준에 따라 지시한다[그림 5-78, 79]. 다만, [표 5-2]에 표시한 것에 대하여는 이 표의 간략 지시에 따를 수 있다.

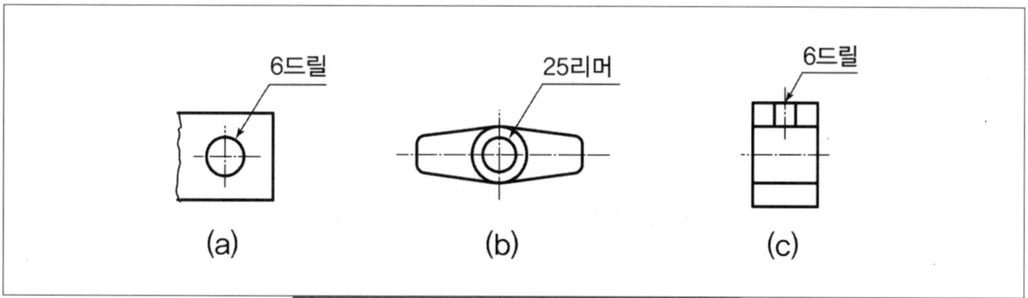

• 그림 5-78 • 구멍 가공 방법 지시의 보기

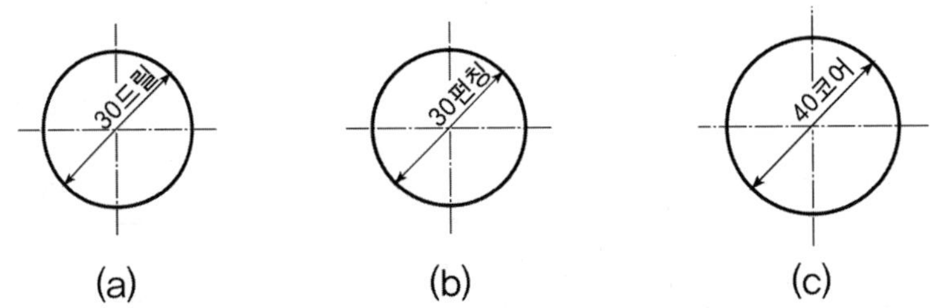

• 그림 5-79 • 구멍 가공 방법을 간략 지시하는 보기

표 5-2 구멍 가공 방법의 간략 표시

가공 방법	간략 지시
생주물(주조한대로)	코어
프레스 펀칭	펀칭
드릴로 구멍뚫기	드릴
리머 다듬질	리머

② 하나의 피치 선, 피치 원상에 배치되는 1군의 동일 치수 볼트 구멍, 작은 나사 구멍, 핀 구멍, 리벳 구멍 등의 치수는 구멍에서 지시선을 끌어내어 참조선의 상단에 전체 수를 나타내는 숫자 다음에 ×를 사용하여 구멍의 치수를 지시한다 [그림 5-80]. 이 경우 구멍의 전체 수는 동일 개소의 1군의 구멍의 전체 수(예를 들면, 양쪽에 플랜지를 갖는 관 이음(파이프 커플링)이라면 편측의 플랜지에 대한 전체 수)를 기입한다.

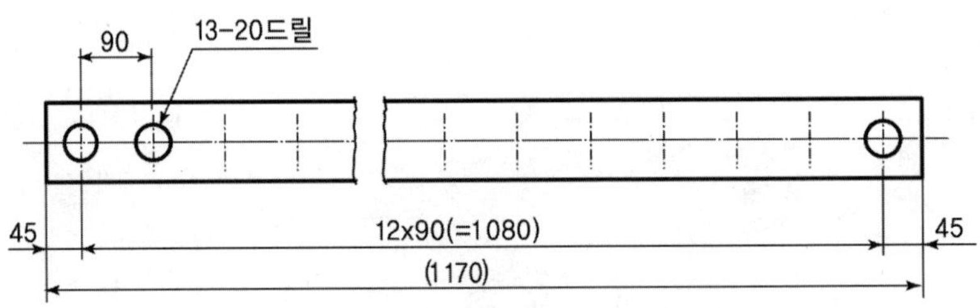

• 그림 5-80 • 1군의 동일 치수 지시의 보기

③ 구멍의 깊이를 지시할 때는 구멍의 지름을 나타내는 치수 다음에 구멍의 깊이를 나타내는 기호 "↧"를 표기하고, 계속해서 구멍 깊이의 수치를 기입한다[그림 5-81]. 다만, 관통 구멍인 때는 구멍 깊이를 기입하지 않는다[그림 5-82].

또한, 구멍의 깊이란 드릴의 앞끝의 원추부, 리머의 앞끝의 모따기부 등을 포함하지 않는 원통부의 깊이[그림 5-83]를 말한다. 그리고 경사진 구멍의 깊이는 구멍의 중심축 선상의 길이 치수로 나타낸다[그림 5-84].

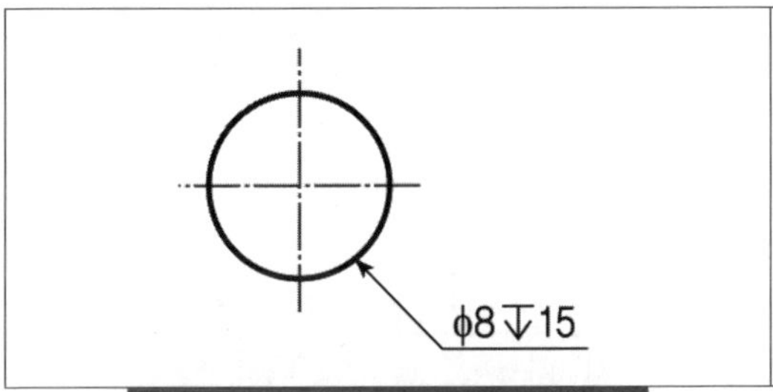

• 그림 5-81 • 구멍 깊이의 보기

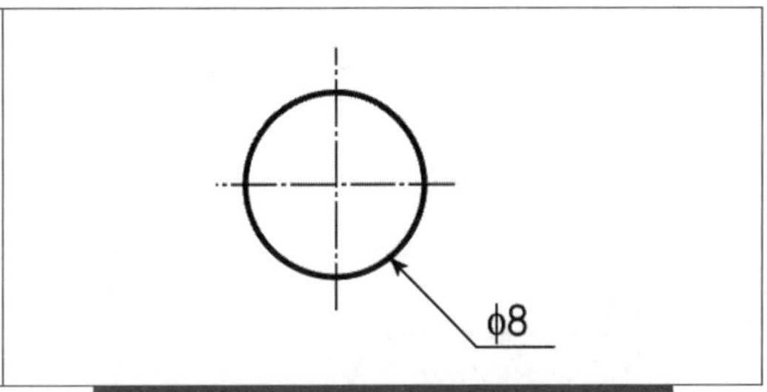

• 그림 5-82 • 관통 구멍 지시의 보기

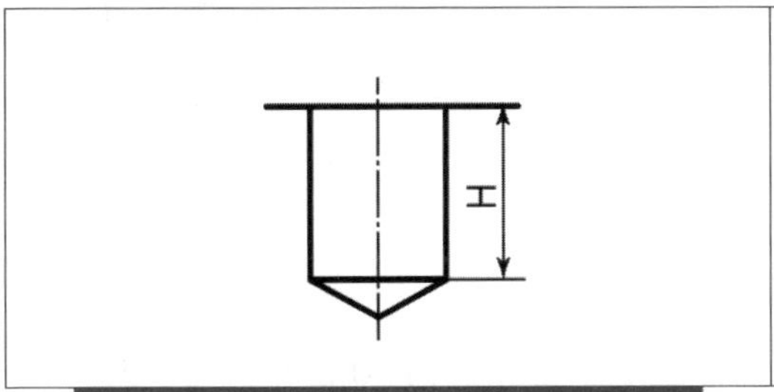

• 그림 5-83 • 구멍 깊이의 지시의 보기

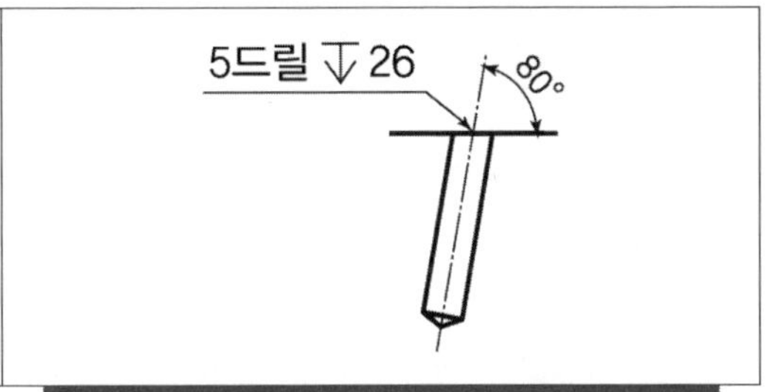

• 그림 5-84 • 경사진 구멍 깊이 지시의 보기

④ 카운터 보어 또는 깊은 카운터 보어의 표시 방법은 카운터 보어 지름을 나타내는 치수 앞에 카운터 보어를 나타내는 기호 "⌴"를 표기하고, 계속해서 카운터 보어의 수치를 기입한다[그림 5-85, 86]. 또한 일반적으로 평면을 확보하기 위해 주조품, 단조품 등의 표면을 깎아내는 정도의 경우에도 그 깊이를 지시한다. 또한 깊은 카운터 보어의 바닥 위치를 반대쪽 면에서 치수를 규제할 필요가 있는 경우에는 그 치수를 지시한다[그림 5-86(c)].

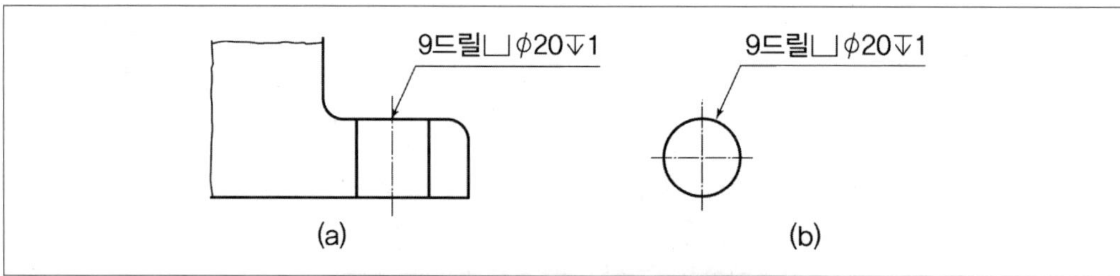

• 그림 5-85 • 카운터 보어 지시의 보기

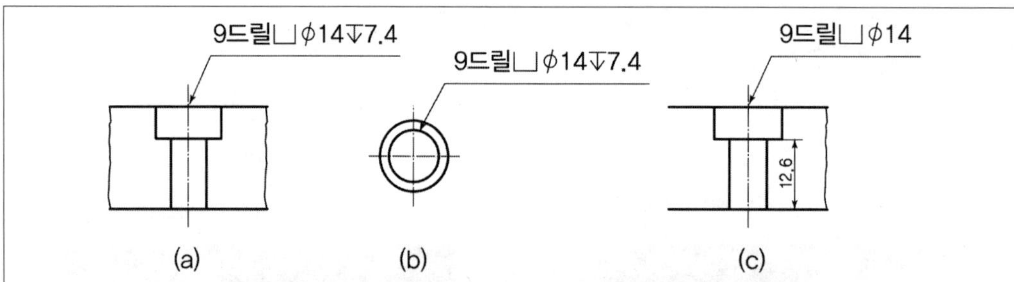

• 그림 5-86 • 카운터 보어 및 깊은 카운터 보어 지시의 보기

⑤ 카운터 싱크 구멍의 표시 방법은 원추형 구멍의 지름을 나타내는 치수 다음에 카운터 싱크를 나타내는 기호 "∨"를 표시하고, 계속해서 카운터 싱크 입구 지름의 수치를 기입한다 [그림 5-87]. 카운터 싱크 구멍의 깊이 수치를 규제할 필요가 있는 경우에는 카운터 싱크 개구각 및 카운터 싱크 구멍의 깊이 수치를 기입한다 [그림 5-88].

카운터 싱크 구멍이 원형 형상으로 그려져 있는 도형에 카운터 싱크 구멍을 지시하는 경우에는 내측 원형 형상에서 지시선을 끌어내고, 참조선의 상단에 카운터 싱크 구멍을 지시하는 기호 "∨"에 이어, 카운터 싱크의 입구 지름의 수치를 기입한다 [그림 5-89].

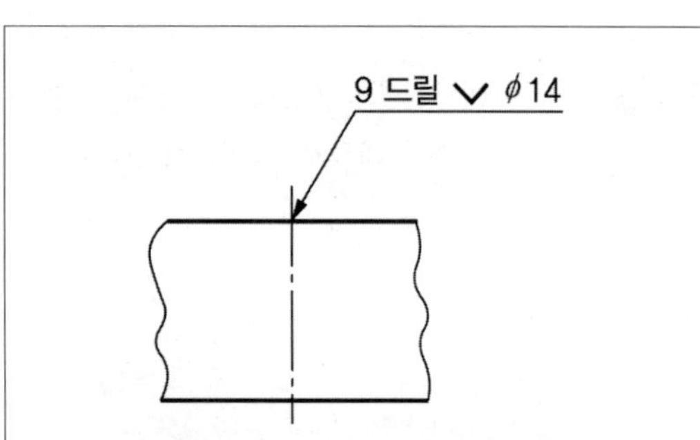

• 그림 5-87 • 카운터 싱크의 지시

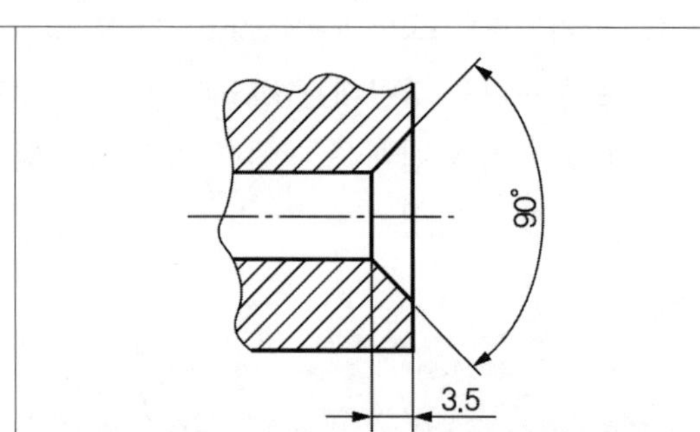

• 그림 5-88 • 카운터 싱크의 개구각 및 접시머리 구멍 깊이 지시의 보기

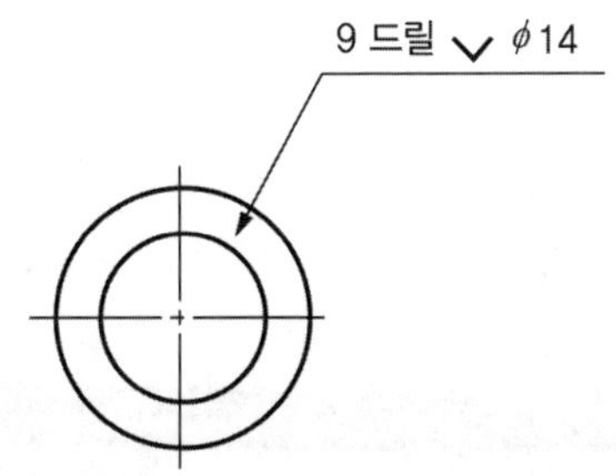

• 그림 5-89 • 원형 형상에 지시하는 접시 머리 구멍 지시의 보기

카운터 싱크의 간단한 지시 방법은 카운터 싱크 구멍이 나타나 있는 도형에 대하여 카운터 싱크 구멍 입구 지름 및 카운터 싱크 구멍이 뚫린 각도를 치수선 위쪽 또는 그 연장선상에 ×를 사이에 적어 기입한다[그림 5-90].

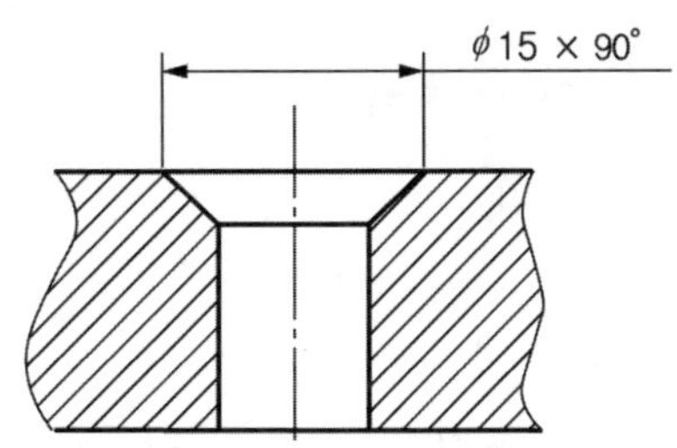

• 그림 5-90 • 카운터 싱크 간략 지시 방법의 보기

⑥ 긴 원의 구멍은 구멍의 기능 또는 가공방법에 따라 치수의 기입방법을 다음 중 하나에 따라 지시한다.

㉮ 긴 원 구멍의 길이 및 폭[그림 5-91(a)], 이 경우 양 측의 형체는 원호임을 나타내기 위해 (R)로 지시한다.

㉯ 평행한 평면 형체의 길이 및 폭 [그림 5-91(b)], 이 경우 양 측의 형체는 원호임을 나타내기 위해 (R)로 지시한다.

㉰ 공구의 회전 축선의 이동 거리 및 공구 지름 [그림 5-91(c)], 이 경우 공구 지름의 1개소로 한다.

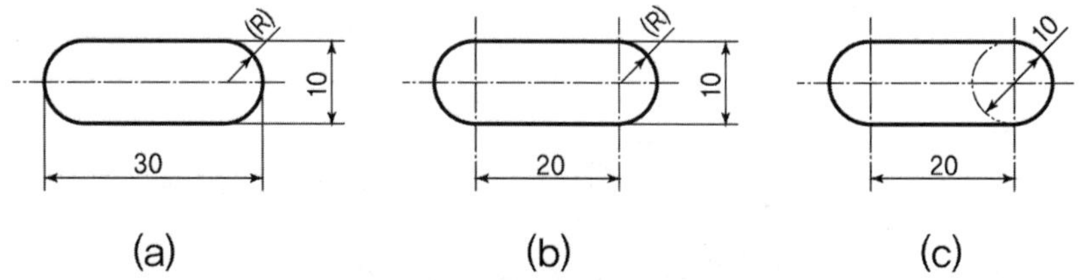

• 그림 5-91 • 긴 원 구멍 지시의 보기

08 키 홈의 표시 방법

1 원통 축의 키 홈 표시 방법

원통 축의 키 홈의 표시 방법은 다음에 따른다.

① 축의 키 홈은 키 홈의 나비, 깊이, 길이, 위치 및 끝부를 표시하는 치수에 따른다 [그림 5-92(a), (b)].

② 키의 단부(끝)를 밀링커터 등에 의하여 절삭하는 경우에는 기준 위치에서 공구의 중심까지의 거리와 공구의 지름을 표시한다 [그림 5-92(c)].

③ 키 홈의 깊이는 키 홈과 반대쪽의 축 지름면으로부터 키 홈의 바닥까지의 치수로 표시한다 [그림 5-92]. 그러나, 특히 필요한 경우에는 키 홈의 중심면의 원주 표면에서 키 홈의 바닥까지의 치수(절삭 깊이)로 표시하여도 좋다 [그림 5-93].

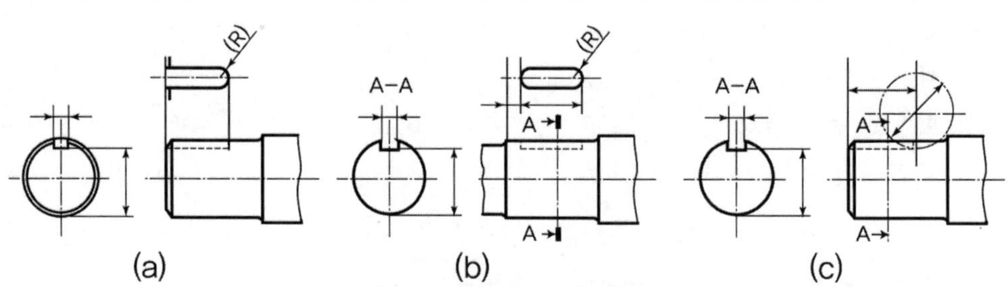

• 그림 5-92 • 키 홈 치수 지시의 보기

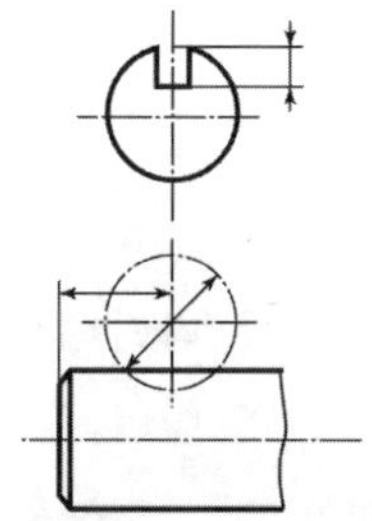

• 그림 5-93 • 절삭 깊이 지시의 보기

④ 키 홈이 단면에 나타나 있는 경우 보스 안지름의 치수는 한쪽 화살표 단말 기호로 지시한다[그림 5-94].

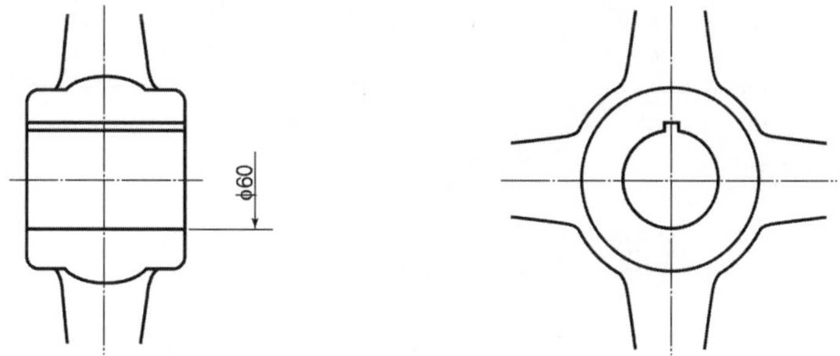

• 그림 5-94 • 안지름에 凹 또는 凸 가 있는 경우의 보기

2 테이퍼 축의 키 홈 표시 방법

테이퍼 축의 키 홈은 개별 형체의 치수를 지시한다[그림 5-95].

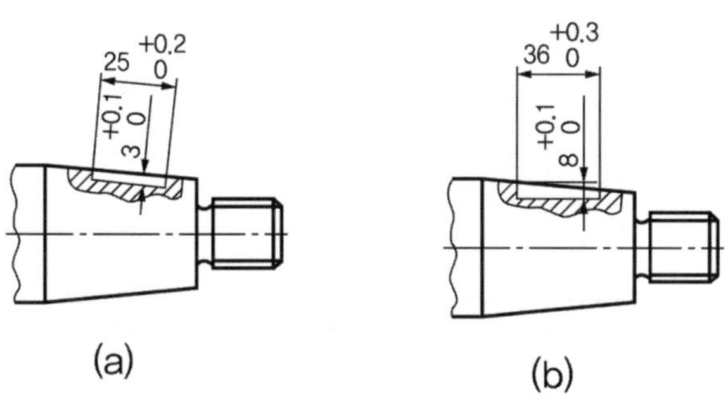

• 그림 5-95 • 테이퍼 축의 키 홈 지시의 보기

3 구멍의 키 홈 표시 방법

구멍의 키 홈 표시 방법은 다음과 같다.

① 구멍의 키 홈은 키 홈의 폭과 깊이를 나타내는 치수를 지시한다[그림 5-96(a)].
② 키 홈의 깊이는 키 홈과 반대쪽의 구멍 밑면에서 키 홈의 바닥까지의 치수로 나타낸다[그림 5-96(a)]. 다만, 특별히 필요한 경우에는 키 홈의 중심면의 구멍 지름면에서 키 홈의 바닥까지의 치수(절삭 깊이)로 나타내어도 좋다[그림 5-96(b)].
③ 구배 키를 이용하는 보스 키홈의 깊이는 키 홈의 깊은 쪽에 나타낸다[그림 5-96(c)].

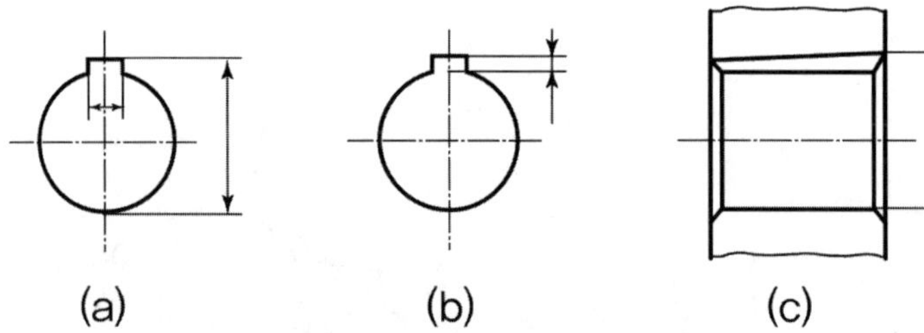

• 그림 5-96 • 구멍의 키 홈 지시의 보기

4 원추 구멍의 키 홈 표시 방법

원추 구멍의 키 홈은 키 홈에 직각인 단면에서의 치수를 지시한다[그림 5-97].

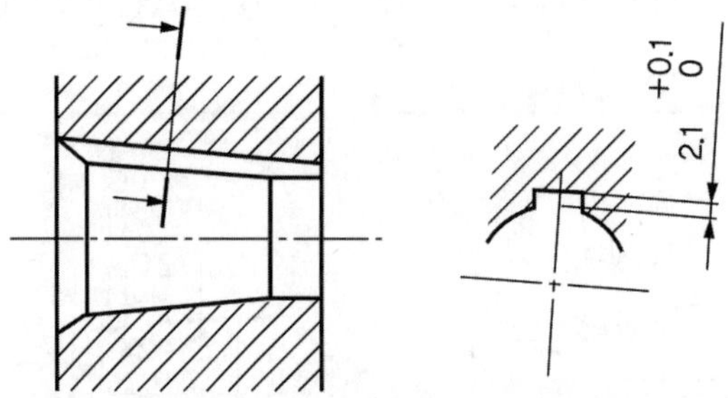

• 그림 5-97 • 원추 구멍 축의 키 홈 지시의 보기

5 원통 축의 보수의 키 홈 표시 방법

원통 축에서 복수의 동일 치수의 키 홈은 하나의 키 홈 치수를 지시하고 다른 키 홈에 그 개수를 지시한다[그림 5-98].

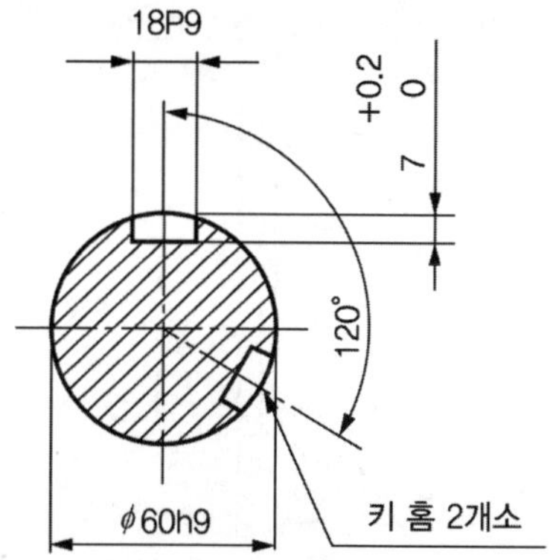

• 그림 5-98 • 복수의 동일 키 홈 치수 지시의 보기

6 원통 축의 스냅 링 홈의 표시 방법

원통 축에 만드는 스냅 링 홈은 홈 폭 및 홈 바닥의 지름을 지시한다[그림 5-99].

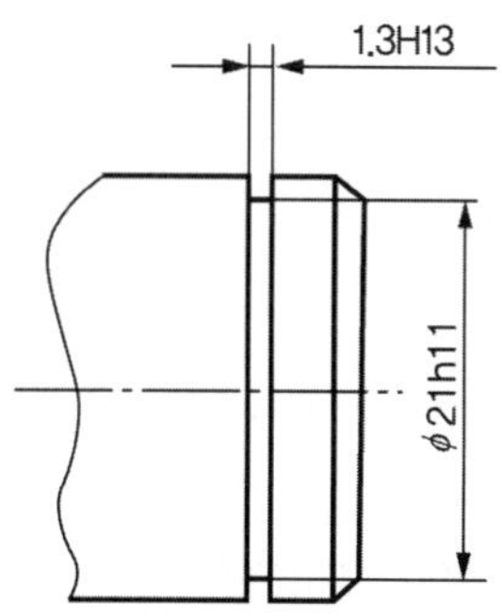

• 그림 5-99 • 스냅 링 홈의 치수 지시의 보기

7 원통 구멍의 스냅 링 홈의 표시 방법

원통 구멍에 만드는 스냅 링 홈은 홈 폭 및 홈 바닥의 지름을 지시한다[그림 5-100].

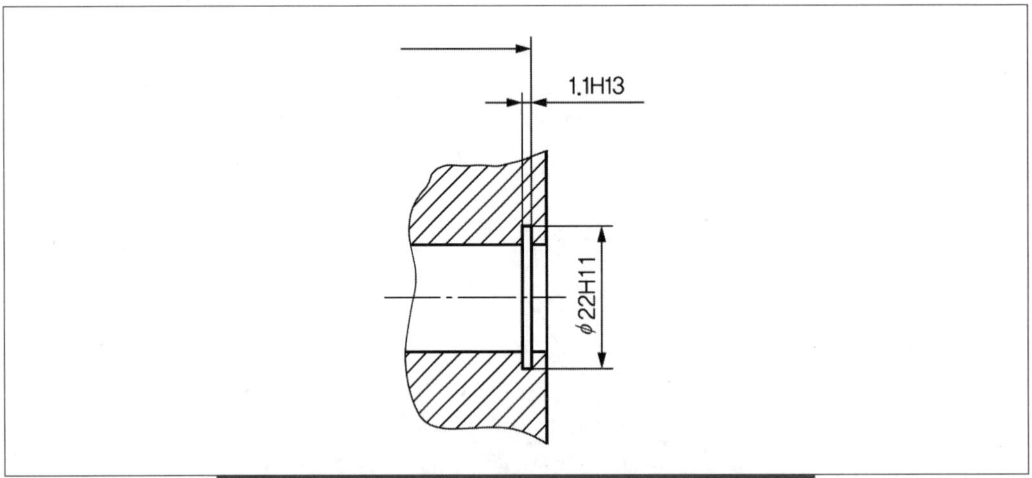

• 그림 5-100 • 구멍에 대한 스냅 링 홈의 치수 지시의 보기

8 구배 표시 방법

구배는 구배를 형채 근처에 KS B ISO 3040에 따라 참조선을 이용하여 지시한다. 참조선은 수평으로 그어 지시선을 사용하여 형체의 외형과 연결하고, 구배 방향을 나타내는 그림 기호를 구배 방향과 일치시켜 그린다[그림 5-101].

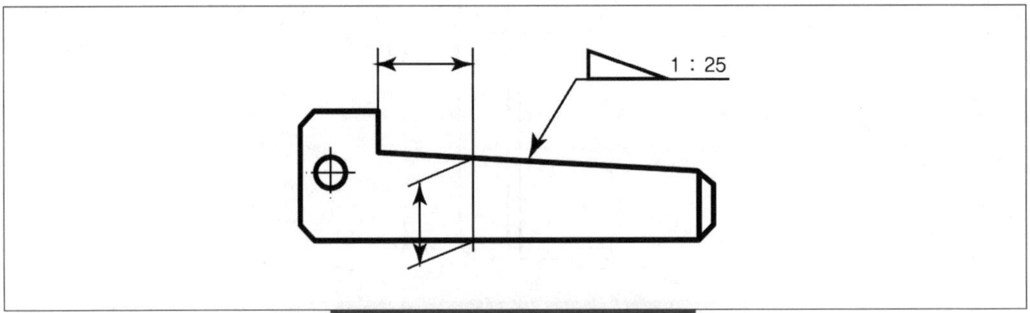

• 그림 5-101 • 구배 지시의 보기

9 테이퍼의 표시 방법

테이퍼는 테이퍼가 있는 형체 근처에 KS B ISO 3040에 따라 참조선을 이용하여 지시한다. 참조선은 테이퍼가 있는 형체의 중심선에 평행하게 긋고 지시선을 사용하여 형체의 외형과 연결한다. 다만 테이퍼 비율과 방향을 특히 분명하게 보여줄 필요가 있는 경우에는 테이퍼의 방향을 나타내는 그림 기호를 테이퍼의 방향과 일치시켜 그린다 [그림 5-102].

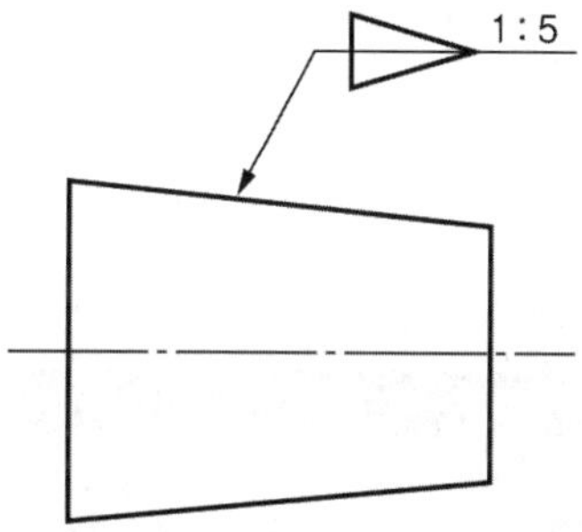

• 그림 5-102 • 테이퍼 지시의 보기

09 강 구조물 등의 치수 표시 방법

강 구조물 등의 치수 표시는 다음에 따른다.

① 강 구조물 등의 구조 선도에서 격점 사이의 치수를 나타낼 필요가 있는 경우는 그 치수는 부재를 타나내는 선을 따라 직접 기입한다 [그림 5-103].

② 강 구조 선도에는 부재를 나타내는 선은 중심선임을 명기하는 것이 좋다. 또한, 격점은 강 구조 선도에서 부재 중심선의 교점을 말한다.

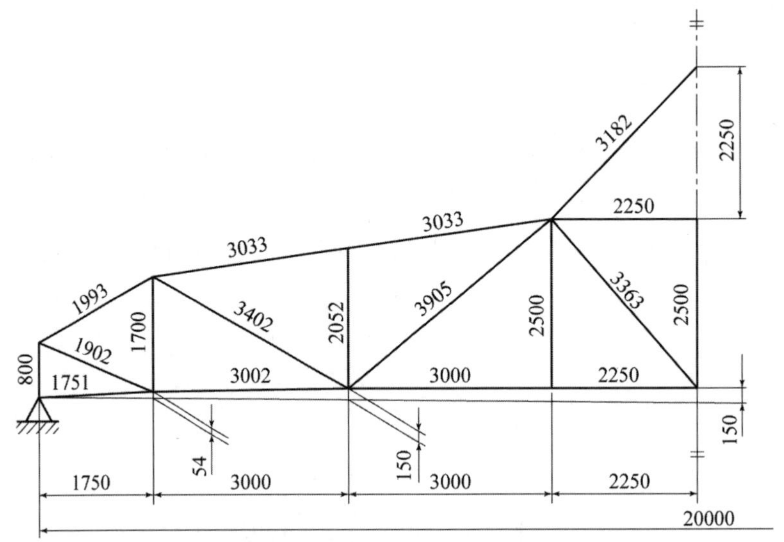

• 그림 5-103 • 강 구조 선도의 치수 지시의 보기

③ 형강, 강관, 각강 등의 치수는 [표 5-6]의 표시 방법에 따라 각각의 도형을 따라서 기입할 수 있다[그림 5-104]. 또한, 부등변 ㄱ 형강 등을 지시하는 경우에는 형강 변이 어떻게 놓여 있는지를 명확하게 하기 위해 그림에 나와 있는 변의 치수를 기입한다.

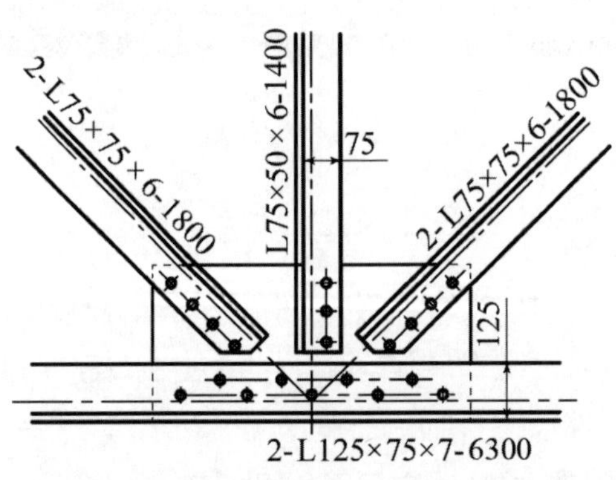

• 그림 5-104 • 형강에 대한 치수 지시의 보기

표 5-6 형강의 표시방법

종류	단면모양	표시방법	종류	단면모양	표시방법
등변 ㄱ형강	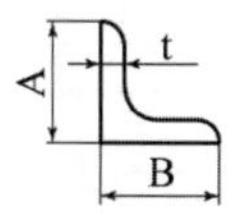	LA×B×t-L	경 Z형강	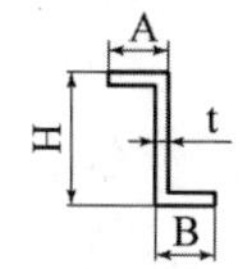	ʅH×A×B×t-L
부등변 ㄱ형강	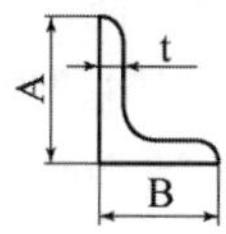	LA×B×t-L	립 ㄷ형강	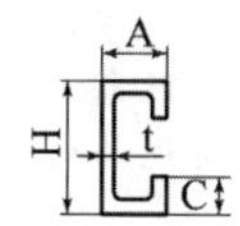	ᑕH×A×C×t-L
부등변 부등 두께 ㄱ형강	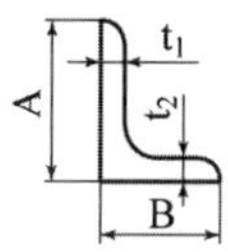	LA×B×t_1×t_2-L	립 Z형강	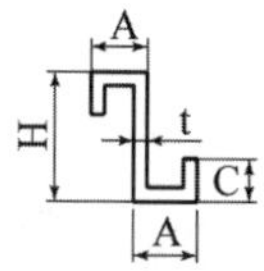	ᔑH×A×C×t-L
I형강	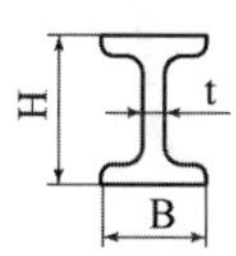	IH×B×t-L	모자형강	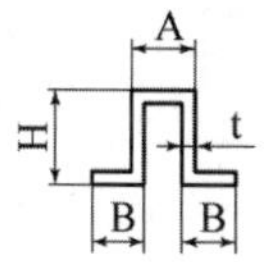	ЛH×A×B×t-L
ㄷ형강	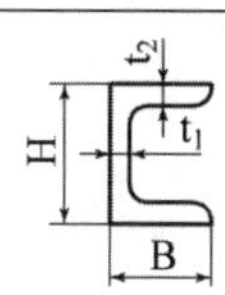	⊏H×B×t_1×t_2-L	환강	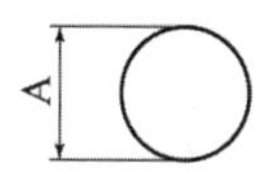	보통 ϕ A-L
구평형강	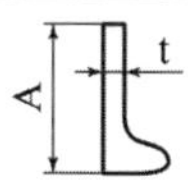	JA×t-L	강관	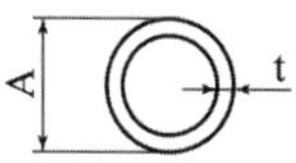	ϕA×t-L
T형강	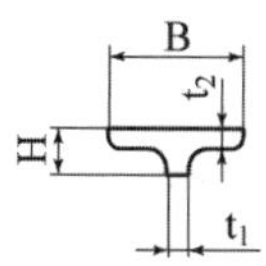	TB×H×t_1×t_2-L	각강관	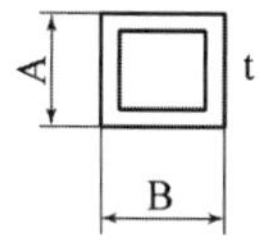	□A×B×t-L
H형강	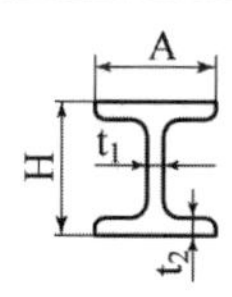	HH×A×t_1×t_2-L	각강	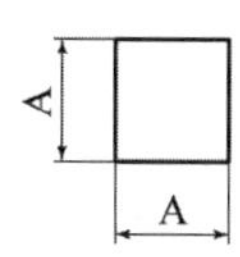	□At-L
경 ㄷ형강	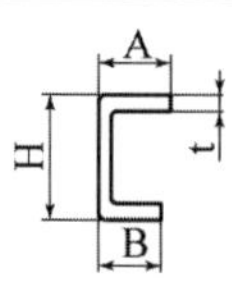	⊏H×A×B×t-L	평강	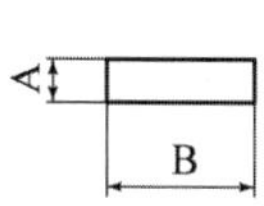	▭B×A-L

10 얇은 두께 부분의 표시 방법

엷은 두께 부분의 표시 방법은 다음과 같다.

① 얇은 두께 부분의 단면을 아주 굵은 선으로 나타낸 도형에 치수를 기입하는 경우에는 단면을 나타낸 아주 굵은 선을 따라 판의 내측 치수 또는 판의 외측 치수가 되도록 짧은 가는 실선을 그리고 여기에 치수선의 단말 기호를 닿게 한다[그림 5-105].

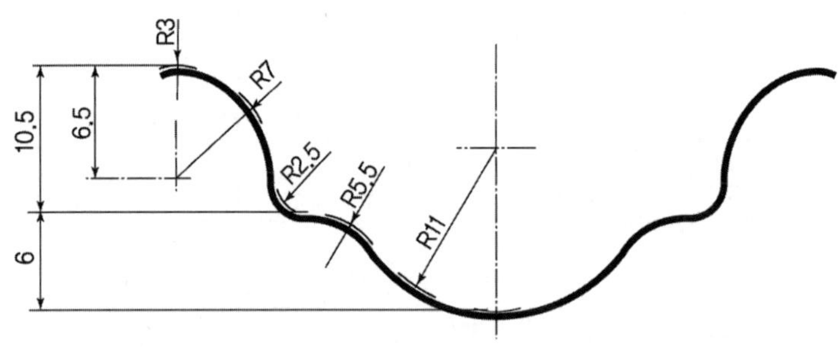

• 그림 5-105 • 얇은 두께 부분에 대한 치수 지시의 보기

② 내측을 나타내는 치수는 치수 숫자 앞에 "int"를 부기해도 좋다[그림 5-106].

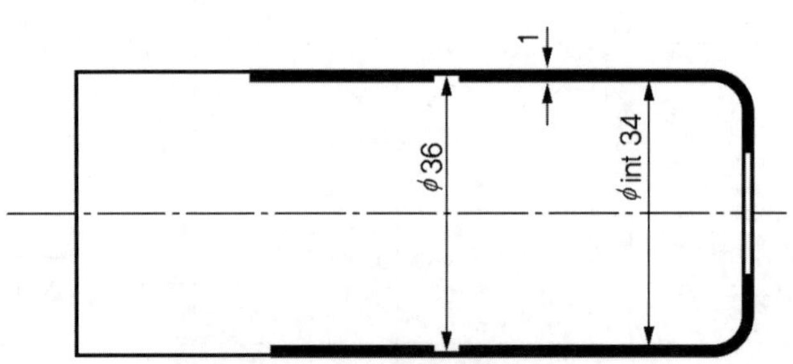

• 그림 5-106 • "int" 지시의 보기

③ 제관품의 형체가 서서히 증가 또는 감소되어("서서히 변하는 치수"라 한다), 어떤 치수가 되도록 지시하는 요구가 있는 경우에는 대상이 되는 형체에서 지시선을 끌어내 참조선의 상단에 "서서히 변하는 치수"라고 지시한다[그림 5-107].

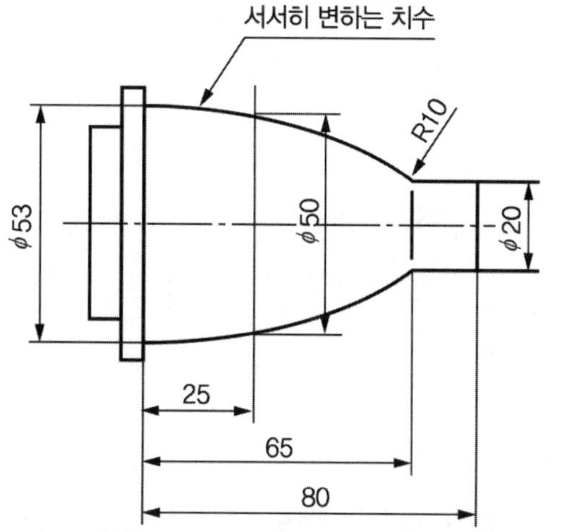

• 그림 5-107 • 서서히 변하는 치수의 보기

11 가공·처리 범위 등의 표시

가공, 표면 처리 등의 범위를 한정하는 경우에는 4장 4에 따름과 동시에 굵은 일점 쇄선을 이용하여 위치 및 범위 치수를 기입하고, 가공, 표면처리 등의 요구를 지정한다[그림 5-108].

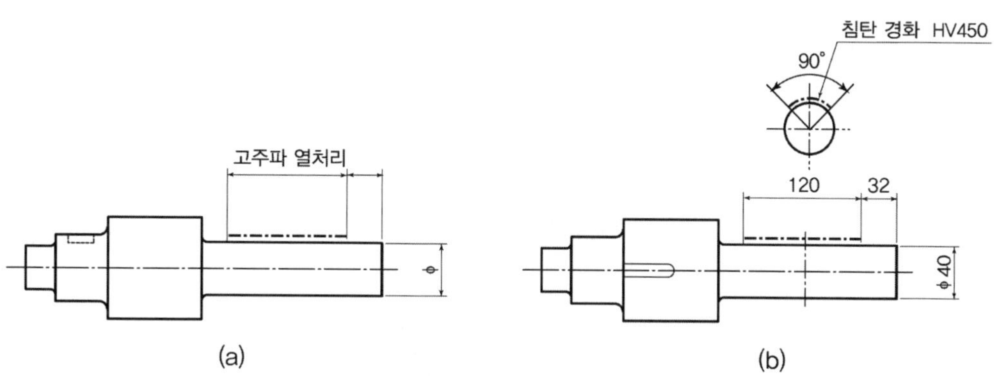

• 그림 5-108 • 가공·처리 범위 지시의 보기

12 비 강성 부품의 치수

비 강성 부품의 치수는 KS B ISO 10579에 따라 지시한다.

※ 비 강성 부품이란 자유 상태에서 도면에 지시된 치수 공차·기하 공차를 넘어 변형하는 부품이다.

13 비 비례 치수

일부 도형이 그 치수 수치에 비례하지 않은 경우에는 치수 수치에 가는 실선의 밑줄을 긋는다 [그림 5-109]. 다만 일부를 절단 생략한 경우 등, 특별히 치수와 도형이 비례하지 않음을 표시할 필요가 없는 경우에는 이 선을 생략한다.

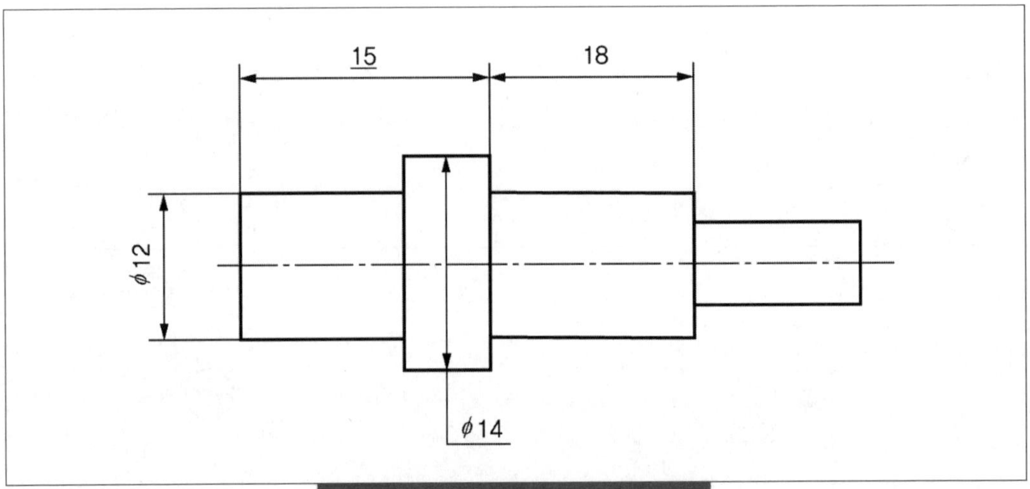

• 그림 5-109 • 비 비례 치수의 보기

14 동일 형상의 치수

T형 파이프 커플링, 코크 등의 플랜지와 같이 1개의 부품에 완전히 동일한 치수인 부분이 두 개 이상 있을 경우에는 치수는 그 중 하나에만 기입하는 것이 좋다. 이 경우, 치수를 기입하지 않는 부분에 동일 치수라는 것을 비고로 적는다[그림 5-110, 111].

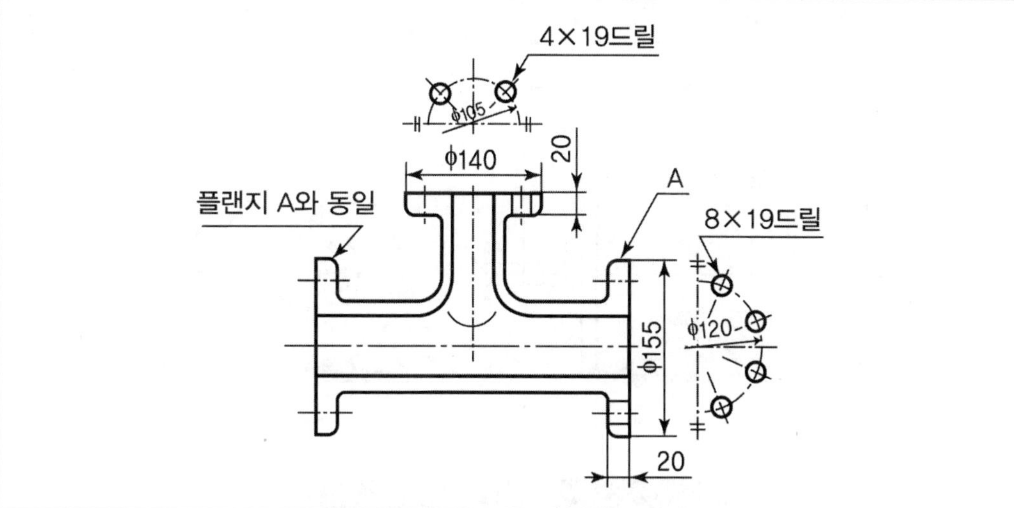

• 그림 5-110 • 동일 형상 지시의 보기(1)

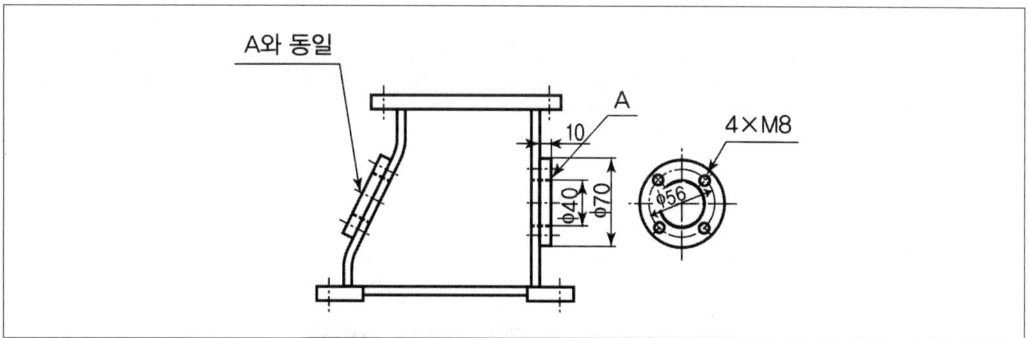

• 그림 5-111 • 동일 형상 지시의 보기(2)

15 외형도 치수의 표시 방법

외형도는 가로, 세로 방향 그리고 높이 방향 치수 및 고정·설치에 필요한 치수를 지시한다 [그림 5-112].

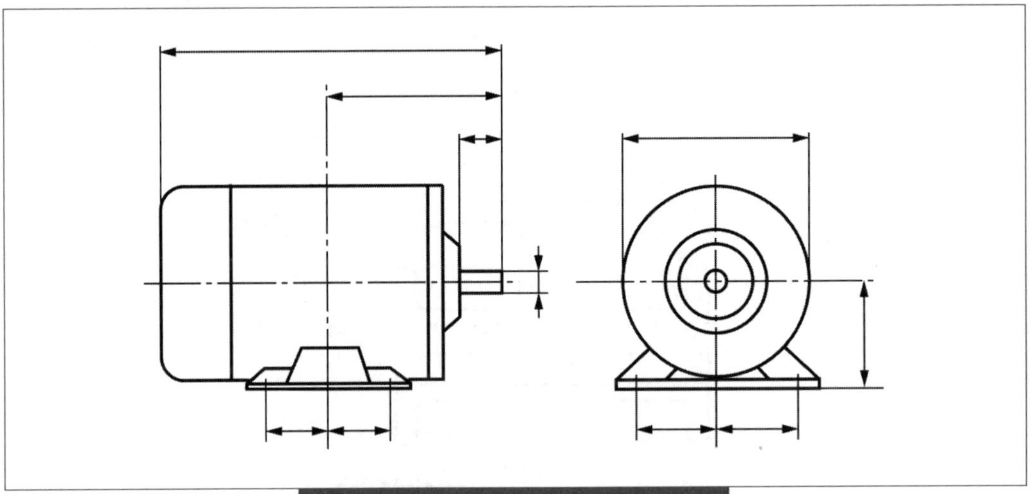

• 그림 5-112 • 외형도 치수 지시의 보기

16 부품 번호

부품 번호는 다음과 같다.

① 부품 번호는 일반적으로 숫자를 사용한다. 조립 도면 안의 부품에 대해 별도로 제작도가 있는 경우에는 부품 번호 대신 도면 번호를 기입해도 좋다.

② 부품 번호는 다음 중 하나에 따르는 것이 좋다.

㉮ 조립 순서에 따른다.

㉯ 구성 부품의 중요도에 따른다.

보기 : 부분 조립품, 주요 부품, 소형 부품, 기타 순

㉰ 기타 근거가 있는 순서에 따른다.

③ 부품 번호를 도면에 작성하는 방법은 다음에 따른다.

㉮ 부품 번호는 명확하게 구별할 수 있는 문자를 사용하거나, 문자를 원으로 둘러싸서 나타낸다.

㉯ 부품 번호는 대상으로 하는 도형에 지시선으로 연결하여 작성하는 것이 좋다[그림 5-113].

㉰ 도면을 보기 쉽게 하기 위해 부품 번호를 세로 또는 가로로 기재하는 것이 바람직하다.

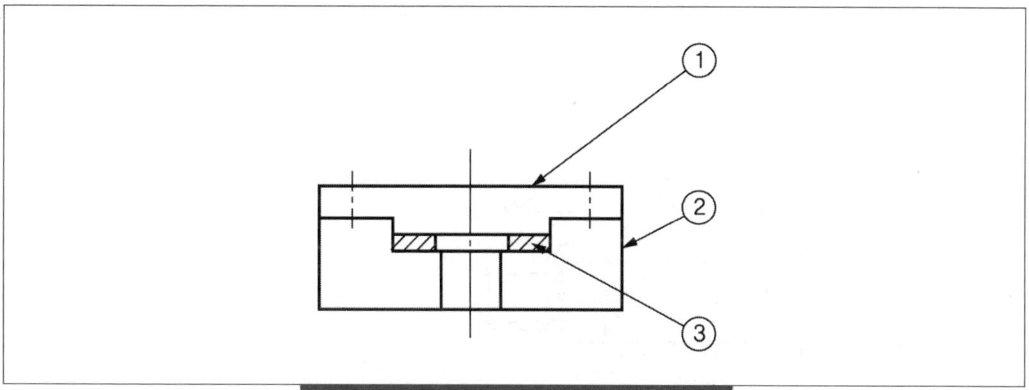

• 그림 5-113 • 부품 번호 기입의 보기

17 도면의 정정·변경

도면을 정식 출도 후에 도면 내용을 수정·변경할 경우에는 정정 또는 변경 사항에 대한 적절한 기호를 기입하고 정정 또는 변경 전의 도형[그림 5-114], 치수 등은 판독할 수 있도록 보존 한다[그림 5-115]. 이 경우, 정정 또는 변경 사유, 성명, 연월일 등을 명기하여 도면 관리 부서에 신고한다.

※ 변경에는 추가 내용도 포함한다.

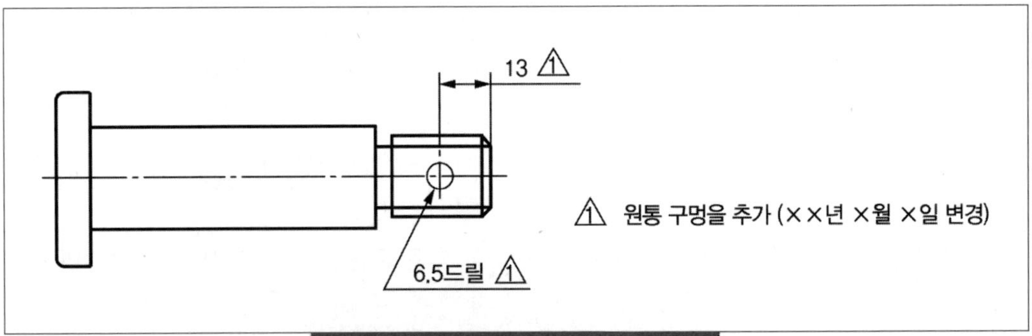

• 그림 5-114 • 형상 추가 변경의 보기

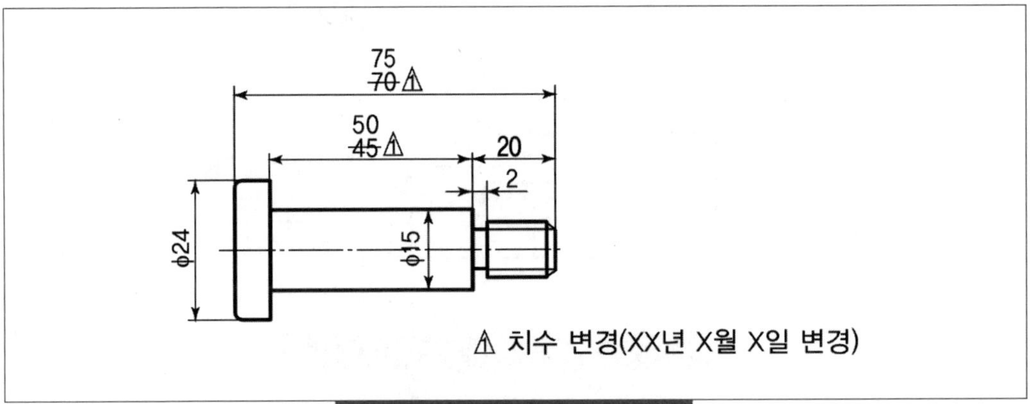

• 그림 5-115 • 치수 변경의 보기

CHAPTER 05

치수 기입법 / 연습문제

치수 기입법 [1]

전공		학 번		학 년		반		성 명	

치수기입으로 가장 잘 표시한 것을 선택하여 아래 란에 기입하세요.

01

[A]

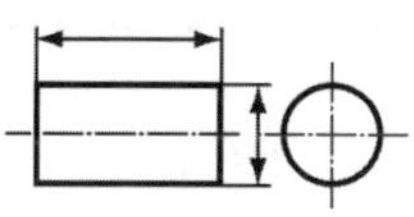

[B]

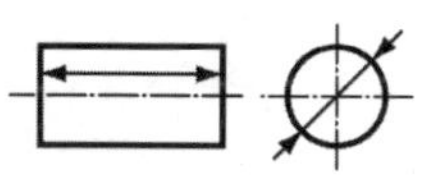

[C]

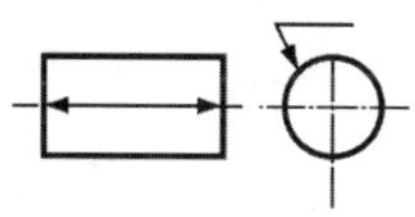

02

[A]

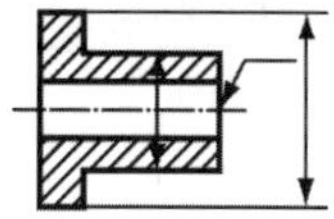

[B]

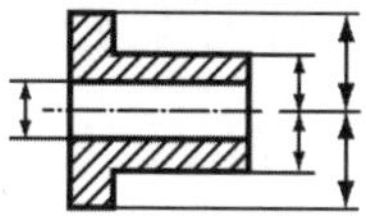

[C]

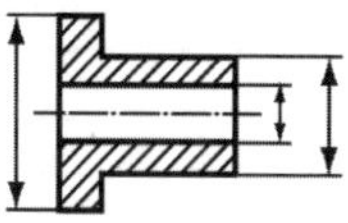

03

[A]

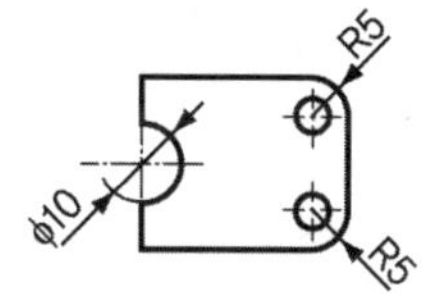

[B]

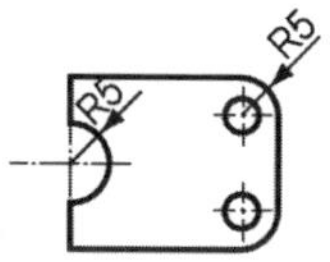

[C]

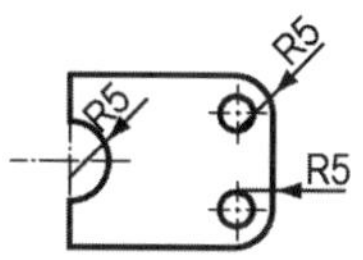

04

[A]

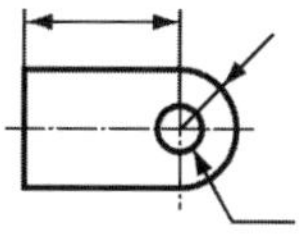

[B]

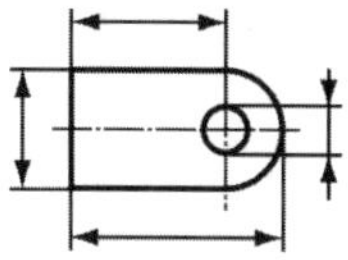

[C]

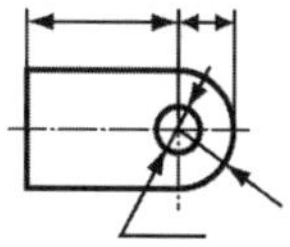

05

[A]

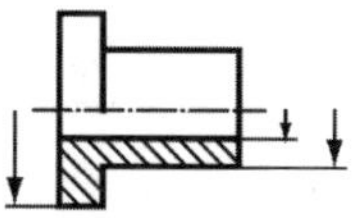

[B]

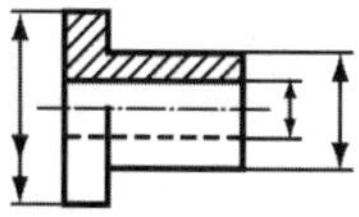

[C]

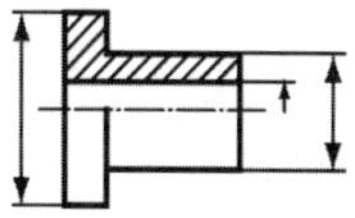

[1]		[2]		[3]		[4]		[5]	

치수 기입법 [2]

전공		학 번		학 년		반		성 명	

치수기입으로 가장 잘 표시한 것을 선택하여 아래 란에 기입하세요.

01

[A]

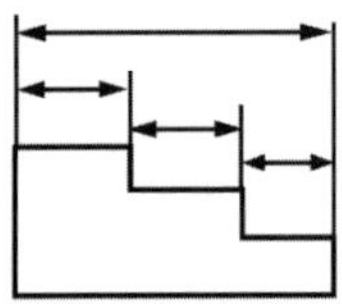

[B]

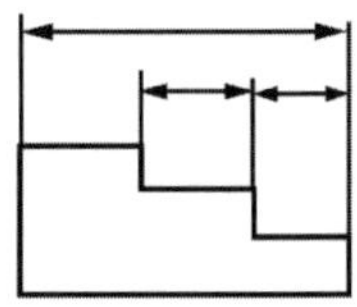

[C]

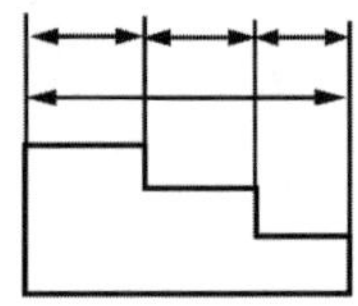

02

[A]

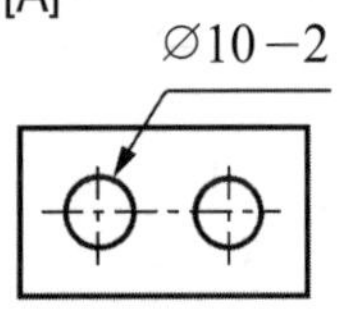

[B]

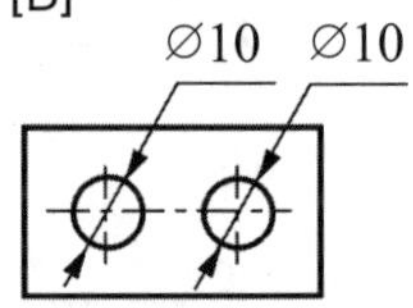

[C]

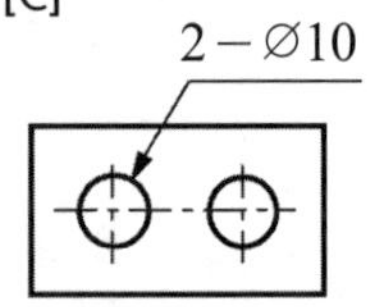

03

[A]

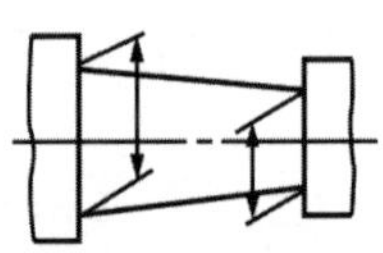

[B]

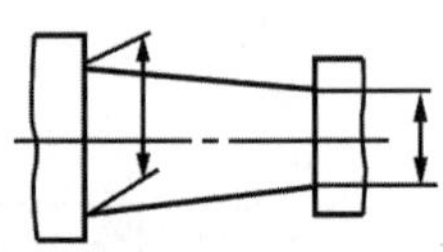

[C]

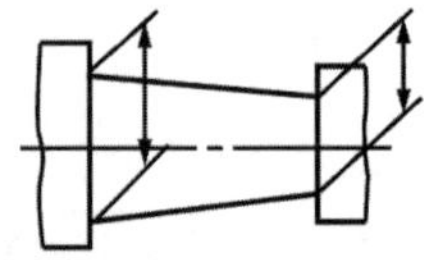

04

[A]

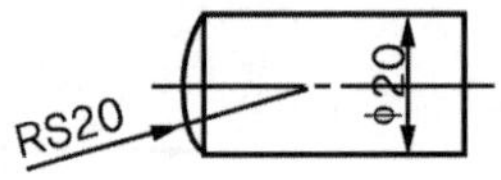

[B]

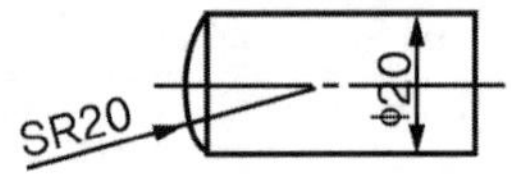

[C]

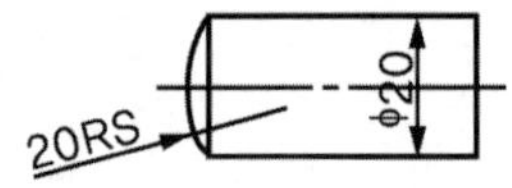

05

[A]

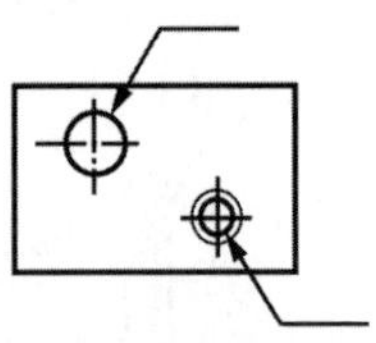

[B]

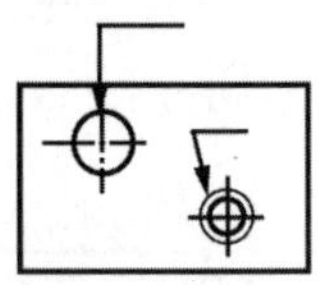

[C]

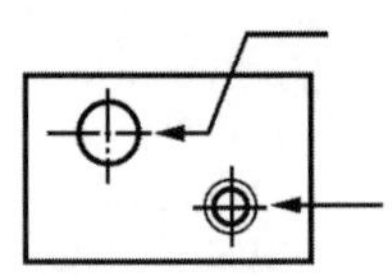

[1]		[2]		[3]		[4]		[5]	

치수 기입법 [3]

전공		학 번		학 년		반		성 명	

입체도의 치수를 정 투상도에 기입하세요.

[1] 원호

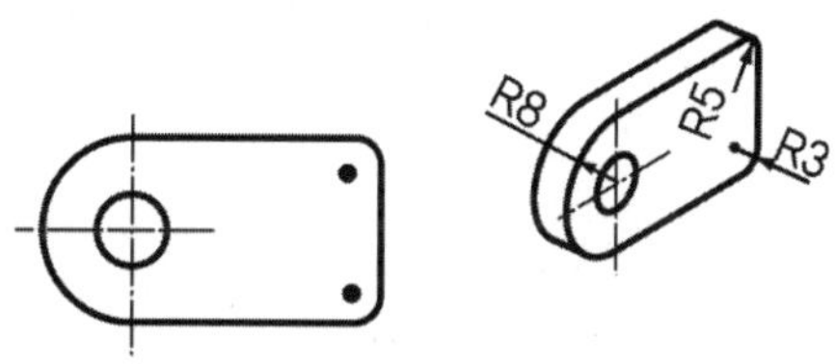

[2] 구면

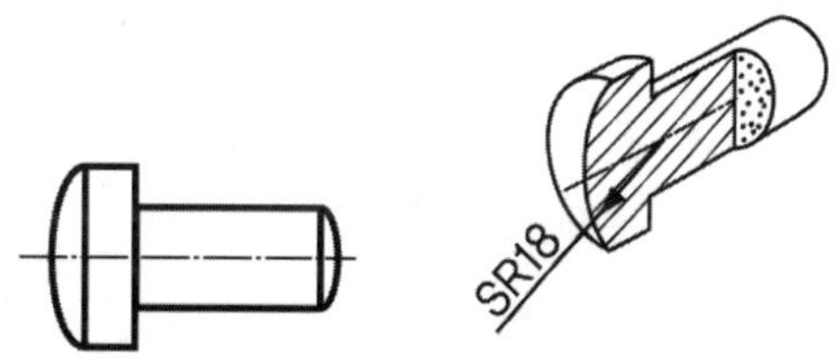

[3] 직경

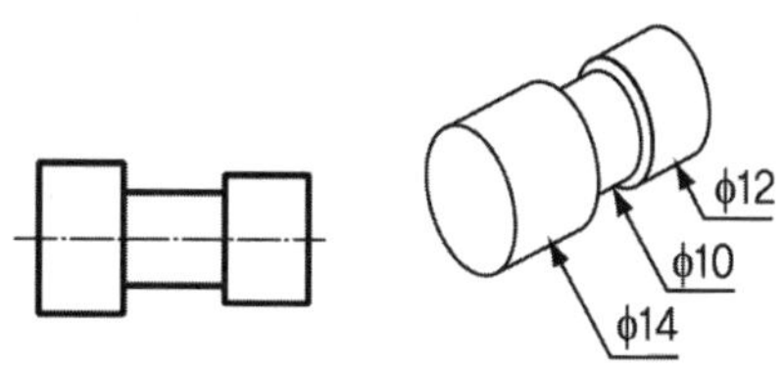

[4] 정방향

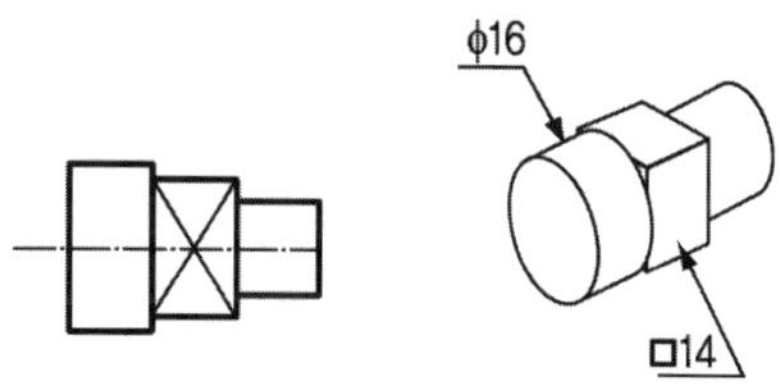

[5] 45° 모따기

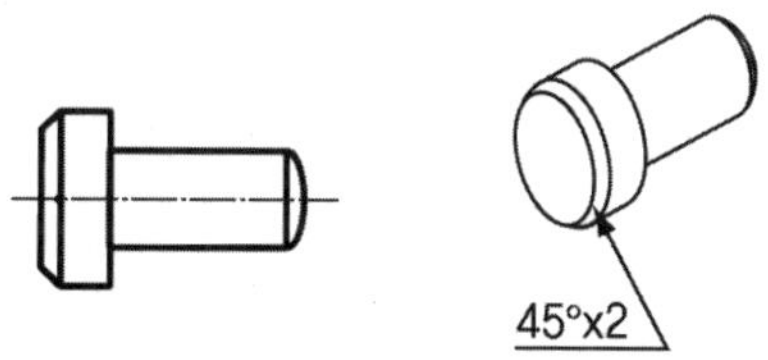

[6] 30° 모따기

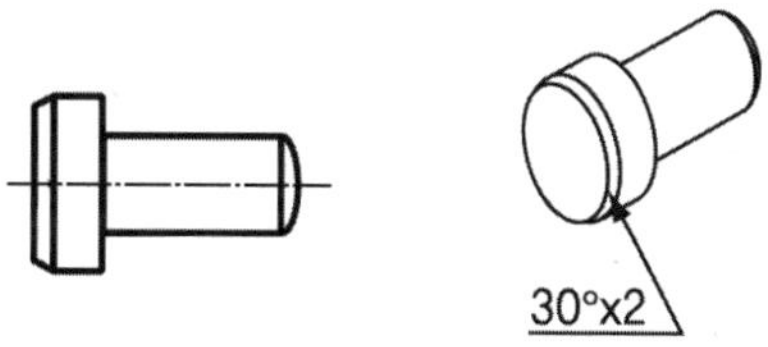

[7] 드릴구멍

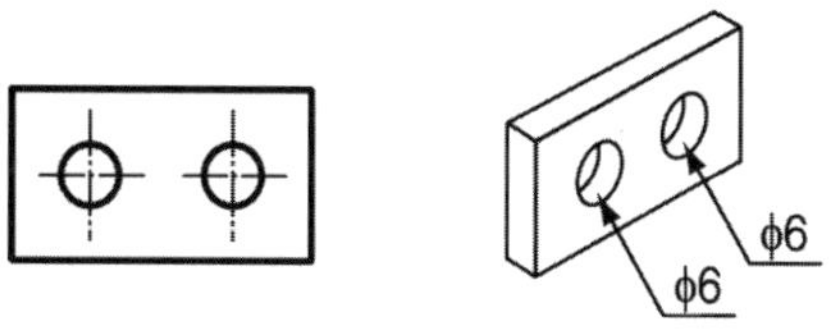

[8] 나사구멍

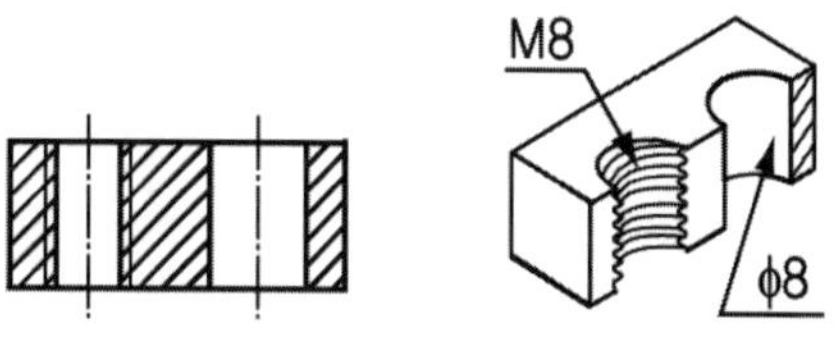

[9] 호

[10] 현

치수 기입법 [4]

전공		학 번		학 년		반		성 명	

입체도의 치수를 정 투상도에 기입하세요.

[1] 원호

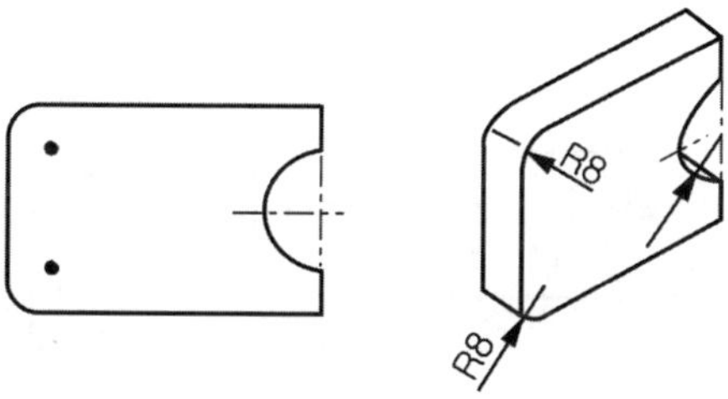

[2] 원호

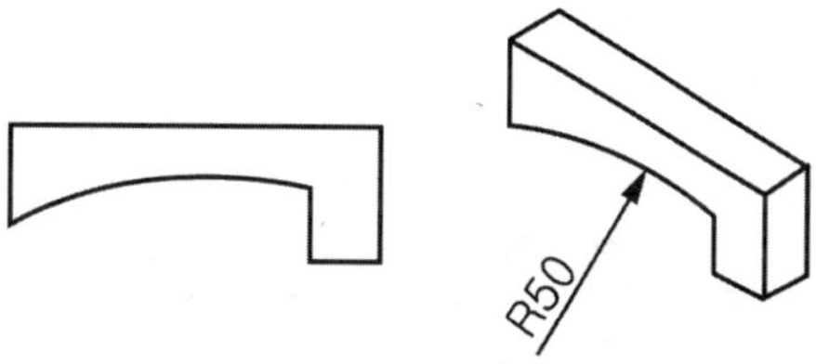

[3] 직경

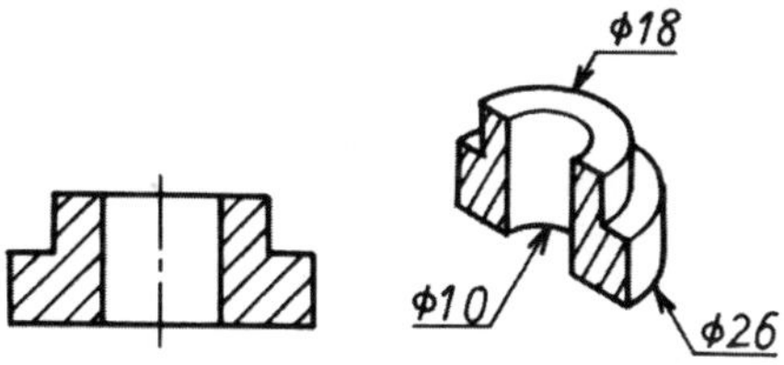

[4] 직경

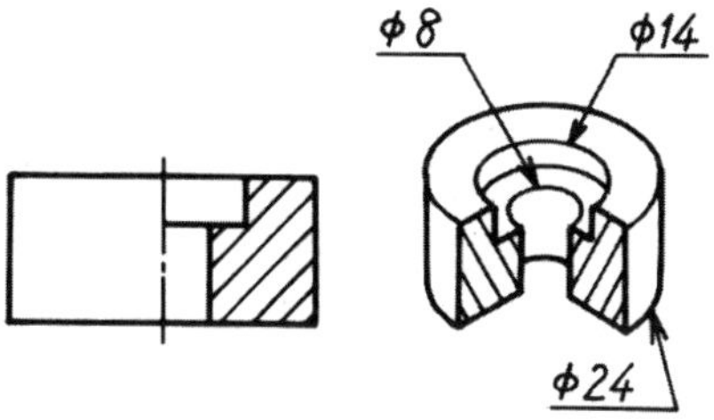

[5] 각도

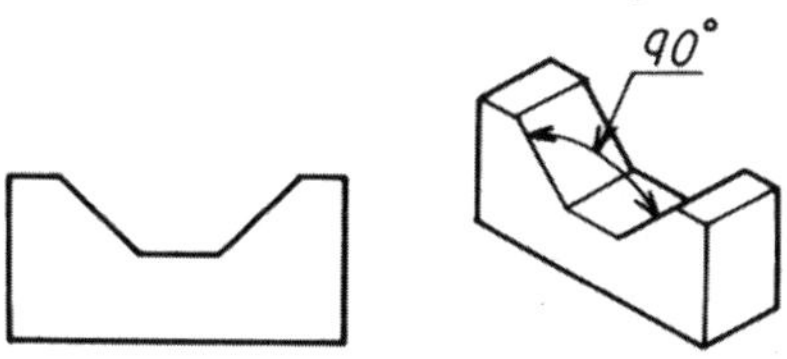

[6] 각도

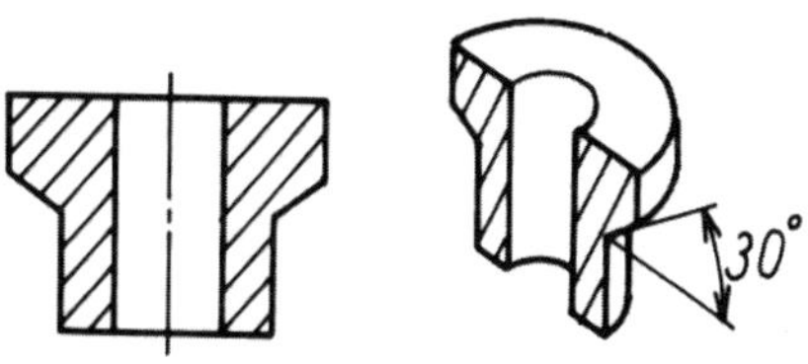

[7] 각도

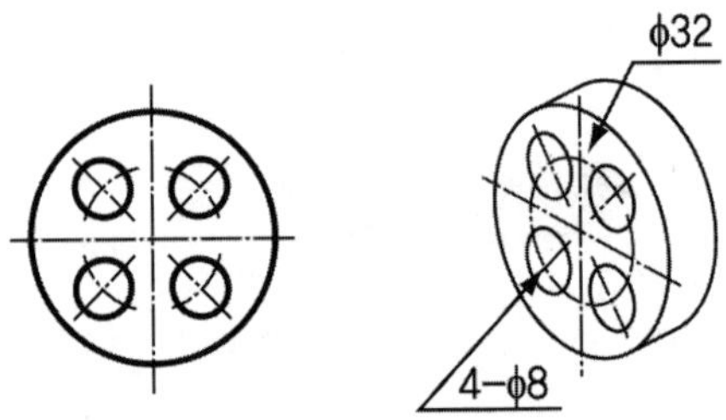

[8] 각도

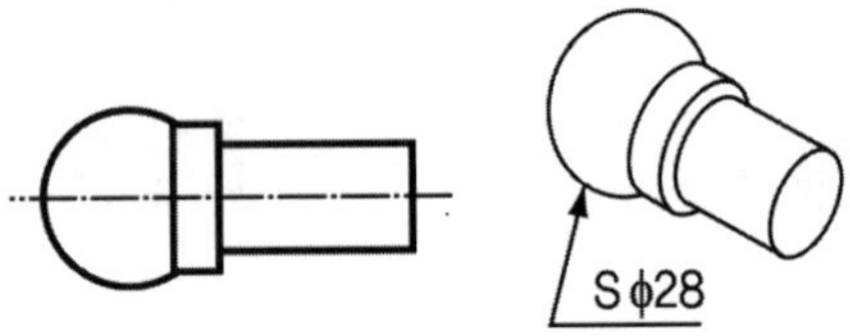

[9] 누진 치수 기입

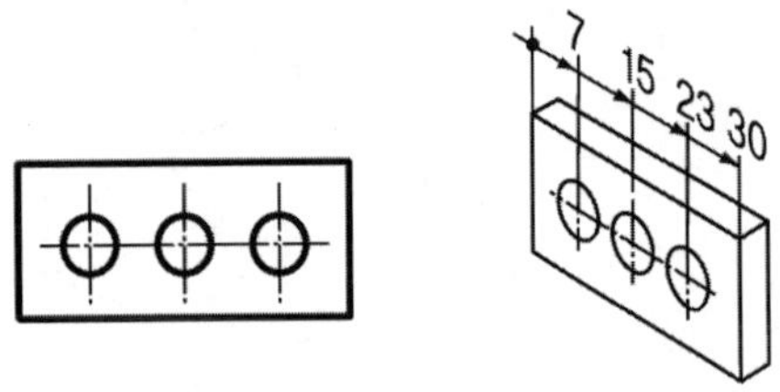

[10] 기준 기입

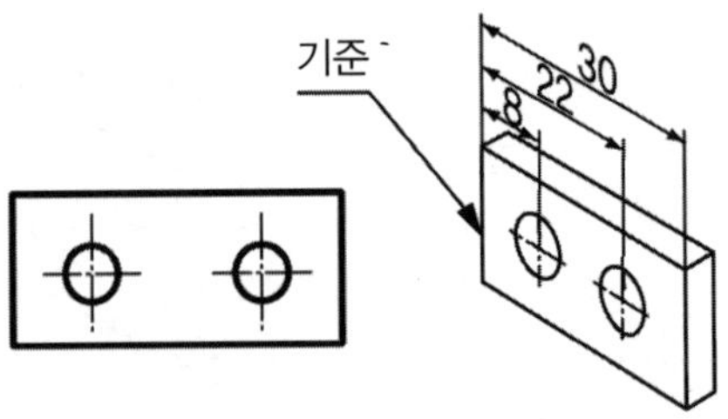

치수 기입법 [5]

전공		학 번		학 년		반		성 명	

01 아래의 스케일을 이용하여 치수를 기입하세요.

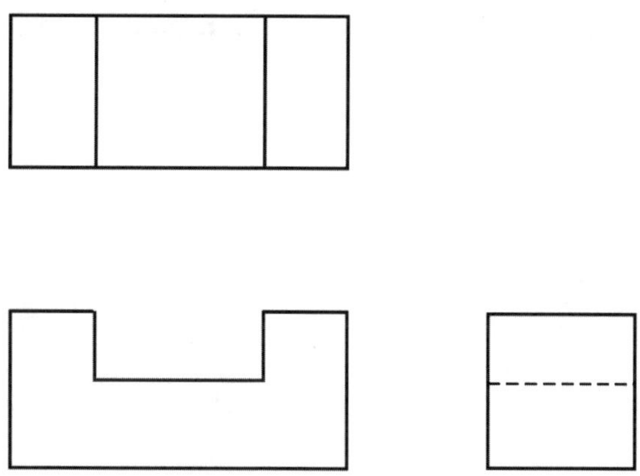

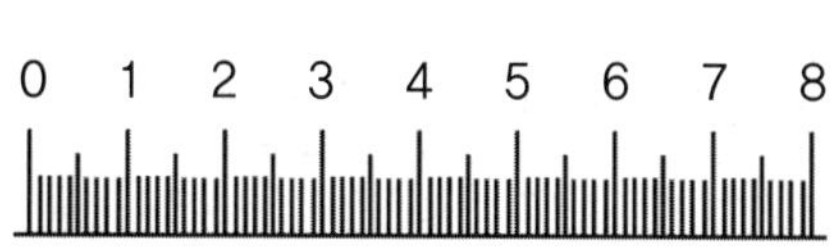

02 아래의 스케일을 이용하여 치수를 기입하세요.

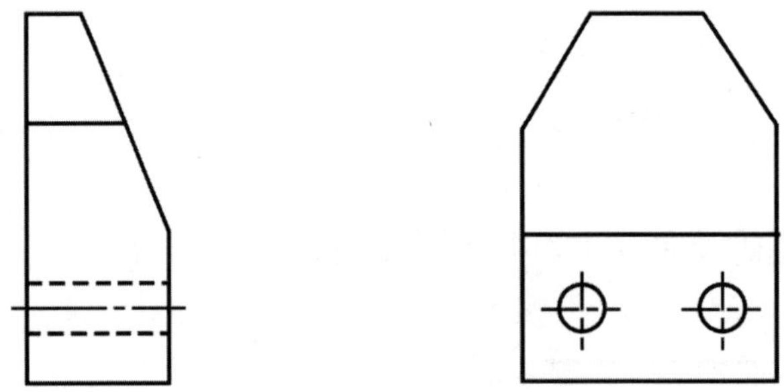

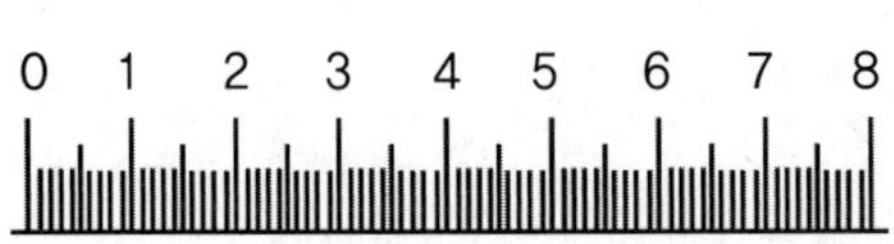

치수 기입법 [6]

전공		학 번		학 년		반		성 명	

01 아래의 스케일을 이용하여 치수를 기입하세요.

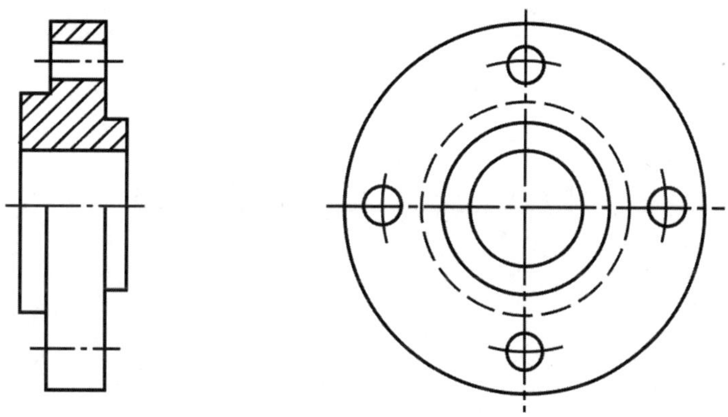

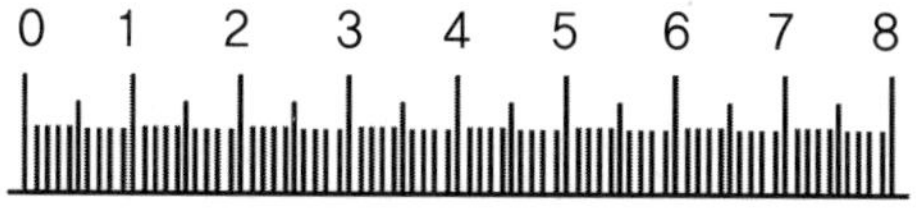

02 아래의 스케일을 이용하여 치수를 기입하세요.

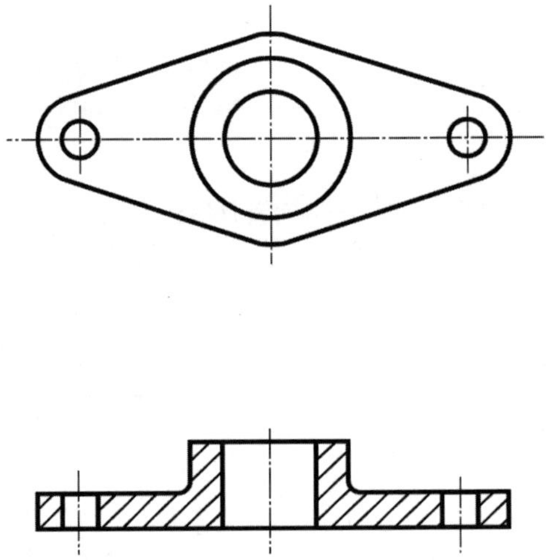

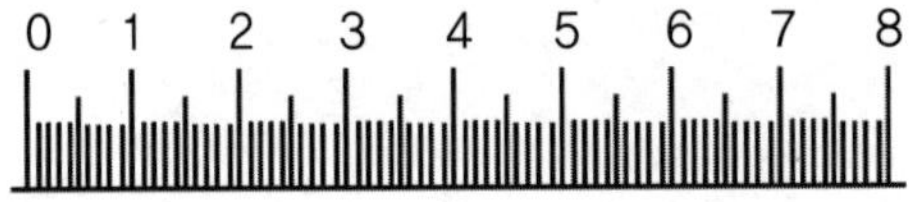

치수 기입법 [7]

전공		학 번		학 년		반		성 명	

01 아래의 스케일을 이용하여 치수를 기입하세요.

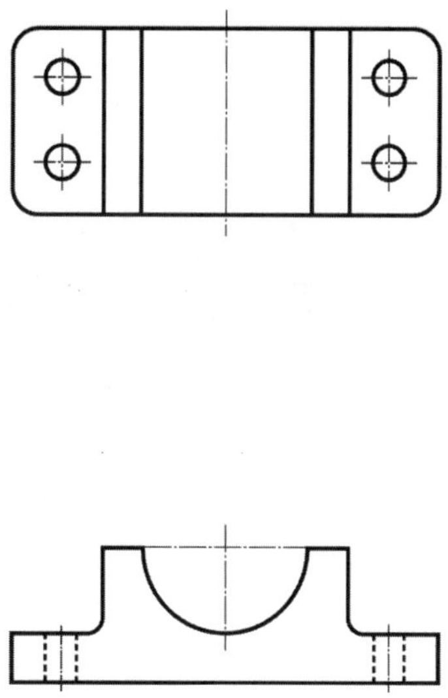

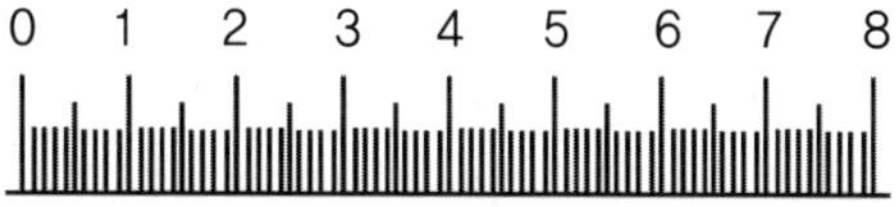

02 아래의 스케일을 이용하여 치수를 기입하세요.

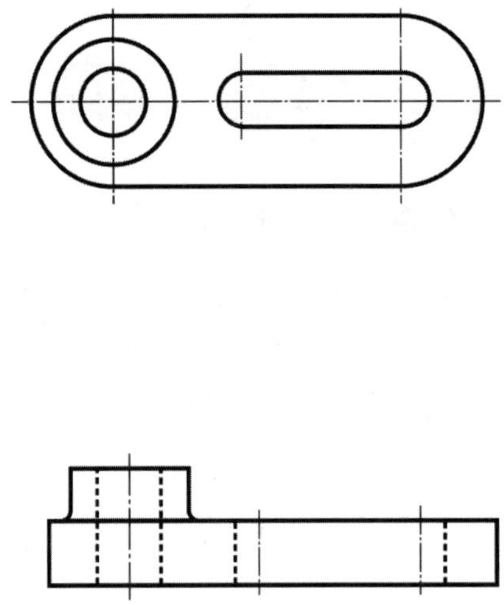

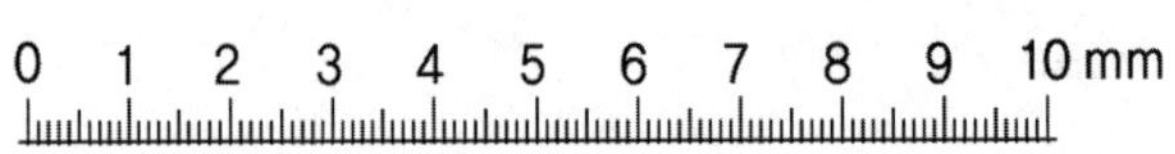

치수 기입법 [8]

전공		학 번		학 년		반		성 명	

01 아래의 스케일을 이용하여 치수를 기입하세요.

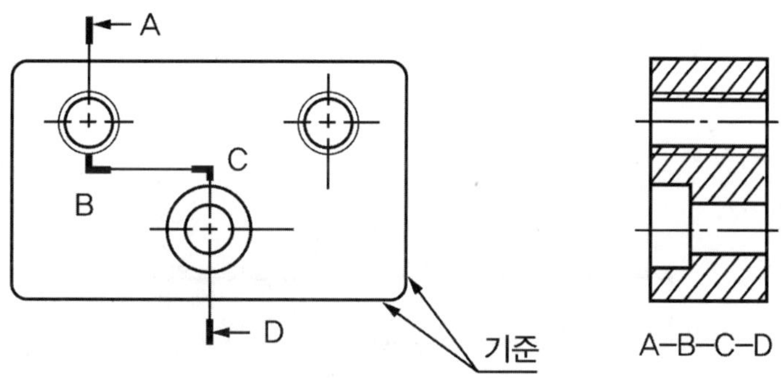

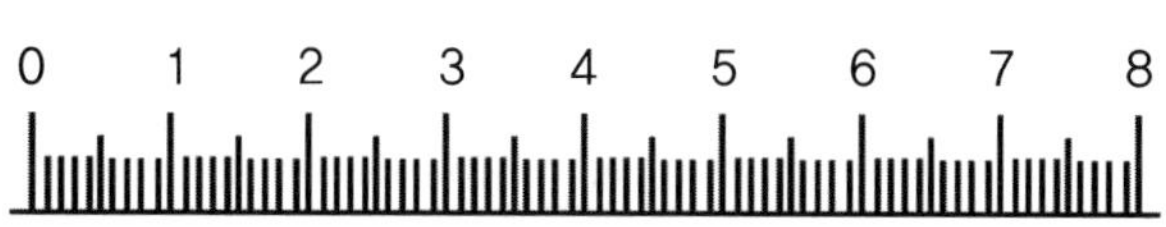

02 아래의 스케일을 이용하여 치수를 기입하세요.

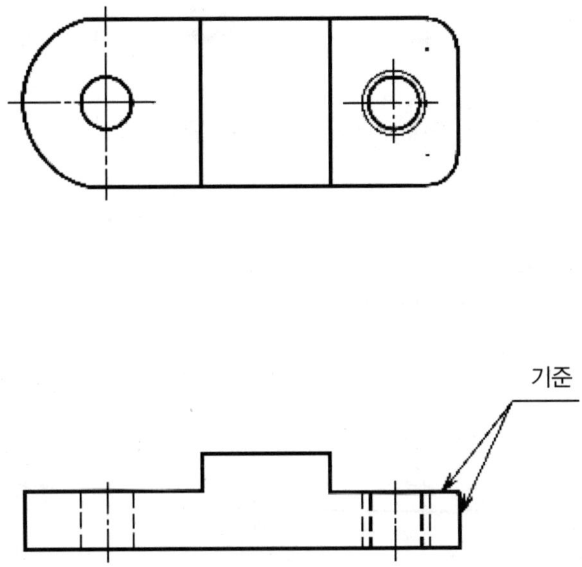

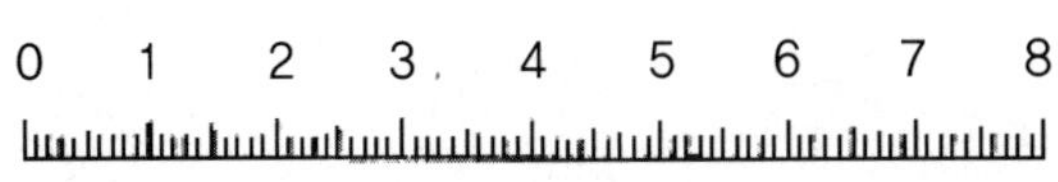

치수 기입법 [9]

전공		학 번		학 년		반		성 명	

01 아래의 스케일을 이용하여 치수를 기입하세요.

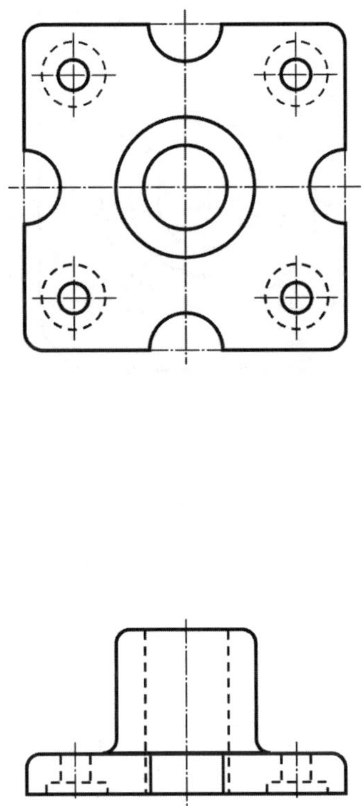

치수 기입법 [10]

전공		학 번		학 년		반		성 명	

01 아래의 스케일을 이용하여 치수를 기입하세요.

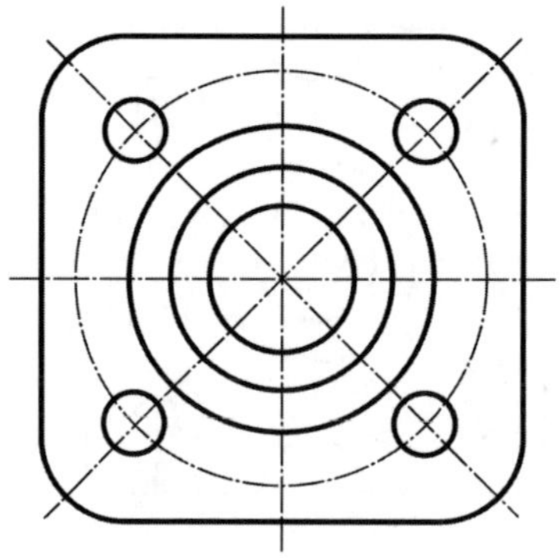

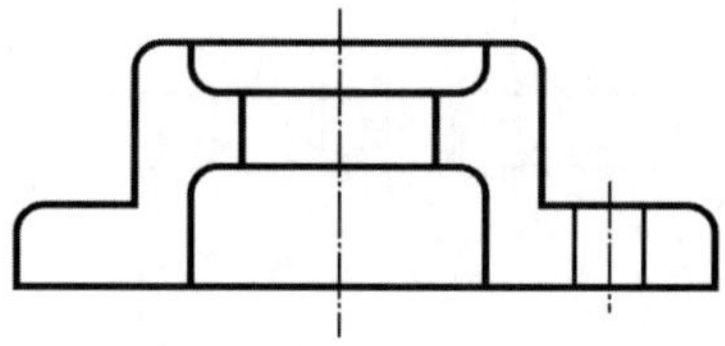

치수 기입법 [11]

전공		학 번		학 년		반		성 명	

01 F 방향에서 본 투상도를 정면도로 선택하고, 3면도(정면도, 평면도, 우측면도)를 그리고 치수기입을 해 주세요.

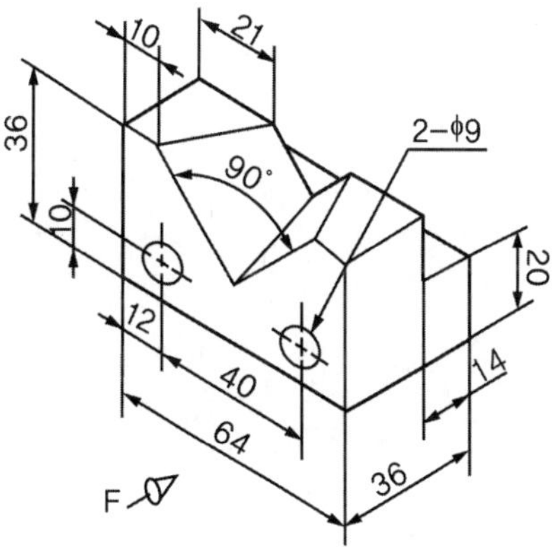

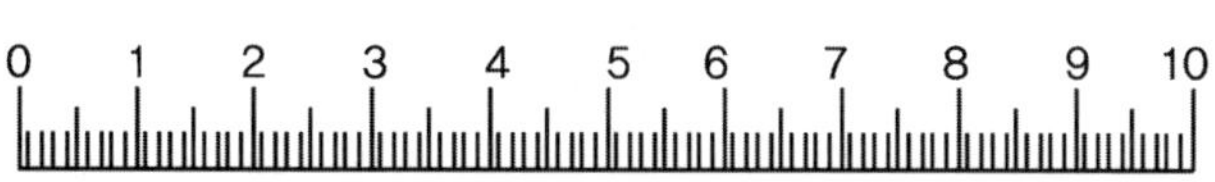

02 F 방향에서 본 투상도를 정면도로 선택하고, 3면도(정면도, 평면도, 우측면도)를 그리고 치수기입을 해 주세요.

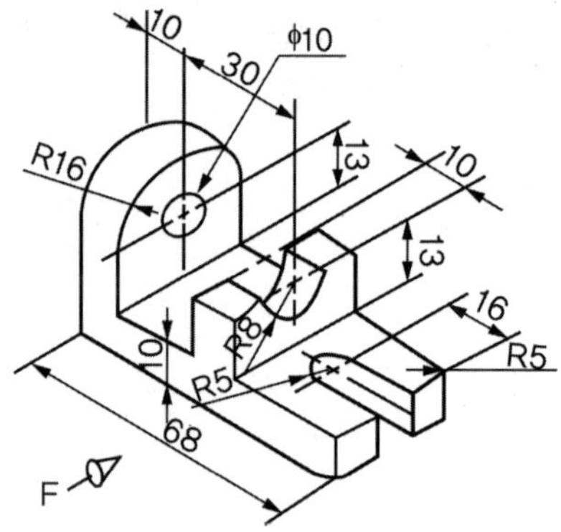

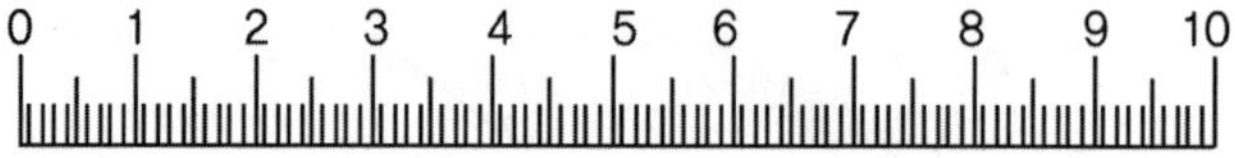

치수 기입법 [12]

전공		학 번		학 년		반		성 명	

01 입체도로부터 제3각법에 의한 정면도와 평면도를 그리세요. 그리고 치수를 넣어 주세요. F방향에서 본 투상도를 정면도로 할 것.

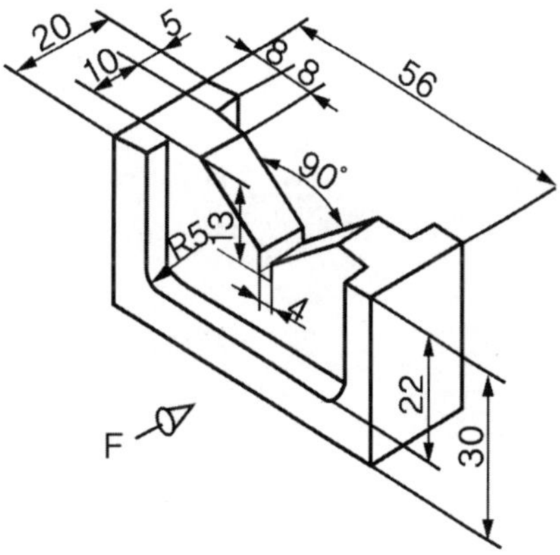

02 입체도로부터 제3각법에 의한 정면도와 평면도를 그리세요. 그리고 치수를 넣어 주세요. F 방향에서 본 투상도를 정면도로 할 것.

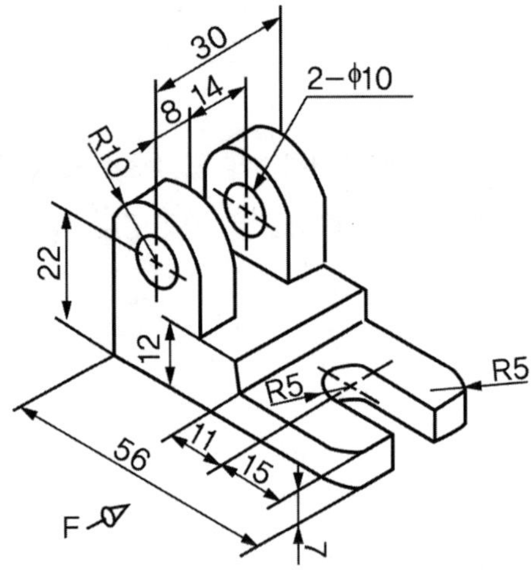

치수 기입법 [13]

전공		학 번		학 년		반		성 명	

아래의 스케일을 이용하여 치수를 기입하세요.

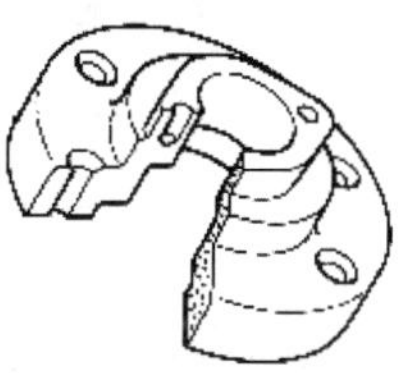

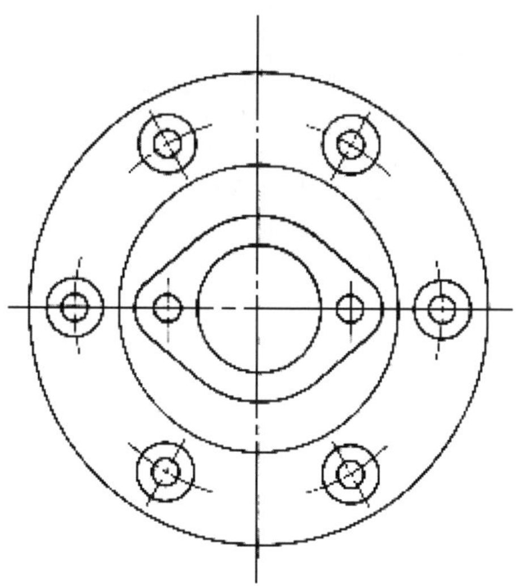

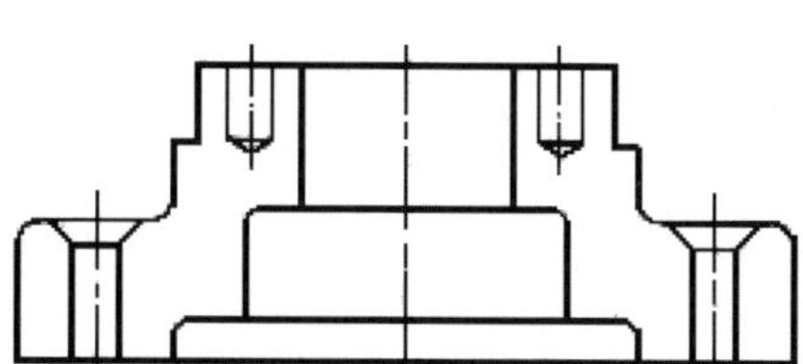

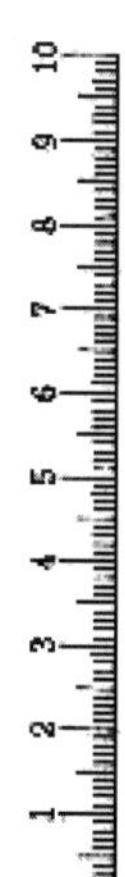

memo

CHAPTER

06 치수공차 및 끼워 맞춤

기계부품의 조합에 있어서 축과 구멍처럼 서로 끼우는 관계를 끼워 맞춤이라 한다. 제품을 도면에 기입된 치수대로 정확히 다듬질하는 것은 어렵고 실제로 다듬질된 형체의 치수, 실치 수는 사용목적에 따라서 실용상 지장이 없는 범위로 하면 된다. 사용목적에 따라 오차가 허용되는 범위를 나타내고 그 범위 내를 다듬질하면 되기 때문에 가공하기 쉽다.

이와 같은 목적 때문에 기준치수가 3150mm 이하의 형체의 치수공차 방식 및 끼워 맞춤 방식이 KS B 0401로 정해져 있다.

01 치수공차

1 용어

① **형체** : 치수 공차 방식·끼워 맞춤 방식의 대상이 되는 기계부품의 부분

② **내측 형체** : 대상물의 내측을 형성하는 형체

③ **외측 형체** : 대상물의 외측을 형성하는 형체

④ **구멍** : 주로 원통형의 내측 형체를 말하지만, 원형 단면이 아닌 내측 형체도 포함한다.

⑤ **축** : 주로 원통형의 외측 형체를 말하지만, 원형 단면이 아닌 외측 형체도 포함한다.

⑥ **치수** : 형체의 크기를 나타내는 양, 예를 들면 구멍·축의 지름을 말하고, 일반적으로 mm를 단위로 하여 나타낸다.

⑦ **실 치수** : 형체의 실측 치수

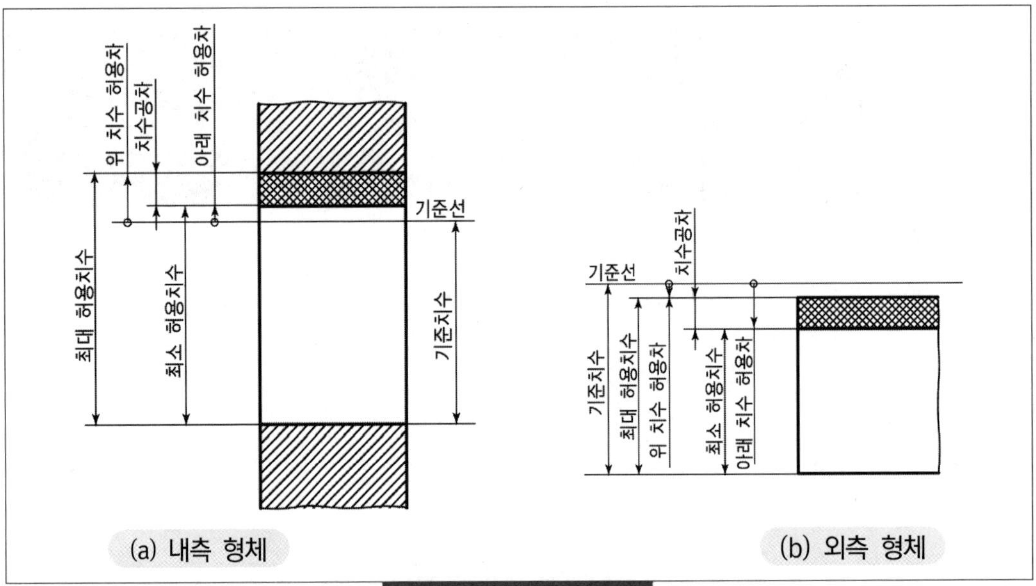

• 그림 6-1 • 치수 공차

⑧ **허용 한계치수** : 형체의 실 치수가 그 사이에 들어가도록 정한 허용할 수 있는 대소 2개의 극한의 치수. 즉, 최대 허용치수 및 최소 허용치수

⑨ **최대 허용치수** : 형체의 허용되는 최대 치수

⑩ **최소 허용치수** : 형체의 허용되는 최소 치수

⑪ **기준 치수** : 위 치수 허용차 및 아래 치수 허용차를 적용하는데 따라 허용 한계치수가 주어지는 기준이 되는 치수

※ 기준 치수는 정수 또는 소수이다.

⑫ **치수차** : 치수(실치수, 허용 한계치수 등)와 대응하는 기준 치수와의 대수차.
즉, (치수) − (기준 치수)

⑬ **치수 공차방식** : 표준화된 치수공차와 치수 허용차의 방식

⑭ **위 치수 허용차** : 최대 허용치수와 대응하는 기준 치수와의 대수차.
즉, (최대 허용치수) − (기준 치수)

⑮ **아래 치수 허용차** : 최소 허용치수와 대응하는 기준 치수의 대수차.
즉, (최소 허용치수)−(기준 치수)

⑯ **치수공차** : 최대 허용치수와 최소 허용치수의 차. 즉, 위 치수 허용차와 아래 치수 허용차와의 차.

⑰ **기준선** : 허용 한계치수 또는 끼워 맞춤을 도시할 때는 기준 치수를 나타내고, 치수 허용차의 기준이 되는 직선

⑱ **기초가 되는 치수 허용차** : 기준선에 대한 공차역의 위치를 결정하는 치수 허용차, 위 치수 하용차 및 아래 치수 허용차의 어느 쪽이고, 보통은 기준선에 가까운 쪽의 치수 허용차

2 IT 기본 공차

치수 공차방식, 끼워 맞춤 방식에 속하는 전체의 치수공차를 기본공차라고 하며 기호 "IT"(ISO Tolerance)에 의해 나타낸다.

1) 기본 공차의 구분 및 적용

공차 등급은 치수 공차 방식·끼워맞춤 방식으로 전체의 기준 치수에 대하여 동일 수준에 속하는 치수 공차의 일군이다.

끼워 맞춤에 적용되는 IT공차 등급은 구멍의 경우에는 6급에서 10급까지, 축의 경우에는 5급에서 9급까지가 적용된다. IT 기본 공차값은 치수 3 이하에서 500mm 이하까지는 IT01, IT0, IT1~IT16의 18등급, 치수 500 이상 3150mm 이하까지는 6급에서 18급까지 나누어져 있다[표 6-1].

예를 들면 치수 25mm에 IT 공차등급 8급이면 공차는 33μm이며, 치수 80mm에 IT 공차 등급 6급이면 19μm이다.

표 6-1 기본 공차의 수치

기준치수의 구분(mm)		공차등급																	
		1	2	3	4	5	6	7	8	9	10	11	12	13	14(7)	15(7)	16(7)	17(7)	18(7)
초과	이하	기본 공차의 수치(μm)											기본공차의 수치(mm)						
	3(7)	0.8	1.2	2	3	4	6	10	14	25	40	60	0.10	0.14	0.26	0.40	0.60	1.00	1.40
3	6	1	1.5	2.5	4	5	8	12	18	30	48	75	0.12	0.18	0.30	0.48	0.75	1.20	1.80
6	10	1	1.5	2.5	4	6	9	15	22	36	58	90	0.15	0.22	0.36	0.58	0.90	1.50	2.20
10	18	1.2	2	3	5	8	11	18	27	43	70	110	1.18	0.27	0.43	0.70	1.10	1.80	2.70
18	30	1.5	2.5	4	6	9	13	21	33	52	84	130	0.21	0.33	0.52	0.84	1.30	2.10	3.30
30	50	1.5	2.5	4	7	11	16	25	39	62	100	160	0.25	0.39	0.62	1.00	1.60	2.50	3.90
50	80	2	3	5	8	13	19	30	46	74	120	190	0.30	0.46	0.74	1.20	1.90	3.00	4.60
80	120	2.5	4	6	10	15	22	35	54	87	140	220	0.35	0.54	0.87	1.40	2.20	3.50	5.40
120	180	3.5	5	8	12	18	25	40	63	100	160	250	0.40	0.63	1.00	1.60	2.50	4.00	6.30
180	250	4.5	7	10	14	20	29	46	72	115	185	290	0.46	0.72	1.15	1.85	2.90	4.60	7.20
250	315	6	8	12	16	23	32	52	81	130	210	320	0.52	0.81	1.30	2.10	3.20	5.20	8.10
315	400	7	9	13	18	25	36	57	89	140	230	360	0.57	0.89	1.40	2.30	3.60	5.70	8.90
400	500	8	10	15	20	27	40	63	97	155	250	400	0.63	0.97	1.55	2.50	4.00	6.30	9.70
(8)																			
500	630	9	11	16	22	30	44	70	110	175	280	440	0.70	1.10	1.75	2.80	4.40	7.00	11.00
630	800	10	13	18	25	35	50	80	125	200	320	500	0.80	1.25	2.00	3.20	5.00	8.00	12.50
800	1000	11	15	21	29	40	56	90	140	230	360	560	0.90	1.40	2.30	3.60	5.60	9.00	14.00
1000	1250	13	18	24	34	46	66	105	165	260	420	660	1.05	1.65	2.60	4.20	6.60	10.50	16.50
1250	1600	15	21	29	40	54	78	125	195	310	500	780	1.25	1.95	3.10	5.00	7.80	12.50	19.50
1600	2000	18	25	35	48	65	92	150	230	370	600	920	1.50	2.30	3.70	6.00	9.20	15.00	23.00
2000	2500	22	30	41	57	77	110	175	280	440	700	1100	1.75	2.80	4.40	7.00	11.00	17.50	28.00
2500	3150	26	36	50	69	93	135	210	330	540	860	1350	2.10	3.30	5.40	8.60	13.50	21.00	33.00

주 (7) 공차등급 IT14~18은 기준 치수 1mm 이하에는 적용하지 않는다.
(8) 500mm를 초과하는 기준 치수에 대한 공차등급 IT1~IT5의 공차값은 실험적으로 사용하기 위한 잠정적인 것이다.

3 기초가 되는 치수 허용차

기초가 되는 치수 허용차는 기준선에 대한 공차역의 위치를 결정하는 치수 허용차, 위 치수 허용차 및 아래 치수 허용차의 어느 쪽이고, 보통은 기준선에 가까운 쪽의 치수 허용차이다.

1) 구멍의 기초가 되는 치수 허용차

JS 구멍을 제외한 구멍의 기초가 되는 치수 허용차와 그 부호(+ 또는 −)를 [표 6−2]에 나타낸다.

표 6-2 구멍의 기초가 되는 치수 허용차의 수치

단위 : μm

기준치수의 구분(mm)		전체의 공차 등급 (기초가 되는 치수 허용차 = 아래 치수 허용차 EI) (공차역의 위치)												공차 등급 (기초가 되는 치수 허용차 = 위치수 허용차 ES) (공차역의 위치)										공차등급 8 이상												공차 등급 (Δ의 수치)					
초과	이하	A (12)	B (12)	C	CD	D	E	EF	F	FG	G	H	JS (13)	J 6	J 7	J 8	K (15) 8 이하	K (15) 9 이상	M (15) 8 이하	M (15) 9 이상	N (15)(16) 8 이하	N (15)(16) 9 이상	P-ZC (15) 7 이하	P	R	S	T	U	V	X	Y	Z	ZA	ZB	ZC	3	4	5	6	7	8
-	3	+270	+140	+60	+34	+20	+14	+10	+6	+4	+2	0	치수 허용차 = ±$\frac{IT_n}{2}$	+2	+4	+6	0	0	-2	-2	-4	-4	오른쪽 난의 값에 Δ의 값을 가한다.	-6	-10	-14		-18		-20		-26	-32	-40	-60	0	0	0	0	0	0
3	6	+270	+140	+70	+46	+30	+20	+14	+10	+6	+4	0		+5	+6	+10	-1+Δ		-4+Δ	-4	-8+Δ	0		-12	-15	-19		-23		-28		-35	-42	-50	-80	1	1.5	1	3	4	6
6	10	+280	+150	+80	+56	+40	+25	+18	+13	+8	+5	0		+5	+8	+12	-1+Δ		-6+Δ	-6	-10+Δ	0		-15	-19	-23		-28		-34		-42	-52	-67	-97	1	1.5	2	3	6	7
10	14	+290	+150	+95		+50	+32		+16		+6	0		+6	+10	+15	-1+Δ		-7+Δ	-7	-12+Δ	0		-18	-23	-28		-33		-40		-50	-64	-90	-130	1	2	3	3	7	9
14	18																												-39	-45		-60	-77	-108	-150						
18	24	+300	+160	+110		+65	+40		+20		+7	0		+8	+12	+20	-2+Δ		-8+Δ	-8	-15+Δ	0		-22	-28	-35		-41	-47	-54	-63	-73	-93	-136	-188	1.5	2	3	4	8	12
24	30																										-41	-48	-55	-64	-75	-88	-118	-160	-218						
30	40	+310	+170	+120		+80	+50		+25		+9	0		+10	+14	+24	-2+Δ		-9+Δ	-9	-17+Δ	0		-26	-34	-43	-48	-60	-68	-80	-94	-112	-148	-200	-274	1.5	3	4	5	9	14
40	50	+320	+180	+130																							-54	-70	-81	-97	-114	-136	-180	-242	-325						
50	65	+340	+190	+140		+100	+60		+30		+10	0		+13	+18	+28	-2+Δ		-11+Δ	-11	-20+Δ	0		-32	-41	-53	-66	-87	-102	-122	-144	-172	-226	-300	-405	2	3	5	6	11	16
65	80	+360	+200	+150																					-43	-59	-75	-102	-120	-146	-174	-210	-274	-360	-480						
80	100	+380	+220	+170		+120	+72		+36		+12	0		+16	+22	+34	-3+Δ		-13+Δ	-13	-23+Δ	0		-37	-51	-71	-91	-124	-146	-178	-214	-258	-335	-445	-585	2	4	5	7	13	19
100	120	+410	+240	+180																					-54	-79	-104	-144	-172	-210	-254	-310	-400	-525	-690						
120	140	+460	+260	+200		+145	+85		+43		+14	0		+18	+26	+41	-3+Δ		-15+Δ	-15	-27+Δ	0		-43	-63	-92	-122	-170	-202	-248	-300	-365	-470	-620	-800	3	4	6	7	15	23
140	160	+520	+280	+210																					-65	-100	-134	-190	-228	-280	-340	-415	-535	-700	-900						
150	180	+580	+310	+230																					-66	-108	-146	-210	-252	-310	-380	-465	-600	-780	-1 000						
160	200	+660	+340	+240		+170	+100		+50		+15	0		+22	+30	+47	-4+Δ		-17+Δ	-17	-31+Δ	0		-50	-77	-122	-166	-236	-284	-350	-425	-520	-670	-860	-1 150	3	4	6	9	17	26
200	225	+740	+380	+260																					-80	-130	-180	-258	-310	-385	-470	-575	-740	-960	-1 250						
225	250	+820	+420	+280																					-84	-140	-196	-284	-340	-425	-520	-640	-820	-1 050	-1 350						
250	280	+920	+480	+300		+190	+110		+56		+17	0		+25	+36	+55	-4+Δ		(14) -20+Δ	-20	-34+Δ	0		-56	-94	-158	-218	-315	-385	-475	-580	-710	-920	-1 200	-1 550	4	4	7	9	20	29
280	315	+1 050	+540	+330																					-98	-170	-240	-350	-425	-525	-650	-790	-1 000	-1 300	-1 700						
315	355	+1 200	+600	+360		+210	+125		+62		+18	0		+29	+39	+60	-4+Δ		-21+Δ	-21	-37+Δ	0		-62	-108	-190	-268	-390	-475	-590	-730	-900	-1 150	-1 500	-1 900	4	5	7	11	21	32
355	400	+1 350	+680	+400																					-114	-208	-294	-435	-530	-660	-820	-1 000	-1 300	-1 650	-2 100						
400	450	+1 500	+760	+440		+230	+135		+68		+20	0		+33	+43	+66	-5+Δ		-23+Δ	-23	-40+Δ	0		-68	-126	-232	-330	-490	-595	-740	-920	-1 100	-1 450	-1 850	-2 400	5	5	7	13	23	34
450	500	+1 650	+840	+480																					-132	-252	-360	-540	-660	-820	-1 000	-1 250	-1 600	-2 100	-2 600						
500	560					+260	+145		+76		+22	0							-26		-44			-78	-150	-280	-400	-600													
560	630																								-155	-310	-450	-660													
630	710					+290	+160		+80		+24	0							-30		-50			-88	-175	-340	-500	-740													
710	800																								-185	-380	-560	-840													
800	900					+320	+170		+86		+26	0							-34		-56			-100	-210	-430	-620	-940													
900	1 000																								-220	-470	-680	-1 050													
1 000	1 120					+350	+195		+98		+28	0							-40		-66			-120	-250	-520	-780	-1 150													
1 120	1 250																								-260	-580	-840	-1 300													
1 250	1 400					+390	+220		+110		+30	0							-48		-78			-140	-300	-640	-960	-1 450													
1 400	1 600																								-330	-720	-1 050	-1 600													
1 600	1 800					+430	+240		+120		+32	0							-58		-92			-170	-370	-820	-1 200	-1 850													
1 800	2 000																								-400	-920	-1 350	-2 000													
2 000	2 240					+480	+260		+130		+34	0							-68		-110			-195	-440	-1 000	-1 500	-2 300													
2 240	2 500																								-460	-1 100	-1 650	-2 500													
2 500	2 800					+520	+290		+145		+38	0							-76		-135			-240	-550	-1 250	-1 900	-2 900													
2 800	3 150																								-580	-1 400	-2 100	-3 200													

주 (12) A 및 B구멍은 기준치수 1mm 이하에는 사용하지 않는다.

(13) 공차역 클래스 JS 7～JS 11 에서는 기본 공차 IT의 수치가 홀수인 경우에는 치수 허용차, 즉 $\pm IT/2$가 마이크로미터 단위의 정수가 되도록, IT의 수치를 바로 아래의 짝수로 멧음한다.

(14) 예외로서, 공차역 클래스 M 6 의 경우에는 ES는 $-20+9=-11$ μm가 아니고 -9 μm이다.

(15) 공차 등급 IT 8 이하의 K, M급 및 N 구멍 및 공차 등급 IT 7 이하의 P～ZC 구멍의 경우, 우측의 표에서 Δ의 수치를 읽고 기초가 되는 치수 허용차를 결정한다.

보 기 : 18～30mm의 K 7의 경우 : $\Delta=8$ μm ∴ $ES=-2+8=6$ μm

18～30mm의 S 6의 경우 : $\Delta=4$ μm ∴ $ES=-35+4=-31$ μm

(16) 공차 등급 IT 9 이상의 N구멍은 기준치수 1mm 이하에 사용하지 않는다.

2) 축의 기초가 되는 치수 허용차

JS축을 제외한 축의 기초가 되는 치수 허용차와 그 부호(+ 또는 −)를 [표 6-3]에 나타낸다.

표 6-3 축의 기초가 되는 치수 허용차의 수치

단위 : μm

기준치수의 구분 (mm)		전체의 공차 등급												공차 등급					전체의 공차 등급													
		기초가 되는 치수허용차 = 위 치수 허용차 es												5.6	7	8	4.5 6.7	3이하 및 8이상	기초가 되는 치수허용차 = 아래 치수 허용차 ei													
		공차역의 위치																	공차역의 위치													
초과	이하	a [17]	b [17]	c	cd	d	e	ef	f	fg	g	h	js [18]	j			k		m	n	p	r	s	t	u	v	x	y	z	za	zb	zc
−	3	−270	−140	−60	−34	−20	−14	−10	−6	−4	−2	0	치수 허용차 = $\pm\frac{IT_n}{2}$	−2	−4	−6	0	0	+2	+4	+6	+10	+14		+18		+20		+26	+32	+40	+60
3	6	−270	−140	−70	−46	−30	−20	−14	−10	−6	−4	0		−2	−4		+1	0	+4	+8	+12	+15	+19		+23		+28		+35	+42	+50	+80
6	10	−280	−150	−80	−56	−40	−25	−18	−13	−8	−5	0		−2	−5		+1	0	+6	+10	+15	+19	+23		+28		+34		+42	+52	+67	+97
10	14	−290	−150	−95		−50	−32		−16		−6	0		−3	−6		+1	0	+7	+12	+18	+23	+28		+33		+40		+50	+64	+90	+130
14	18																									+39	+45		+60	+77	+108	+150
18	24	−300	−160	−110		−65	−40		−20		−7	0		−4	−8		+2	0	+8	+15	+22	+28	+35		+41	+47	+54	+63	+73	+98	+136	+188
24	30																							+41	+48	+65	+64	+75	+88	+118	+160	+218
30	40	−310	−170	−120		−80	−50		−25		−9	0		−5	−10		+2	0	+9	+17	+26	+34	+43	+48	+60	+68	+80	+94	+112	+148	+200	+274
40	50	−320	−180	−130																				+54	+70	+81	+97	+114	+136	+180	+242	+325
50	65	−340	−190	−140		−100	−60		−30		−10	0		−7	−12		+2	0	+11	+20	+32	+41	+53	+66	+87	+102	+122	+144	+172	+226	+300	+405
65	80	−360	−200	−150																		+43	+59	+75	+102	+120	+146	+174	+210	+274	+360	+480
80	100	−380	−220	−170		−120	−72		−36		−12	0		−9	−15		+3	0	+13	+23	+37	+51	+71	+91	+124	+146	+178	+214	+258	+335	+445	+585
100	120	−410	−240	−180																		+54	+79	+104	+144	+172	+210	+254	+310	+400	+525	+690
120	140	−460	−260	−200		−145	−85		−43		−14	0		−11	−18		+3	0	+15	+27	+43	+63	+92	+122	+170	+202	+248	+300	+365	+470	+620	+800
140	160	−520	−280	−210																		+65	+100	+134	+190	+228	+280	+340	+415	+535	+700	+900
160	180	−580	−310	−230																		+68	+108	+146	+210	+252	+310	+380	+465	+600	+780	+1 000
180	200	−660	−340	−240		−170	−100		−50		−15	0		−13	−21		+4	0	+17	+31	+50	+77	+122	+166	+236	+284	+350	+425	+520	+670	+880	+1 150
200	225	−740	−380	−260																		+80	+130	+180	+258	+310	+385	+470	+575	+740	+960	+1 250
225	250	−820	−420	−280																		+84	+140	+196	+284	+340	+425	+520	+640	+820	+1 050	+1 350
250	280	−920	−480	−300		−190	−110		−56		−17	0		−16	−26		+4	0	+20	+34	+56	+94	+158	+218	+315	+385	+475	+580	+710	+920	+1 200	+1 550
280	315	−1 050	−540	−330																		+98	+170	+240	+350	+425	+525	+650	+790	+1 000	+1 300	+1 700
315	355	−1 200	−600	−360		−210	−125		−62		−18	0		−18	−28		+4	0	+21	+37	+62	+108	+190	+268	+390	+475	+590	+730	+900	+1 150	+1 500	+1 900
355	400	−1 350	−680	−400																		+114	+208	+294	+435	+530	+660	+820	+1 000	+1 300	+1 650	+2 100
400	450	−1 500	−760	−440		−230	−135		−68		−20	0		−20	−32		+5	0	+23	+40	+68	+126	+232	+330	+490	+595	+740	+920	+1 100	+1 450	+1 850	+2 400
450	500	−1 650	−840	−480																		+132	+252	+360	+540	+660	+820	+1 000	+1 250	+1 600	+2 100	+2 600
500	560					−260	−145		−76		−22	0					0	0	+26	+44	+78	+150	+280	+400	+600							
560	630																					+155	+310	+450	+660							
630	710					−290	−160		−80		−24	0					0	0	+30	+50	+88	+175	+340	+500	+740							
710	800																					+185	+380	+560	+840							
800	900					−320	−170		−86		−26	0					0	0	+34	+56	+100	+210	+430	+620	+940							
900	1 000																					+220	+470	+680	+1 050							
1 000	1 120					−350	−195		−98		−28	0					0	0	+40	+66	+120	+250	+520	+780	+1 150							
1 120	1 250																					+260	+580	+840	+1 300							
1 250	1 400					−390	−220		−110		−30	0					0	0	+48	+78	+140	+300	+640	+960	+1 450							
1 400	1 600																					+330	+720	+1 050	+1 600							
1 600	1 800					−430	−240		−120		−32	0					0	0	+58	+92	+170	+370	+820	+1 200	+1 850							
1 800	2 000																					+400	+920	+1 350	+2 000							
2 000	2 240					−480	−260		−130		−34	0					0	0	+68	+110	+195	+440	+1 000	+1 500	+2 300							
2 240	2 500																					+460	+1 100	+1 650	+2 500							
2 500	2 800					−520	−290		−145		−38	0					0	0	+76	+135	+240	+550	+1 250	+1 900	+2 900							
2 800	3 150																					+580	+1 400	+2 100	+3 200							

주 [17] a 및 b축은 기준치수 1mm 이하에는 사용하지 않는다.

[18] 공차역 클래스 js 7~js 11에서는 기본 공차 IT의 수치가 홀수인 경우에는 치수 허용차, 즉, $\pm IT/2$가 마이크로미터 단위의 정수가 되도록, IT의 수치를 바로 아래의 짝수로 맺음한다.

4 치수 허용차 계산법

1) ϕ12H6의 공차값

① 직경이 12mm이고 IT공차가 6등급인 구멍의 공차를 구하려면 [표 6-1]에서 기본 공차의 수치가 11μm이다.

② 구멍의 경우 기초가 되는 치수 허용차가 아래치수 허용차가 되므로 [표 6-2]에서 아래치수 허용차가 0이고, 위 치수 허용차는 아래 치수 허용차에 치수 공차를 더하면 +0.011이 된다.

따라서 공차값은 $\phi 12H6 = \phi 12^{+0.011}_{0}$

2) ϕ12g6의 공차값

① 직경이 12mm이고, IT공차가 6등급인 축의 공차를 구하려면 [표 6-1]에서 기본 공차의 수치가 11μm. 즉, 0.011mm이다.

② 축의 경우 기초가 되는 치수 허용차가 위치수 허용차가 되므로 [표 6-3]에서 위치수 허용차는 -6μm. 즉, -0.006mm이다.

③ 아래치수 허용차는 위치수 허용차에서 기본 공차를 빼 주어야 하므로

$-0.006 - (+0.011) = -0.017$가 된다.

따라서 공차값은 $\phi 12H6 = \phi 12^{-0.006}_{-0.017}$

02 끼워 맞춤

구멍·축의 조립 전의 치수의 차이에서 생기는 관계를 끼워 맞춤이라 한다. 구멍의 치수가 축의 치수보다도 큰 때의 구멍과 축과의 치수의 차를 틈새라고 하고, 구멍의 치수가 축의 치수보다도 작을 때의 조립 전의 구멍과 축과의 치수의 차를 죔새라고 한다.

끼워 맞춤에는 구멍과 축의 지름의 대소의 조합 관계에서 헐거운 끼워 맞춤, 중간 끼워 맞춤, 억지 끼워 맞춤의 3종류가 있다.

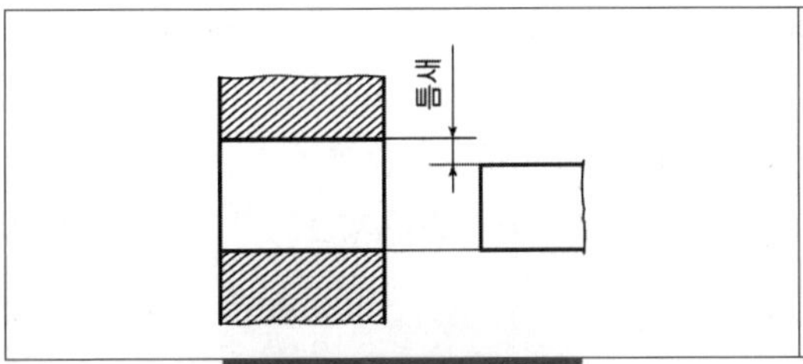

• 그림 6-2 • 틈새

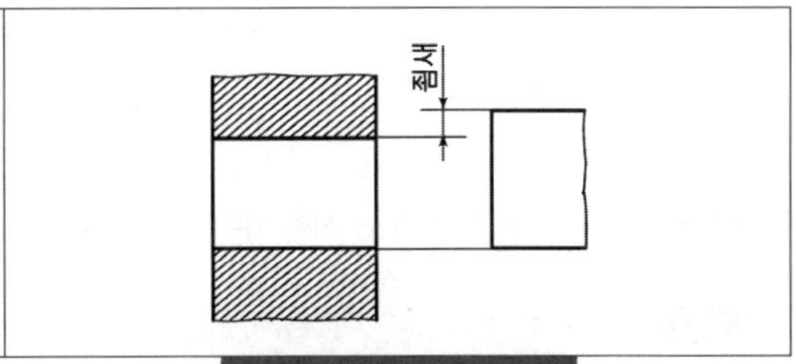

• 그림 6-3 • 죔새

1 헐거운 끼워 맞춤

헐거운 끼워 맞춤은 조립하였을 때, 항상 틈새가 생기는 끼워 맞춤으로 미끄럼 운동이나 회전운동이 필요한 경우에 사용하고 있다[그림 6−4].

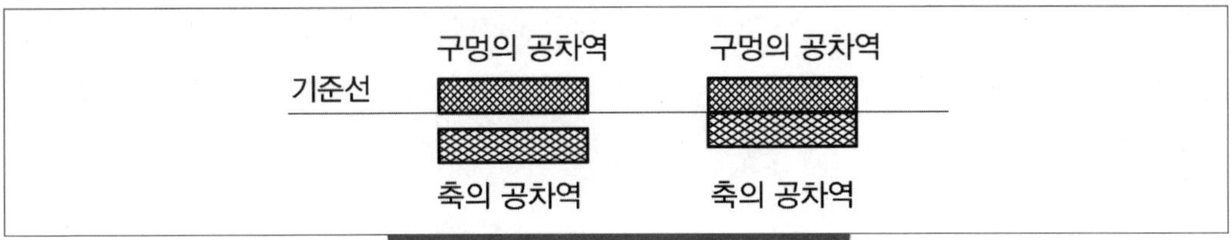

• 그림 6-4 • 헐거움 끼워 맞춤

헐거움 끼워 맞춤에서는 구멍과 축의 허용한계 치수에 의하여 최대 틈새와 최소 틈새가 생길 수 있다.

① **최대 틈새** : 구멍의 최대 허용치수와 축의 최소 허용치수와의 차
② **최소 틈새** : 구멍의 최소 허용치수와 축의 최대 허용치수와의 차

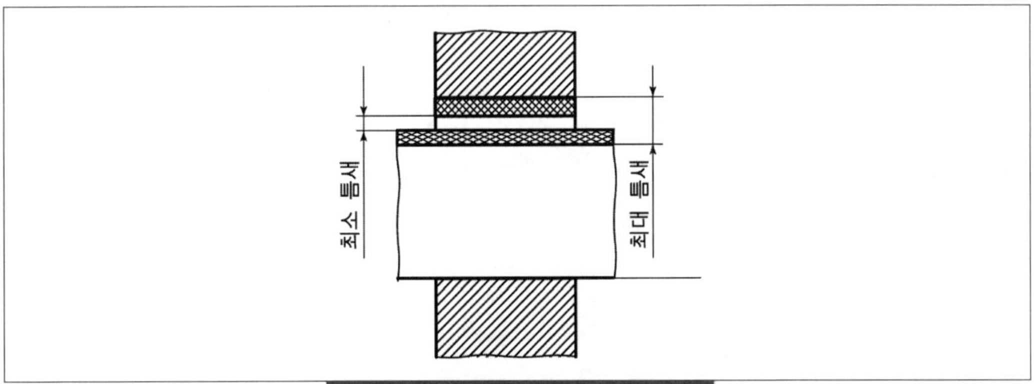

• 그림 6-5 • 최대 틈새와 최소 틈새

Question

축의 최대 허용치수가 50.000mm, 축의 최소 허용치수가 49.995mm, 구멍의 최대 허용치수가 50.025mm, 구멍의 최소 허용치수가 50.005mm일 때 최대 틈새와 최소 틈새는?

풀이 최대 틈새 = 구멍의 최대 허용치수 − 축의 최소 허용치수
= 50.025 − 49.995 = 0.030
최소 틈새 = 구멍의 최소 허용치수 − 축의 최대 허용치수
= 50.005 − 50.000 = 0.005

2 중간 끼워 맞춤

중간 끼워 맞춤은 조립하였을 때 구멍 · 축의 실 치수에 따라 틈새 또는 죔새의 어느 것이나 되는 끼워 맞춤으로 조립된 경우에 구멍 · 축의 공차역이 완전히 또는 부분적으로 겹치는 경우에 사용하고 있다 **[그림 6-6]**. 중간 끼워 맞춤에서는 최대 틈새와 최대 죔새가 발생할 수 있다.

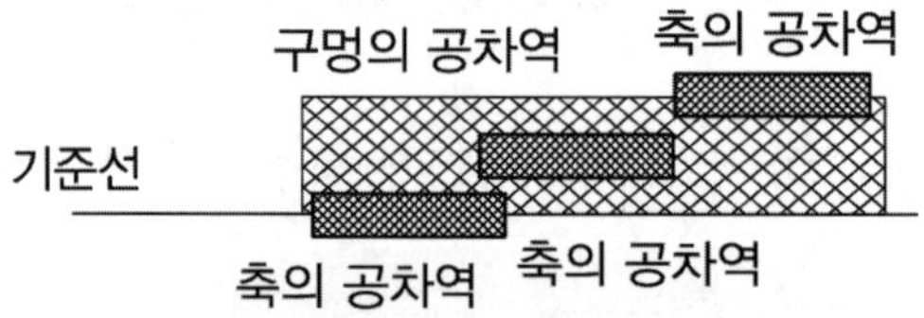

• 그림 6-6 • 중간 끼워 맞춤

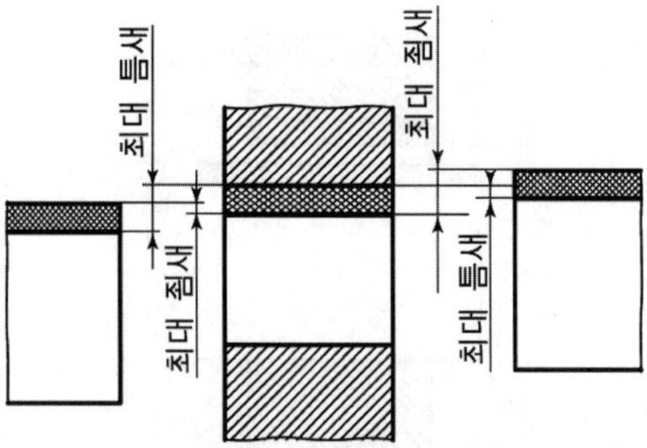

• 그림 6-7 • 최대 틈새와 최대 죔새

Question

축의 최대 허용치수가 50.011mm, 축의 최소 허용치수가 49.995mm, 구멍의 최대 허용치수가 50.025mm, 구멍의 최소 허용치수가 50.000mm일 때 틈새와 죔새는?

풀이 틈새 = 구멍의 최대 허용치수 − 축의 최소 허용치수
= 50.025 − 49.995 = 0.030
죔새 = 구멍의 최소 허용치수 − 축의 최대 허용치수
= 50.000 − 50.011 = 0.011

3 억지 끼워 맞춤

억지 끼워 맞춤은 조립하였을 때 항상 죔새가 생기는 끼워 맞춤으로 동력 전달을 위한 기계 조립이나 분해 또는 분해가 불필요한 경우에 사용되고 있다 [그림 6−8].

① **최소 죔새** : 조립 전의 구멍의 최소 허용치수와 축의 최대 허용치수와의 차
② **최대 죔새** : 조립 전의 구멍의 최대 허용치수와 축의 최소 허용치수와의 차

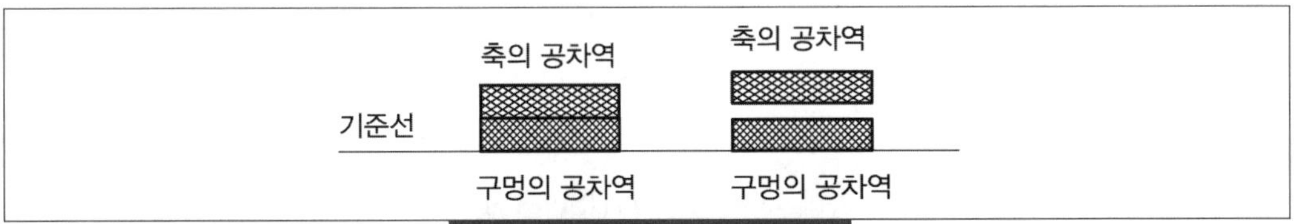

• 그림 6-8 • 억지 끼워 맞춤

Question

축의 최대 허용치수가 50.050mm, 축의 최소 허용치수가 50.034mm, 구멍의 최대 허용치수가 50.025mm, 구멍의 최소 허용치수가 50.000mm일 때 최대 죔새와 최소 죔새는?

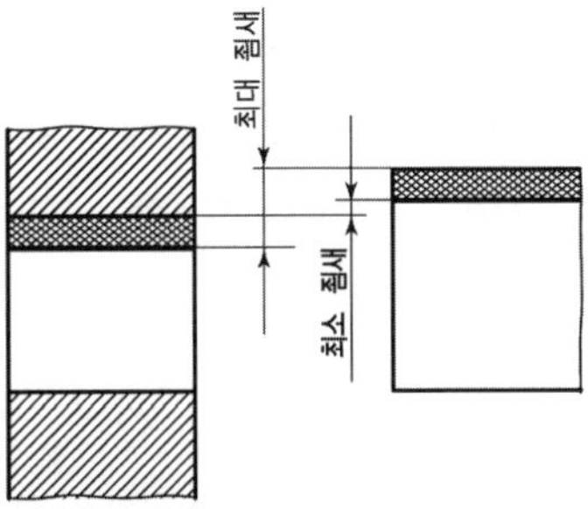

• 그림 6-9 • 최소 죔새와 최대 죔새

풀이 최대 죔새 = 구멍의 최소 허용치수 − 축의 최대 허용치수
= 50.000 − 50.050 = 0.050
최소 죔새 = 구멍의 최대 허용치수 − 축의 최소 허용치수
= 50.025 − 50.034 = 0.009

03 끼워 맞춤 방식

1 구멍과 축의 종류와 기호

구멍과 축의 종류는 기초로 되는 치수허용차에 따라 각각 27종류로 분류하고, 구멍의 종류를 표시하는 기호는 알파벳의 대문자를 이용하여 Js을 중심으로 왼쪽으로 H, G, FG, F, EF, E, D, CD, C, B, A의 11종류, 오른쪽으로는 K, M, N, P, R, S, T, U, V, X, Y, Z, ZA, ZB, ZC로 15종류로 합은 27종류이고, 축의 종류를 표시하는 기호는 알파벳의 소문자를 이용하여 구멍의 종류와 같이 js를 기준으로 왼쪽에 h~a, 오른쪽으로는 k~zc로 합이 27종류로 표시된다.

구멍과 축의 등급은 구멍과 축에 관계없이 IT(ISO Tolerance)기본공차의 등급을 사용하여 표시한다. 구멍과 축의 표시에는 기준치수의 우측에 구멍과 축을 나타내는 기호와 이와 같은 크기로 등급을 나타내는 숫자를 붙여 표기한다. 예를 들면 ϕ12H6, ϕ50H8, ϕ12g6, ϕ50h8으로 표기되어진다.

2 끼워 맞춤 방식의 종류

부품 제작에 있어 그 사용 목적에 따라 기준치수에 대하여 끼워 맞춤 기호를 사용하여 위 치수 허용차와 아래 치수 허용차를 나타내고 있다. 구멍이나 축의 끼워 맞춤 부분의 치수는 구멍과 축의 공차역의 위치와 공차 등급의 적절한 조합 [표 6−4, 5]에 의해 결정된다.

표 6-4 상용하는 구멍기준 끼워 맞춤

기준 구멍	축의 종류와 등급																
	헐거움 끼워 맞춤							중간 끼워 맞춤			억지 끼워 맞춤						
H6						g5	h5	js5	k5	m5							
					f6	g6	h6	js6	k6	m6	n6[19]	p6[19]					
H7					f6	g6	h6	js6	k6	m6	n6	p6[19]	r6[19]	s6	t6	u6	x6
				e7	f7		h7	js7									
H8					f7		h7										
				e8	f8		h8										
H9			d9	e9													
			d8	e8			h8										
		c9	d9	e9			h9										
H10	b9	c9	d9														

주 (19) 이들의 끼워맞춤은 치수의 구분에 따라 예외가 생긴다.

표 6-5 상용하는 축 기준 끼워 맞춤

기준 축	구멍의 종류와 등급																
	헐거움 끼워 맞춤							중간 끼워 맞춤			억지 끼워 맞춤						
h6							H5	JS6	K6	M6	N6[20]	N7					
					F6	G6	H6	JS6	K6	M6	N6	P6[20]					
h7					F7	G7	H7	JS7	K7	M7	N7	P7[20]	R7	S7	T7	U7	X7
				E7	F7		H7										
h8					F8		H8										
			D8	E8	F8		H8										
h9			D9	E9			H9										
			D8	E9			H8										
		C9	D9	E9			H9										
h10	B10	C10	D10														

주 (20) 이들 끼워 맞춤은 치수의 구분에 따라 예외가 생긴다.

이 때 구멍을 기준을 기준으로 하느냐 축을 기준으로 하느냐에 따라서 끼워 맞춤방식은 구멍기준 끼워 맞춤과 축 기준 끼워 맞춤으로 분류된다.

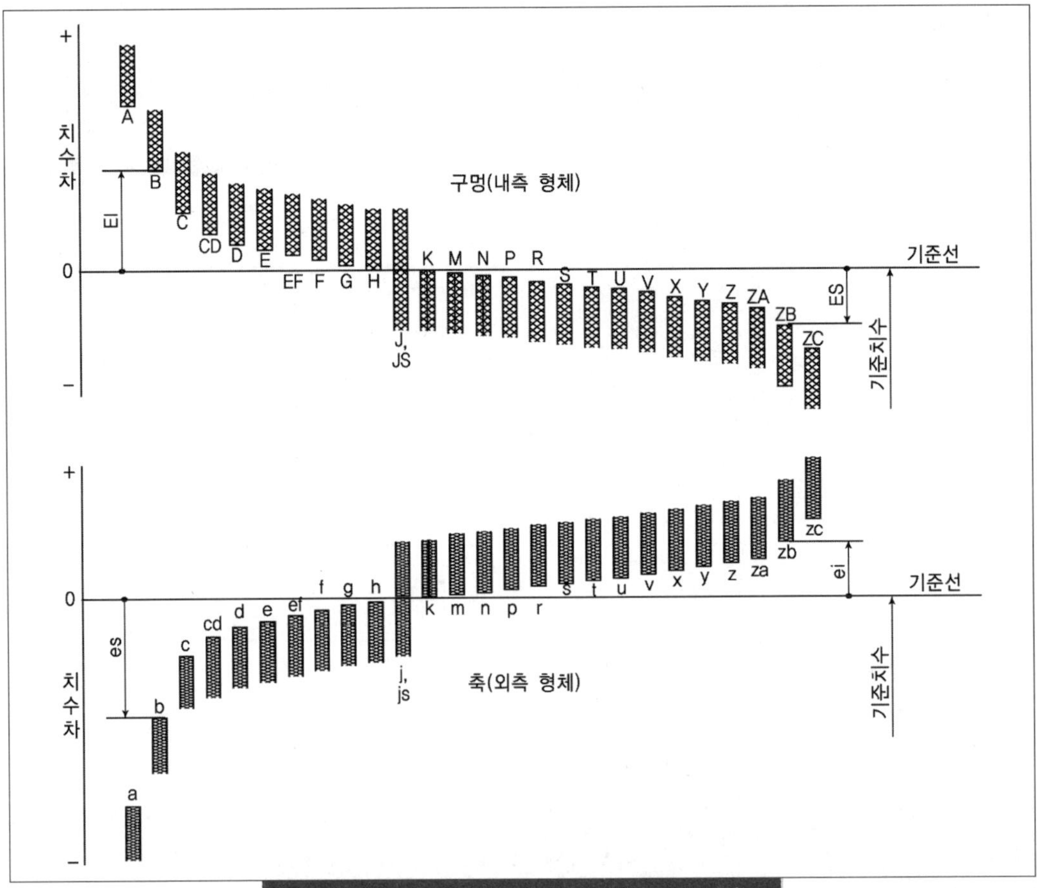

• 그림 6-10 • 상용하는 구멍 및 축기준 끼워 맞춤

1) 구멍 기준 끼워 맞춤방식

여러 개의 공차역 클래스의 축과 1개의 공차역 클래스의 구멍을 조립하는 데에 따라 필요한 틈새 또는 죔새를 주는 끼워맞춤 방식을 구멍 기준 끼워 맞춤이라고 한다. 이 표준에서는 구멍의 최소 허용치수가 기준치수와 같다. 즉, 구멍의 아래 치수허용차가 "0"인 끼워맞춤 방식이다. 일반적으로 주로 구멍 기준 끼워 맞춤방식을 사용하고 있다. 그 이유는 다음과 같다.

① 정밀한 가공을 고려할 때는 축보다 구멍을 가공하기 어렵다. 따라서 가공하기 어려운 구멍을 먼저 기준으로 만들고 거기에 가공하기 쉬운 축을 조합시킨다.

② 축을 기준으로 해서 구멍의 치수를 조정하기 위해서는 고가인 구멍용 한계 게이지와 리머를 준비하여야 되나 구멍기준일 때는 구멍용보다 저가인 축용 한계 게이지를 보유하면 되기에 경제적이다.

2) 축 기준 끼워 맞춤방식

여러 개의 공차역 클래스의 구멍과 1개의 공차역 클래스의 축을 조립하는 데 따라 필요한 틈새 또는 죔새를 주는 끼워 맞춤 방식을 축 기준 끼워맞춤이라 한다. 이 표준에서는 축의 최대 허용치수가 기준치수와 같다. 즉, 축의 위치수 허용차가 "0"인 끼워 맞춤 방식이다. 이 방식은 전동축과 같이 한 개의 축에 여러 종류의 끼워 맞춤이 연속하는 경우에는 설계 및 가공하기가 편리하다.

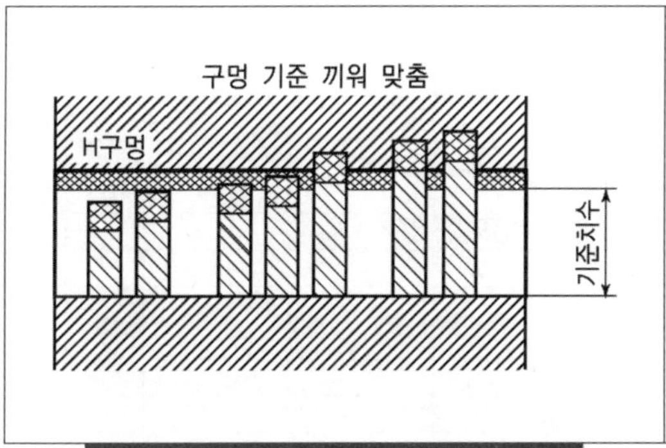

• 그림 6-11 • 구멍기준 끼워 맞춤

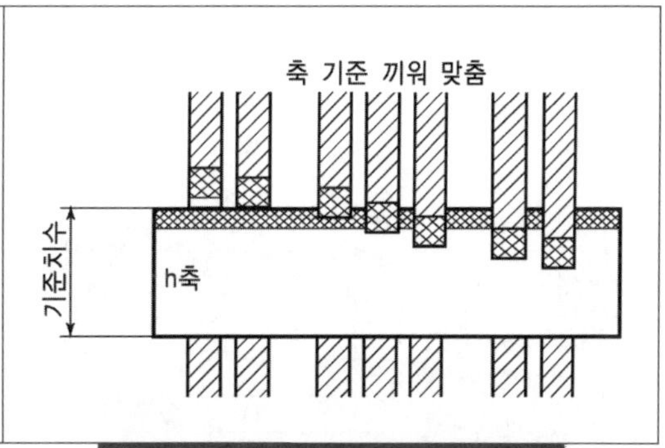

• 그림 6-12 • 축 기준 끼워 맞춤

3 상용 끼워 맞춤

구멍 및 축의 등급, 공차역은 필요에 따라서 어떠한 조합이라도 상관없지만 부주의하게 조합되면 의미가 없어진다. 널리 실용적으로 사용되는 조합을 갖는 끼워 맞춤을 상용 끼워 맞춤으로서 사용한다. 구멍 및 축 기준 끼워 맞춤 방식을 사용한다.

[표 6-4]에 상용하는 구멍의 공차역 등급 및 그 조합을 나타내고 있다. [표 6-6]에 직경 30mm의 경우 상용하는 구멍기준 끼워 맞춤의 공차역의 상호관계를 나타낸다. 끼워 맞춤의 표시는 구멍과 축의 공통 기준치수와 각각의 공차역 등급기호를 병기하는 방법에 의해서 나타낸다.

예 52H7/g6, 52H7−g6, $52\frac{H7}{g6}$

표 6-6 상용하는 구멍기준 끼워 맞춤에 있어서 공차역의 상호관계
(그림은 기준 치수 30mm의 경우를 나타낸다)

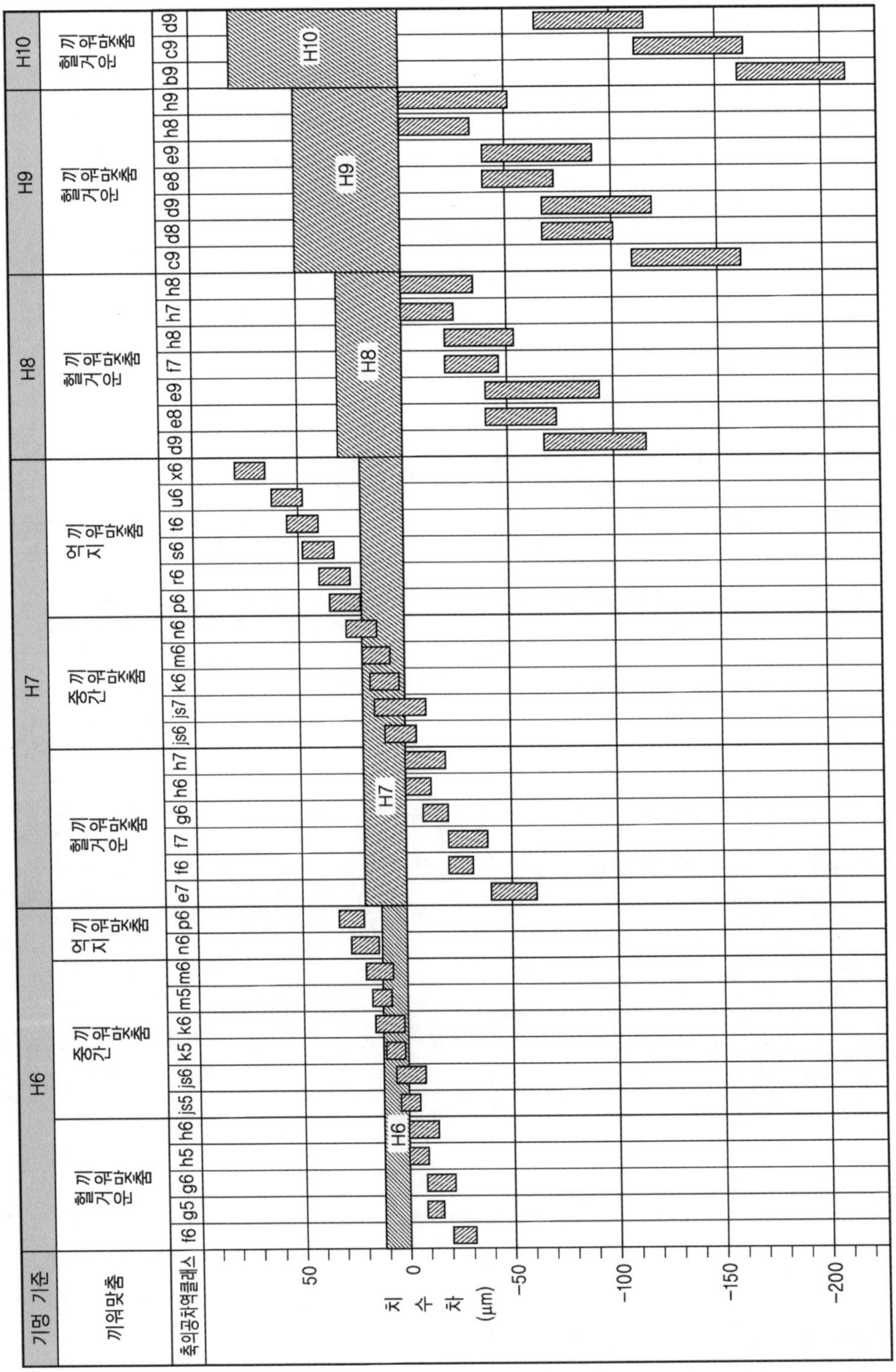

04 치수공차와 끼워 맞춤의 기입법

1 치수공차의 기입법

1) 위·아래 치수 허용차의 기입

공차를 수치로 기입할 경우에는 기준 치수 다음에 위아래의 치수허용차를 작은 숫자로 기입한다[그림 6-13].

① 치수허용차는 기준치수와 같은 단위로 한다.
② 치수허용차가 0일 경우에는 0을 기입한다.
③ 위·아래 치수허용차가 다를 경우 소수점 이하의 유효 자릿수를 맞춘다. 단, 하나가 0일 경우는 제외된다.

• 그림 6-13 • 위·아래 치수 허용차의 기입

2) 허용 한계치수의 기입

공차의 기입을 허용 한계치수로 표시하는 경우에는 최대 허용치수는 위에, 최소 허용치수를 아래에 나타낸다[그림 6-14].

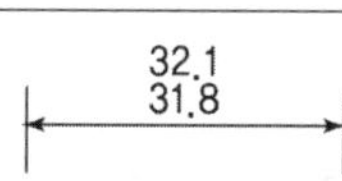

• 그림 6-14 • 허용 한계치수의 기입

3) 같은 치수허용차의 기입

위·아래 치수허용차가 같은 경우에는 수치를 하나로 해도 된다[그림 6-15].

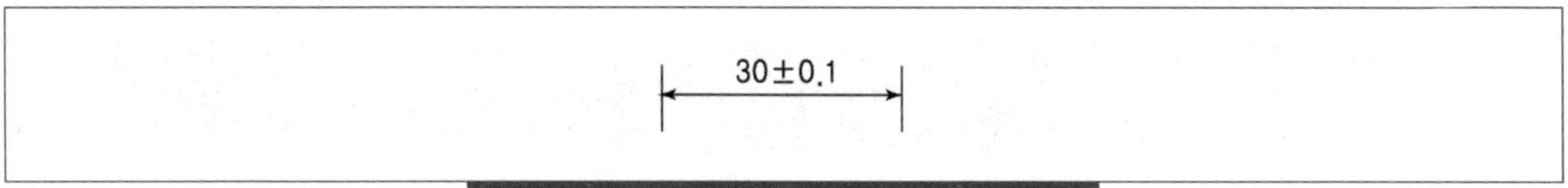

• 그림 6-15 • 같은 치수허용차의 기입

4) 길이 치수에 공차기입

길이 치수에 공차를 기입할 경우에는 합 또는 차에 의한 치수의 불합리가 생기지 않도록 하고 치수 중 기능상 중요도가 적은 것은 기입하지 않거나 ( )를 붙여서 참고치수로 나타낸다 [그림 6－16].

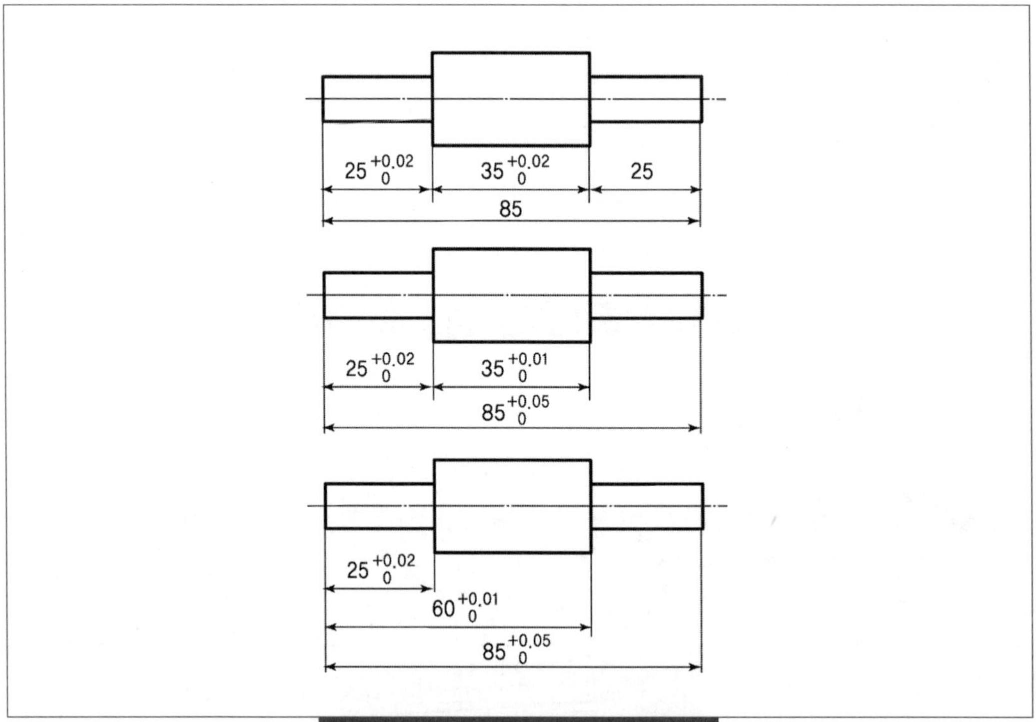

• 그림 6-16 • 길이 치수에 공차 기입

5) 구멍 및 축에 대한 치수허용차의 병기

같은 기준치수에 대하여 구멍 및 축에 대하여 위·아래 치수허용차를 병기할 필요가 있는 경우에는 치수선의 위아래에 [그림 6－17]과 같이 나타낸다.

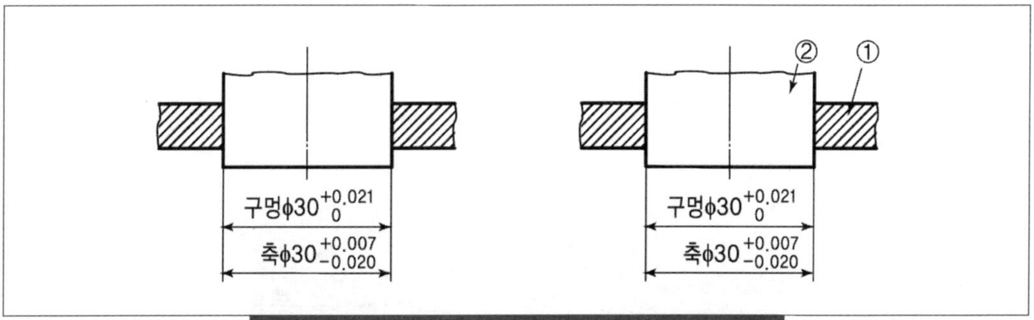

• 그림 6-17 • 구멍 및 축에 대한 치수허용차의 병기

6) 구멍 또는 축에 대해서만 공차를 기입

조립도에서 구멍 또는 축에 대해서만 공차를 기입할 경우에는 구멍 또는 축의 문자 또는 부품번호를 치수숫자의 앞에 붙인다 [그림 6-17].

2 끼워 맞춤의 기입법

기준 치수에 대하여 구멍 및 축에 대한 끼워 맞춤의 종류의 기호를 기입한다.

1) 기호의 기입 위치

기준 치수 뒤에 끼워 맞춤의 종류의 기호를 기입한다 [그림 6-18].

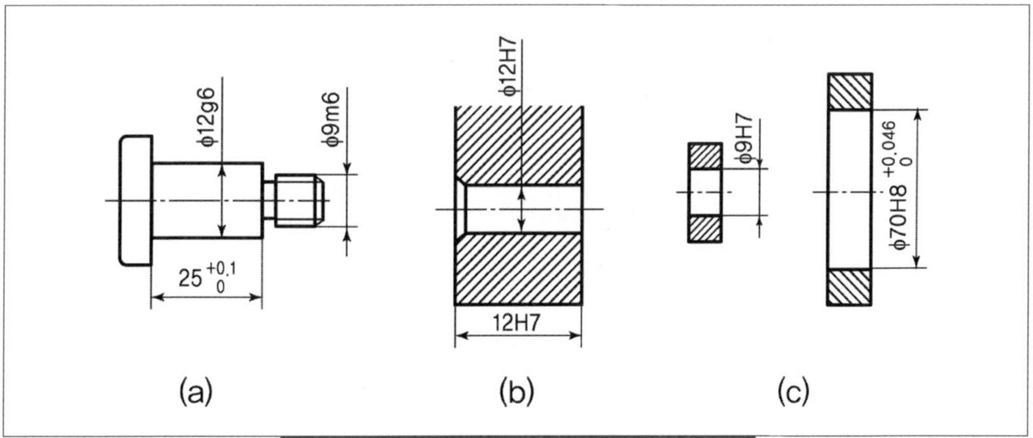

• 그림 6-18 • 끼워 맞춤 종류의 기호 기입 위치

2) 기호와 치수허용차의 병기

필요한 경우에는 끼워 맞춤의 종류의 기호와 위·아래 치수허용차를 병기해도 좋다 [그림 6-19].

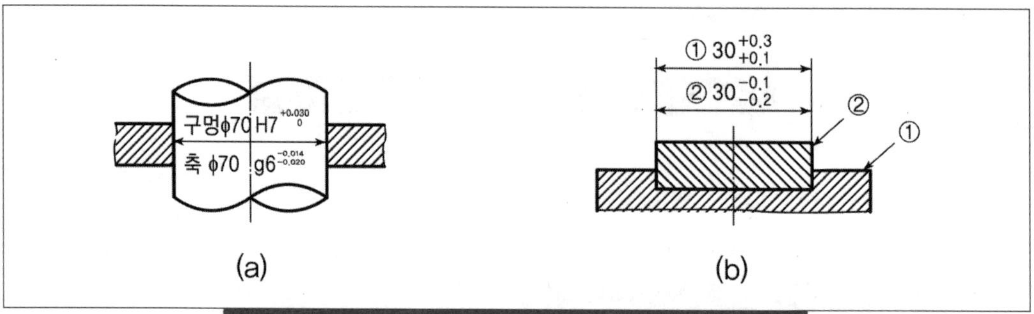

• 그림 6-19 • 끼워 맞춤 종류의 기호와 치수허용차의 병기

3) 구멍 및 축의 끼워 맞춤 기호의 병기

같은 기준 치수에 대하여 구멍 및 축의 끼워 맞춤 기호를 병기할 필요가 있는 경우 [그림 6-20]과 같이 한다.

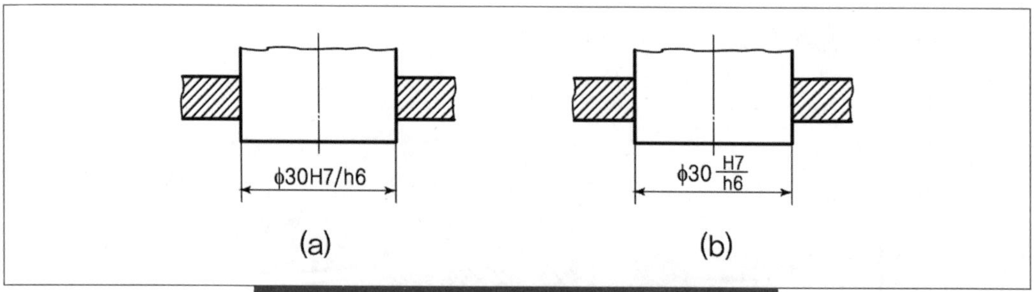

• 그림 6-20 • 구멍 및 축의 끼워 맞춤 기호의 병기

CHAPTER 06 치수공차 및 끼워 맞춤 / 연습문제

치수공차 및 끼워 맞춤 [1]

전공		학 번		학 년		반		성 명	

01 다음 각 치수를 구하세요.

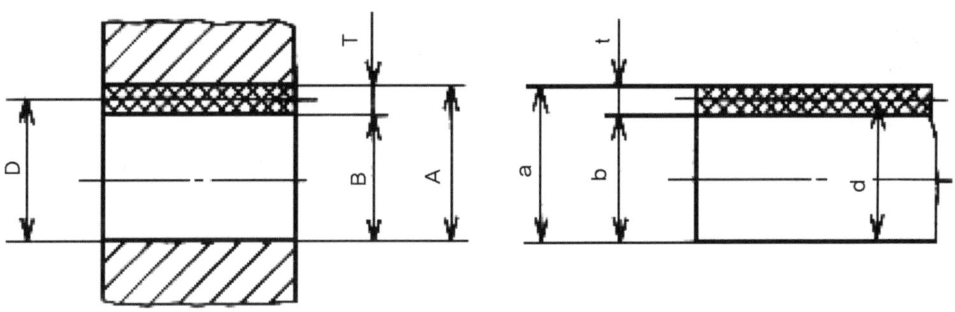

D = ϕ32H7　　　　　d = ϕ32e8

	구멍	축
(A) 기 준 치 수	D =	d =
(B) 최대 허용치수	A =	a =
(C) 최소 허용치수	B =	b =
(D) 치 수 공 차	T =	t =
(E) 최대 틈새	C =	최소틈새 c =

02 다음 각 치수를 구하세요.

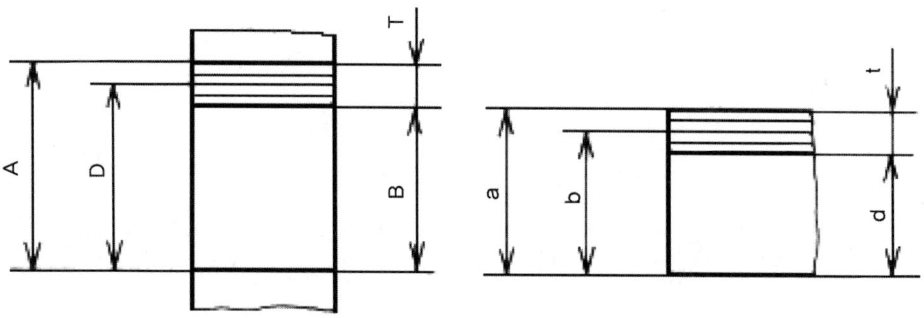

D = ϕ80H8　　　　d = ϕ80g6

(A) 구멍의 위 치수허용차 =　　　　구멍의 아래 치수허용차 =

(B) 축의 위 치수허용차 =　　　　축의 아래 치수허용차 =

(C) 구멍의 최대 허용치수 A =　　　　축의 최대 허용치수 a =

(D) 최대 틈새　　C =　　　　최소 틈새 c =

치수공차 및 끼워 맞춤 [2]

전공		학 번		학 년		반		성 명	

01 치수공차를 올바르게 기입하세요.

[1] 114 +0.30 −0.1

[2] 103 +0.01 −0.01

[3] 520 −0 −0.02

[4] 85.0 +0.01 −0.02

[5] 720 +0 −0.01

[6] 680 −0.02 +0.01

02 끼워 맞춤 기호를 수치로 나타내세요.

	기준치수	최대 허용치수	최소 허용치수
[1] 20H7			
[2] 40g6			
[3] 55P7			
[4] 64f8			
[5] 80js7			
[6] 120e9			

치수공차 및 끼워 맞춤 [3]

전공		학 번		학 년		반		성 명	

01 입체도의 치수를 조립도에 기입하세요.

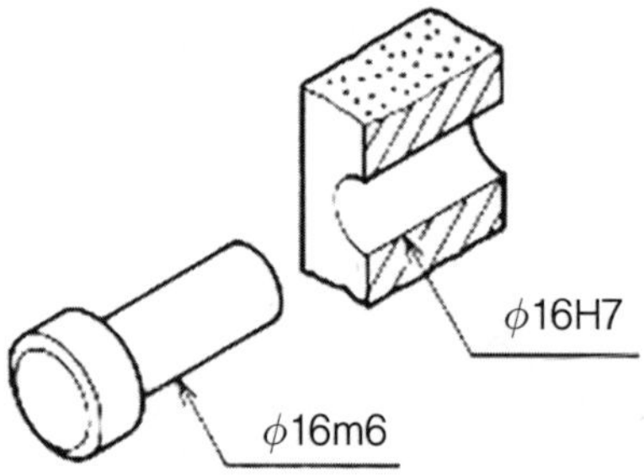

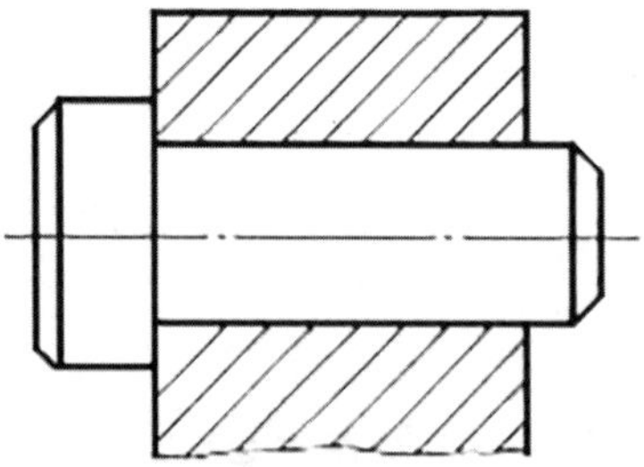

02 입체도의 치수를 조립도에 기입하세요.

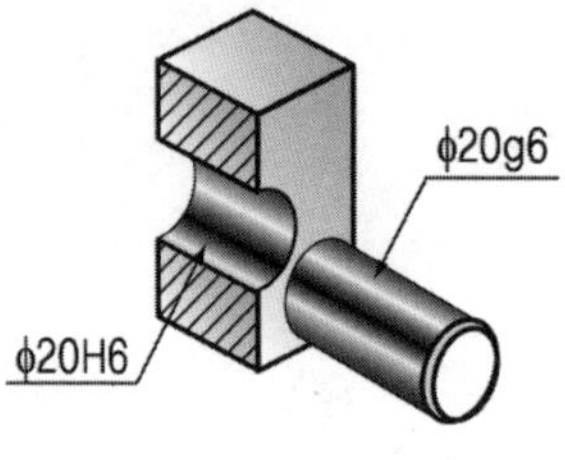

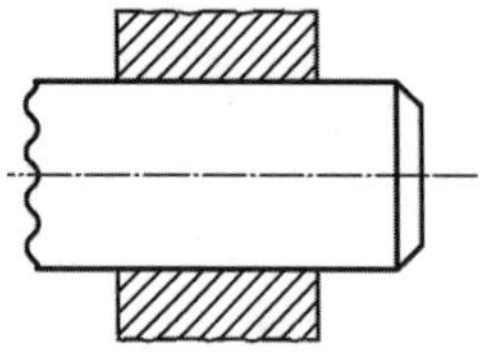

치수공차 및 끼워 맞춤 [4]

전공		학 번		학 년		반		성 명	

01 정투상도에 치수를 기입하세요.

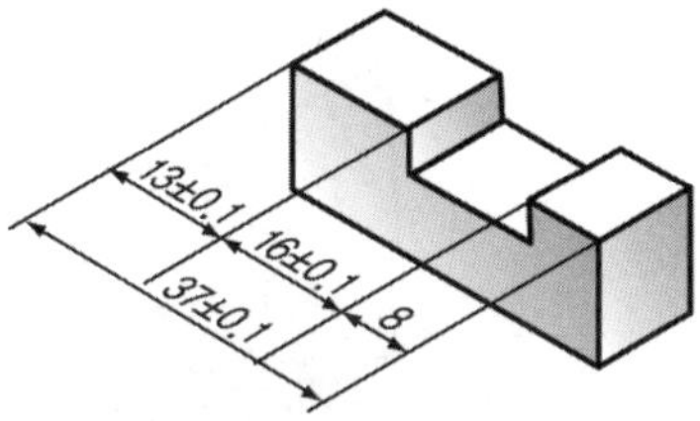

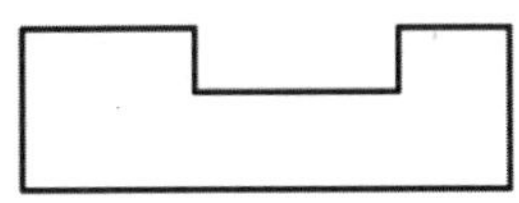

02 정투상도에 치수를 기입하세요.

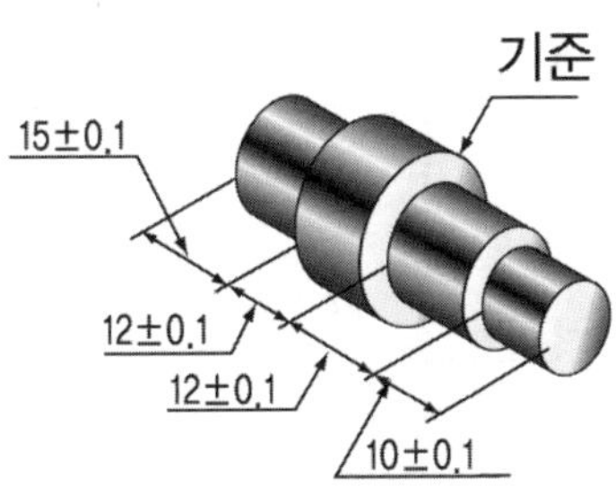

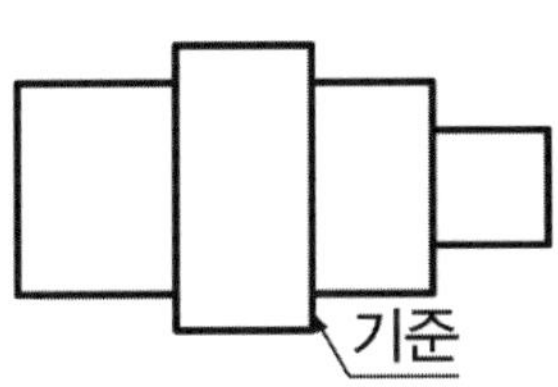

치수공차 및 끼워 맞춤 [5]

전공		학 번		학 년		반		성 명	

01 정투상도에 치수를 기입하세요.

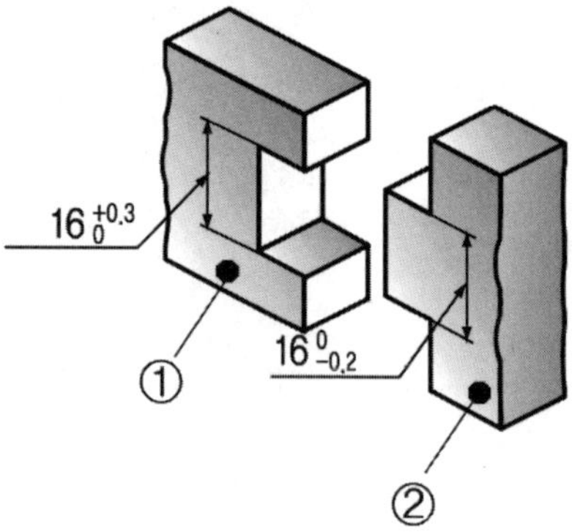

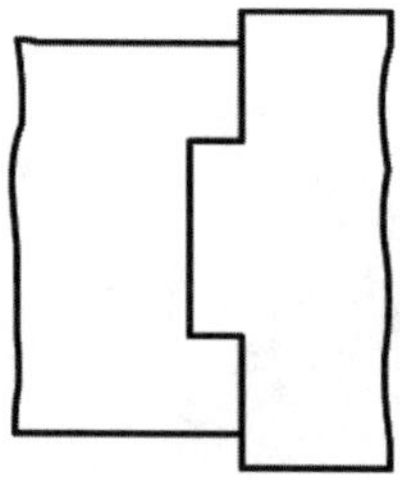

02 다음 각(角)치수를 정투상도에 기입하세요.

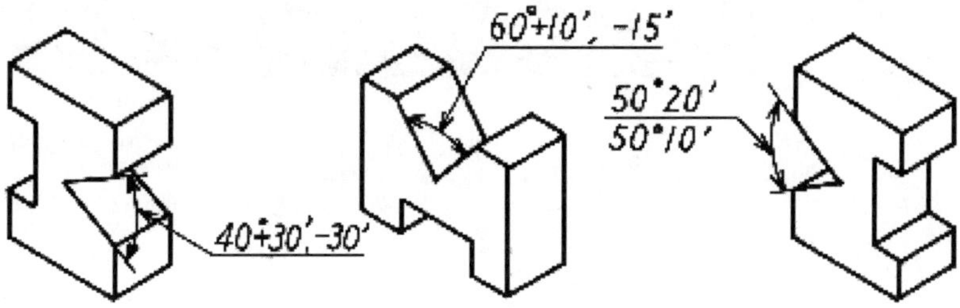

[A] 기준치수 40°
치수 허용차 +30′ - 30′

[B] 기준치수 60°
치수 허용차 +10′ - 15′

[C] 최대 허용치수 50°20′
최대 허용치수 50°10′

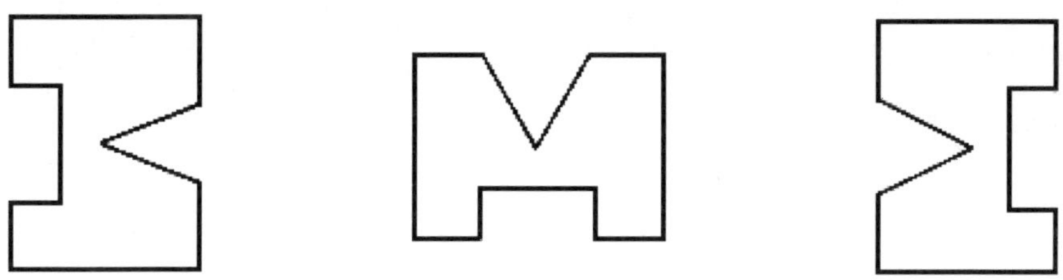

CHAPTER

07 표면 거칠기

기계부품은 동일 부품에서도 어느 부분은 단조 또는 주조한 상태를 그대로 사용하고 또 어느 부분은 절삭가공에 의하여 다듬질하여 사용하기도 한다. 부품의 각 부분이 용도에 적합한 상태로 다듬질 여유를 두어 표면을 다듬는다. 가공된 다듬질 면의 거치름 정도를 표면 거칠기라 한다.

01 표면 거칠기

표면 거칠기는 KS B 0161에 의하여 산술평균 거칠기(R_a), 최대 높이(R_y), 10점 평균 거칠기(R_z), 요철의 평균 간격(S_m), 국부 산봉우리의 평균 간격(S) 및 부하 길이율(t_p)로 표시한다.

1 용어

1) 표면 거칠기

대상물의 표면에서 임의대로 채취한 각 부분에서의 표면거칠기를 나타내는 파라미터인 산술평균 거칠기(R_a), 최대 높이(R_y), 10점 평균 거칠기(R_z), 요철의 평균 간격(S_m), 국부 산봉우리의 평균 간격(S) 및 부하 길이율(t_p)의 각각의 평균값

2) 단면 곡선

대상면에 직각인 평면으로 대상면을 절단하였을 때, 그 단면에 나타나는 윤곽

3) 거칠기 곡선

단면 곡선에서 소정의 파장보다 긴 표면 굴곡 성분을 위상 보상형 고역 필터로 제거한 곡선

4) 거칠기 곡선의 컷 오프값(λ_c)

위상 보상형 고역 필터의 이득이 50%가 되는 주파수에 대응하는 파장(이하 컷 호프값이라 한다)

5) 거칠기 곡선의 기준길이(ℓ)

거칠기 곡선으로부터 컷오프값의 길이를 뺀 부분의 길이(이하 기준길이라 한다)

6) 거칠기 곡선의 평가 길이(ℓ_n)

표면 거칠기의 평가에 사용하는 기준 길이를 하나 하나 이상 포함하는 길이(이하 평가 길이라 한다). 평가 길이의 표준값은 기준 길이의 5배로 한다.

7) 여파 굴곡곡선

단면 곡선에서 소정의 파장보다 짧은 표면 거칠기의 성분을 위상 보상형 저역 필터로 제거한 곡선 [그림 7-1(a)]

8) 거칠기 곡선의 평균 선(m)

단면 곡선의 표본 부분에서의 여파 굴곡 곡선을 직선으로 바꾼 선(이하 평균 선이라 한다) [그림 7-1(a)].

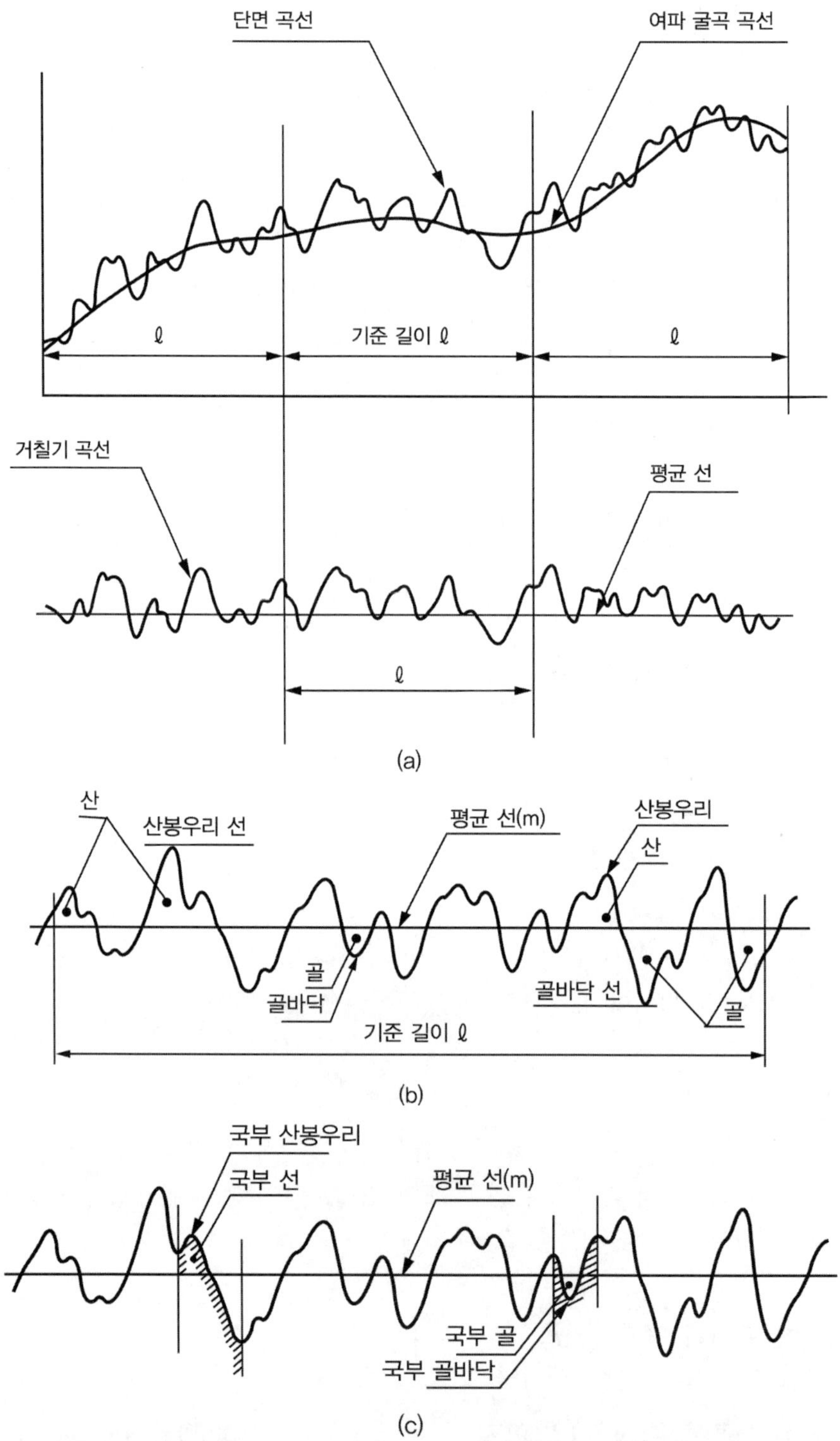

• 그림 7-1 • 단면곡선, 거칠기 곡선, 평균선, 기준길이, 산, 골, 국부 산 및 국부 골의 설명도

9) 산

거칠기 곡선을 평균 선으로 절단하였을 때 그것들의 교차점의 이웃하는 2점 사이에서의 거칠기 곡선과 평균 선으로 구성되는 공간부분[**그림 7-1(b)**].

※ 거칠기 곡선에서 기준 길이의 시작 및 끝 부분의 평균 선의 위쪽에 있는 부분은 산으로 간주한다.

10) 골

거칠기 곡선을 평균 선으로 절단하였을 때에 그것들의 교차점의 이웃하는 2점 사이에서의 거칠기 곡선과 평균 선으로 구성되는 공간부분[**그림 7-1(b)**].

※ 거칠기 곡선에서 기준 길이의 시작 및 끝부분이 평균선의 아래쪽에 있는 부분은 골로 간주한다.

11) 끝

거칠기 곡선을 평균선으로 절단하였을 때에 그것들의 교차점의 이웃하는 2점 사이에서의 거칠기 곡선과 평균으로 구성되는 공간부분[**그림 7-1(b)**].

※ 거칠기 곡선에서 기준 길이의 시작 및 끝 부분이 평균선의 아래쪽에 있는 부분은 골로 간주한다.

12) 봉우리

거칠기 곡선의 산에서 가장 높은 표고점[**그림 7-1(b)**].

13) 골바닥

거칠기 곡선의 골에서 가장 낮은 표고점[**그림 7-1(b)**].

※ 거칠기 곡선에서 기준 길이의 시작 및 끝 부분의 평균 선의 아래쪽에 있는 부분은 골로 간주한다.

14) 산봉우리 선

거칠기 곡선에서 뽑아낸 기준 길이 중 가장 높은 산봉우리를 지나는 평균 선에 평행한 선[그림 7-1(b)].

15) 골바닥 선

거칠기 곡선에서 뽑아낸 기준 길이 중의 가장 낮은 골 바닥을 지나는 평균 선에 평행한 선[그림 7-1(b)].

16) 절단 레벨

산봉우리 선과 거칠기 곡선에 교차하는 산봉우리 선에 평행한 선 사이의 수직거리

17) 국부산

거칠기 곡선의 2개의 이웃한 극소점사이에 있는 실체 부분[그림 7-1(c)].

18) 국부골

거칠기 곡선의 2개의 이웃한 극대점사이에 있는 공간 부분[그림 7-1(c)].

19) 국부 산봉우리

국부 산에서의 가장 높은 표고점[그림 7-1(c)].

20) 국부 골바닥

국부 골에서의 가장 낮은 표고점[그림 7-1(c)].

02 표면 거칠기 기호

① 산술평균 거칠기(R_a)의 정의 및 표시

1) R_a의 정의

(1) R_a를 구하는 방법

R_a는 거칠기 곡선으로부터 그 평균 선의 방향에 기준 길이만큼 뽑아내어 그 표본의 평균 선방향에 X축을, 세로 배율 방향에 Y축을 잡고, 거칠기 곡선을 $y = f(x)$로 나타내었을 때 다음 식에 따라 구해지는 값을 마이크로미터(μm)로 나타낸 것을 말한다.

$$R_a = \frac{1}{\ell}\int_0^1 |f(x)|dx$$

ℓ : 기준 길이

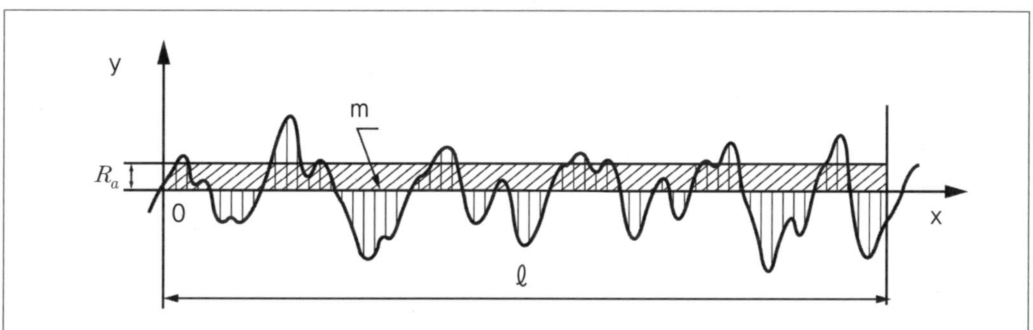

• 그림 7-2 • R_a를 구하는 방법

(2) 컷 오프값

R_a를 구하는 경우는 컷오프 값은 일반적으로 다음 6종류에서 고른다.

0.08mm　0.25mm　0.8mm　2.5mm　8mm　25mm

(3) 컷 오프값의 표준값

R_a를 구하는 경우 R_a의 범위에 대응하는 컷 오프값 및 평가 길이의 표준값은 일반적으로 [표 7-1]의 구분에 따른다.

표 7-1 R_a를 구할 때의 컷 오프값 및 평가 길이의 표준값

R_a의 범위(μm)		컷오프값 λ_c(mm)	평가 길이 ℓ_n(mm)
초 과	이 하		
(0.006)	0.02	0.08	0.4
0.02	0.1	0.25	1.25
0.1	2.0	0.8	4
2.0	10.0	2.5	1.25
10.0	80.0	8	40

( )안은 참고값이다.

※ R_a는 먼저 컷 오프값을 설정한 후에 구한다. 표면 거칠기의 표시·지시를 하는 경우에 그 때마다 이것을 지정하는 것이 불편하므로 일반적으로 [표 7-1]에 나타내는 컷 오프값 및 평가 길이의 표준값을 사용한다.

2) R_a의 표시

(1) R_a의 호칭방법

R_a의 호칭방법은 다음에 따른다.

산술 평균 거칠기 ______μm, 컷 오프값 ______mm 평가 길이 ______mm
또는

______$\mu m R_a$, λ_c____________mm, ℓ_n____________mm

※ 1. [표 7-1]에 나타내는 컷 오프값의 표준값을 사용하여 구한 R_a의 값이 [표 7-1]에 나타내는 범위에 있는 경우에는 컷 오프값의 표시를 생략할 수 있다.
2. 평가 길이가 컷 오프값의 5배. 즉, [표 7-1]에 나타내는 평가 길이의 표준값을 사용한 경우에는 평가 길이의 표시를 생략할 수 있다.

(2) R_a의 표준 수열

R_a에 따라 표면 거칠기를 표시하는 경우에는 일반적으로 [표 7-2]의 표준 수열을 사용한다.

표 7-2 R_a의 표준 수열 [단위 : μm]

0.008				
0.010				
0.012	0.125	1.25	**12.5**	125
0.016	0.160	**1.60**	16.0	160
0.020	**0.20**	2.0	20	**200**
0.025	0.25	2.5	**25**	250
0.032	0.32	**3.2**	32	320
0.040	**0.40**	4.0	40	**400**
0.050	0.50	5.0	**50**	
0.063	0.63	**6.3**	63	
0.080	**0.80**	8.0	80	
0.100	1.00	10.0	**100**	

비고 : 굵은 글씨로 나타낸 공비 2의 수열을 사용하는 것이 바람직하다.

(3) R_a의 구간 표시

R_a를 어느 구간에서 나타내어야 할 때에는 그 구간의 상한(표시값이 큰 쪽) 및 하한(표시값이 작은 쪽)에 상당하는 수치를 [표 7-2]에서 골라서 병기한다.

[보기 1] 상한과 하한의 컷오프값의 표준값이 같은 경우
상한이 6.3μm R_a, 하한이 3.2μm R_a일 때 구간 표시는 (6.3~3.2μm R_a)로 한다. 이 경우에는 컷 오프값으로서 2.5mm를 사용한다.

[보기 2] 상한과 하한의 컷오프값의 표준값이 다른 경우
상한이 12.5μm R_a, 하한이 3.2μm R_a일 때 구간 표시는 (12.5~3.2μm R_a)로 한다. 이 경우에는 컷 오프값 8mm로 측정한다. R_a의 값이 12.5μm R_a 이하이며, 컷 오프값은 2.5mm로 측정한 R_a의 값이 3.2μm R_a 이상이라는 것을 의미한다.

2 최대 높이(R_y)의 정의 및 표시

1) R_y의 정의

(1) R_y를 구하는 방법

R_y는 거칠기 곡선에서 그 평균 선의 방향에 기준 길이만큼 뽑아내어 이 표본 부분의 산봉우리 선과 골바닥 선의 간격을 거칠기 곡선의 세로 배율의 방향으로 측정하여 이 값을 마이크로미터(μm)로 나타낸 것을 말한다 [그림 7-3].

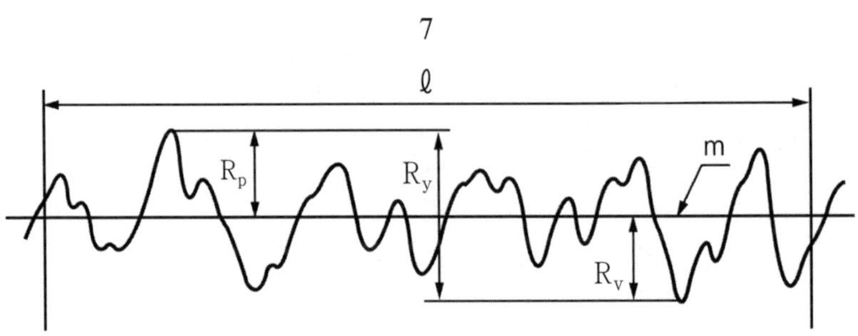

$$R_y = R_p + R_v$$

R_y를 구하는 경우에는 흠이라고 간주되는 보통 이상의 높은 산 및 낮은 골이 없는 부분에서 기준 길이만큼 뽑아낸다.

• 그림 7-3 • R_y를 구하는 방법

(2) 기준 길이

R_y를 구하는 경우의 기준 길이는 일반적으로 다음 6종류에서 고른다.

0.08mm 0.25mm 0.8mm 2.5mm 8mm 25mm

(3) 기준 길이의 표준값

R_y를 구하는 경우의 R_y 범위에 대응하는 기준 길이 및 평가 길이의 표준값은 일반적으로 [표 7-3]의 구분에 따른다.

표 7-3 R_y를 구할 때의 컷 오프값 및 평가 길이의 표준값

R_a의 범위(μm)		컷오프값 ℓ(mm)	평가 길이 ℓ_n(mm)
초 과	이 하		
(0.025)	0.10	0.08	0.4
0.10	0.50	0.25	1.25
0.50	10.0	0.8	4
10.0	50.0	2.5	12.5
50.0	200.0	8	40

( )안은 참고값이다.

※ R_y는 먼저 기준 길이를 지정한 후에 구한다. 표면 거칠기의 표시나 지시를 하는 경우에 그 때마다 이것을 지정하는 것이 불편하므로 일반적으로 [표 7-3]에 나타내는 기준 길이 및 평가 길이의 표준값을 사용한다.

2) R_y의 표시

(1) R_y의 호칭방법

R_y의 호칭방법은 다음에 따른다.

최대 높이 _____μm, 기준 길이 _____mm 평가 길이_____mm
또는

_____$\mu m R_y$ ℓ __________mm, ℓ_n __________mm

※ 1. [표 7-3]에 나타내는 기준 길이의 표준값을 사용하여 구한 R_y의 값이 [표 7-3]에 나타내는 범위에 있는 경우에는 기준 길이의 표시를 생략할 수 있다.
2. 평가 길이가 기준 길이의 5배. 즉, [표 7-3]에 나타내는 평가 길이의 표준값을 사용한 경우에는 평가 길이의 표시를 생략할 수 있다.

(2) R_y의 표준 수열

R_y에 따라 표면 거칠기를 표시하는 경우에는 일반적으로 [표 7-4]의 표준 수열을 사용한다.

표 7-4 R_y의 표준 수열 [단위 : μm]

	0.125	1.25	12.5	125	1250
	0.160	1.60	16.0	160	1600
	0.20	2.0	20	200	
0.025	0.25	2.5	25	250	
0.032	0.32	3.2	32	320	
0.040	0.40	4.0	40	400	
0.050	0.50	5.0	50	500	
0.063	0.63	6.3	63	630	
0.080	0.80	8.0	80	800	
0.100	1.00	10.0	100	1000	

비고 : 굵은 글씨로 나타낸 공비 2의 수열을 사용하는 것이 바람직하다.

(3) R_y의 구간 표시

R_y를 어느 구간에서 나타내어야 할 때에는 그 구간의 상한(표시값이 큰 쪽) 및 하한(표시값이 작은 쪽)에 상당하는 수치를 [표 7-4]에서 골라서 병기한다.

[보기 1] 상한 및 하한의 기준 길이의 표준값이 같은 경우
상한이 6.3μm R_y, 하한이 1.60μm R_y일 때 구간 표시는 (6.3~1.60)μm R_y로 한다. 이 경우에는 기준 길이로서 0.8mm를 사용한다.

[보기 2] 상한 및 하한의 기준 길이의 표준값이 다른 경우
상한이 12.5μm R_y, 하한이 1.60μm R_y일 때의 구간 표시는 (12.5~1.60)μm R_y로 한다. 이 경우에는 기준 길이로서 2.5mm로 측정한다. R_y의 값이 12.5μm R_y 이하이며, 기준 길이 0.8mm로 측정한 R_y의 값이 1.60μm R_y 이상이라는 것을 의미한다.

[비고 1] 상한 및 하한에 대응하는 기준 길이를 동일하게 할 필요가 있는 경우, 또는 [표 7-3]의 표준값 이외의 기준 길이를 사용하는 경우에는 기준 길이를 병기한다. [보기 2]에서 상한 및 하한에 대응하는 기준 길이를 2.5mm로 할 때에는 (12.5~1.60)μm R_y, 12.5mm로 표시한다.

[비고 2] 여기에서 말하는 상한 및 하한의 R_y란 지정된 표면으로부터 임의로 뽑아낸 몇 곳의 R_y의 산술 평균값이며 개개의 R_y의 최대값이 아니다.

3 10점 평균 거칠기(R_z)의 정의 및 표시

1) R_z의 정의

(1) R_z를 구하는 방법

R_z는 거칠기 곡선에서 그 평균 선의 방향에 기준 길이만큼 뽑아내어 이 표본의 평균 선에서 세로 배율의 방향으로 측정한 가장 높은 산봉우리부터 5번째 산봉우리까지의 표고(Y_p)의 절대값의 평균값과 가장 낮은 골바닥에서 5번째까지의 골바닥의 표고(Y_v)의 절대값의 평균값과의 합을 구하여 이 값을 마이크로미터(μm)로 나타낸 것을 말한다[그림 7-4].

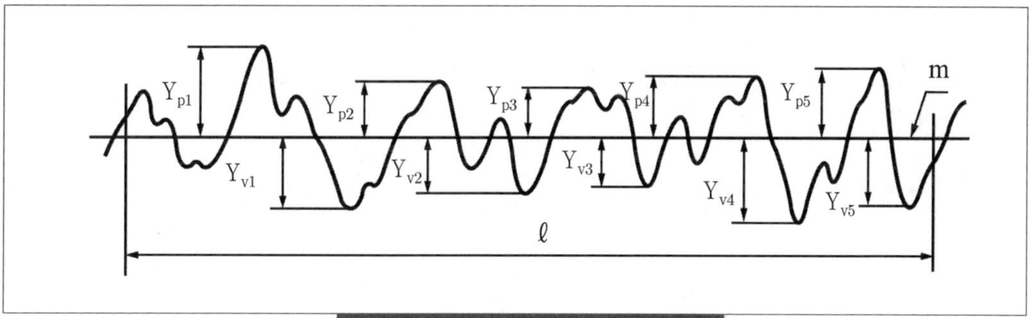

• 그림 7-4 • R_z를 구하는 방법

$$R_z = \frac{|Y_{p1} + Y_{p2} + Y_{p3} + Y_{p4} + Y_{p5}| + |Y_{v1} + Y_{v2} + Y_{v3} + Y_{v4} + Y_{v5}|}{5}$$

$Y_{p1}, Y_{p2}, Y_{p3}, Y_{p4}, Y_{p5}$: 기준 길이 ℓ 에 대응하는 샘플링 부분의, 가장 높은 산봉우리에서 5번째까지의 표고

$Y_{v1}, Y_{v2}, Y_{v3}, Y_{v4}, Y_{v5}$: 기준 길이 ℓ 에 대응하는 샘플링 부분의, 가장 낮은 골바닥에서 5번째까지의 표고

(2) 기준길이

R_z를 구할 경우의 기준 길이는 일반적으로 다음 6종류로 한다.

0.08mm, 0.25mm, 0.8mm, 2.5mm, 8mm, 25mm

(3) 기준 길이의 표준값

R_z를 구하는 경우 R_z의 범위에 대응하는 기준 길이 및 평균 길이의 표준값은 일반적으로 [표 7-5]의 구분에 따른다.

표 7-5 R_z를 구할 때의 기준 길이 및 평가 길이의 표준값

R_z의 범위(μm)		컷오프값 ℓ(mm)	평가 길이 ℓ_n(mm)
초 과	이 하		
(0.025)	0.10	0.08	0.4
0.10	0.50	0.25	1.25
0.50	10.0	0.8	4
10.0	50.0	2.5	12.5
50.0	200.0	8	40

( )안은 참고값이다.

※ R_z는 먼저 기준 길이를 지정한 후에 구한다. 표면 거칠기의 표시나 지시를 하는 경우에 그 때마다 이것을 지정하는 것이 불편하므로 일반적으로 [표 7-5]에 나타내는 기준 길이 및 평가 길이의 표준값을 사용한다.

2) R_z의 표시

(1) R_z의 호칭방법

R_z의 호칭방법은 다음에 따른다.

10점 평균 거칠기 ______μm, 기준 길이 ____mm 평가 길이 ____mm
또는

______$\mu m R_z$, ℓ ____________mm, ℓ_n ___________mm

※ 1. [표 7-5]에 나타내는 기준 길이의 표준값을 사용하여 구한 R_z의 값이 [표 7-5]에 나타내는 범위에 있는 경우에는 기준 길이의 표시를 생략할 수 있다.
2. 평가 길이가 기준 길이의 5배. 즉, [표 7-5]에 나타내는 평가 길이의 표준값을 사용한 경우에는 평가 길이의 표시를 생략할 수 있다.

(2) R_z의 표준 수열

R_z에 따라 표면 거칠기를 표시하는 경우에는 일반적으로 [표 7-6]의 표준 수열을 사용한다.

표 7-6 R_z의 표준 수열 [단위 : μm]

	0.125	1.25	12.5	125	1250
	0.160	1.60	16.0	160	1600
	0.20	2.0	20	200	
0.025	0.25	2.5	25	250	
0.032	0.32	3.2	32	320	
0.040	0.40	4.0	40	400	
0.050	0.50	5.0	50	500	
0.063	0.63	6.3	63	630	
0.080	0.80	8.0	80	800	
0.100	1.00	10.0	100	1000	

비고 : 굵은 글씨로 나타낸 공비 2의 수열을 사용하는 것이 바람직하다.

(3) R_z의 구간 표시

R_z를 어느 구간에서 나타내어야 할 때에는 그 구간의 상한(표시값이 큰 쪽) 및 하한(표시값이 작은 쪽)에 상당하는 수치를 [표 7-6]에서 골라서 병기한다.

[보기 1] 상한 및 하한의 기준 길이의 표준값이 같은 경우
상한이 6.3μm R_z, 하한이 1.60μm R_z일 때 구간 표시는 (6.3~1.60)μm R_z로 한다. 이 경우에는 기준 길이로서 0.8mm를 사용한다.

[보기 2] 상한 및 하한의 기준 길이의 표준값이 다른 경우
상한이 12.5μm R_z, 하한이 1.60μm R_z일 때의 구간 표시는 (12.5~1.60)μm R_z)로 한다. 이 경우에는 기준 길이로서 2.5mm로 측정한다. R_z의 값이 12.5μm R_z 이하이며, 기준 길이 0.8mm로 측정한 R_z의 값이 1.60μm R_z 이상이라는 것을 의미한다.

[비고 1] 상한 및 하한에 대응하는 기준 길이를 동일하게 할 필요가 있는 경우, 또는 [표 7-5]의 표준값 이외의 기준 길이를 사용하는 경우에는 기준 길이를 병기한다. [보기 2]에서 상한 및 하한에 대응하는 기준 길이를 2.5mm로 할 때에는 (12.5~1.60)μm R_z, 12.5mm로 표시한다.

[비고 2] 여기에서 말하는 상한 및 하한의 R_z란 지정된 표면으로부터 임의로 뽑아낸 몇 개의 R_z의 산술 평균값이며 개개의 R_z의 최대값이 아니다.

4 요철의 평균 간격(S_m)의 정의 및 표시

1) S_m의 정의

(1) S_m을 구하는 방법

S_m은 거칠기 곡선에서 그 평균 선의 방향에 기준 길이만큼 뽑아내어 이 부분에서 하나의 산 및 그것에 이웃한 하나의 골에 대응한 평균 선의 길이의 합(요철의 간격)을 구하여 이 다수의 요철 간격의 산술 평균값을 밀리미터(mm)로 나타낸 것이다 [그림 7-5].

$$S = \frac{1}{n}\sum_{i=1}^{n} S_{mi}$$

S_{mi} : 요철의 간격

n : 기준 길이 내에서의 요철 간격의 개수

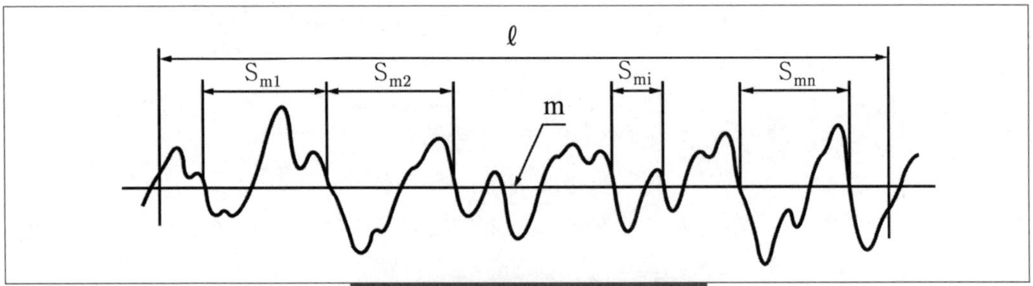

• 그림 7-5 • S_m를 구하는 방법

(2) 기준길이

S_m을 구하는 경우의 기준 길이는 일반적으로 다음 6종류에서 고른다.

0.08mm, 0.25mm, 0.8mm, 2.5mm, 8mm, 25mm

(3) 기준 길이의 표준값

S_m을 구하는 경우 S_m의 범위에 대응하는 기준 길이 및 평균 길이의 표준값은 일반적으로 [표 7-7]의 구분에 따른다.

표 7-7 S_m를 구할 때의 기준 길이 및 평가 길이의 표준값

S_m의 범위(μm)		컷오프값 ℓ(mm)	평가 길이 ℓ_n(mm)
초 과	이 하		
0.013	0.04	0.08	0.4
0.04	0.13	0.25	1.25
0.13	0.4	0.8	4
0.4	1.3	2.5	12.5
1.3	4.0	8	40

※ S_m는 먼저 기준 길이를 지정한 후에 구한다. 표면 거칠기의 표시나 지시를 하는 경우에 그 때마다 이것을 지정하는 것이 불편하므로 일반적으로 [표 7-7]에 나타내는 기준 길이 및 평가 길이의 표준값을 사용한다.

2) S_m의 표시

(1) S_m의 호칭방법

S_m의 호칭방법은 다음에 따른다.

요철의 평균 간격 ______μm, 기준 길이 ____mm 평가 길이 ____mm
또는

_______$\mu m S_m$, ℓ ___________mm, ℓ_n ___________mm

※ 1. [표 7-7]에 나타내는 기준 길이의 표준값을 사용하여 구한 S_m의 값이 [표 7-7]에 나타내는 범위에 있는 경우에는 기준 길이의 표시를 생략할 수 있다.

2. 평가 길이가 기준 길이의 5배. 즉, [표 7-7]에 나타내는 평가 길이의 표준값을 사용한 경우에는 평가 길이의 표시를 생략할 수 있다.

(2) S_m의 표준 수열

S_m에 따라 표면 거칠기를 표시하는 경우에는 일반적으로 [표 7-8]의 표준 수열을 사용한다.

표 7-8 S_m의 표준 수열 [단위 : μm]

	0.0125	0.0125	0.125	1.25	12.5
	0.0160	0.0160	0.160	1.60	
	0.020	0.020	0.20	2.0	
0.002	0.025	0.025	0.25	2.5	
0.003	0.032	0.032	0.32	3.2	
0.004	0.040	0.040	0.40	4.0	
0.005	0.050	0.050	0.50	5.0	
0.006	0.063	0.063	0.63	6.3	
0.008	0.080	0.080	0.80	8.0	
0.010	0.100	0.100	1.00	10.0	

비고 : 굵은 글씨로 나타낸 공비 2의 수열을 사용하는 것이 바람직하다.

(3) S_m의 구간 표시

S_m을 어느 구간에서 나타내어야 할 때에는 그 구간의 상한(표시값이 큰 쪽) 및 하한(표시값이 작은 쪽)에 상당하는 수치를 [표 7-8]에서 골라서 병기한다.

[보기 1] 상한 및 하한의 기준 길이의 표준값이 같은 경우
상한이 0.100mmS_m, 하한이 0.050mmS_m일 때 구간표시는 (0.100~0.050)mmS_m으로 한다. 이 경우에는 기준 길이로서 0.25mm를 사용한다.

[보기 2] 상한 및 하한의 기준 길이의 표준값이 다른 경우
상한이 0.80mmS_m, 하한이 0.20mmS_m일 때의 구간표시는 (0.80~0.20)mmS_m으로 한다. 이 경우에는 기준 길이로서 2.5mm로 측정한다. S_m의 값이 0.80mmS_m 이하이며, 기준 길이 0.8mm로 측정한 S_m의 값이 0.20mmS_m 이상이라는 것을 의미한다.

[비고 1] 상한 및 하한에 대응하는 기준 길이를 동일하게 할 필요가 있는 경우, 또는 [표 7-7]의 표준값 이외의 기준 길이를 사용하는 경우에는 기준 길이를 병기한다. [보기 2]에서 상한 및 하한에 대응하는 기준 길이를 2.5mm로 할 때에는 (0.80~0.20)mmS_m, 12.5mm로 표시한다.

[비고 2] 여기에서 말하는 상한 및 하한의 S_m이란 지정된 표면으로부터 임의로 뽑아낸 몇 개의 S_m의 산술 평균값이며 개개의 S_m의 최대값이 아니다.

5 국부 산봉우리의 평균 간격(S)의 정의 및 표시

1) S의 정의

(1) S를 구하는 방법

S는 거칠기 곡선에서 그 평균 선의 방향에 기준 길이만큼 뽑아내어 이 표본 부분에서 이웃한 국부 산봉우리 사이에 대응하는 평균 선의 길이(국부 산봉우리의 간격)를 구하여, 이 다수의 국부 산봉우리의 간격의 산술 평균값을 밀리미터(mm)로 나타낸 것을 말한다 [그림 7-6].

$$S = \frac{1}{n}\sum_{i=1}^{n} S_i$$

S_i : 국부 산봉우리의 간격

n : 기준 길이 내에서의 국부 산봉우리 간격의 개수

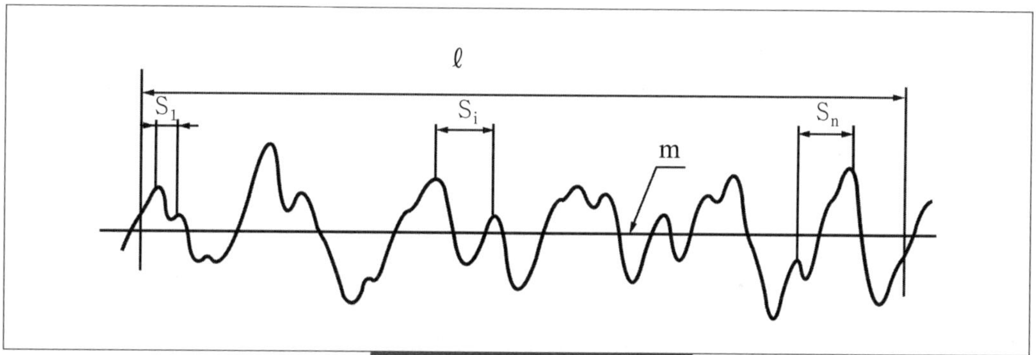

• 그림 7-6 • S를 구하는 방법

(2) 기준 길이

S를 구하는 경우의 기준 길이는 일반적으로 다음 6종류에서 고른다.

0.08mm, 0.25mm, 0.8mm, 2.5mm, 8mm, 25mm

(3) 기준 길이의 표준값

S를 구하는 경우 S의 범위에 대응하는 기준 길이 및 평균 길이의 표준값은 일반적으로 [표 7-9]의 구분에 따른다.

표 7-9 S를 구할 때의 기준 길이 및 평가 길이의 표준값

S 의 범위(μm)		기준 길이 ℓ(mm)	평가 길이 ℓ_n(mm)
초 과	이 하		
0.013	0.04	0.08	0.4
0.04	0.13	0.25	1.25
0.13	0.4	0.8	4
0.4	1.3	2.5	12.5
1.3	4.0	8	40

※ S는 먼저 기준 길이를 지정한 후에 구한다. 표면 거칠기의 표시나 지시를 하는 경우에 그 때마다 이것을 지정하는 것이 불편하므로 일반적으로 [표 7-9]에 나타내는 기준 길이 및 평가 길이의 표준값을 사용한다.

2) S의 표시

(1) S의 호칭방법

S의 호칭방법은 다음에 따른다.

국부 산봉우리의 평균 간격 _____μm, 기준 길이 ____mm 평가 길이 ____mm
또는

_______mmS, ℓ ___________mm, ℓ_n ___________mm

※ 1. [표 7-9]에 나타내는 기준 길이의 표준값을 사용하여 구한 S의 값이 [표 7-9]에 나타내는 범위에 있는 경우에는 기준 길이의 표시를 생략할 수 있다.

2. 평가 길이가 기준 길이의 5배. 즉, [표 7-9]에 나타내는 평가 길이의 표준값을 사용한 경우에는 평가 길이의 표시를 생략할 수 있다.

(2) S의 표준 수열

S에 따라 표면 거칠기를 표시하는 경우에는 일반적으로 [표 7-10]의 표준 수열을 사용한다.

표 7-10 S의 표준 수열 [단위 : μm]

	0.0125	0.125	1.25	12.5
	0.0160	0.160	1.60	
	0.020	0.20	2.0	
0.002	0.025	0.25	2.5	
0.003	0.032	0.32	3.2	
0.004	0.040	0.40	4.0	
0.005	0.050	0.50	5.0	
0.006	0.063	0.63	6.3	
0.008	0.080	0.80	8.0	
0.010	0.100	1.00	1 0.0	

비고 : 굵은 글씨로 나타낸 공비 2의 수열을 사용하는 것이 바람직하다.

(3) S의 구간 표시

S을 어느 구간에서 나타내어야 할 때에는 그 구간의 상한(표시값이 큰 쪽) 및 하한(표시값이 작은 쪽)에 상당하는 수치를 [표 7-10]에서 골라서 병기한다.

[보기 1] 상한 및 하한의 기준 길이의 표준값이 같은 경우
상한이 0.100mmS, 하한이 0.050mmS일 때 구간 표시는 (0.100~0.050) mmS로 한다. 이 경우에는 기준 길이로서 0.25mm를 사용한다.

[보기 2] 상한 및 하한의 기준 길이의 표준값이 다른 경우
상한이 0.80mmS, 하한이 0.20mmS일 때의 구간 표시는 (0.80~0.20)mmS로 한다. 이 경우에는 기준 길이로서 2.5mm로 측정한다. S의 값이 0.80mmS 이하이며, 기준 길이 0.8mm로 측정한 S의 값이 0.20mmS 이상이라는 것을 의미한다.

[비고 1] 상한 및 하한에 대응하는 기준 길이를 동일하게 할 필요가 있는 경우, 또는 표 7-9의 표준값 이외의 기준 길이를 사용하는 경우에는 기준 길이를 병기한다. [보기 2]에서 상한 및 하한에 대응하는 기준 길이를 2.5mm로 할 때에는 (0.80~0.20)mmS, 12.5mm로 표시한다.

[비고 2] 여기에서 말하는 상한 및 하한의 S란 지정된 표면으로부터 임의로 뽑아낸 몇 개의 S의 산술 평균값이며 개개의 S의 최대값이 아니다.

6 부하 길이율(t_p)의 정의 및 표시

1) t_p의 정의

(1) t_p를 구하는 방법

t_p는 거칠기 곡선에서 그 평균 선의 방향에 기준 길이만큼 뽑아내어 이 표본 부분의 거칠기 곡선을 산봉우리 선에 평행한 절단 레벨로 절단하였을 때에 얻어지는 절단 길이의 합(부하 길이 η_p)의 기준 길이에 대한 비율를 백분율로 나타낸 것을 말한다[그림 7-7].

$$t_p = \frac{\eta_p}{\ell} \times 100$$

η_p : $b_1 + b_2 + \cdots\cdots + bn$

ℓ : 기준 길이

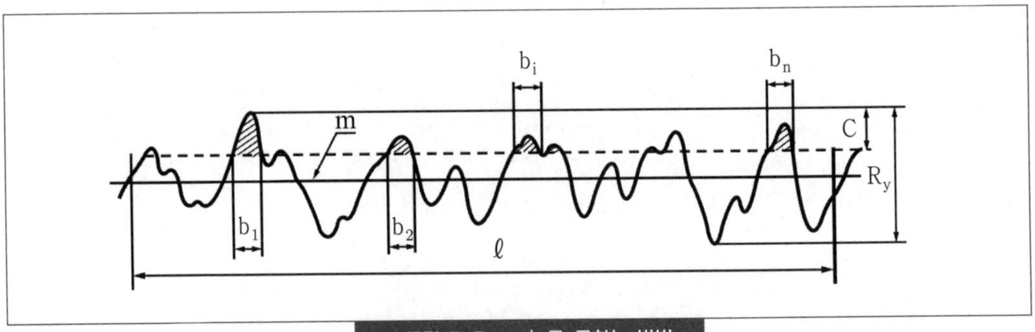

• 그림 7-7 • t_p를 구하는 방법

(2) 기준 길이

t_p을 구하는 경우의 기준 길이는 일반적으로 다음 6종류에서 고른다.

0.08mm, 0.25mm, 0.8mm, 2.5mm, 8mm, 25mm

(3) 절단 레벨

t_p를 구하는 경우의 절단 레벨은 다음 두가지 방법 중 한가지에 따른다.

① 마이크로미터(μm) 단위의 수의 수치로 나타낸다.
② R_y에 대한 비를 백분율(%)로 나타낸다. 이 경우에 적용하는 표준 수열을 다음에 나타낸다.

5, 10, 15, 20, 25, 30, 40, 50, 60, 70, 75, 80, 90

※ ②에 따라 백분율(%)로 c를 나타내는 경우에는, 먼저 기준 길이에서의 거칠기 곡선에서 R_y를 구하여야 한다.

2) t_p의 표시

(1) t_p의 호칭방법

t_p의 호칭방법은 다음에 따른다.

부하 길이율 ____%, 절단 레벨 ____μm, 기준 길이 ___mm 평가 길이 ___mm
또는
부하 길이율 ____%, 절단 레벨 ____%, 기준 길이 ___mm 평가 길이 ___mm
또는
_______%t_p, c ________%, ℓ ______________mm, ℓ_n _________mm

※ 기준 길이 및 평가 길이의 표시의 생략 방법은 R_y의 경우에 준한다 [2)의 (1)의 비고 1 및 비고 2 참조].

(2) t_p의 표준 수열

t_p에 따라 표면 거칠기를 나타내는 경우에는 일반적으로 [표 7-11]의 표준 수열을 사용한다.

표 7-11 t_p의 표준 수열

t_p(%)	10	15	20	25	30	40	50	60	70	80	90

(3) t_p의 구간 표시

t_p를 어느 구간에서 나타내어야 할 때에는 그 구간의 상한(표시값이 큰 쪽) 및 하한(표시값이 작은 쪽)에 상당하는 수치를 [표 7-11]에서 골라서 병기한다. 상한 및 하한의 표준값으로서 R_y를 구할 때의 [표 7-3]에 규정한 값을 이용한다.

[보기 1] 기준 길이가 표준값과 같은 경우
(6.3~1.60)$\mu m\ R_y$인 경우에는 기준 길이로서 0.8mm를 사용한다. t_p의 상한이 60%, 하한이 40%일 때의 구간 표시는 (60~40)%t_p, c40%로 한다.

[보기 2] 기준 길이가 표준값과 다른 경우
t_p의 상한과 하한을 병기함과 동시에, 다음과 같이 기준 길이를 부기한다.
(60~40)% t_p, c40%, 12.5mm

[비고] 여기에서 말하는 상한 및 하한의 t_p란 지정된 표면으로부터 임의로 뽑아낸 몇 곳의 t_p의 산술 평균값이며 개개의 t_p의 최대값은 아니다.

03 철강제품의 표면가공

철강제품의 절삭 및 비절삭 표면가공에 대하여 KS B 0500에서 규정하고 있다.

1 가공의 종류

가공의 종류는 다음과 같다.

① 절삭가공
② 연삭가공
③ 비절삭 가공
④ 특수가공

2 등급

표면가공의 등급은 KS B 0161에 따라 다음과 같이 7등급으로 구분한다.

표 7-12 표면가공의 등급

등급	기 호	뜻
0	∼	제거 가공을 하지 않는다.
1	1.6a, G, 25	λ_c 2.5mm에서 최대 1.6μ인 R_a가 연삭가공을 한 면
2	G	KS B 0161의 범위에 들어가는 연삭가공을 한 면
3	0.8a	λ_c 0.8mm에서 최대 0.8μ인 R_a가 제거 가공을 하는 면
4	▽▽▽	KS B 0161의 범위에 들어가는 제거가공을 한 면(약 1.6a)
5	50Z	L 8mm에서 최대 50μ인 R_z의 제거 가공을 하는 면
6	100S	L 8mm에서 최대 100μ인 R_{max}가 고운 주조 등의 면

04 표면의 결 도시방법

공업 분야에서 사용하는 도면에 기호를 써서 표면의 결에 관한 요구사항을 지시하는 방법에 대하여 KS B 0617에서 규정하고 있다. 다만, 기어의 기어면, 나사의 플랭크 등 특수한 도시방법을 실시하는 부분의 표면의 결에 관한 지시방법은 각각의 특정의 제도 표준에 따른다.

1 정의 및 기호

1) 표면의 결

주로 기계부품, 주조 부재 등의 표면에서의 표면 거칠기, 제거 가공의 필요 여부, 줄무늬 방향, 표면 파상도 등

2) 제거 가공

기계가공 또는 이것에 준하는 방법에 따라 부품, 부재 등의 표층부를 제거하는 것

3) 줄무늬 방향

제거가공에 의해 생기는 줄무늬의 방향

2 지시 사항

표면의 결에 관한 지시는 그 대상물의 표면, 제거가공의 필요 여부 및 표면 거칠기에 대하여 실시한다. 또한, 기능상 특히 필요가 있는 경우는 그 대상면의 가공방법, 줄무늬 방향, 표면 파상도도 지시한다.

3 대상면을 지시하는 기호

표면의 결을 도시할 때에 대상면을 지시하는 기호는 60°로 열린 길이가 다른 꺾인선으로 한다(이하 면의 지시기호라 한다). 면의 지시 기호는 지시하는 대상면을 나타내는 선에 실체를 향하여 접해서 그린다[그림 7-8].

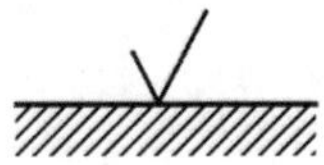

• 그림 7-8 • 면의 지시기호

4 제거가공의 지시방법

1) 제거가공을 요하는 것의 지시

제거 공을 요하는 것을 지시하려면, 면의 지시 기호의 짧은 쪽 다리 끝에 가로선을 부가한다[그림 7-9].

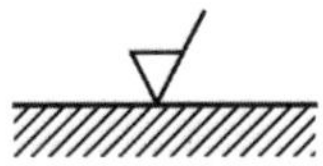

• 그림 7-9 • 제거가공을 요하는 면의 지시기호

2) 제거가공을 허락하지 않는 것의 지시

제거가공을 허용하지 않는 것을 지시하려면, 면의 지시기호에 내접하는 원을 부가한다[그림 7-10].

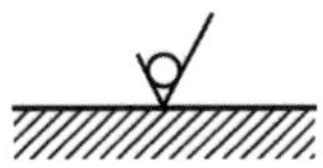

• 그림 7-10 • 제거가공을 허락하지 않는 면의 지시기호

3) 제거가공의 필요 여부를 묻지 않는 것의 지시

제거 가공의 필요 여부를 묻지 않는 경우에는 면의 지시 기호에 표면 거칠기의 지시값 등을 붙여서 사용한다 [그림 7-11(a)].

4) 가공방법 등을 기입하기 위한 가로선

특별히 가공방법 등을 지시할 필요가 있을 때에는 면의 지시기호의 긴 쪽의 다리에 가로선을 부가한다 [그림 7-11(b)].

• 그림 7-11 • 가로선을 부가한 면의 지시기호

5 표면 거칠기의 지시 방법

표면 거칠기의 지시방법은 지시하는 표면 거칠기의 파라미터에 따라 1) ~ 5) 중 어느 하나에 따라 실시한다. R_a, R_y 및 R_z은 μm이고, S_m 및 S는 mm이며, t_p는 %로 나타내지만, 표면 거칠기의 지시값에는 단위 기호의 기입을 생략한다. 컷오프값, 기준길이 등의 단위는 mm이다.

1) R_a를 지시하는 경우

(1) 표면 거칠기의 지시값

표면 거칠기는 일반적으로 KS B 0161의 표(참고 표1 참조)에 규정하는 R_a의 표준 수열 중에서 골라서 지시한다.

(2) 표면 거칠기의 지시값의 기입 위치

표면 거칠기의 기입위치는 다음 중의 어느 하나에 따른다.

① 상한만을 지시하는 경우에는 면의 지시 기호의 위쪽(동그라미 8. 1)의 ②에 따를 때에는 아래쪽)에 그 값을 기입한다[그림 7-12].

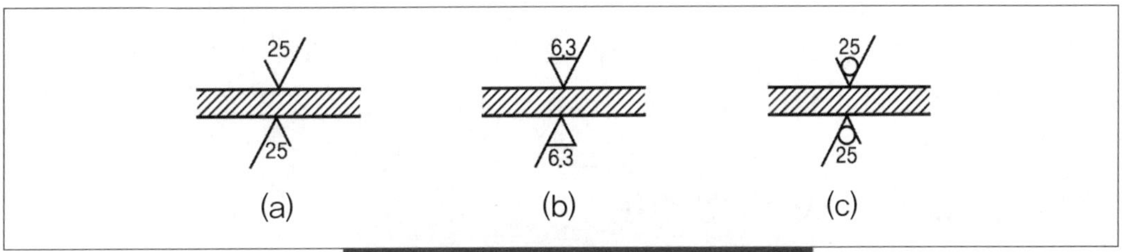

• 그림 7-12 • R_a의 상한을 지시한 기호

② 상한 및 하한을 지시하는 경우에는, 면의 지시 기호의 위쪽(동그라미 8. 1)의 ②에 따를 때에는 아래쪽)에 상한을 위에 하한을 아래에 나열하여 기입한다[그림 7-13].

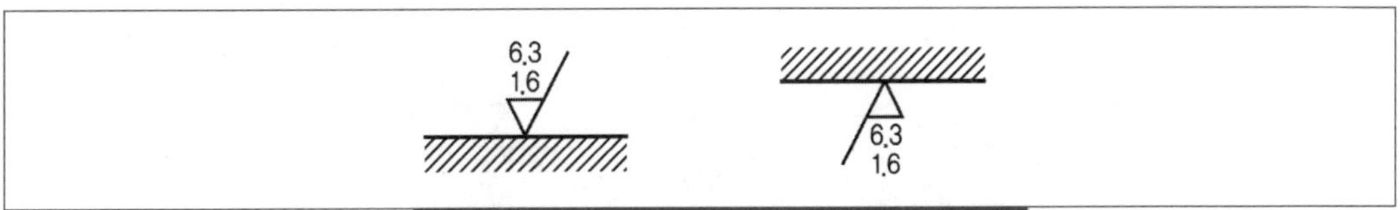

• 그림 7-13 • R_a의 상한·하한을 지시한 기호

(3) 컷 오프값 및 평가 길이의 지시

컷 오프값의 표준값이 아닌 컷 오프값 및 컷 오프값의 5배가 아닌 평가 길이를 지시할 필요가 있는 경우에는, 면의 지시 기호가 긴 쪽의 다리에 붙이는 가로선 아래에 표면 거칠기의 지시값에 대한 대응시키고, 컷 오프값, 평가 길이의 순으로 기입한다[그림 7-14].

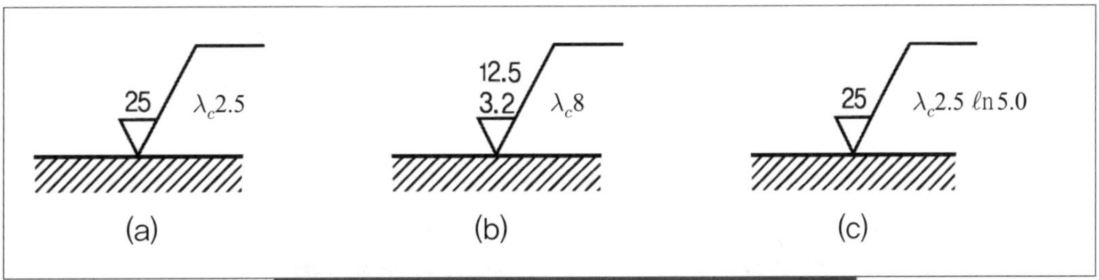

• 그림 7-14 • 컷 오프값 및 평가 길이를 지시한 보기

2) R_y, R_z, S_m 또는 S을 지시하는 경우

(1) 표면 거칠기의 지시값

필요해서 R_y, R_z, S_m 또는 S을 지시하는 경우에는 표면 거칠기의 지시값은 KS B 0161에 규정하는 각 파라미터의 표준 수열 중에서 골라서 지시하는 것이 좋다.

(2) 표면 거칠기의 지시값 기입 위치

표면 거칠기의 지시값은 면의 지시 기호의 긴 쪽의 다리에 가로선을 붙이고, 그 아래쪽에 상한만을 지시하는 경우에는 그 값을, 상한 및 하한을 지시하는 경우에는 "상한~하한"과 같이 파라미터의 기호에 이어서 기입한다 [그림 7-15].

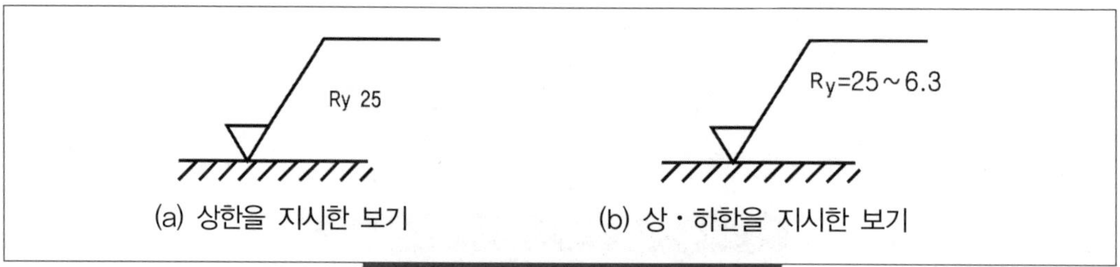

• 그림 7-15 • R_y를 지시한 보기

(3) 기준 길이 및 평가 길이의 지시

기준 길이 및 평가 길이를 지시할 필요가 있는 경우에는 표면 거칠기의 지시값의 아래쪽에 기입한다 [그림 7-16].

※ KS B 0161에 규정하는 기준 길이 및 평가 길이의 표준 값을 사용하는 경우에는 일반적으로는 기준 길이 및 평가 길이의 지시를 생략한다 [그림 7-21].

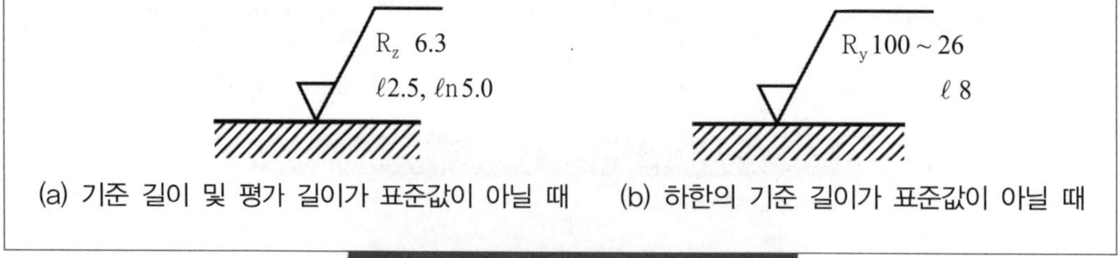

• 그림 7-16 • 기준 길이를 지시한 보기

3) t_p를 지시하는 경우

(1) 표면 거칠기의 지시값

필요하여 t_p를 지시하는 경우에는 표면 거칠기의 지시값은 KS B 0161에 규정하는 t_p의 표준 수열 중에서 골라서 지시하는 것이 좋다.

(2) 표면 거칠기의 지시값 기입 위치

표면 거칠기의 지시값은 면의 지시 기호가 긴 쪽의 다리에 가로선을 붙이고, 그 아래쪽에 하한만을 지시하는 경우에는 그 값을 상한 및 하한을 지시하는 경우에는 "상한 ~ 하한"과 같이 파라미터의 기호에 이어서 기입한다 [그림 7-17].

(3) 기준 길이 및 평가 길이의 지시

기준 길이 및 평가 길이를 지시할 필요가 있는 경우에는 표면 거칠기의 지시값의 아래쪽에 기입한다.

※ KS B 0161에 규정하는 기준 길이 및 평가 길이의 표준값을 사용하는 경우에는 일반적으로는 기준 길이 및 평가 길이의 지시를 생략한다.

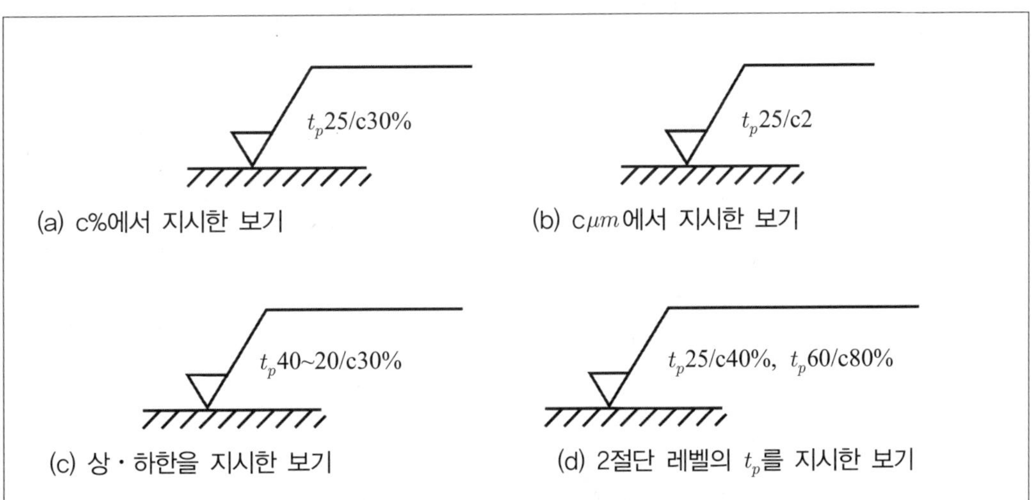

(a) c%에서 지시한 보기
(b) cμm에서 지시한 보기
(c) 상 · 하한을 지시한 보기
(d) 2절단 레벨의 t_p를 지시한 보기

• 그림 7-17 • t_p를 지시한 보기

(4) 절단 레벨의 지시

절단 레벨은 다음 중 어느 한 쪽의 값을 KS B 0161에 규정하는 값 중에서 골라서 표면 거칠기의 지시값 뒤에 짧은 사선을 끼워서 기호 c에 이어서 기입한다.

① 산봉우리 선에서 거리의 R_y에 대한 비의 값(%), c의 값에는 "%"를 부기한다 [그림 7-17(a) 및 (c)].

② 산봉우리 선에서 거리(μm). 단위 기호는 생략한다 [그림 7-17(b)].

4) 2종류 이상의 파라미터를 지시하는 경우

2종류 이상의 표면 거칠기의 파라미터를 동일 대상면에 지시할 필요가 있는 경우에는 (1)~(4)에 규정하는 지시방법을 병용한다 [그림 7-18].

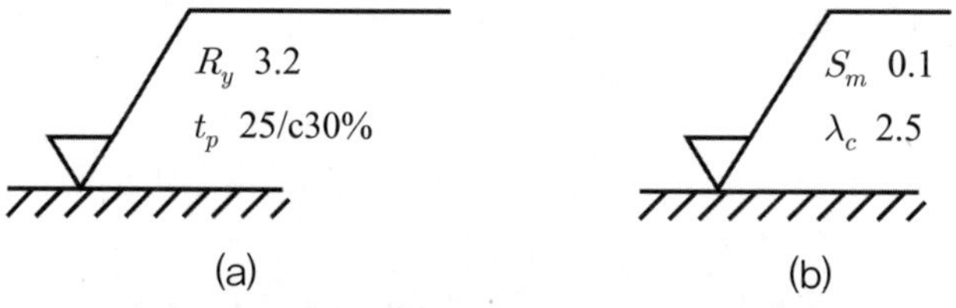

• 그림 7-18 • 2종류 이상의 파라미터를 지시한 보기

5) 특수한 지시를 하는 경우

R_y 등의 하한만, t_p의 상한만, 특수한 표면 거칠기의 파라미터 등, (1)~(4)에 따를 수 없는 지시를 할 필요가 있는 경우에는, 면의 지시 기호가 긴 쪽의 다리에 가로선을 붙이고, 그 아래쪽에 참조를 위한 기호를 기입하고 도면 중의 적절한 개소에 그 기호를 참조한 주기에 따라 지시한다 [그림 7-19].

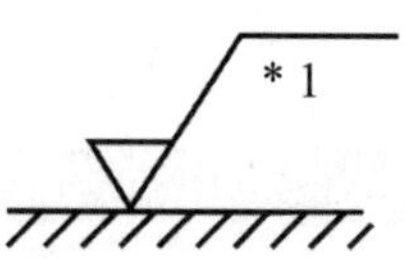

*1의 표면 거칠기는 R_a 0.8을 하한으로 한다.

• 그림 7-19 • 특수한 지시의 보기

6 특수한 요구사항의 지시방법

1) 가공방법

그 표면의 결을 얻기 위하여 특정한 가공방법(표면처리를 포함한다)을 지시할 필요가 있을 경우에는 면의 지시 기호의 긴 쪽의 다리에 가로선을 붙이고, 그 위쪽에 문자 또는 KS B 0107[가공방법 기호. 표 7-13]에 따라 기호로 기입한다[그림 7-20].

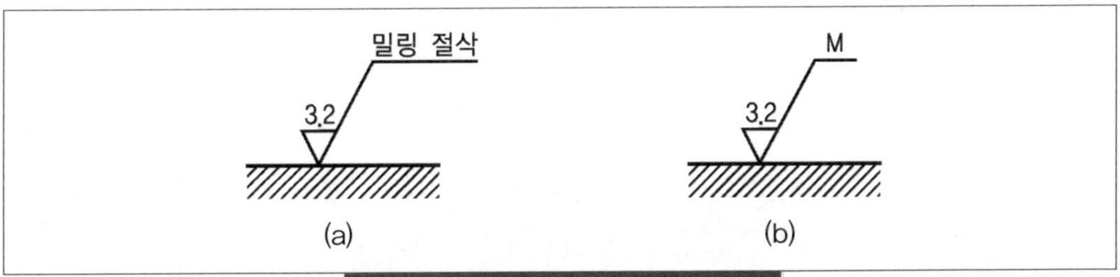

• 그림 7-20 • 가공방법을 지시한 보기

표 7-13 가공방법의 약호

가공방법	약 호		가공방법	약 호	
	I	II		I	II
선 삭	L	선삭	호우닝가공	GH	호우닝
드릴 가공	D	드릴링	브러싱	FB	브러싱
보링	B	보링	래핑	FL	래프
밀링가공	M	밀링	줄 다듬질	FF	줄
평삭가공	P	평삭	스크레이핑	FS	스트레이퍼
형삭가공	SH	형삭	페이퍼 다듬질	FCA	페이퍼
연삭가공	G	연삭	주조	C	주조

보기를 들면 표면처리 앞과 뒤의 양쪽의 표면 거칠기를 지시하는 등, 전 가공의 표면 거칠기도 지시할 필요가 있을 때에는 [그림 7-21]에 따르거나 또는 적절한 주기에 따른다.

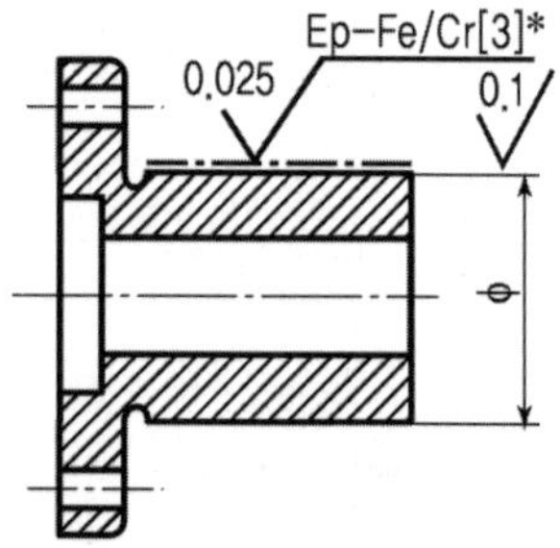

주) *이 기호는 KS D 0022의 표시에 따른다.

• 그림 7-21 • 표면처리의 앞 및 뒤의 표면 거칠기를 지시한 보기

2) 줄무늬 방향

줄무늬 방향을 지시할 필요가 있을 때에는 [표 7-14]에 규정하는 기호를 지시 기호의 오른쪽에 부기하여 지시한다[그림 7-22]. 다만, [표 7-14]에 규정되어 있지 않은 줄무늬 방향을 지시하고 싶을 때에는 적당한 주기에 따른다.

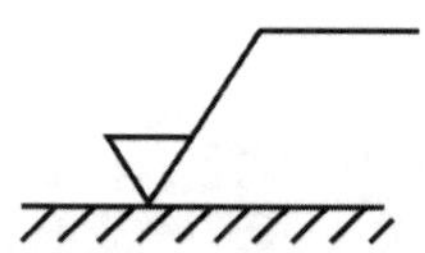

• 그림 7-22 • 줄무늬 방향을 지시한 보기

표 7-14 줄무늬 방향의 기호

기호	뜻	설명도
=	가공에 의한 컷의 줄무늬 방향이 기호를 기입한 그림의 투상면에 평행 (보기 : 세이핑 면)	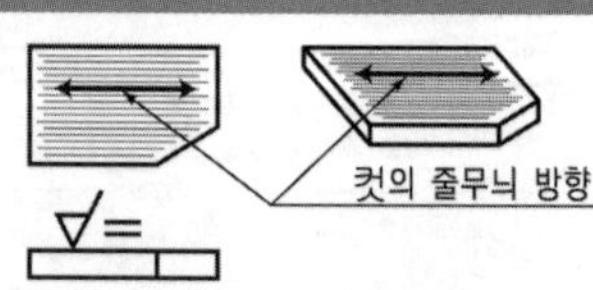
⊥	가공에 의한 컷의 줄무늬 방향이 기호를 기입한 그림의 투상면에 직각 (보기 : 세이핑면(수평으로 본 상태)선삭, 원통 연삭면)	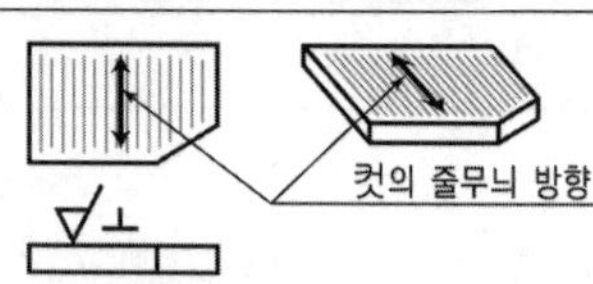
X	가공에 의한 컷의 줄무늬 방향이 기호를 기입한 그림의 투상면에 경사지고 두 방향으로 교차 (보기 : 호닝 다듬질면)	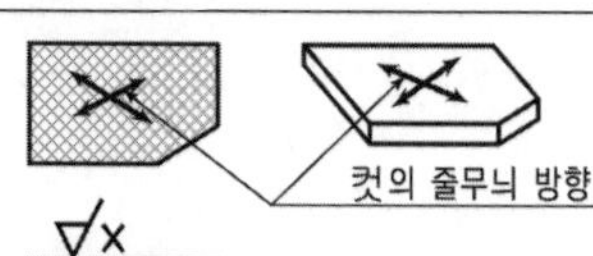

기호	뜻	설명도
M	가공에 의한 컷의 줄무늬 방향이 여러 방향으로 교차 또는 무방향 (보기 : 래핑 다듬질면, 수퍼 피니싱면, 가로 이송을 건 정면 밀링 또는 엔드밀 절삭면)	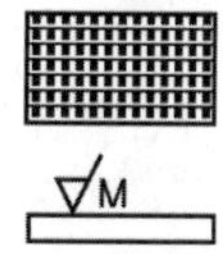
C	가공에 의한 컷의 줄무늬 방향이 기호를 기입한 면의 중심에 대하여 대략 동심원 모양 (보기 : 끝면 절삭면)	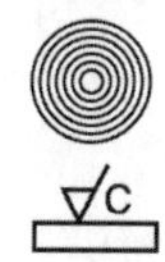
R	가공에 의한 컷의 줄무늬가 기호를 기입한 면의 중심에 대하여 거의 방사모양	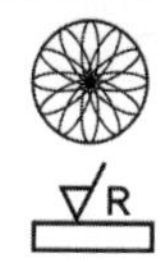

7 면의 지시 기호에 대한 각 지시사항의 위치

표면의 결에 관한 지시사항은 면의 지시 기호에 대하여 표면 거칠기의 컷오프값 또는 기준 길이, 가공 방법, 줄무늬 방향의 기호, 표면 파상도 등을 [그림 7-23]에 나타내는 위치에 배치하여 나타낸다. 그림에서 a 또는 f 이외는 필요에 따라 기입한다.

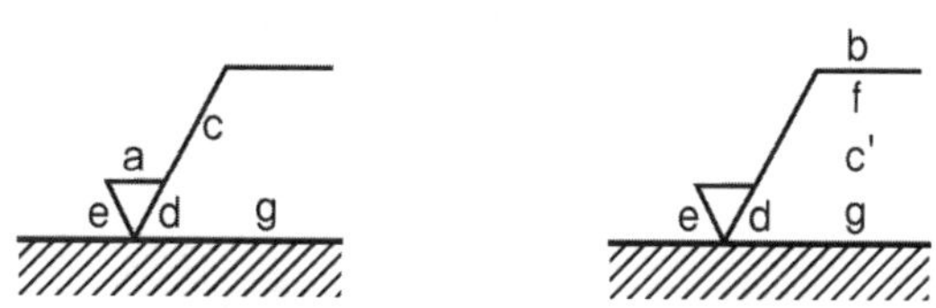

a : R_a의 값 　　b : 가공 방법

c : 컷오프값·평가길이 　　c′ : 기준 길이·평가 길이

d : 줄무늬 방향의 기호

f : R_a 이외의 파라미터(t_p일 때에는 파라미터/절단 레벨)

g : 표면 파상도(KS B 01610에 따른다)

• 그림 7-23 • 각 지시기호의 기입위치

8 도면 기입방법

1) 도면 기입방법의 기본

면의 결을 도면에 지시하는 경우에는 다음에 따른다.

① 기호는 그림의 아랫변 또는 오른쪽 변에서 읽을 수 있도록 기입한다[그림 7-24].
② R_a의 값만을 지시하는 경우에는 ①을 따르지 않아도 좋다[그림 7-25].
③ 면의 지시 기호는 대상면을 나타내는 선, 그 연장선 또는 그것으로부터의 치수 보조선에 접하여 실체의 바깥쪽에 기입한다[그림 7-24, 7-25].

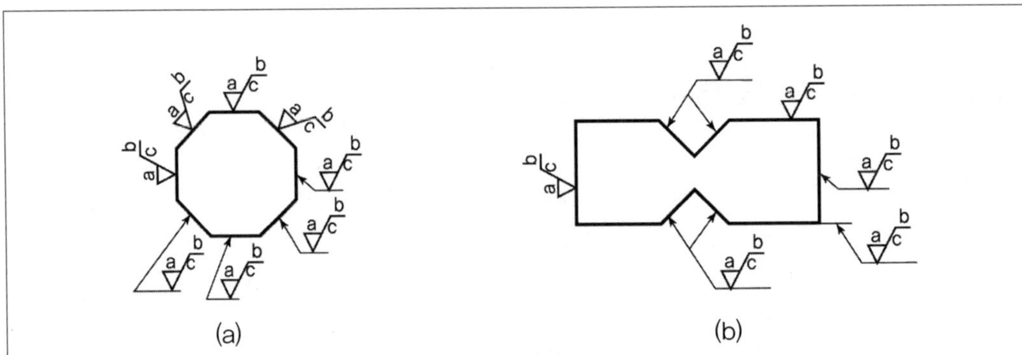

• 그림 7-24 • 기호의 방향

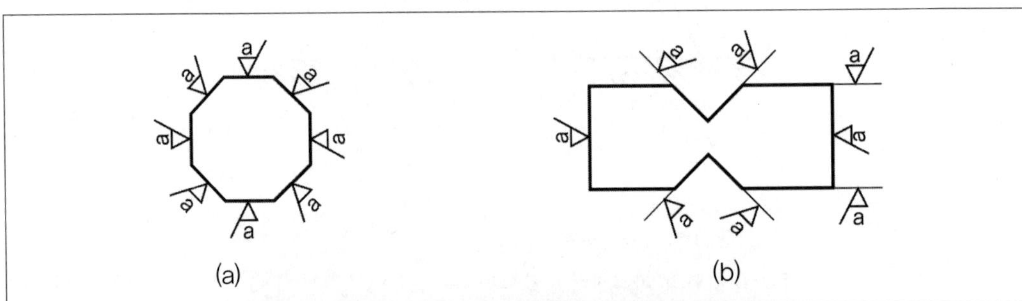

• 그림 7-25 • R_a만을 지시하는 경우의 기호의 방향

④ 그림의 관계에서 ③에 따를 수 없는 경우에는 대상면에서 인출한 인출선에 기입해도 좋다[그림 7-24].
⑤ 둥글기 또는 모떼기에 면의 지시 기호를 기입하는 경우에는, 둥글기의 반지름 또는 모떼기를 나타내는 치수선을 연장한 인출선에 기입한다 [그림 7-26].

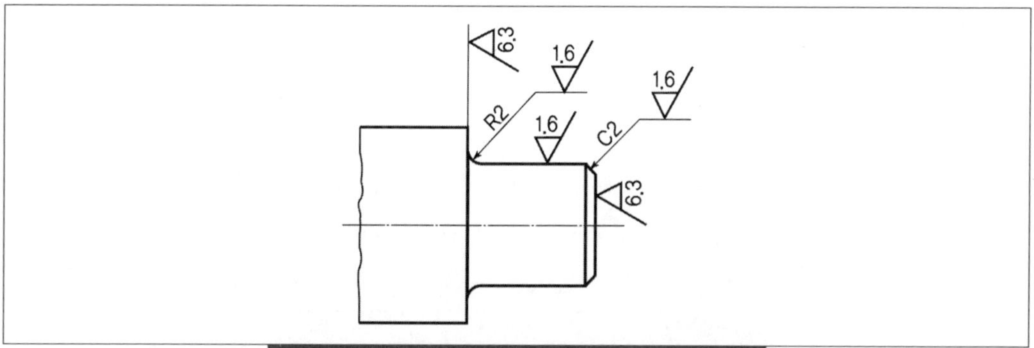

• 그림 7-26 • 둥글기·모떼기에 대한 지시의 보기

⑥ 둥근 구멍의 지름 치수 또는 인출선을 사용하여 나타내는 경우에는 이 지름 치수 다음에 기입한다 [그림 7-27].

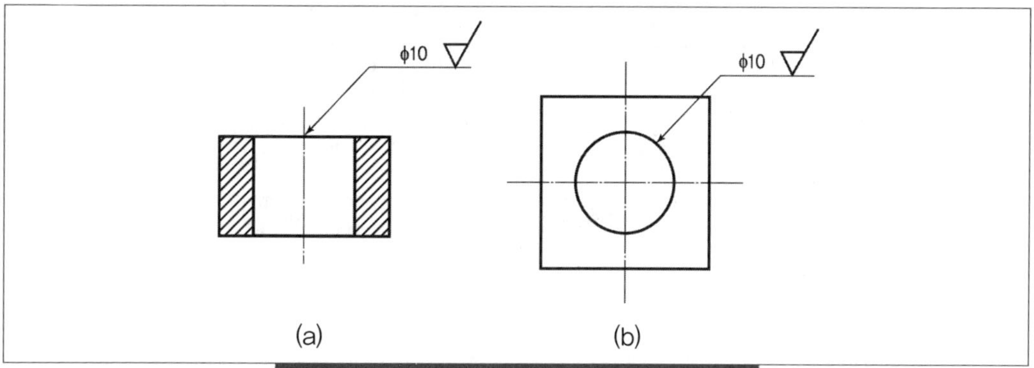

• 그림 7-27 • 지름 치수의 다음에 기입한 보기

⑦ 표면의 결의 기호는 되도록 대상면을 나타내는 치수를 지시한 투상도 위에 기입하고, 동일한 면에 대하여는 2개소 이상에는 기입하지 않는다 [그림 7-28].

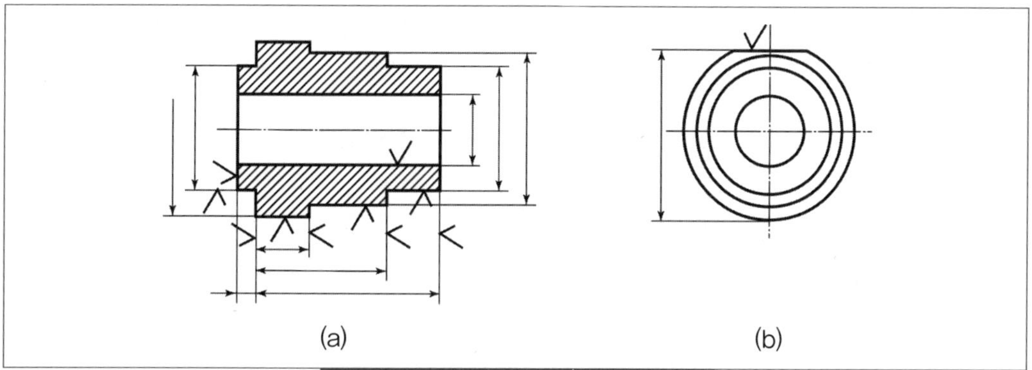

• 그림 7-28 • 면의 지시기호의 배치

2) 도면 기입의 간략한 방법

표면의 결을 기호를 사용하여 도면에 지시하는 경우의 간략한 방법은 다음에 따른다.

① 부품의 전면을 동일한 결로 지정하는 경우에는 결의 기호를 주투영도 곁에 [그림 7-29(a)], 부품번호 곁에 [그림 7-29(b)] 또는 표제란 곁에 기입한다.

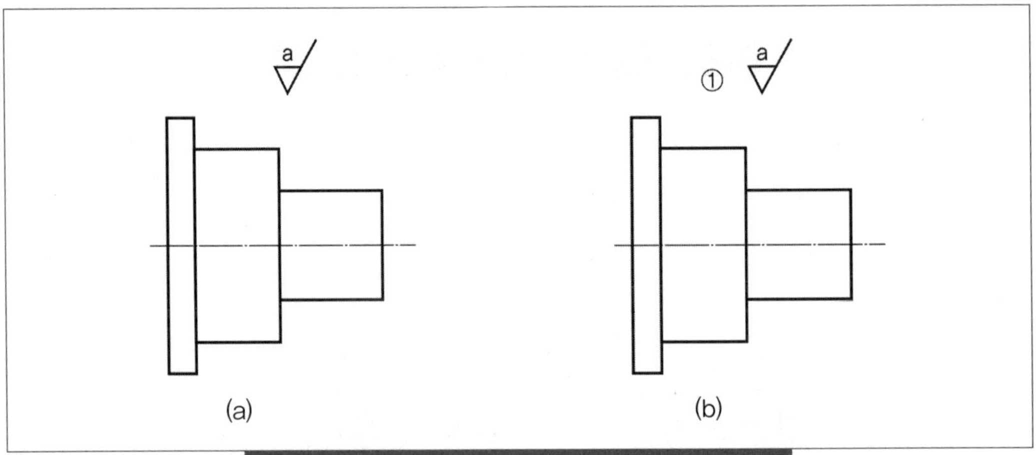

• 그림 7-29 • 전면 동일한 지시의 간략한 방법의 보기

② 하나의 부품에 대하여 대부분이 동일한 표면의 결로 일부분만이 다른 경우는 공통이 아닌 기호를 그림의 이것에 해당하는 면 위에 기입함과 동시에 ①의 공통되는 표면의 결의 기호 뒤에 괄호를 붙여서 면의 지시 기호만을 기입하거나 [그림 7-30(a)], 또는 공통이 아닌 기호를 차례로 기입한다 [그림 7-30(b)].

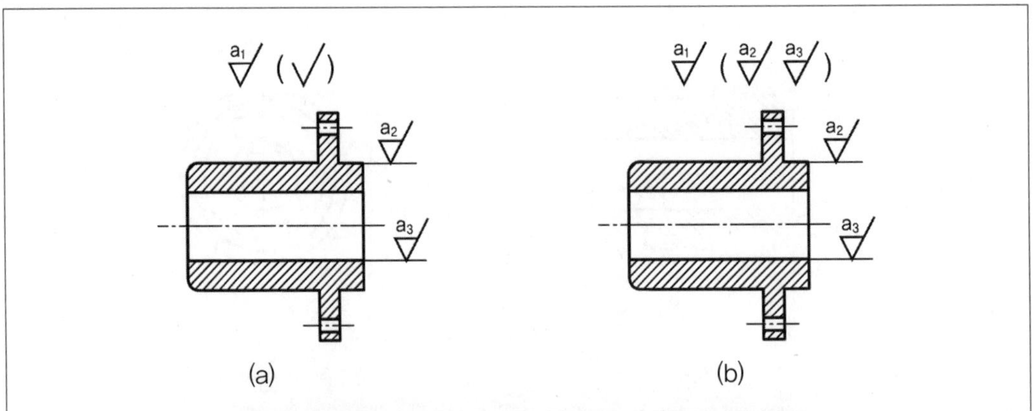

• 그림 7-30 • 대부분의 동일한 지시의 간략한 방법의 보기

③ 표면의 결의 기호를 많은 개소에 반복하여 기입하는 경우 또는 기입하는 공간이 한정되어 있는 경우에는 대상면에 면의 지시 기호와 알파벳의 소문자의 부호로 기입하고, 그 의미를 주투영도 곁, 부품번호의 곁 또는 표제란의 곁에 기입한다[그림 7-31].

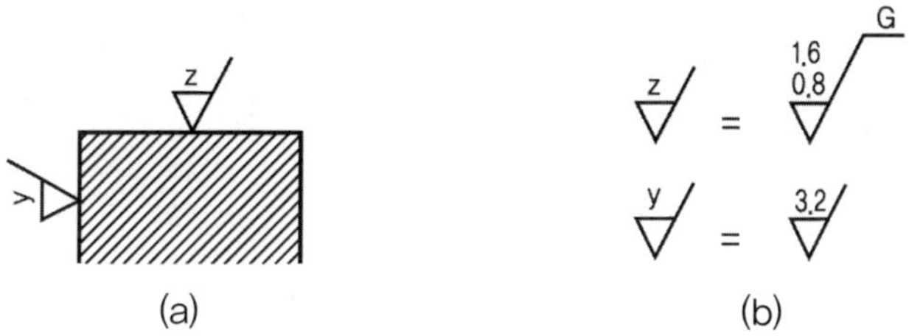

• 그림 7-31 • 반복 지시의 간략한 방법의 보기

④ 둥글기 또는 모떼기에 면의 지시 기호를 기입하는 경우, 이것들의 부분에 접속하는 두 개의 면 중 어느 한 쪽의 거친쪽의 면과 같을 때에는 이 기호는 생략하여도 좋다[그림 7-32].

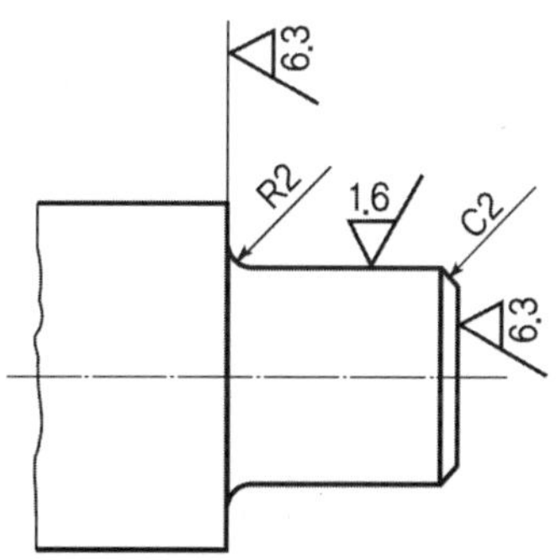

• 그림 7-32 • 둥글기·모떼기에 대한 지시 생략의 보기

CHAPTER 07

표면 거칠기 / 연습문제

표면 거칠기 [1]

전공		학 번		학 년		반		성 명	

표면 거칠기를 올바르게 기입한 것은?

01

(A)

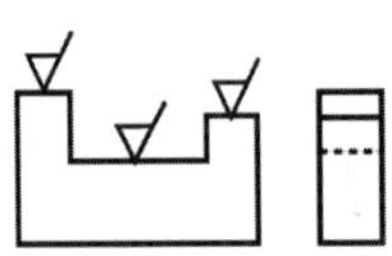

(B)

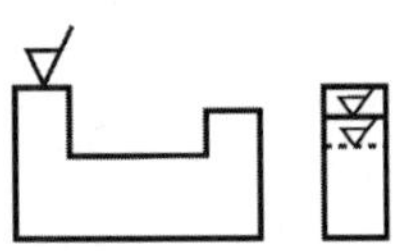

(C)

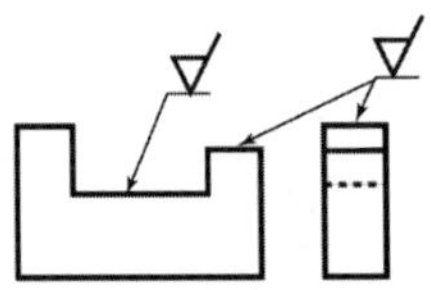

02

(A)

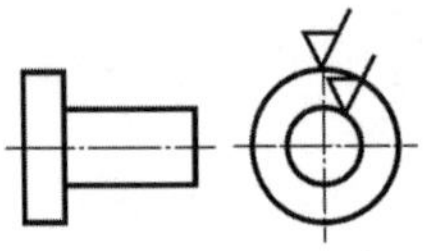

(B)

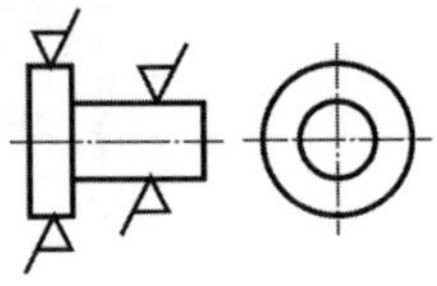

(C)

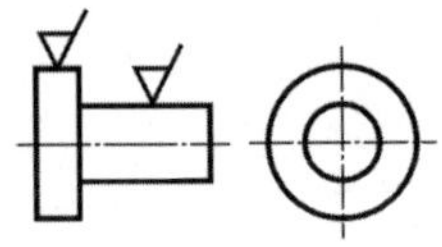

03

(A)

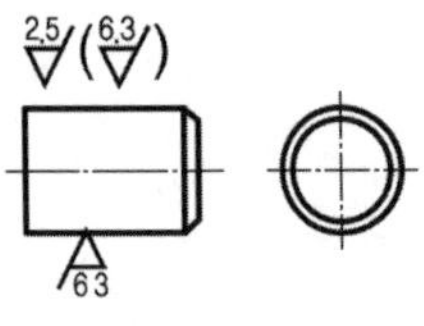

(B)

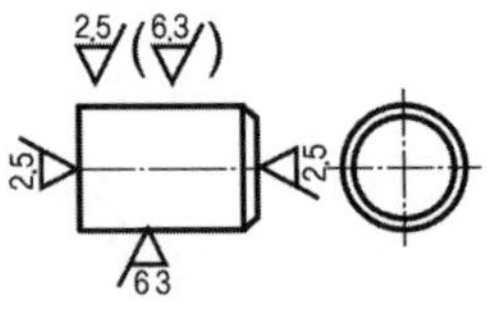

(C)

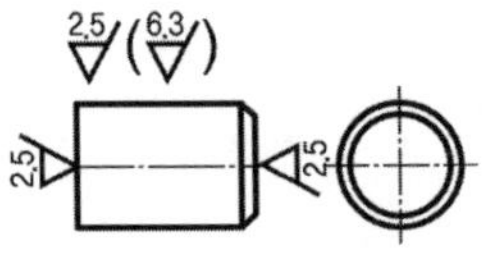

04 (A)

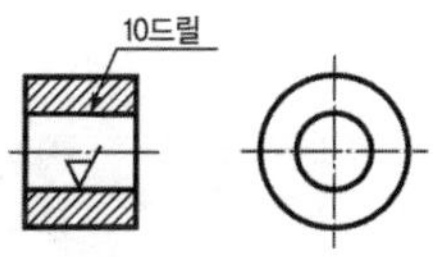

(B)

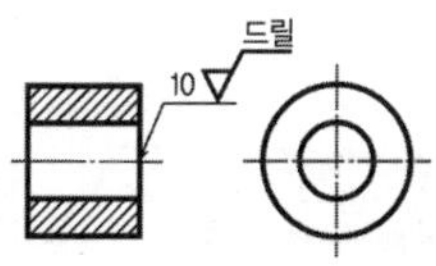

(C)

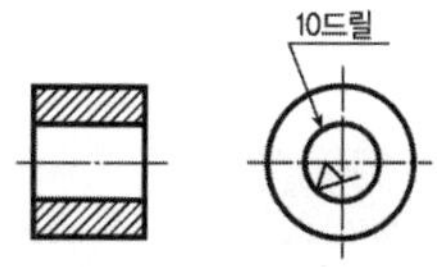

05 (A)

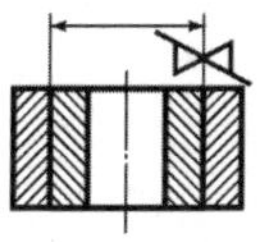

(B)

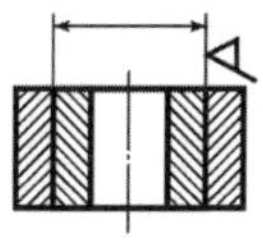

(C)

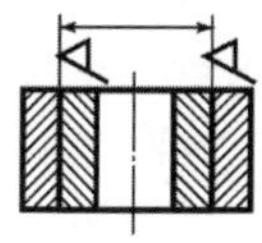

[1]		[2]		[3]		[4]		[5]	

표면 거칠기 [2]

전공		학 번		학 년		반		성 명	

입체도의 표면 거칠기를 투상도에 기입하시오.

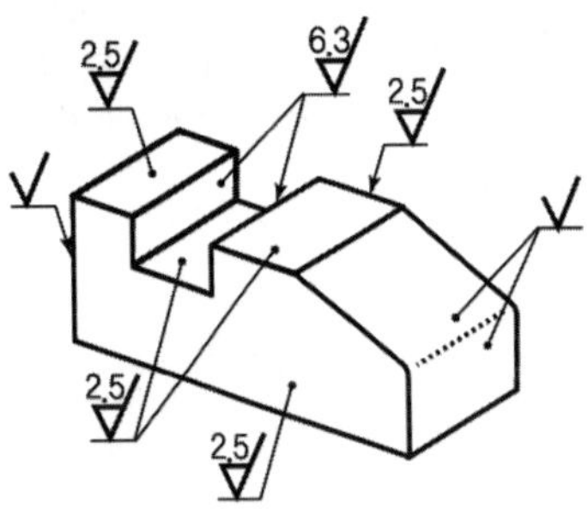

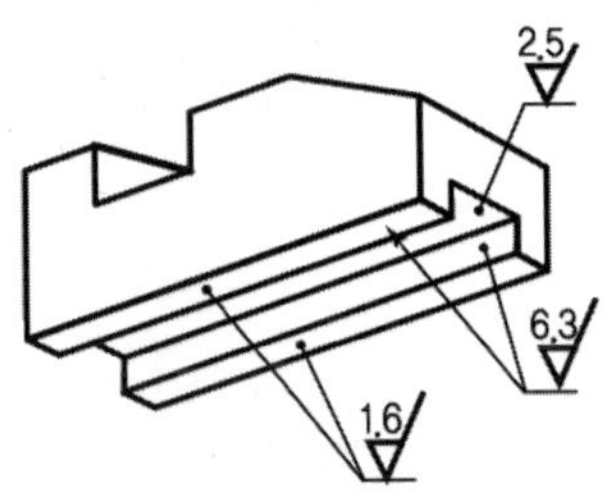

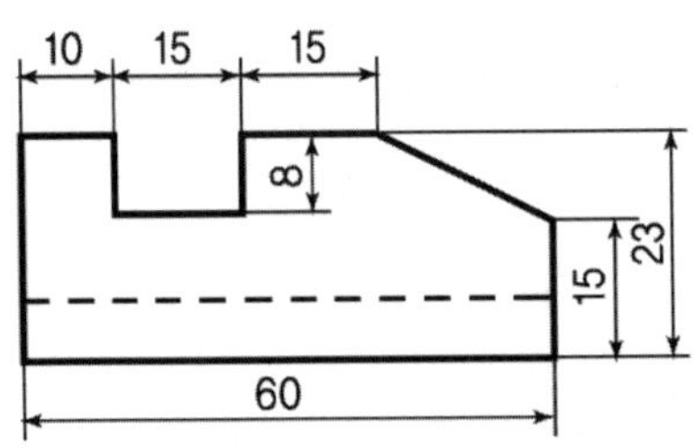

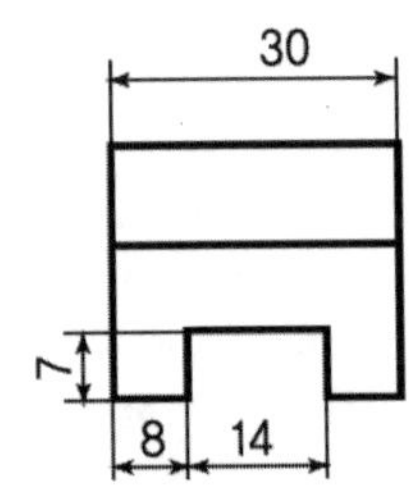

표면 거칠기 [3]

전공		학 번		학 년		반		성 명	

입체도를 참조하여 조립도에 표면 거칠기를 기입하시오.

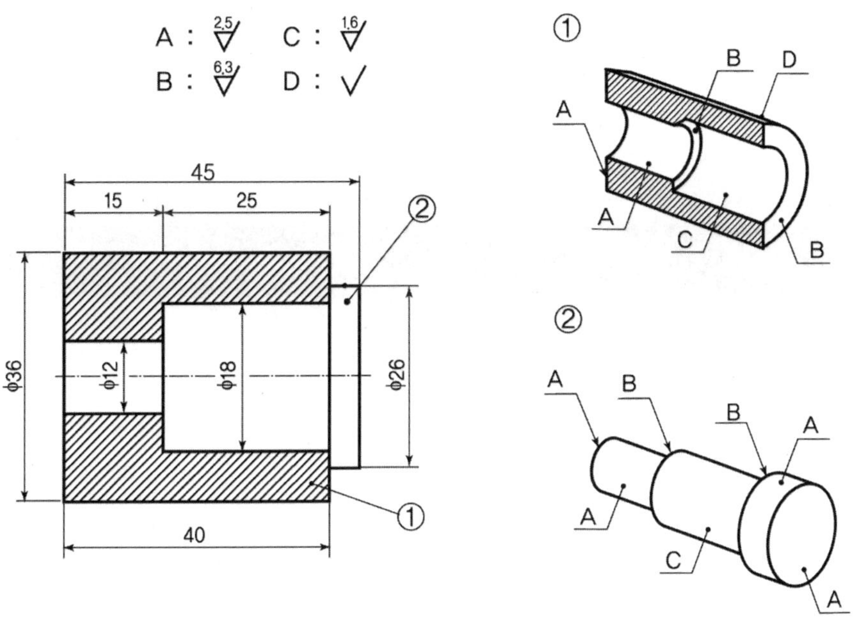

CHAPTER

08 기하공차

01 기하공차의 일반

도면에 있어서 대상물의 모양, 자세 및 흔들림의 공차(이하 이들을 총칭하여 기하 공차라 한다. 또 혼동되지 않을 때에는 단순히 공차라 한다)의 기호에 의한 표시와 그들의 도시 방법에 대하여 설명한다.

1 용 어

① **기하 공차** : 기하 편차의 허용값

② **공차역** : 기하 공차에 의하여 규제되는 형체(이하 공차붙이 형체라 한다)에 있어서 그 형체가 기하학적으로 옳은 모양, 자세 또는 위치로부터 벗어나는 것이 허용되는 영역

2 일반사항

기하 공차를 지정할 때의 일반사항은 다음에 따른다.

① 도면에 지정하는 대상물의 모양, 자세 및 위치의 편차, 그리고 흔들림의 허용값에 대하여는 원칙적으로 기하 공차에 의하여 도시한다.

② 형체에 지정한 치수의 허용한계는 특별히 지시가 없는 한 기하 공차를 규제하지 않는다.
③ 기하 공차는 기능상 요구, 호환성 등에 의하여 불가결한 곳에만 지정한다.
④ 기하 공차의 지시는 생산방식, 측정방법 또는 검사방법을 특정한 것에 한정하지 않는다. 다만, 특정한 경우에는 별도로 지시한다.

3 기하공차의 종류와 그 기호

기하공차의 종류와 그 기호는 [표 8-1]에 따른다. 또 기하공차에 부수하여 사용하는 부가 기호는 [표 8-2]에 따른다.

표 8-1 기하공차의 종류와 그 기호

적용하는 형체	공차의 종류		기 호
단독형체	형상공차	진직도 공차	—
		평면도 공차	⏥
		진원도 공차	○
		원통도 공차	⌭
단독형체 또는 관련형체		선의 윤곽도 공차	⌒
		면의 윤곽도 공차	⌓
관련형체	자세공차	평행도 공차	//
		직각도 공차	⊥
		경사도 공차	∠
	위치공차	위치도 공차	⌖
		동축도 공차 및 동심도 공차	◎
		대칭도 공차	⌯
	흔들림 공차	원주 흔들림 공차	↗
		온 흔들림 공차	⌰

표 8-2 부가 기호

표시하는 내용		기 호[1]
공차붙이 형체	직접 표시하는 경우	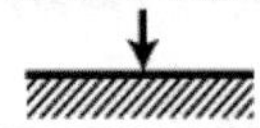
	문자 기호에 의해 표시하는 경우	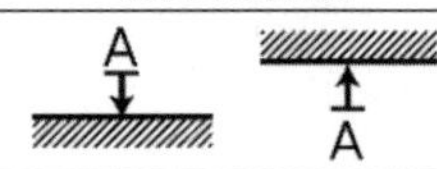
데이텀	직접 표시하는 경우	
	문자 기호에 의해 표시하는 경우	
데이텀 타겟 기입테		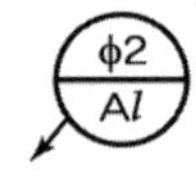
이론적으로 정확한 치수		50 (테두리)
돌출 공차역		Ⓟ
최대 실체 공차 방식		Ⓜ

주 1) 기호란 안의 문자 기호 및 수치는 P, M을 제외한 일례로 나타낸다.

4 공차역에 관한 일반사항

공차붙이 형체가 포함되어 있어야 할 공차역은 다음에 따른다.

① 형체(점, 선, 축선, 면 및 중심면)에 적용하는 기하 공차는 그 형체가 포함되어야 할 공차역을 정한다.

② 공차의 종류와 그 공차값의 지시방법에 의하여 공차역은 [표 8-3]에 나타내는 공차역 중의 어느 한 가지로 된다.

③ 공차역이 원 또는 원통인 경우에는 공차값 앞에 기호 ϕ를 붙이고 [그림 8-3], 공차역이 구인 경우에는 기호 Sϕ를 붙여서 나타낸다.

④ 공차붙이 형체에는 기능상의 이유로 두 개 이상의 기하 공차를 지정하는 수가 있다 [그림 8-5]. 또 기하공차 중에는 다른 종류의 기하 편차를 동시에 규제하는 것도 있다(보기를 들면 평행도를 규제하면 그 공차역 내에서는 선의 경우에는 진직도, 면의 경우에는 평면도도 규제한다). 반대로 기하 공차 중에서는 다른 종류의 기하 편차를 규제하지 않는 것도 있다(보기를 들면 진직도 공차는 평면도를 규제하지 않는다).

표 8-3 공차역과 공차값

	공 차 역	공 차 값
1	원 안의 영역	원의 지름
2	두 개의 동심원 사이의 영역	동심원의 반지름의 차
3	두 개의 등 간격의 선 또는 두 개의 평행한 직선 사이에 끼인 영역	두선 또는 두 직선의 간격
4	구 안의 영역	구의 지름
5	원통 안의 영역	원통의 지름
6	두 개의 동축의 원통 사이에 기인 영역	동축 원통의 반지름의 차
7	두 개의 등거리의 면 또는 두 개의 평행한 평면 사이에 기인 영역	두면 또는 두 평면의 간격
8	직육면체 안의 영역	직육면체의 각 변의 길이

⑤ 공차붙이 형체는 공차역 내에 있어서 어떠한 모양 또는 자세라도 좋다. 다만, 보충의 주기[**그림** 8-42, 43]나, 더욱 엄격한 공차역의 지정[**그림** 8-41]에 의하여 제한이 가해질 때에는 그 제한에 따른다.

⑥ 지정한 공차는 대상으로 하고 있는 형체의 온 길이 또는 온면에 대하여 적용된다. 다만, 그 공차를 적용하는 범위가 지정되어 있는 경우에는 그것에 따른다[**그림** 8-39, 46].

⑦ 관련 형체에 대하여 지정한 기하 공차는 데이텀 형체 자신의 모양 편차를 규정하지 않는다. 따라서 필요에 따라 데이텀 형체에 대하여 모양 공차를 지시한다.

02 공차의 도시방법

1 도시방법의 일반적 사항

① 단독 형체에 기하 공차를 지시하기 위하여는 공차의 종류와 공차값을 기입한 직4각형의 틀(이하 공차 기입틀이라 한다)과 그 형체를 지시선으로 연결해서 도시한다.

② 관련 형체에 기하 공차를 지시하기 위하여는 데이텀에 데이텀 3각 기호(직각이등변 3각형으로 한다)를 붙이고 공차 기입틀과 관련시켜서 ①에 준하여 도시한다.

2 공차기입 틀에의 표시사항

① 공차에 대한 표시사항은 공차기입 틀을 두 구획 또는 그 이상으로 구분하여 그 안에 아래와 같이 기입한다. 또한, 규제하는 형체가 단독 형체인 경우에는 문자기호를 붙이지 않는다 [그림 8-1].

공차의 종류를 나타내는 기호	공차값	데이텀을 지시하는 문자기호

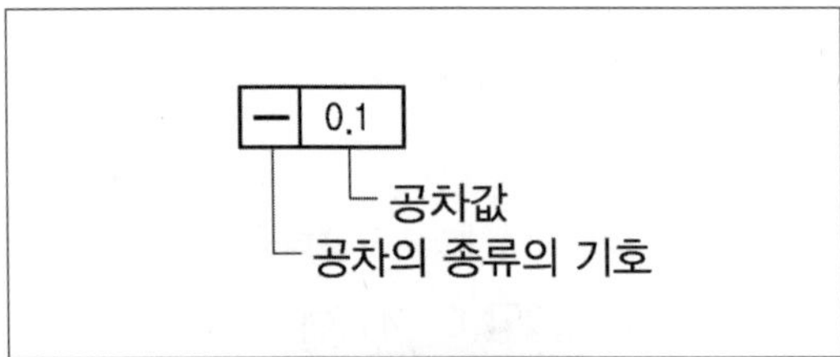

• 그림 8-1 •

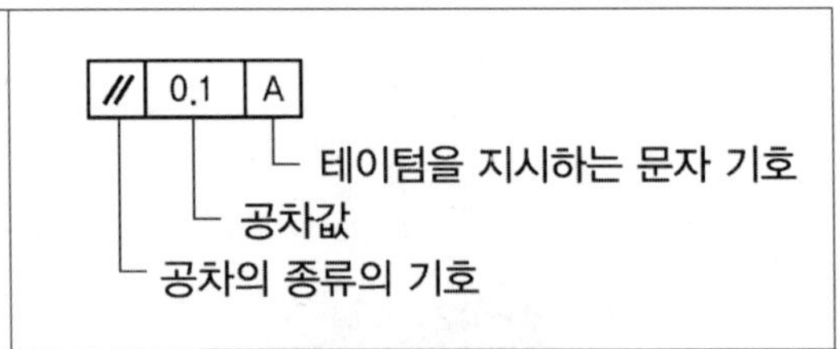

• 그림 8-2 •

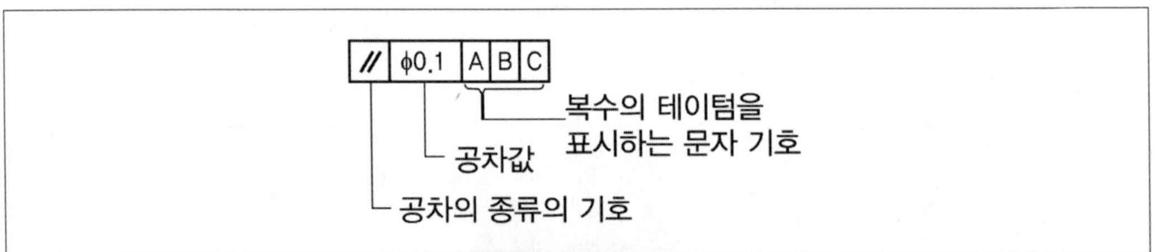

• 그림 8-3 •

② "6구멍", "4면"과 같은 공차붙이 형체에 연관시켜서 지시하는 주기는 공차기입 틀의 안쪽에 쓴다 [그림 8-4].

③ 한 개의 형체에 두 개 이상의 종류의 공차를 지시할 필요가 있을 때에는 이들의 공차기입 틀을 상하로 겹쳐서 기입한다 [그림 8-5].

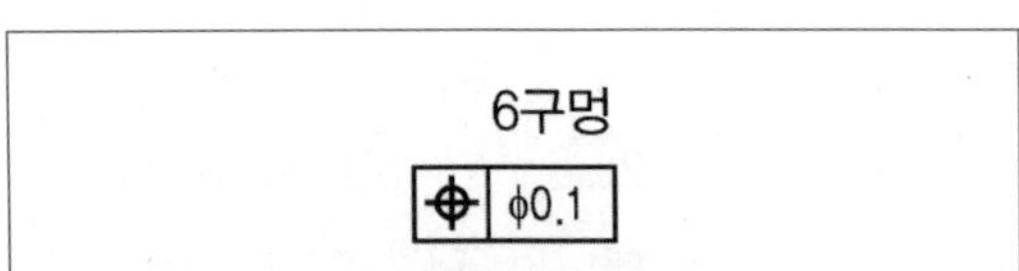

• 그림 8-4 •

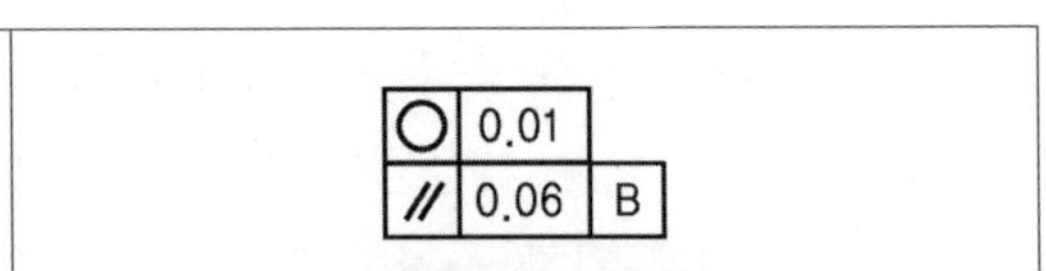

• 그림 8-5 •

3 공차에 의하여 규제되는 형체의 표시방법

공차에 의하여 규제되는 형체는 공차 기입틀로부터 글어내어 끝에 화살표를 붙인 지시선에 의하여 다음의 규정에 따라 대상으로 하는 형체에 연결해서 나타낸다. 또한, 지시선에는 가는 실선을 사용한다.

① 선 또는 면 자체에 공차를 지정하는 경우에는 형체의 외형선 위 또는 외형선의 연장선 위에(치수선의 위치를 명확하게 피해서) 지시선의 화살표를 수직으로 한다.

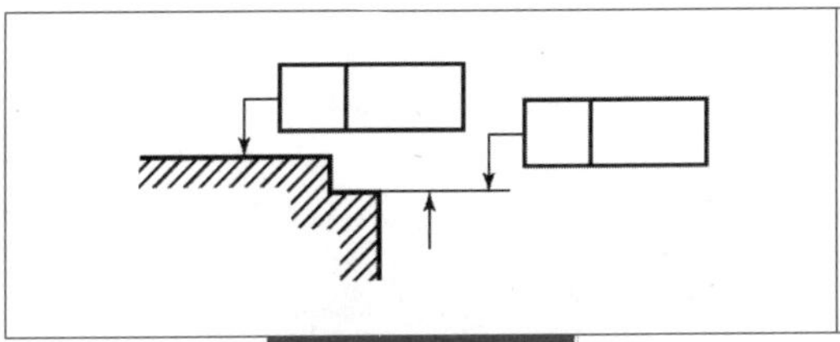

• 그림 8-6 •

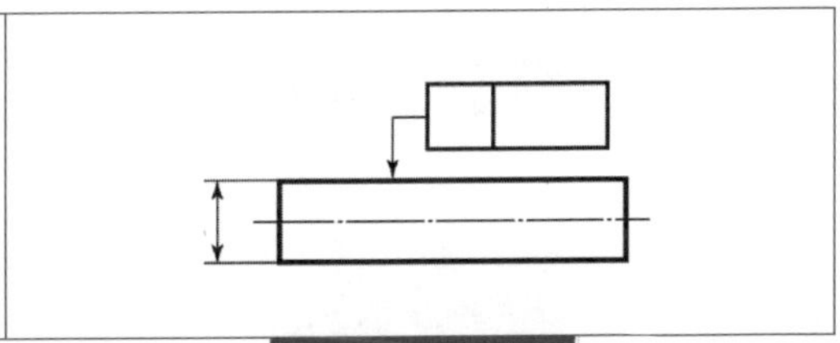

• 그림 8-7 •

② 치수가 지정되어 있는 형체의 축선 또는 중심면에 공차를 지정하는 경우에는 치수선의 연장선이 공차 기입틀로부터의 지시선이 되도록 한다.

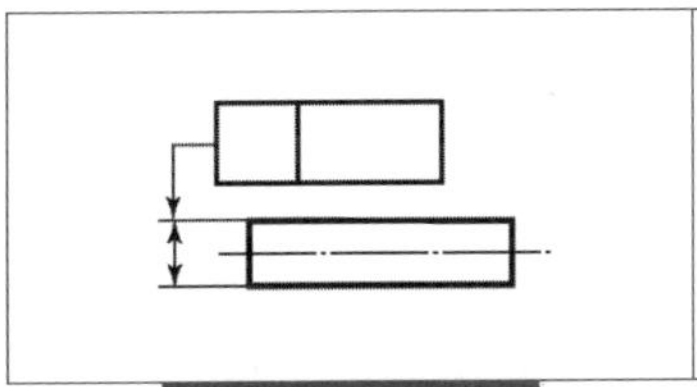

• 그림 8-8 •

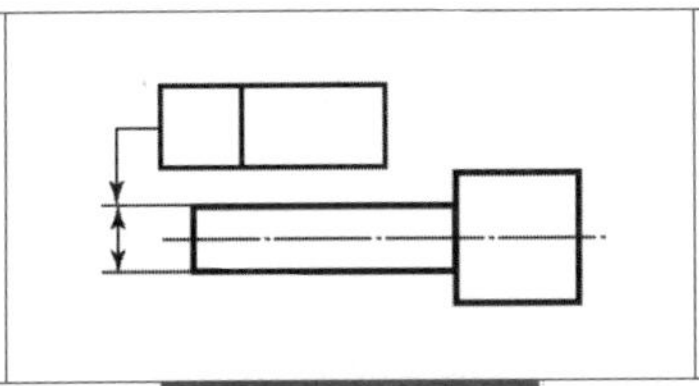

• 그림 8-9 •

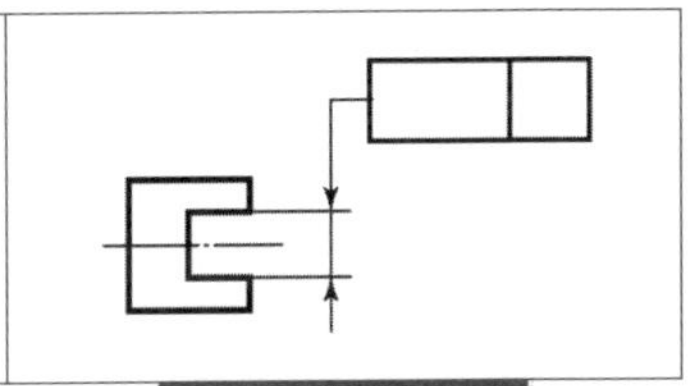

• 그림 8-10 •

③ 축선 또는 중심면이 공통인 모든 형체의 축선 또는 중심면에 공차를 지정하는 경우에는 축선 또는 중심면을 나타내는 중심선에 수직으로, 공차 기입틀로부터의 지시선의 화살표를 댄다.

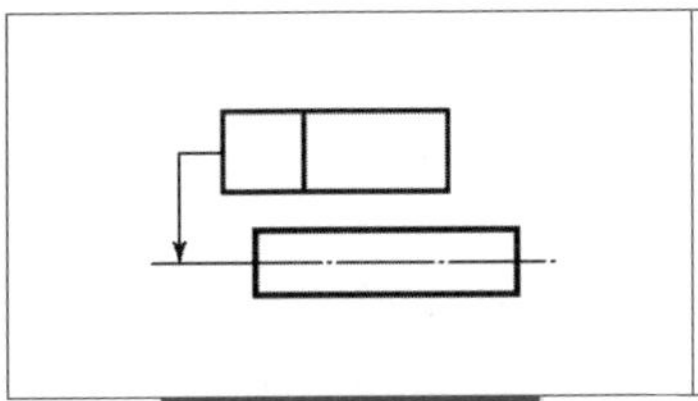

• 그림 8-11 •

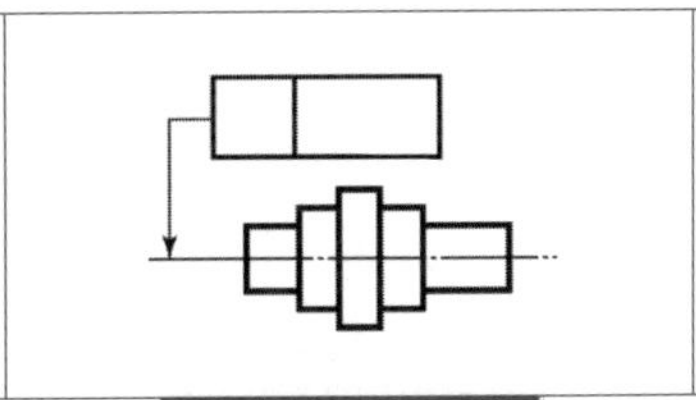

• 그림 8-12 •

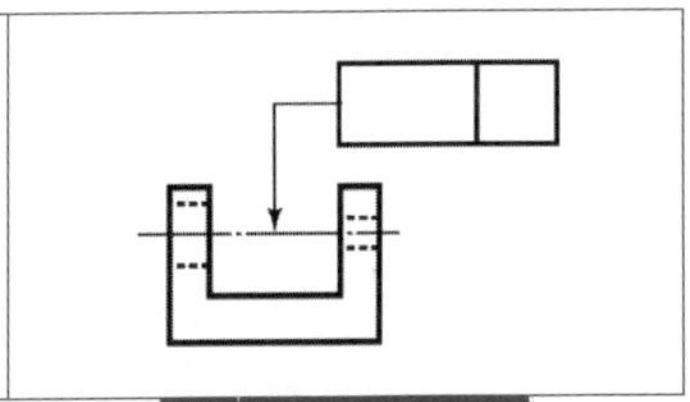

• 그림 8-13 •

④ 여러 개 떨어져 있는 형체에 같은 공차를 지정하는 경우에는 개개의 형체에 각각 공차 기입틀로 지정하는 대신에 공통의 공차 기입틀로부터 끌어낸 지시선을 각각의 형체에 분기해서 대거나 [그림 8-14], 각각의 형체를 문자기호로 나타낼 수 있다[그림 8-15].

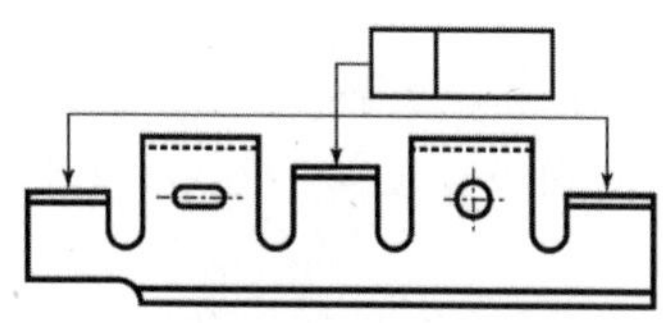

• 그림 8-14 •

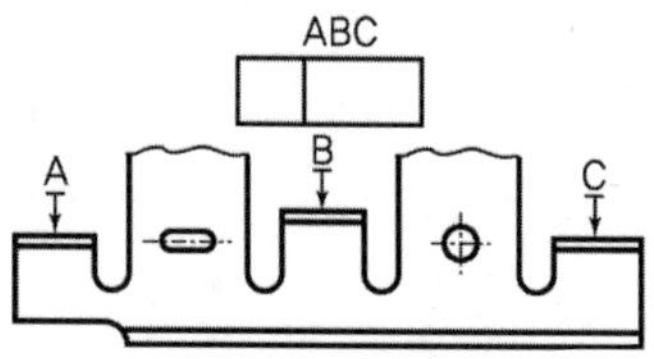

• 그림 8-15 •

03 도시방법과 공차역의 관계

① 공차역은 공차값 앞에 기호 ϕ가 없는 경우에는 공차 기입틀과 공차붙이 형체를 연결하는 지시선의 화살방향에 존재하는 것으로서 취급한다 [그림 8-16]. 기호 ϕ가 부기되어 있는 경우에는 공차역은 원 또는 원통의 내부에 존재하는 것으로서 취급한다 [그림 8-17].

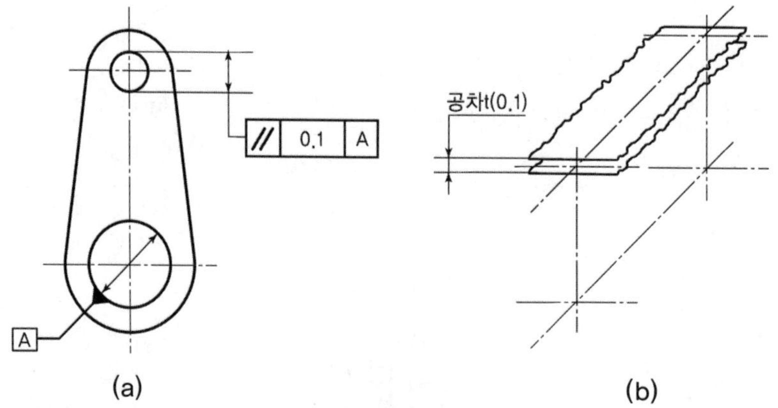

• 그림 8-16 •

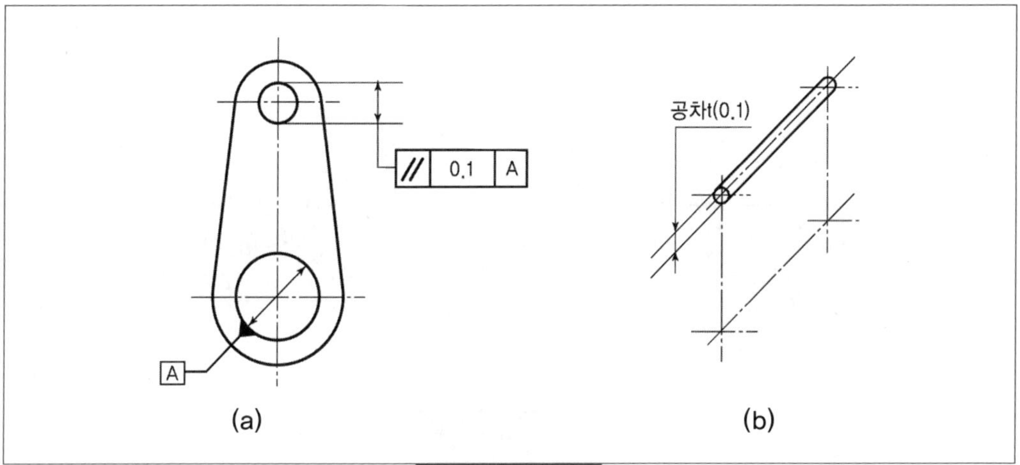

• 그림 8-17 •

② 공차역의 나비는 원칙적으로 규제되는 면에 대하여 법선방향에 존재하는 것으로서 취급한다.

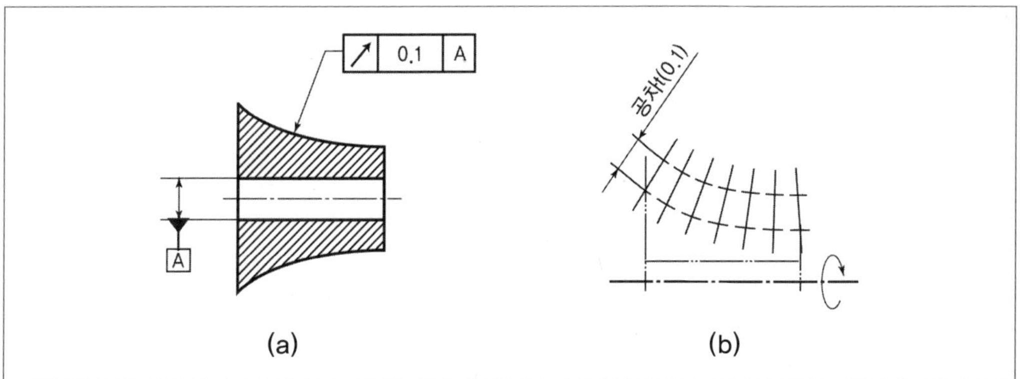

• 그림 8-18 •

③ 공차역은 면의 법선방향이 아니고 특정한 방향에 지정하고 싶을 때에는 그 방향을 지정한다.

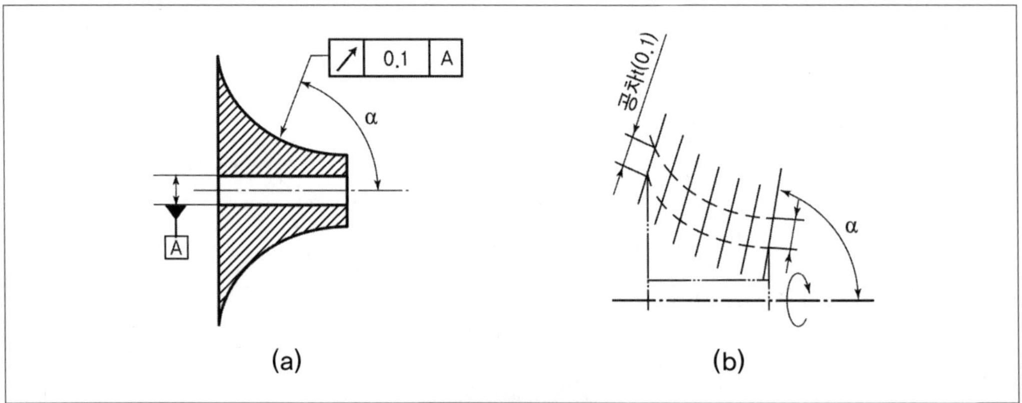

• 그림 8-19 •

④ 여러 개 떨어져 있는 형체에 같은 공차를 공통인 공차 기입틀을 사용하여 지정하는 경우에는, 특별히 지정하지 않는 한 각각의 형체마다 지정하는 공차역을 적용한다.

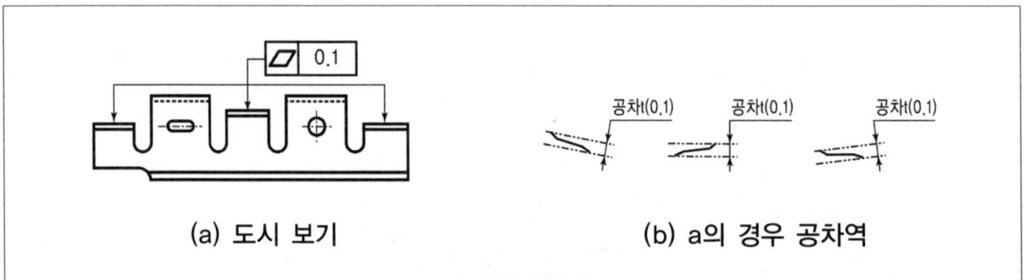

• 그림 8-20 •

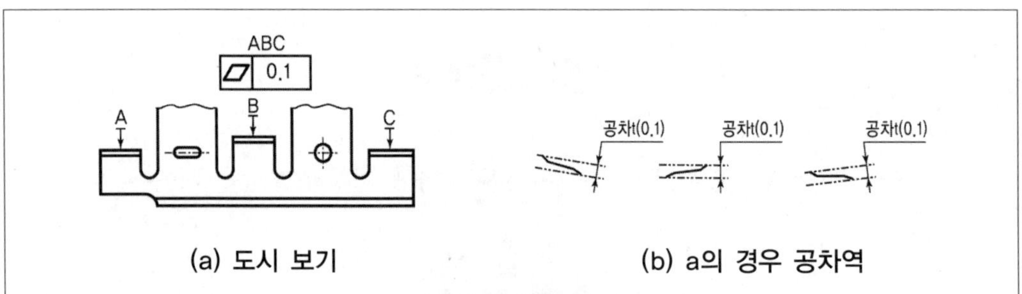

• 그림 8-21 •

⑤ 여러 개 떨어져 있는 형체에 공통의 영역을 갖는 공차값을 지정하는 경우에는 공통의 공차 기입틀의 위쪽에 "공통 공차역"이라고 기입한다.

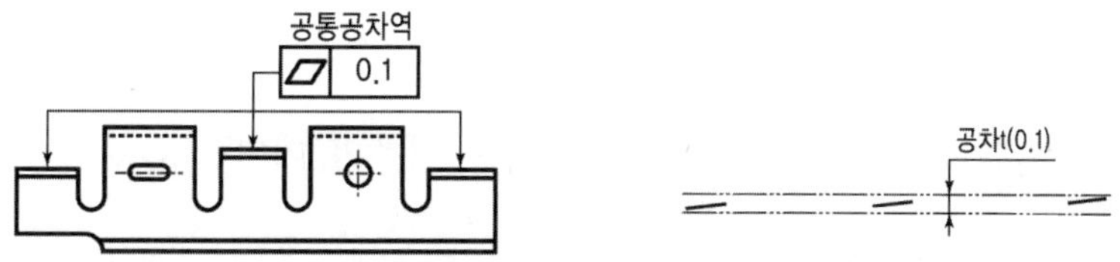

(a) 도시 보기 (b) a의 경우 공차역

• 그림 8-22 •

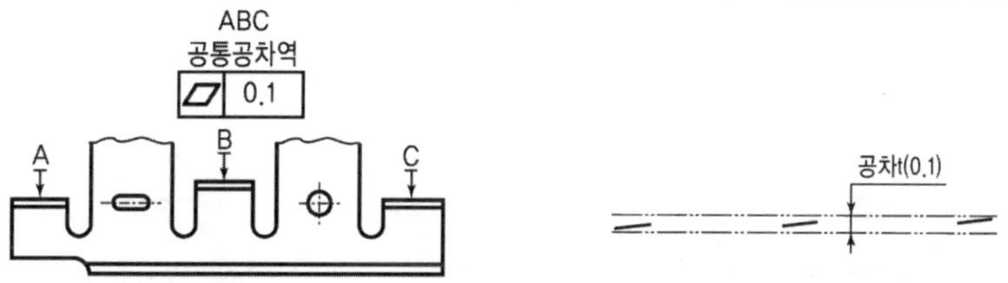

(a) 도시 보기 (b) a의 경우 공차역

• 그림 8-23 •

04 데이텀 및 기타 도시방법

1 데이텀

관련 형체에 기하공차를 지시할 때는 그 공차역을 규제하기 위해서 설정한 이론적으로 정확한 기하학적 기준[그림 8-24] 데이텀을 지시할 필요가 있다. 데이텀은 같은 그림으로 나타내듯이 실용 데이텀 형체에 접촉시켜 구한다.

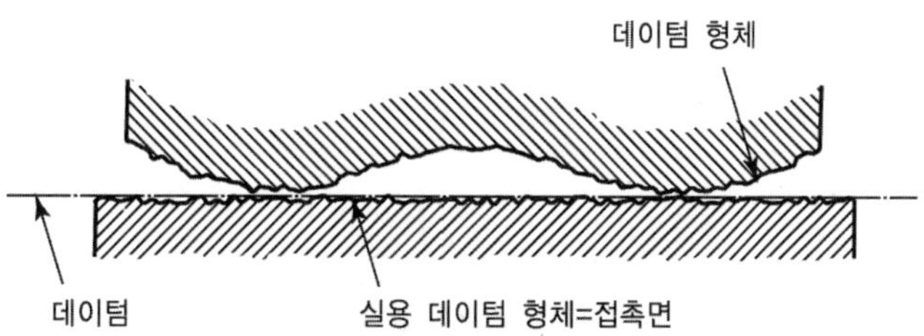

• 그림 8-24 •

2 데이텀의 도시방법

1) 형체에 지정하는 공차가 데이텀과 관련되는 경우의 데이텀의 표시방법

데이텀은 원칙적으로 데이텀을 지시하는 문자기호에 의하여 나타낸다. 데이텀은 영어의 대문자를 정4각형으로 둘러싸고, 이것과 데이텀이라는 것을 나타내는 데이텀 3각 기호를 지시선을 사용하여 연결해서 나타낸다. 데이텀 3각 기호는 빈틈없이 칠해도 좋고, 칠하지 않아도 좋다.

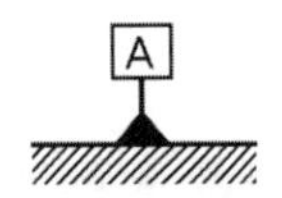

• 그림 8-25 •

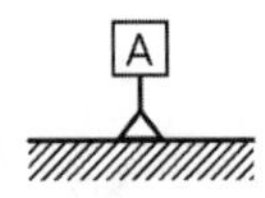

• 그림 8-26 •

2) 데이텀을 지시하는 문자에 의한 데이텀의 표시방법

(1) 선 또는 면 자체가 데이텀 형체인 경우

형체의 외형선 위 또는 외형선을 연장한 가는 선 위에(치수선의 위치를 명확히 피해서) 데이텀의 3각 기호를 붙인다.

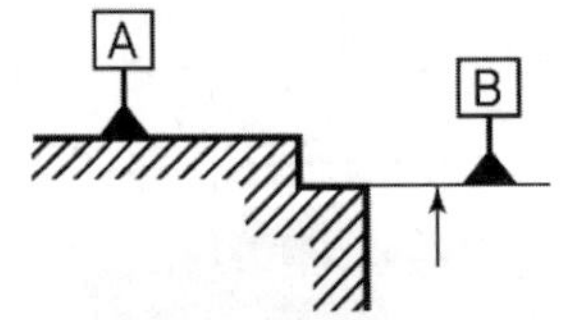

• 그림 8-27 •

(2) 치수가 지정되어 있는 형체의 축직선 또는 중심 평면이 데이텀인 경우

① 치수선의 연장선을 데이텀의 지시선으로서 사용하여 나타낸다[그림 8-28, 8-29].

② 치수선의 화살표를 치수 보조선 또는 외형선의 바깥쪽으로부터 기입한 경우에는 그 한쪽을 데이텀 3각 기호로 대용한다[그림 8-29, 8-30].

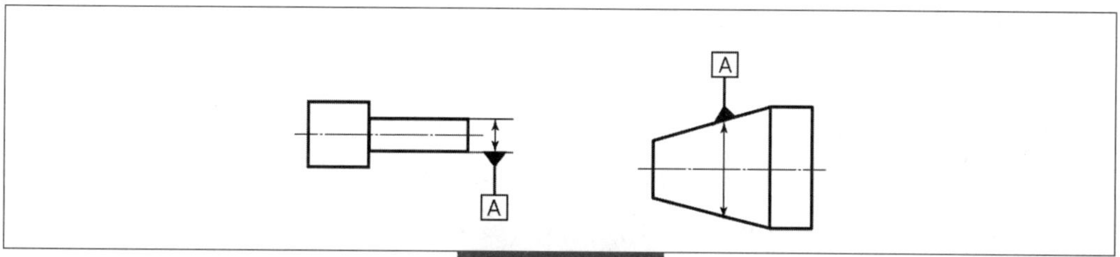

• 그림 8-28 •

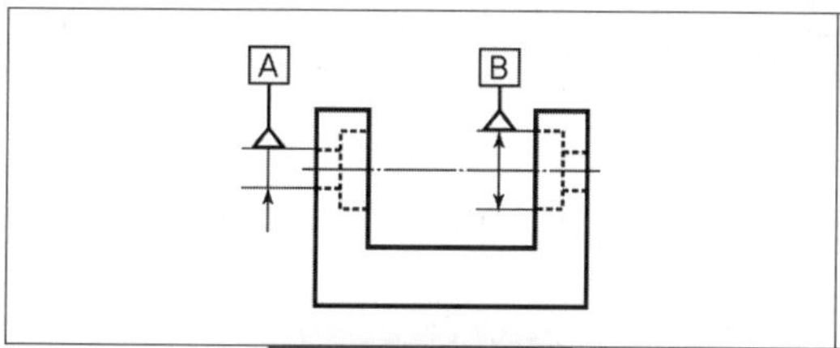

• 그림 8-29 •

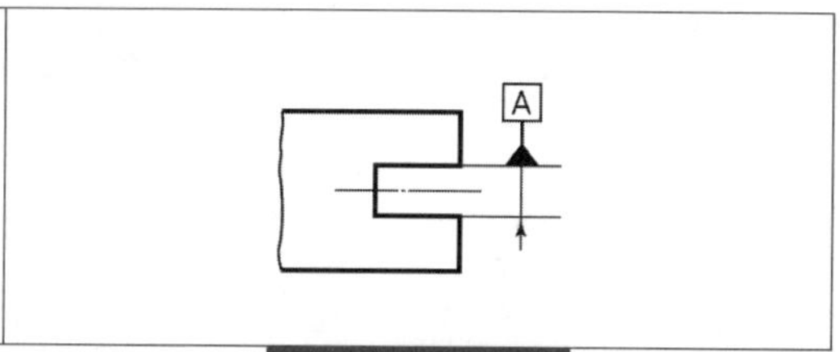

• 그림 8-30 •

(3) 축직선 또는 중심 평면이 공통인 모든 형체의 축직선 또는 중심 평면이 데이텀인 경우

축직선 또는 중심 평면을 나타내는 중심선에 데이텀 3각 기호를 붙인다.

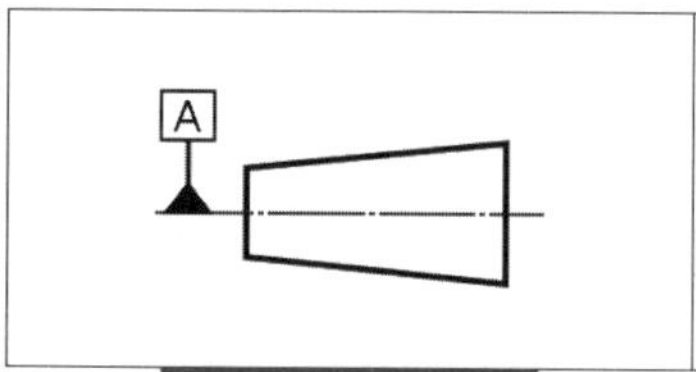

• 그림 8-31 •

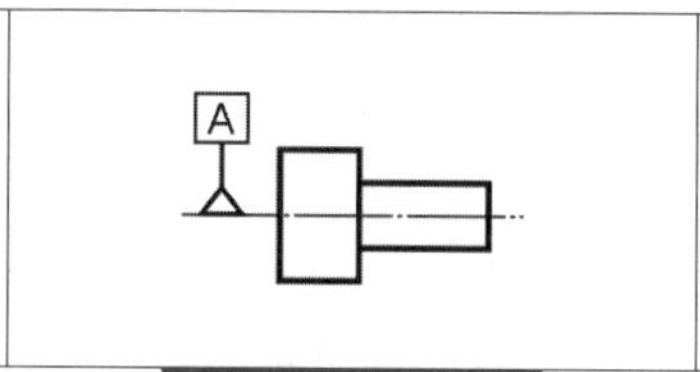

• 그림 8-32 •

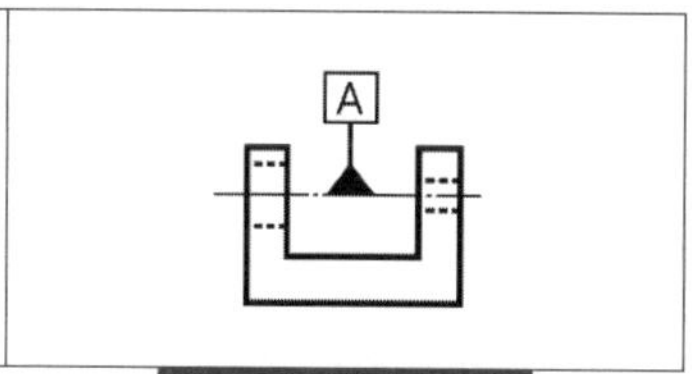

• 그림 8-33 •

(4) 잘못 볼 염려가 없는 경우

공차 기입틀과 데이텀 3각 기호를 직접 지시선에 의하여 연결함으로써 데이텀을 지시하는 문자기호를 생략할 수 있다.

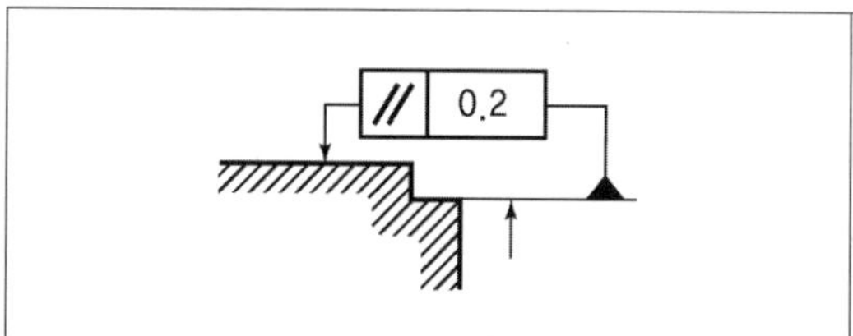

• 그림 8-34 •

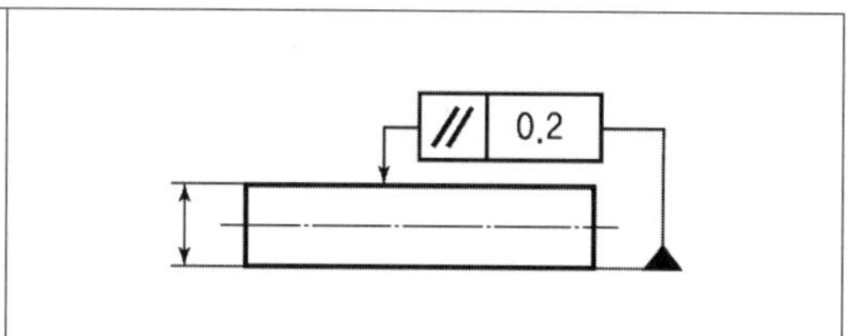

• 그림 8-35 •

3) 데이텀을 지시하는 문자기호를 공차 기입틀에 기입방법

① 한 개의 형체에 의하여 설정하는 데이텀은 그 데이텀을 지시하는 한 개의 문자기호로 나타낸다.

• 그림 8-36 •

② 두 개의 데이텀 형체에 의하여 설정하는 공통 데이텀은 데이텀을 지시하는 두 개의 문자기호를 하이픈으로 연결한 기호로 나타낸다.

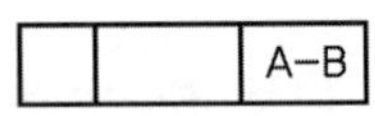

• 그림 8-37 •

③ 두 개 이상의 데이텀이 있고 그들 데이텀에 우선순위를 지정할 때에는 우선순위가 높은 순서로 왼쪽에서 오른쪽으로 데이텀을 지시하는 문자기호를 각각 다른 구획에 기입한다.

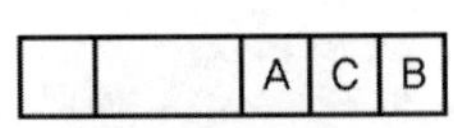

• 그림 8-38 •

④ 두 개 이상의 데이텀이 있고 그들 데이텀의 우선순위를 문제 삼지 않을 때에는 데이텀을 지시하는 문자기호를 같은 구획 내에 나란히 기입한다.

• 그림 8-39 •

3 공차 적용의 한정

① 선 또는 면의 어느 한정된 범위에만 공차값을 적용하고 싶을 경우, 선 또는 면에 따라 그린 굵은 일점 쇄선으로 한정하는 범위를 나타내고 도시한다.

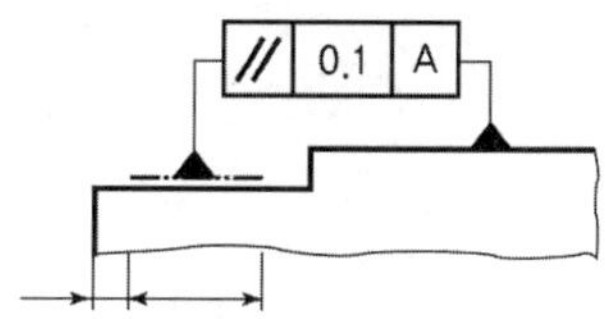

• 그림 8-40 •

② 대상으로 한 형체의 임의의 위치에서 특정한 길이마다에 대하여 공차를 지정하는 경우에는 공차값 뒤에 사선을 긋고 그 길이를 기입한다.

//	0.01/100	A

• 그림 8-41 •

③ 대상으로 한 형체의 전체에 대한 공차값과 그 형체의 어느 길이마다에 대한 공차값을 동시에 지정할 때에는 전자는 위쪽에, 후자는 아래쪽에 겹쳐서 기입하고 상하를 가로선으로 구획짓는다.

<table>
<tr><td rowspan="2">//</td><td>0.1</td><td rowspan="2">A</td></tr>
<tr><td>0.05/200</td></tr>
</table>

• 그림 8-42 •

④ 공차역 내에서의 형체의 성질을 특별히 지시하고 싶을 때에는 공차 기입틀 근처에 요구사항을 기입하거나 또는 이것을 인출선으로 연결한다.

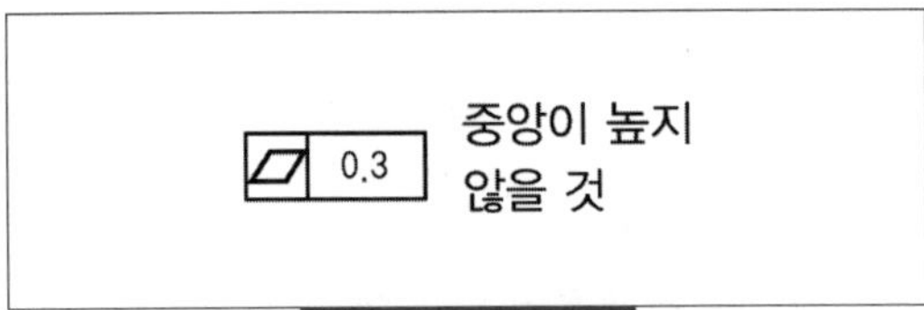

• 그림 8-43 •

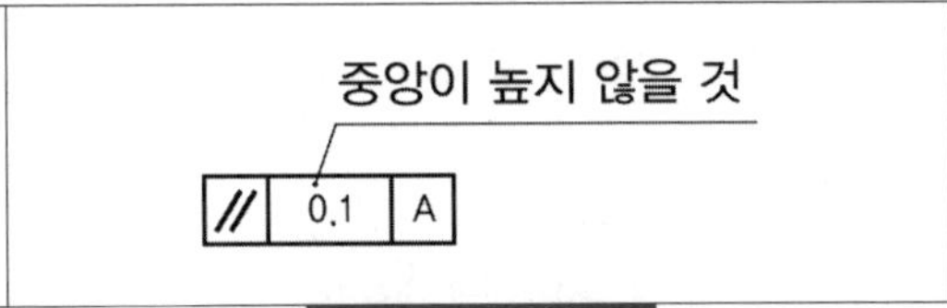

• 그림 8-44 •

4 이론적으로 정확한 치수의 도시방법

위치도, 윤곽도 또는 경사도의 공차를 형체에 지정하는 경우에는 이론적으로 정확한 위치, 윤곽 또는 각도를 정하는 치수를 [그림 8-45, 46]과 같이 4각형 틀로 둘러싸서 나타낸다.

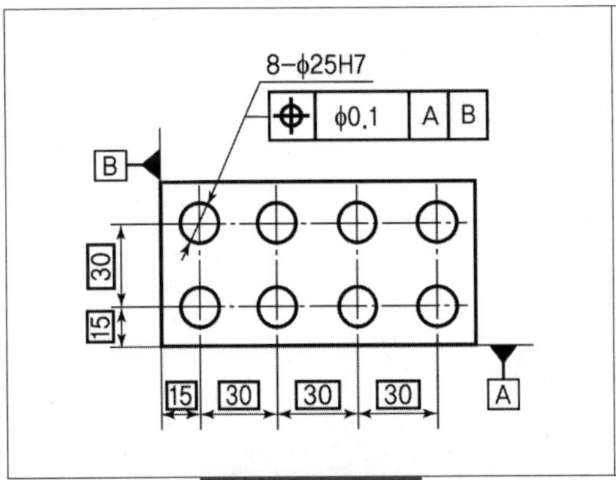

• 그림 8-45 •

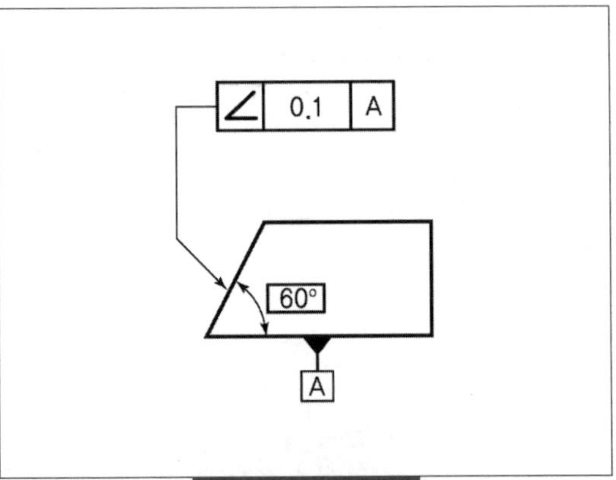

• 그림 8-46 •

5 돌출 공차역의 지시방법

공차역을 그 형체 자체의 내부가 아니고 그 외부에 지정하고 싶을 경우에는 그 돌출부를 가는 이점 쇄선으로 표시하고 그 치수 숫자 앞 및 공차값 뒤에 기호 Ⓟ를 기입한다.

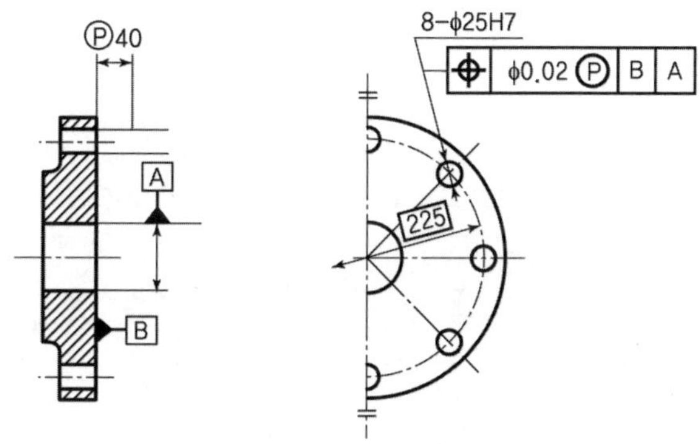

• 그림 8-47 •

6 최대 실체 공차방식의 적용을 지시하는 방법

① 최대 실체 공차방식을 적용하는 것을 지시하기 위하여는 최대 실체 공차방식을 공차의 대상으로 된 형체, 데이텀 형체 또는 그 양자에 적용하는가에 따라 기호 Ⓜ을 사용하여 각각 다음과 같이 나타낸다[그림 8-48].

㉮ 공차붙이 형체에 적용하는 경우에는 공차값 뒤에 Ⓜ을 기입한다[그림 8-49].

㉯ 데이텀 형체에 적용하는 경우에는 데이텀을 나타내는 문자기호 뒤에 Ⓜ을 기입한다[그림 8-50].

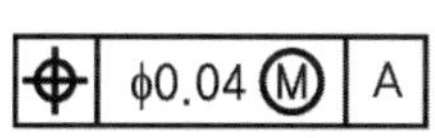

• 그림 8-48 •

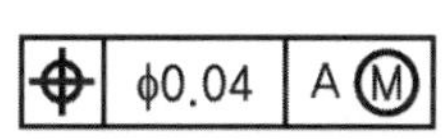

• 그림 8-49 •

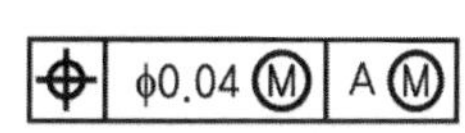

• 그림 8-50 •

㉰ 공차붙이 형체와 그 데이텀 형체의 양자에 적용하는 경우에는 공차값 뒤와 데이텀을 나타내는 문자기호 뒤에 Ⓜ을 기입한다[그림 8-51].

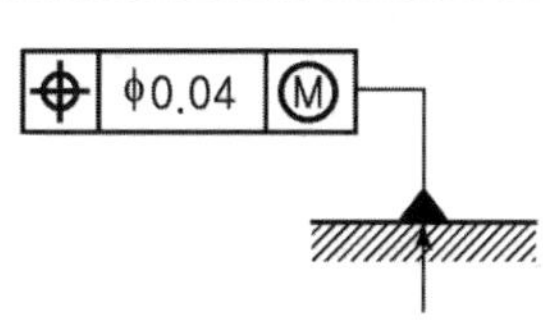

• 그림 8-51 •

② 데이텀이 데이텀을 지시하는 문자기호에 의하여 표시되어 있지 않은 경우에 최대 실체 공차방식을 적용하는 것을 지시하기 위하여는 공차 기입틀의 세 번째의 구획에 기호 Ⓜ을 기입한다.

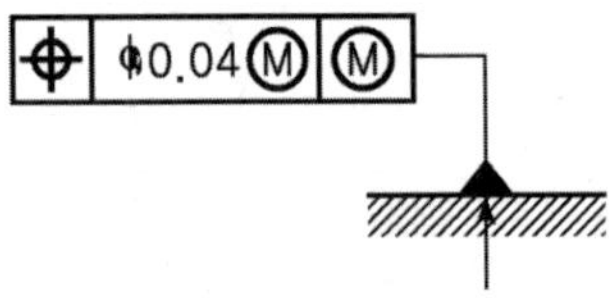

• 그림 8-52 •

7 공차역의 정의, 도시 보기와 그 해석

기하공차의 공차역의 정의, 도시 보기 및 그 해석을 아래 참고사항에 나타낸다. 표 중에서 공차 t만큼 떨어진 2개의 평행면에 의한 경우는 **[그림 8-53]**과 같은 의미이고, 또 공차 t만큼 떨어진 두 개의 평행 직선에 의한 경우는 **[그림 8-54]**와 같은 의미이다. 도시 예에서는 치수선에 ϕ를 붙인 것은 원 또는 원통인 것을 나타낸다.

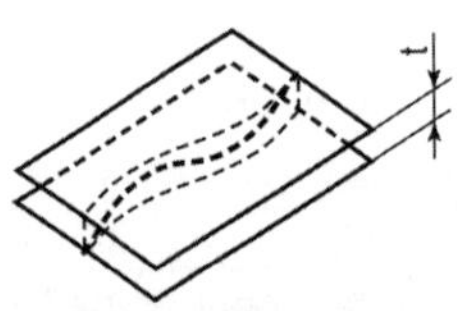

• 그림 8-53 •

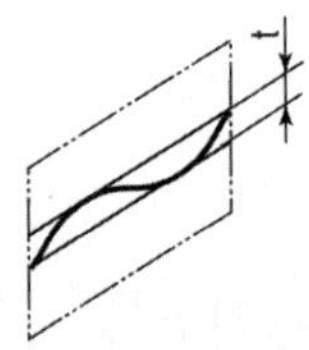

• 그림 8-54 •

TIP

기하공차의 공차역의 정의 및 도시 보기 및 그 해석

① 굵은 실선 또는 파선 : 형체
② 굵은 일점 쇄선 : 데이텀
③ 가는 실선 또는 파선 : 공차역
④ 가는 일점 쇄선 : 중심선
⑤ 가는 이점 쇄선 : 보충하는 투상면 또는 절단면
⑥ 굵은 이점 쇄선 : 보충하는 투상면 또는 절단면에의 형체의 투상

1) 진직도 공차

진직 또는 직선 형체의 기하학적으로 정확한 직선으로부터의 어긋남의 크기를 의미한다.

(1) 선의 진직도 공차

① 공차역의 정의

공차역은 한 개의 평면에 투상되었을 때에는 t만큼 떨어진 두 개의 평행한 직선 사이에 끼인 영역이다.

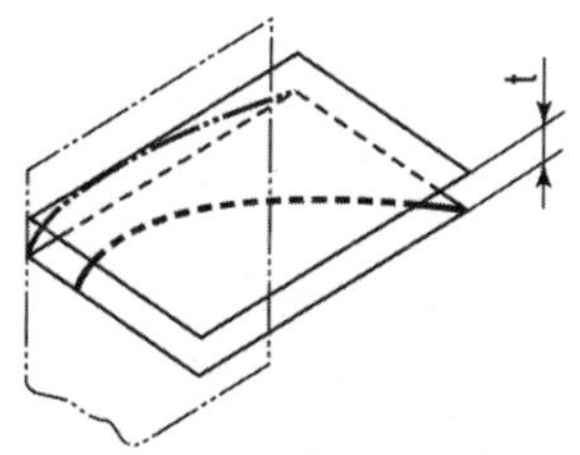

• 그림 8-55 •

② 도시보기와 그 해석

지시선의 화살표로 나타낸 직선은 화살표 방향으로 0.1mm만큼 떨어진 두 개의 평행한 평면사이에 있어야 한다.

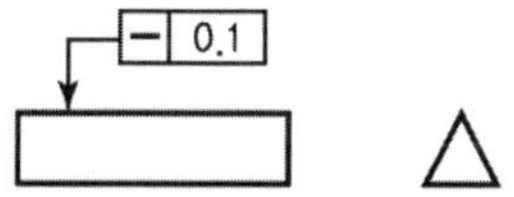

• 그림 8-56 •

(2) 표면요소로서의 선의 진직도 공차

① 공차역의 정의

공차역은 지정된 방향의 절단면 내에서 t만큼 떨어진 두 개의 평행한 직선사이에 끼인 영역이다.

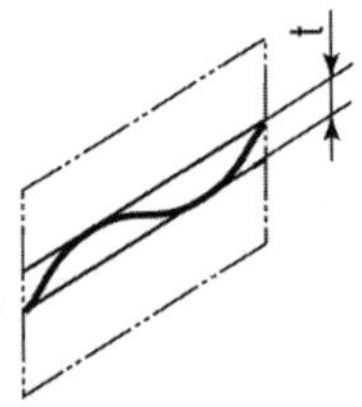

• 그림 8-57 •

② 도시보기와 그 해석

지시선의 화살표로 나타낸 평면은 공차 기입틀을 표시한 도형의 투상면에 평행한 임의의 평면으로 절단했을 때 그 절단면에 나타난 선이 화살표 방향으로 0.1mm만큼 떨어진 두 개의 평행한 직선 사이에 있어야 한다.

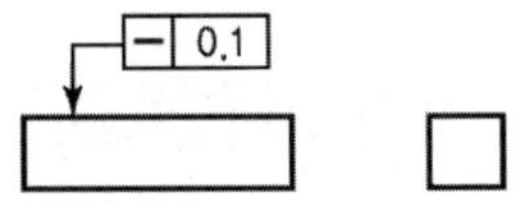

• 그림 8-58 •

2) 평면도 공차

평면도는 평면 형체의 기하학적으로 정확한 평면으로부터의 어긋남의 크기를 의미한다.

(1) 공차역의 정의

공차역은 t만큼 떨어진 두 개의 평행한 평면사이에 끼인 영역이다.

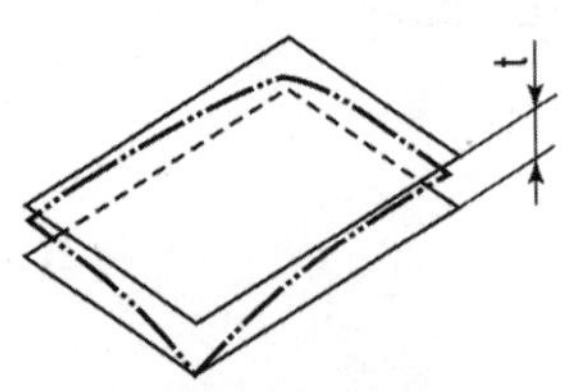

• 그림 8-59 •

(2) 도시보기와 그 해석

이 표면은 0.08mm만큼 떨어진 두 개의 평행한 평면사이에 있어야 한다.

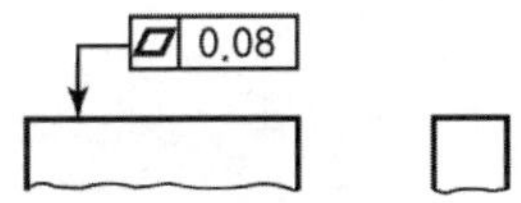

• 그림 8-60 •

3) 진원도 공차

진원도는 원형 형체의 기하학적으로 정확한 원으로부터의 어긋남의 크기를 의미한다.

(1) 공차역의 정의

대상으로 하는 평면 내에서의 공차역은 t만큼 떨어진 두 개의 동심원 사이의 영역이다.

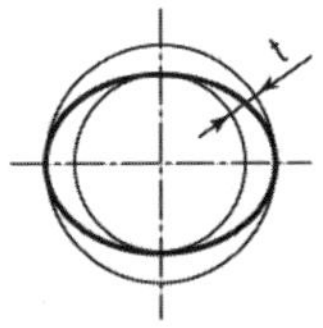

• 그림 8-61 •

(2) 도시보기와 그 해석

① 바깥 지름면의 임의의 축직각 단면에 있어서의 바깥 둘레는 동일 평면 위에서 0.04mm 만큼 떨어진 두 개의 동심원 평면사이에 있어야 한다.

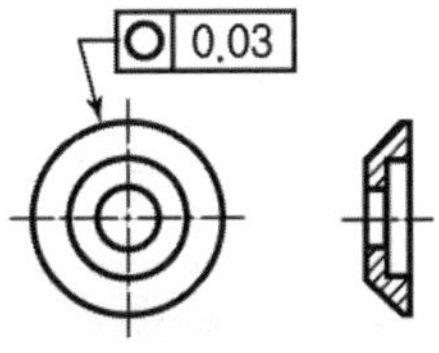

• 그림 8-62 •

② 임의의 축직각 단면에 있어서의 바깥 둘레는 동일 평면 위에서 0.01mm만큼 떨어진 두 개의 동심원 평면사이에 있어야 한다.

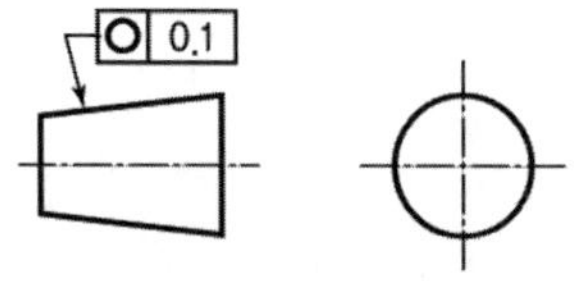

• 그림 8-63 •

4) 원통도 공차

원통도는 원통 형체의 기하학적으로 정확한 원통으로부터의 어긋남의 크기를 의미한다.

(1) 공차역의 정의

공차역은 t만큼 떨어진 두 개의 동축 원통면 사이의 영역이다.

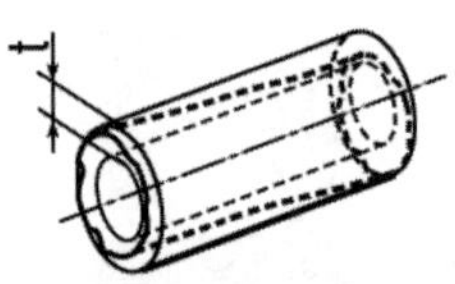

• 그림 8-64 •

(2) 도시보기와 그 해석

대상으로 하고 있는 면은 0.2mm만큼 떨어진 두 개의 동축 원통면 사이에 있어야 한다.

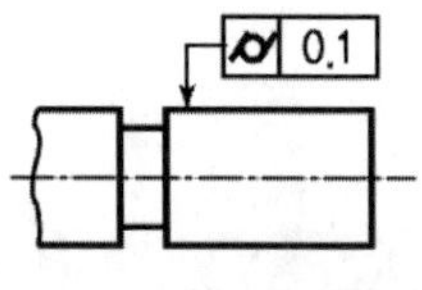

• 그림 8-65 •

5) 선의 윤곽도 공차

선의 윤곽도는 이론적으로 정확한 치수에 의하여 정하여진 기하학적 윤곽으로부터의 선의 윤곽의 어긋남의 크기를 의미한다.

(1) 단독 형체의 선의 윤곽도 공차

① 공차역의 정의

공차역은 이론적으로 정확한 윤곽선 위에 중심을 두는 지름 t의 원이 만드는 두 개의 포락선사이에 끼인 영역이다.

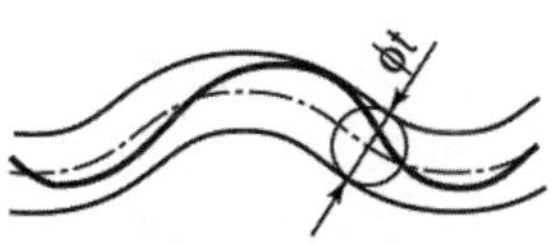

• 그림 8-66 •

② 도시보기와 그 해석

투상면에 평행한 임의의 단면에서 대상으로 하고 있는 윤곽은 이론적으로 정확한 윤곽을 갖는 선 위에 중심을 두는 지름 0.04mm의 원이 만드는 두 개의 포락선 사이에 있어야 한다.

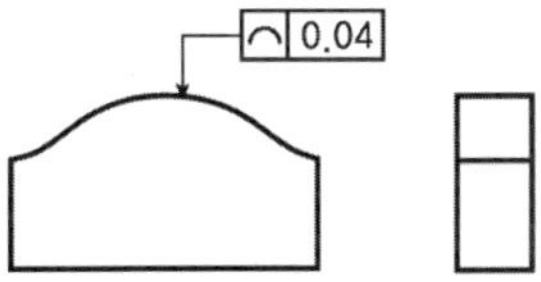

• 그림 8-67 •

(2) 관련 형체의 선의 윤곽도 공차

① 공차역의 정의

공차역은 데이텀에 관련하여 이론적으로 윤곽선 위에 중심을 두는 지름 t의 원이 만드는 두 개의 포락선 사이에 끼인 영역이다.

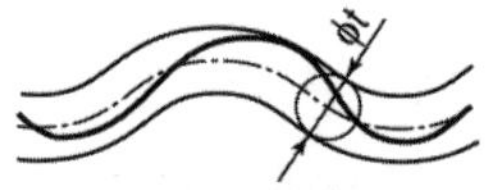

• 그림 8-68 •

② 도시보기와 그 해석

투상면에 평행한 임의의 단면에서 대상으로 하고 있는 데이텀 평면 A에 관련하여 이론적으로 정확한 윤곽을 갖는 선 위에 중심을 두는 지름 0.04mm의 원이 만드는 두 개의 포락선 사이에 있어야 한다.

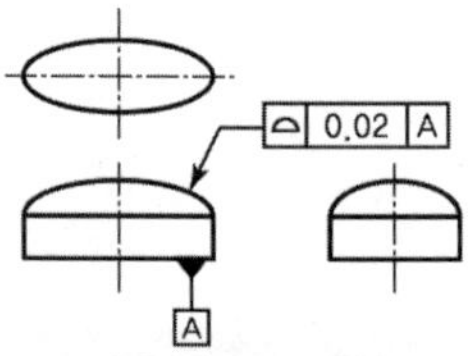

• 그림 8-69 •

6) 면의 윤곽도 공차

면의 윤곽도는 이론적으로 정확한 치수에 의하여 정하여진 기하학적 윤곽으로부터의 면의 윤곽의 어긋남의 크기를 의미한다.

(1) 단독 형체의 면의 윤곽도 공차

① 공차역의 정의

공차역은 이론적으로 정확한 윤곽선 위에 중심을 두는 지름 t의 구가 만드는 두 개의 포락선 사이에 끼인 영역이다.

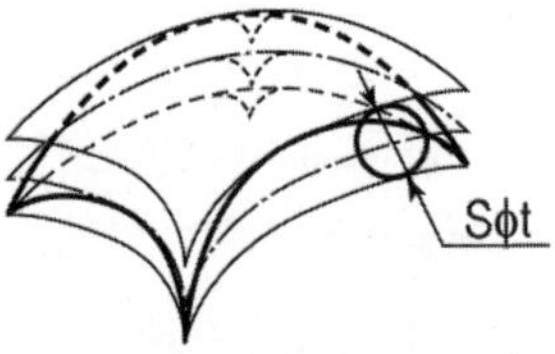

• 그림 8-70 •

② 도시보기와 그 해석

대상으로 하고 있는 면은 이론적으로 정확한 윤곽을 갖는 면 위에 중심을 두는 지름 0.02mm의 구가 만드는 두 개의 포락선사이에 있어야 한다.

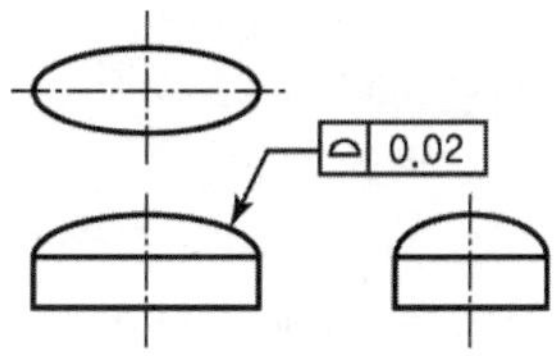

• 그림 8-71 •

(2) 관련 형체의 면의 윤곽도 공차

① 공차역의 정의

공차역은 데이텀에 관련하여 이론적으로 윤곽선 위에 중심을 두는 지름 t의 구가 만드는 두 개의 포락선사이에 끼인 영역이다.

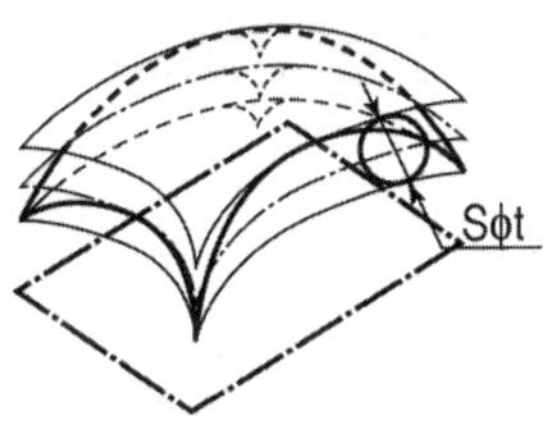

• 그림 8-72 •

② 도시보기와 그 해석

대상으로 하고 있는 면은 데이텀 A에 관련하여 이론적으로 정확한 윤곽을 갖는 면 위에 중심을 두는 지름 0.02mm의 구가 만드는 두 개의 포락선사이에 있어야 한다.

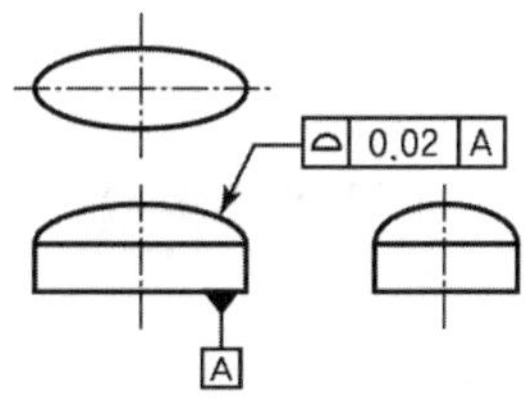

• 그림 8-73 •

7) 평행도 공차

평행도는 데이텀 직선 또는 데이텀 평면에 대하여 직각인 기하학적 직선 또는 기하학적 평면으로부터의 평행이어야 할 직선 형체 또는 평면 형체의 어긋남의 크기를 의미한다.

(1) 데이텀 직선에 대한 선 평행도 공차

① 공차역의 정의

공차역은 한 개의 평면에 투상하였을 때에는 데이텀 직선에 평행하고 t만큼 떨어진 두 개의 평행한 직선 사이에 끼인 영역이다.

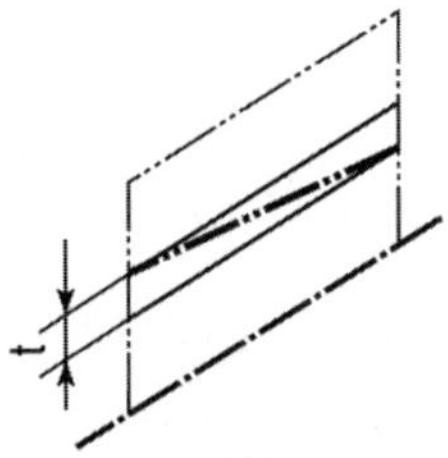

• 그림 8-74 •

② 도시보기와 그 해석

지시선의 화살표로 나타내는 축선은 데이텀 축직선 A에 평행하고 또한 지시선의 화살표 방향(수직한 방향)에 있는 0.1mm만큼 떨어진 두 개의 평면사이에 있어야 한다.

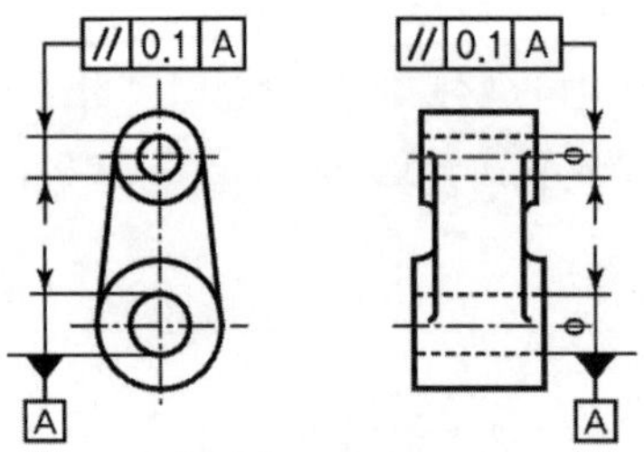

• 그림 8-75 •

(2) 데이텀 평면에 대한 선 평행도 공차

① 공차역의 정의

공차역은 데이텀 평면에 평행하고 t만큼 떨어진 두 개의 평행한 평면사이에 끼인 영역이다.

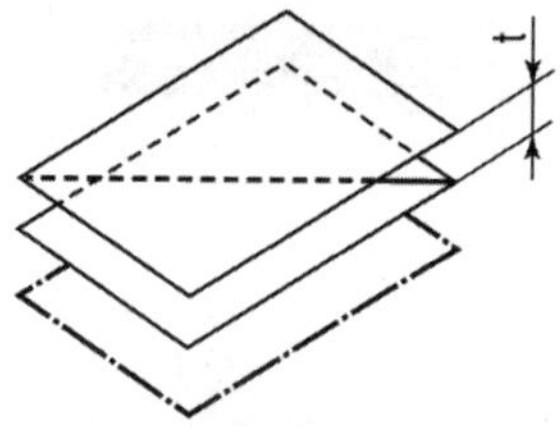

• 그림 8-76 •

② 도시보기와 그 해석

지시선의 화살표로 나타내는 축선은 데이텀 평면 B에 평행하고 또한 지시선의 화살표 방향으로 0.01mm만큼 떨어진 두 개의 평면 사이에 있어야 한다.

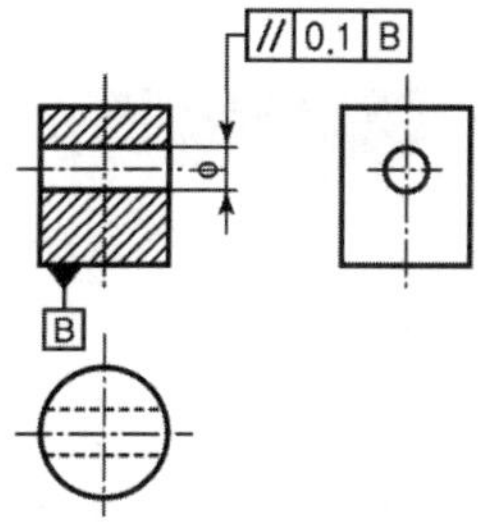

• 그림 8-77 •

(3) 데이텀 직선에 대한 면의 평행도 공차

① 공차역의 정의

공차역은 데이텀 직선에 평행하고 t만큼 떨어진 두 개의 평행한 평면사이에 끼인 영역이다.

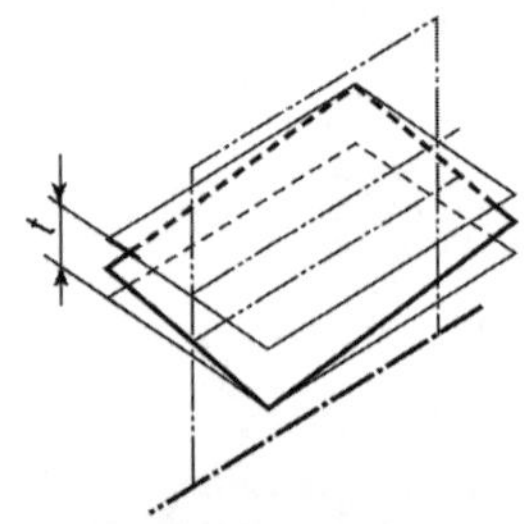

• 그림 8-78 •

② 도시보기와 그 해석

지시선의 화살표로 나타내는 면은 데이텀 축직선 C에 평행하고 또한 지시선의 화살표 방향으로 0.1mm만큼 떨어진 두 개의 평면사이에 있어야 한다.

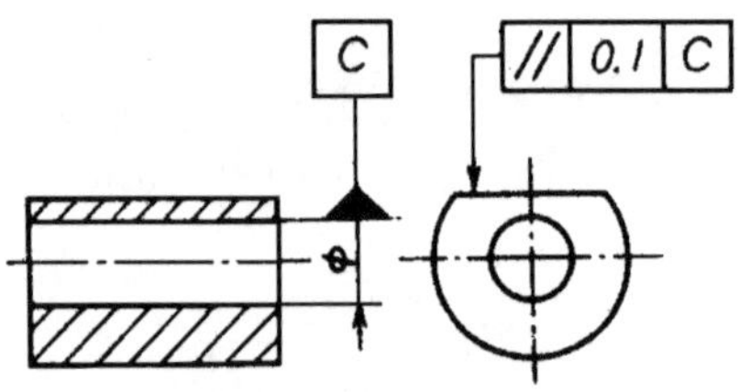

• 그림 8-79 •

(4) 데이텀 평면에 대한 면의 평행도 공차

① 공차역의 정의

공차역은 데이텀 평면에 평행하고 t만큼 떨어진 두 개의 평행한 평면사이에 끼인 영역이다.

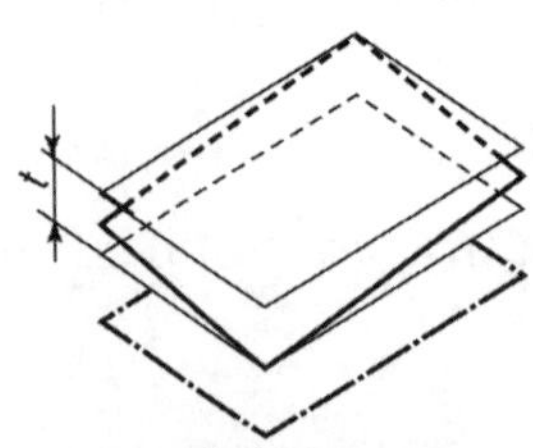

• 그림 8-80 •

② 도시보기와 그 해석

지시선의 화살표로 나타내는 면은 데이텀 평면 A에 평행하고 또한 지시선의 화살표 방향으로 0.01mm만큼 떨어진 두 개의 평면사이에 있어야 한다.

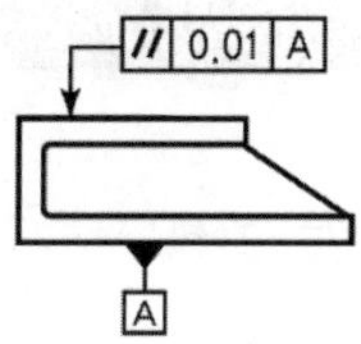

• 그림 8-81 •

8) 직각도 공차

직각도는 데이텀 직선 또는 데이텀 평면에 대하여 직각인 기하학적 직선 또는 기하학적 평면으로부터의 직각이어야 할 직선 형체 또는 평면 형체의 어긋남의 크기를 의미한다.

(1) 데이텀 직선에 대한 선의 직각도 공차

① 공차역의 정의

공차역은 한 평면에 투상되었을 때에는 데이텀 직선에 수직하고 t만큼 떨어진 두 개의 평행한 직선사이에 끼인 영역이다.

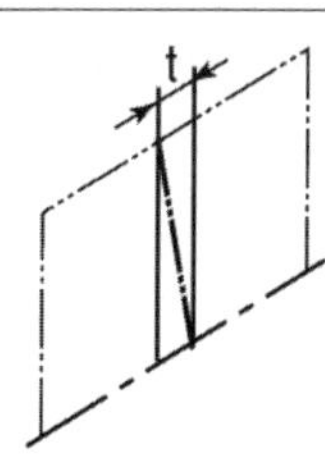

• 그림 8-82 •

② 도시보기와 그 해석

지시선의 화살표로 나타내는 경사진 구멍의 축선은 데이텀 축직선 A에 수직하고 또한 지시선의 화살표방향으로 0.06mm만큼 떨어진 두 개의 평행한 평면사이에 있어야 한다.

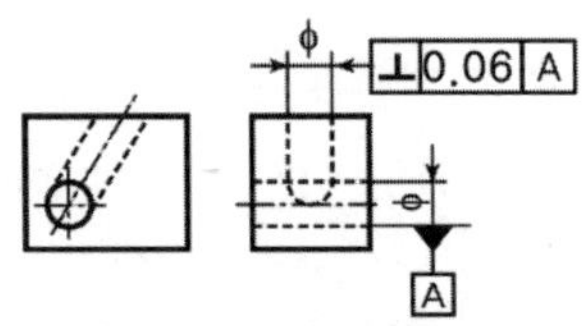

• 그림 8-83 •

(2) 데이텀 평면에 대한 선의 직각도 공차

① 공차역의 정의

공차의 지정이 한 방향에만 실시되어 있는 경우에는 한 평면에 투상된 공차역은 데이텀 평면에 수직하고 t만큼 떨어진 두 개의 평행한 직선사이에 끼인 영역이다.

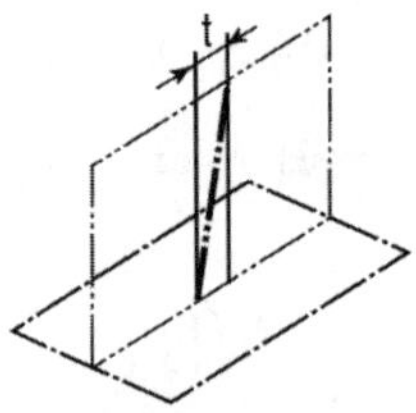

• 그림 8-84 •

② 도시보기와 그 해석

지시선의 화살표로 나타내는 원통의 축선은 데이텀 평면에 수직하고 또한 지시선의 화살표 방향으로 0.2mm만큼 떨어진 두 개의 평행한 평면사이에 있어야 한다.

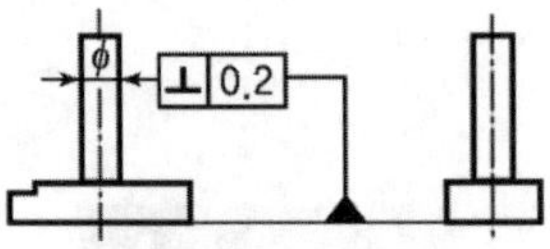

• 그림 8-85 •

(3) 데이텀 직선에 대한 면의 직각도 공차

① 공차역의 정의

공차역은 직선에 수직하고 t만큼 떨어진 두 개의 평행한 평면사이에 끼인 영역이다.

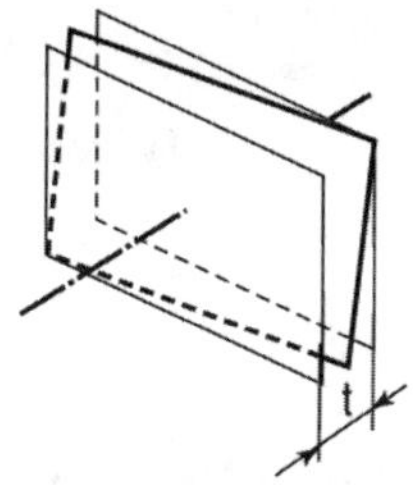

• 그림 8-86 •

② 도시보기와 그 해석

지시선의 화살표로 나타내는 면은 데이텀 축직선 A에 수직하고 또한 지시선의 화살표 방향으로 0.08mm만큼 떨어진 두 개의 평행한 평면사이에 있어야 한다.

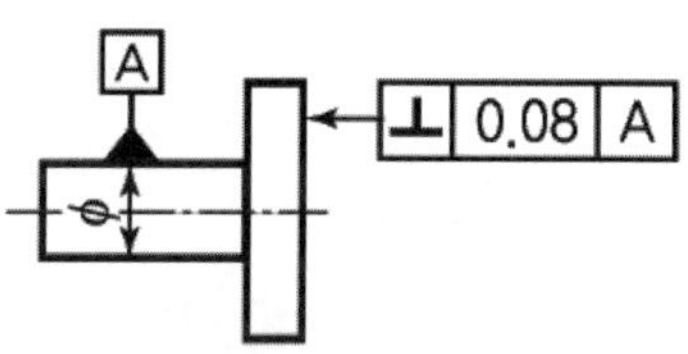

• 그림 8-87 •

9) 경사도 공차

경사도는 데이텀 직선 또는 데이텀 평면에 대하여 이론적으로 정확한 각도를 갖는 기하학적 직선 또는 기하학적 평면으로부터의 이론적으로 정확한 각도를 가져야 할 직선 형체 또는 평면 형체의 어긋남의 크기를 의미한다.

(1) 데이텀 직선에 대한 선의 경사도 공차(동일 평면 내의 선의 데이텀 직선)

① 공차역의 정의

한 평면에 투상되었을 때의 공차역은 데이텀 직선에 대하여 지정된 각도로 기울고, t만큼 떨어진 두 개의 평행한 직선사이에 끼인 영역이다.

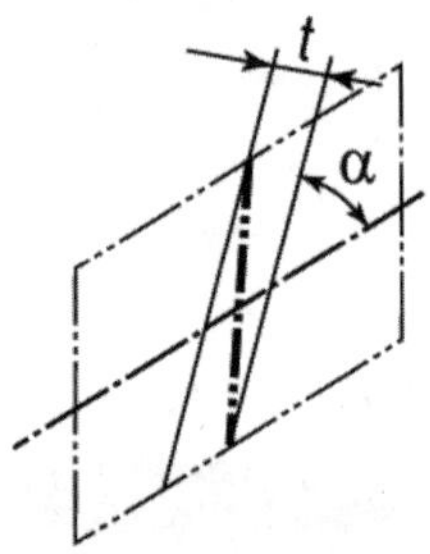

• 그림 8-88 •

② 도시보기와 그 해석

지시선의 화살표로 나타내는 구멍의 축선은 데이텀 축직선 A−B에 대하여 이론적으로 정확하게 60° 기울고 지시선의 화살표방향으로 0.08mm만큼 떨어진 두 개의 평행한 평면 사이에 있어야 한다.

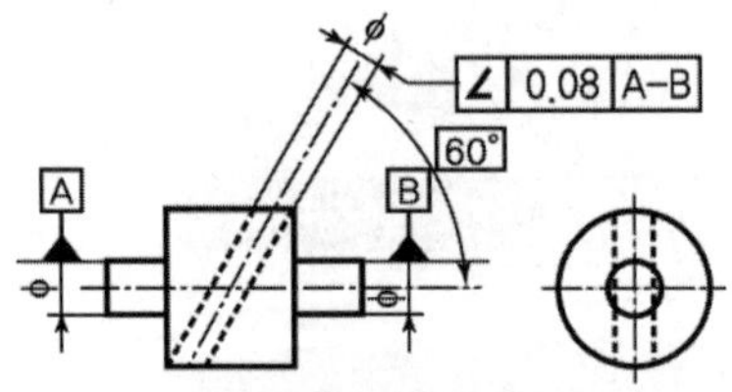

• 그림 8-89 •

(2) 데이텀 평면에 대한 선의 경사도 공차

① 공차역의 정의

한 평면에 투상된 공차역은 데이텀 평면에 대하여 지정된 각도로 기울고 t만큼 떨어진 두 개의 평행한 직선 사이에 끼인 영역이다.

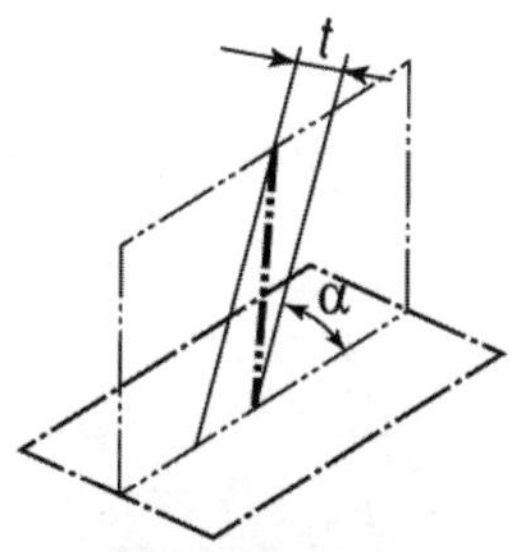

• 그림 8-88 •

② 도시보기와 그 해석

지시선의 화살표로 나타내는 원통의 축선은 데이텀 평면에 대하여 이론적으로 정확하게 80° 기울고 지시선의 화살표 방향으로 0.08mm만큼 떨어진 두 개의 평행한 평면사이에 있어야 한다.

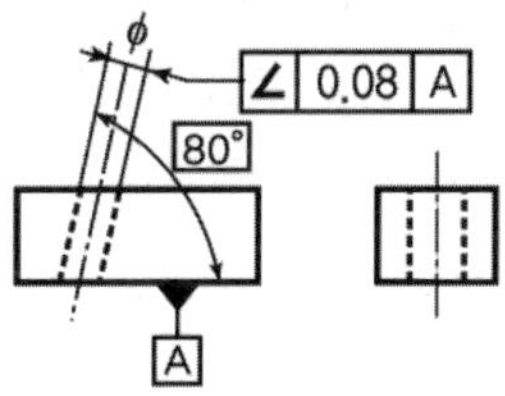

• 그림 8-91 •

(3) 데이텀 직선에 대한 면의 경사도 공차

① 공차역의 정의

공차역은 데이텀 직선에 대하여 지정된 각도로 기울고 t만큼 떨어진 두 개의 평행한 평면 사이에 끼인 영역이다.

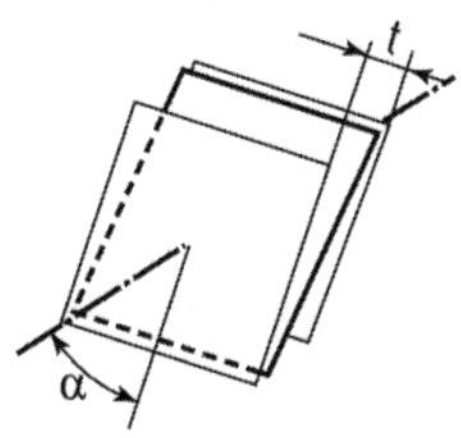

• 그림 8-92 •

② 도시보기와 그 해석

지시선의 화살표로 나타내는 면은 데이텀 축직선 A에 대하여 이론적으로 정확하게 75° 기울고 지시선의 화살표방향으로 0.1mm만큼 떨어진 두 개의 평행한 평면 사이에 있어야 한다.

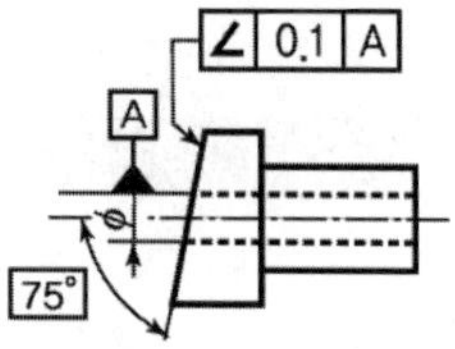

• 그림 8-93 •

10) 위치도 공차

위치도는 데이텀 또는 기타의 형체에 관련하여 정해진 이론적으로 정확한 위치로부터의 직선 형체 또는 평면 형체의 어긋남의 크기를 의미한다.

(1) 점의 위치도 공차

① 공차역의 정의

공차역은 대상으로 하고 있는 점의 이론적으로 정확한 위치를 중심으로 하는 지름 t의 원 안 또는 구 안의 영역이다.

• 그림 8-94 •

② 도시보기와 그 해석

지시선의 화살표로 나타낸 점은 데이텀 직선 A로부터 60mm, 데이텀 직선 B로부터 100mm떨어진 진위치를 중심으로 하는 지름 0.03mm의 원 안에 있어야 한다. 또한 이 그림 보기의 경우는 데이텀 직선 A, B의 우선순위는 없다.

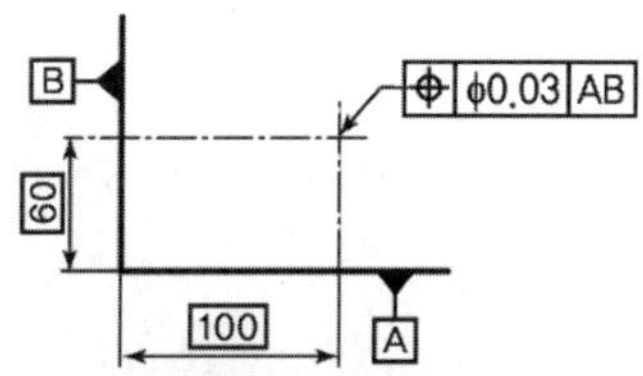

• 그림 8-95 •

(2) 면의 위치도 공차

① 공차역의 정의

공차역은 대상으로 하고 있는 면의 진위치에 대하여 대칭으로 배치되고 t만큼 떨어진 두 개의 평행한 평면사이에 끼인 영역이다.

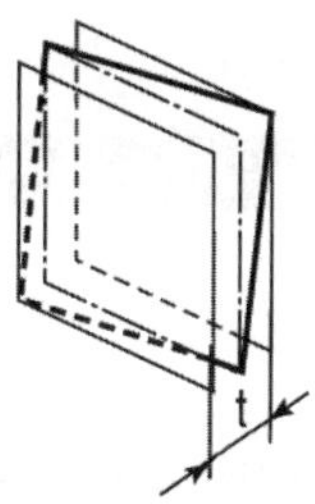

• 그림 8-96 •

② 도시보기와 그 해석

지시선의 화살표로 나타낸 평면은 데이텀 축직선 B의 선 위에서 데이텀 평면 A로부터 35mm 떨어진 위치에 있어서 데이텀 축직선 B에 대하여 105° 기울어진 진위치에 대하여 지시선의 화살표방향에 대칭으로 0.05mm의 간격을 갖는 평행한 두 개의 평면사이에 있어야 한다.

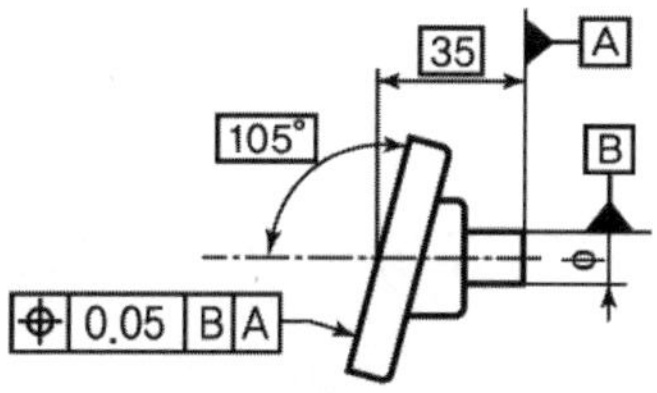

• 그림 8-97 •

11) 동축도 공차 또는 동심도 공차

동축도는 데이텀 축직선과 동일 직선 위에 있어야 할 축선의 데이텀 축직선으로부터의 어긋남을 의미한다.

(1) 동축도 공차

① 공차역의 정의

공차를 나타내는 수치 앞에 기호 ø가 붙어 있는 경우에는 이 공차역은 데이텀 축직선과 일치한 축선을 갖는 지름 t의 원통 안의 영역이다.

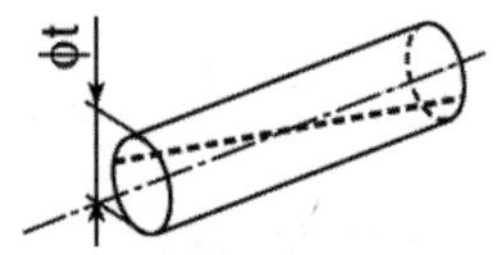

• 그림 8-98 •

② 도시보기와 그 해석

지시선의 화살표로 나타낸 축선은 데이텀 축직선 A－B를 축선으로 하는 지름 0.08mm인 원통 안에 있어야 한다.

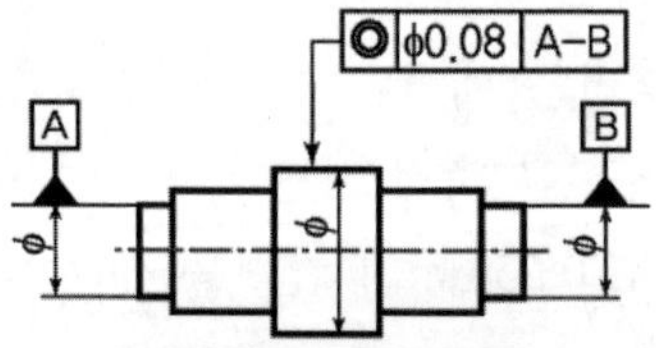

• 그림 8-99 •

(2) 동심도 공차

① 공차역의 정의

공차역은 데이텀 전과 일치하는 점을 중심으로 한 지름 t인 원 안의 영역이다.

• 그림 8-100 •

② 도시보기와 그 해석

지시선의 화살표로 나타낸 원의 중심은 데이텀 점 A를 중심으로 하는 지름 0.01mm인 원 안에 있어야 한다.

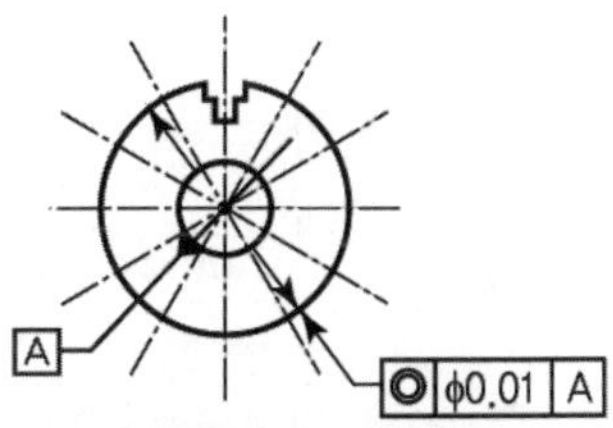

• 그림 8-101 •

12) 대칭도 공차

대칭도는 데이텀 축직선 또는 데이텀 중심평면에 관해서 서로 대칭이어야 할 형체의 대칭 위치로부터의 어긋남의 크기를 의미한다.

(1) 데이텀 중심 평면에 대한 면의 대칭도 공차

① 공차역의 정의

공차역은 데이텀 중심 평면에 대하여 대칭으로 배치되고, 서로 t만큼 떨어진 두 개의 평행한 평면 사이에 끼인 영역이다.

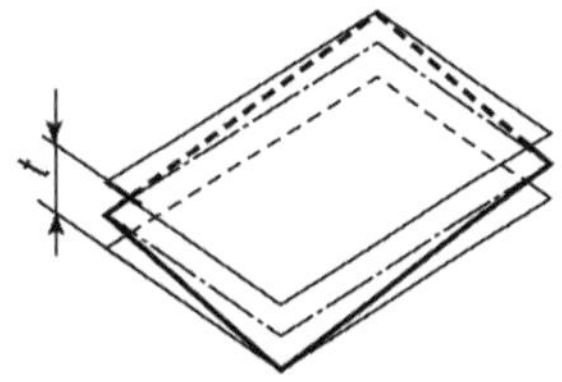

• 그림 8-102 •

② 도시보기와 그 해석

지시선의 화살표로 나타낸 중심면은 데이텀 중심 평면 A에 대칭으로 0.08mm의 간격을 갖는 평행한 두 개의 평면 사이에 있어야 한다.

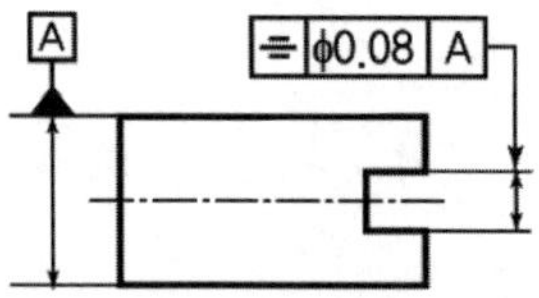

• 그림 8-103 •

(2) 데이텀 직선에 대한 선의 대칭도 공차

① 공차역의 정의

공차의 지정이 서로 직각인 두 방향으로 실시되어 있는 경우에는 이 공차역은 데이텀 직선과 일치하는 선을 축선으로 한 단면 $t_1 \times t_2$의 직6면체 안의 영역이다.

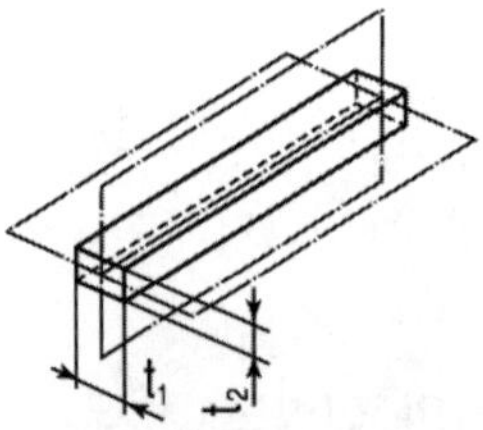

• 그림 8-104 •

② 도시보기와 그 해석

지시선의 화살표로 나타낸 축선은 데이텀 중심 평면 A−B에 대칭으로 0.08mm, 데이텀 중심 평면 C에 대칭으로 0.1mm의 간격을 갖는 두 쌍의 평행한 두 개의 평면으로 둘러싸인 직 6면체 안에 있어야 한다.

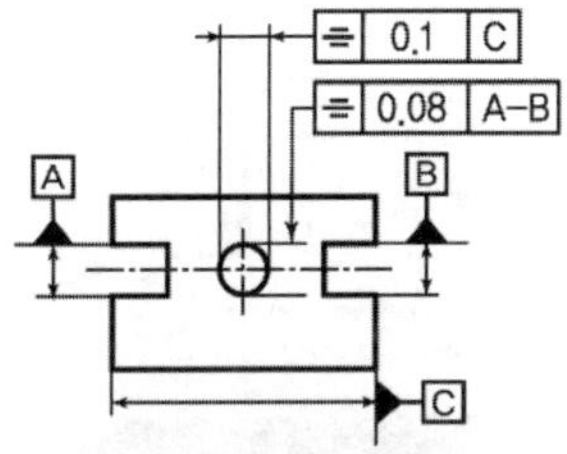

• 그림 8-105 •

13) 원주 흔들림 공차

원주 흔들림은 데이텀 축직선을 축으로 하는 회전면을 가져야 할 대상물 또는 데이텀 축직선에 대하여 수직인 원형 평면이어야 할 대상물을 데이텀 축직선의 둘레에 회전했을 때 그 표면이 지정된 위치 또는 임의의 위치로 지정된 방향으로 변위하는 크기를 말한다.

(1) 반지름 방향의 원주 흔들림 공차

① 공차역의 정의

공차역은 데이텀의 축직선에 수직한 임의의 측정 평면 위에서 데이텀 축직선과 일치하는 중심을 갖고 반지름 방향으로 t만큼 떨어진 두 개의 동심원 사이의 영역이다. 흔들림은 일반으로는 축선의 둘레의 완전한 1회전에 대하여 적용되나 1회전 중의 일부분에 적용을 한정할 수도 있다.

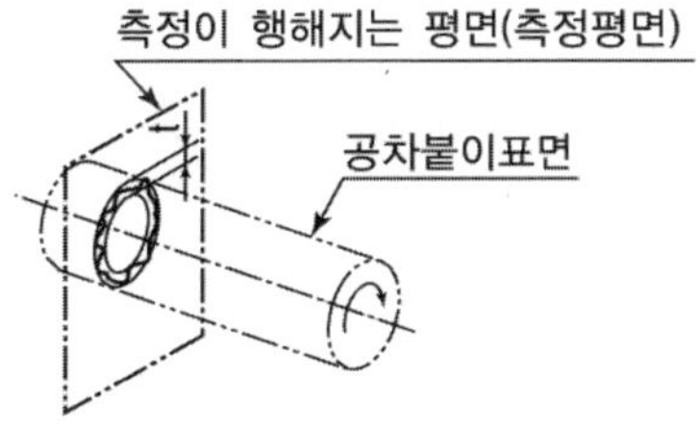

• 그림 8-106 •

② 도시보기와 그 해석

지시선의 화살표로 나타내는 원통면의 반지름 방향의 흔들림은 데이텀 축직선 A－B에 관하여 1회전 시켰을 때 데이텀 축직선에 수직한 임의의 측정 평면 위에서 0.1mm를 초과해서는 안된다.

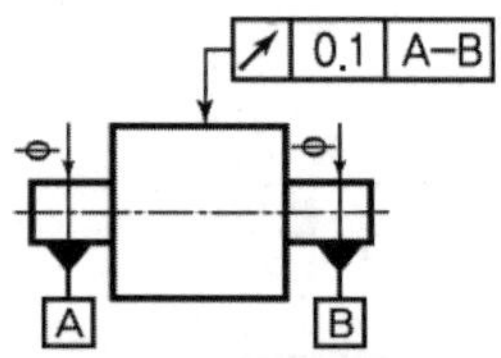

• 그림 8-107 •

(2) 축방향의 원주 흔들림 공차

① 공차역의 정의

공차역은 임의의 반지름 방향의 위치에 있어서 데이텀 축직선과 일치하는 축선을 갖는 측정 원통 위에 있고 축방향으로 t만큼 떨어진 두 개의 원사이에 기인 영역이다.

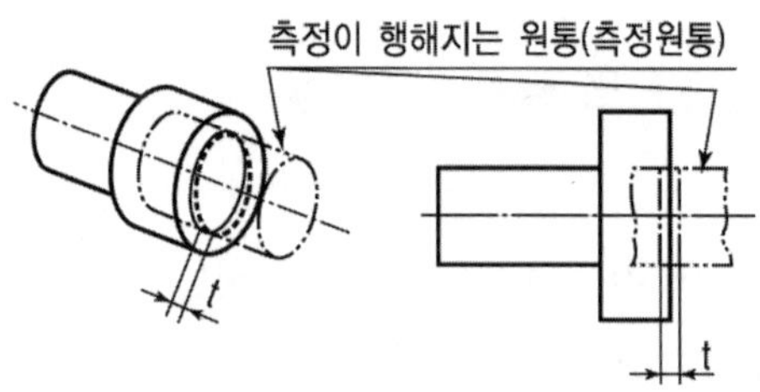

• 그림 8-108 •

② 도시보기와 그 해석

지시선의 화살표로 나타내는 원통측면의 측방향의 흔들림은 데이텀 축직선 D에 관하여 1회전 시켰을 때 임의의 측정위치에서 0.1mm를 초과해서는 안된다.

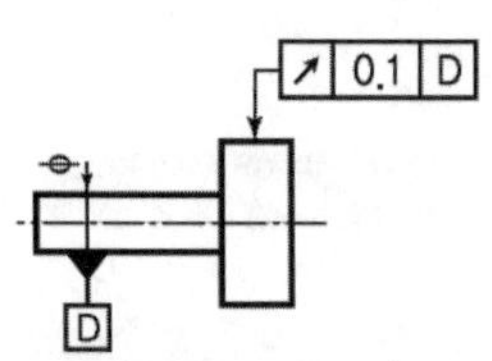

• 그림 8-109 •

14) 온 흔들림 공차

온 흔들림은 데이텀 축직선을 축으로 하는 원통면을 가져야 할 대상물 또는 데이텀 축직선에 대하여 수직인 원형평면이어야 할 대상물을 데이텀 축직선의 둘레에 회전했을 때 그 표면이 지정된 방향으로 변위하는 크기를 말한다.

(1) 반지름 방향의 온 흔들림 공차

① 공차역의 정의

공차역은 데이텀 축직선과 일치하는 축선을 갖고 반지름 방향으로 t만큼 떨어진 두 개의 동축 원통사이의 영역이다.

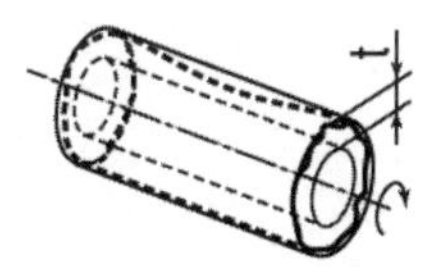

• 그림 8-110 •

② 도시보기와 그 해석

지시선의 화살표로 나타낸 원통면의 반지름 방향의 온 흔들림은 이 원통부분과 측정기구 사이에서 축선방향으로 상대 이동시키면서 데이텀 축직선 A－B에 관하여 원통 부분을 회전시켰을 때 원통 표면 위의 임의의 점에서 0.1mm를 초과해서는 안된다. 측정기구 또는 대상물의 상대 이동은 이론적으로 윤곽선에 따르고 데이텀 축직선에 대하여 정확한 위치에서 실시되어야 한다.

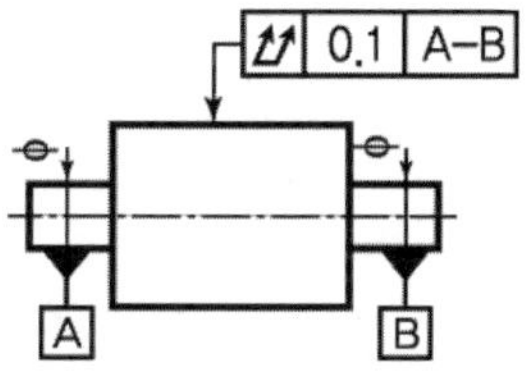

• 그림 8-111 •

(2) 축방향의 원주 흔들림 공차

① 공차역의 정의

공차역은 데이텀 축직선에 수직하고 데이텀 축직선 방향으로 t만큼 떨어진 두 개의 평면 사이에 기인 영역이다[그림 8-112].

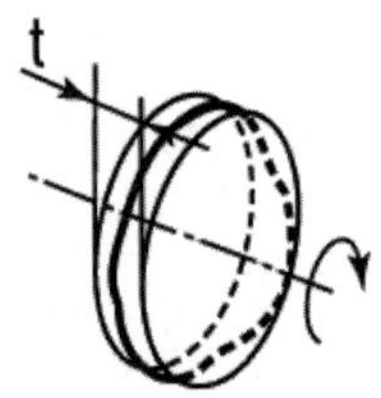

• 그림 8-112 •

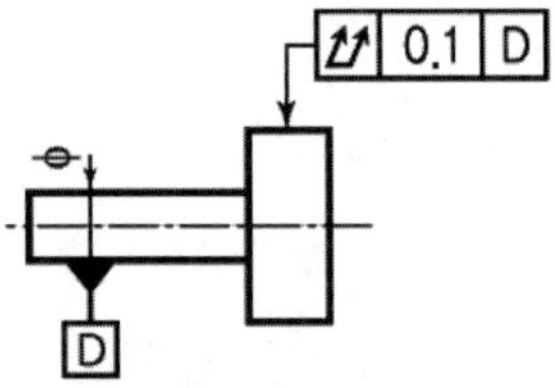

• 그림 8-113 •

② 도시보기와 그 해석

지시선의 화살표로 나타낸 원통 측면의 축방향 온 흔들림은 이 측면과 측정기구 사이에서 반지름방향으로 상대 이동시키면서 데이텀 축직선 D에 관하여 원통 측면을 회전시켰을 때 원통 측면 위의 임의의 점에서 0.1mm를 초과해서는 안된다. 측정기구 또는 대상물의 상대 이동은 이론적으로 정확한 윤곽선에 따르고 데이텀 축직선에 대하여 정확한 위치에서 실시되어야 한다[그림 8-113].

CHAPTER 08

기하공차 / 연습문제

기하공차 [1]

전공		학 번		학 년		반		성 명	

다음 빈칸에 적당한 기하공차에 대한 명칭 및 기호를 기입하세요.

번호	공차의 종류	기 호	번호	공차의 종류	기 호
1		◎	8	진원도	
2	진직도		9		∠
3		⌓	10	원통도	
4	직각도		11		⌒
5		⌖	12	평행도	
6	대칭도		13		↗
7		▱	14	온 흔들림 공차	

기하공차 [2]

전공		학 번		학 년		반		성 명	

지시에 적합한 기하공차를 선정하시오.

01 진원도 공차

(A) [○ | 0.03] (B) [— | 0.2] (C) [▱ | 0.1] (D) [∠ | 0.05]

02 동축도 공차

(A) [↗ | 0.2] (B) [◎ | ϕ0.02] (C) [⌯ | 0.08] (D) [⊥ | ϕ0.01]

03 진직도 공차

(A) [∠ | 0.05] (B) [// | 0.05] (C) [⌖ | 0.08] (D) [— | 0.2]

04 원통도 공차

(A) [⊥ | ϕ0.01] (B) [⌖ | 0.08] (C) [◎ | ϕ0.02] (D) [⌭ | 0.1]

05 평행도 공차

(A) [⌓ | 0.02] (B) [— | 0.2] (C) [// | 0.05] (D) [○ | 0.03]

06 평면도 공차

(A) | ⌯ | 0.08 |

(B) | ⌒ | 0.02 |

(C) | ⏥ | 0.1 |

(D) | ↗ | 0.2 |

[1]		[2]		[3]		[4]		[5]		[6]	

기하공차 [3]

전공		학 번		학 년		반		성 명	

A도를 어떻게 하면 B도와 같이 되지 않도록 하기 위하여 왼쪽 그림에 기호를 기입하시오.

01 평행도 공차의 허용값 0.2

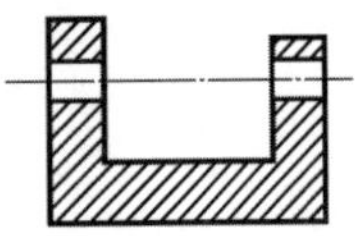
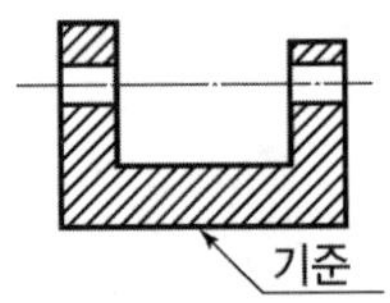

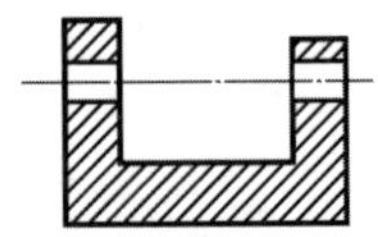

[A] [B]

02 등축도 공차의 허용값 0.02

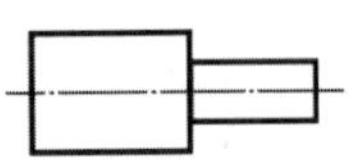
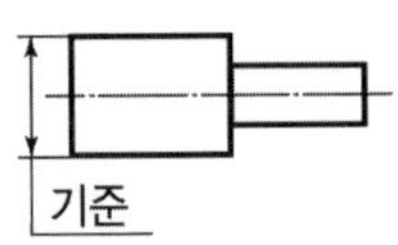

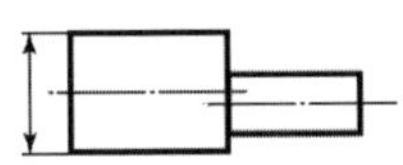

[A] [B]

03 직각도 공차의 허용값 0.02

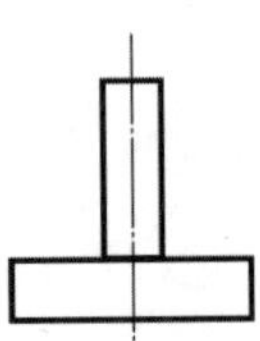
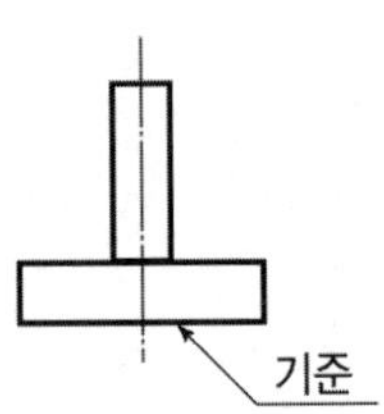

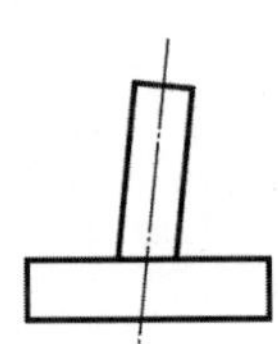

[A] [B]

04 동심도 공차의 허용값 0.01

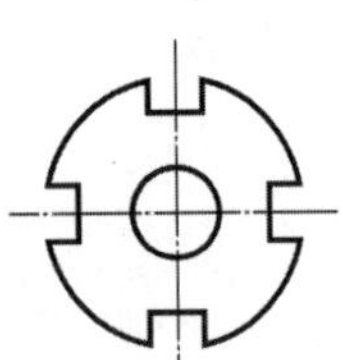
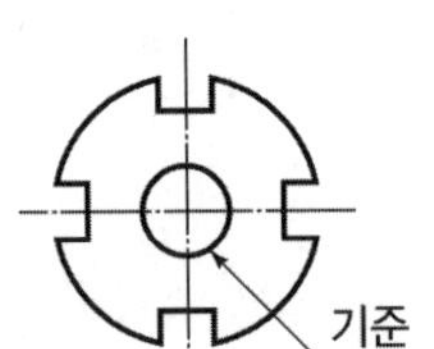

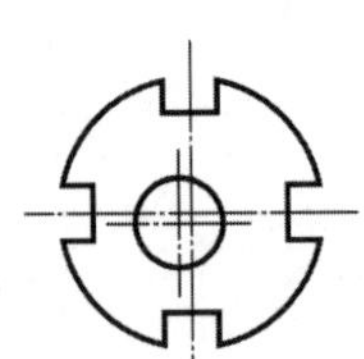

PART

02

기계요소 제도

CHAPTER 01 나사, 볼트, 너트

CHAPTER 02 키, 핀

CHAPTER 03 기어

CHAPTER 04 축 및 축 이음

CHAPTER 05 벨트풀리와 스프로킷

CHAPTER 06 베어링

요소공차 검토

기계제도&도면해독

CHAPTER

01 나사, 볼트, 너트

나사는 나사산을 가진 물품의 총칭으로서 볼트와 대조하는 경우는 원칙적으로 너트를 끼우지 않고 사용하는 수나사를 가진 물품을 의미한다.

01 용어

1) 나사 곡선

원통 또는 원추의 표면에 따라 축방향 이동과 축선 주위의 회전각의 비가 일정하게 되는 점을 그리는 궤적 [**그림 1-1, 2**]

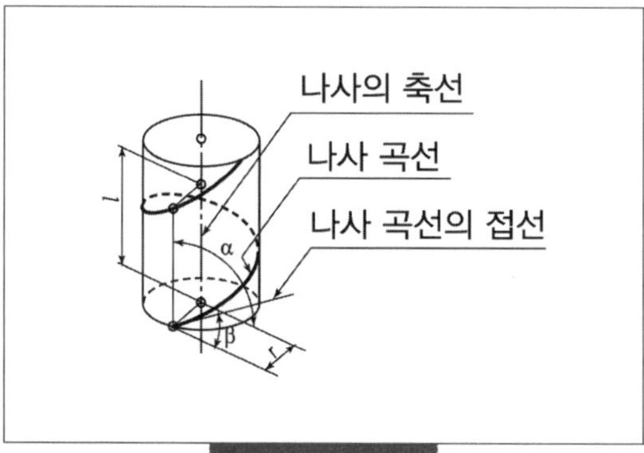

• 그림 1-1 •

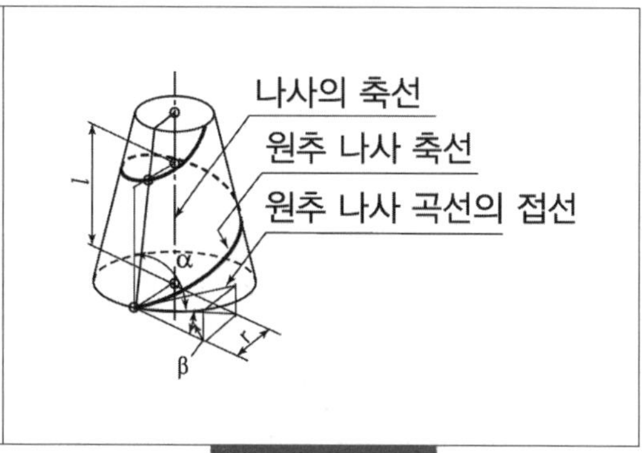

• 그림 1-2 •

2) 나사산

원통 또는 원추의 표면에 코일 모양으로 만들어진 단면의 일률적인 돌기 [그림 1-3]

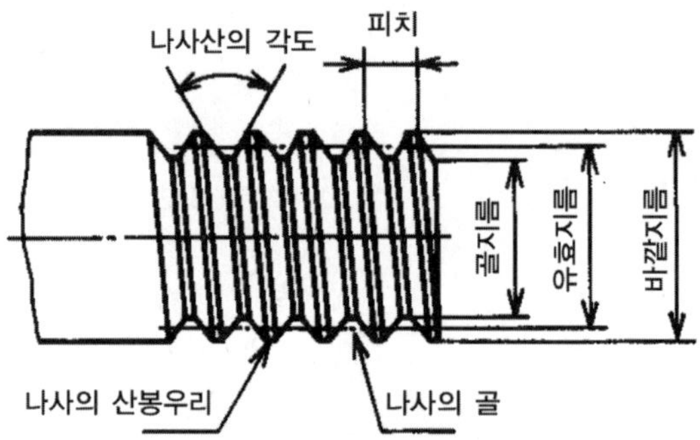

• 그림 1-3 •

3) 리드

리드는 나사곡선에 따라 축의 둘레를 1회전하였을 때 축방향으로 이동한 거리 [그림 1-1, 2]이다.

4) 피치

피치는 나사의 축선을 포함한 단면에 있어서 서로 인접한 나사산의 서로 대응하는 2점을 축선에 평행하게 측정한 거리이다 [그림 1-4].

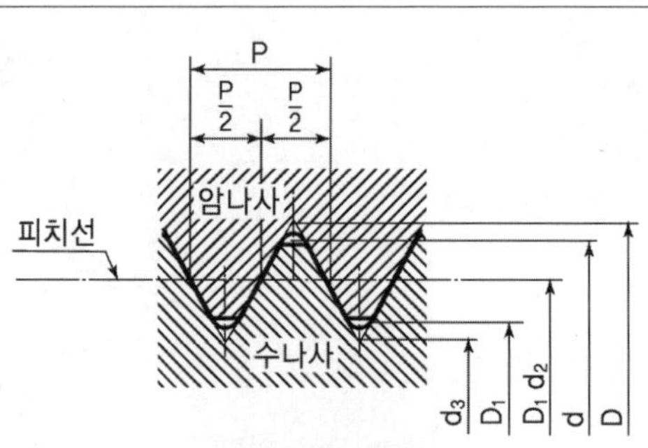

• 그림 1-4 •

5) 수나사

나사산의 원통 또는 원추 바깥면에 있는 나사

6) 암나사

나사산의 원통 또는 원추 안면에 있는 나사

7) 한줄 나사

리드가 피치와 같은 나사

8) 두줄나사

리드가 피치의 2배와 같은 나사

9) 많은 줄 나사

리드가 2 이상의 정수배와 같은 나사

10) 오른 나사

축방향으로 보았을 때 시계바늘이 도는 방향이 나사산을 따라 갈 때 그 사람측에서 멀어지는 나사산을 갖는 나사

11) 왼 나사

축방향으로 보았을 때 시계바늘이 도는 방향과 반대방향으로 나사산을 따라 갈 때 그 사람측에서 멀어지는 나사산을 갖는 나사

02 나사

① 나사

1) 나사 부품의 도시방법

나사는 특수한 공구로 가공되어지기 때문에 필요한 치수의 표시와 함께 나사인 것을 확인할 수 있도록 도면에서 나타내지 않으면 안 된다. 따라서 **[그림 1-5]**와 같은 생략법에 의해 그려진다. 나사의 완전 나사부, 유효 나사부 및 불완전 나사부에 대하여 KS B 0101 (나사 용어)에 다음과 같이 정의되어져 있다.

① **완전나사부** : 산봉우리와 골밑이 양쪽 다 완전한 산모양을 가진 나사부분

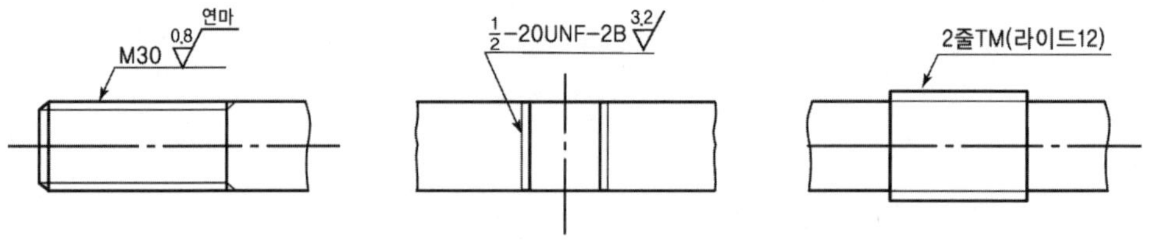

• 그림 1-5 •

② **유효나사부** : 나사로서 유효하게 사용되어지는 나사부로서 나사의 한쪽 끝에 있어서 面取 등 대문에 산봉우리가 완전하지 않는 나사부를 포함한다.
③ **불완전나사부** : 나사가공 공구의 모떼기부 또는 먹혀진 부분 등에 의하여 만들어진 산 모양의 불완전한 나사부

나사 및 나사부품의 도시방법과 도면에 기입하는 나사 표시방법은 다음과 같다.

① 수나사의 바깥지름과 암나사의 안지름은 굵은 실선으로 그린다.
② 수나사의 골지름과 암나사의 바깥지름은 가는 실선으로 그린다.
③ 완전 나사부와 불완전 나사부의 경계는 굵은 실선으로 그린다.

④ 불완전 나사부의 골 밑을 나타내는 선은 가는 실선으로 축선에 대하여 30° 경사지게 그린다. 길이가 실제 치수로 되게 하기 때문에 경사진 가는 실선의 경사는 30°가 되지 않아도 좋다.

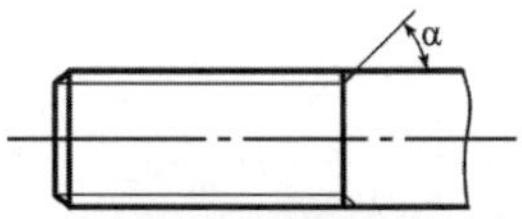

• 그림 1-6 •

⑤ 암나사의 탭구멍의 드릴자리는 120°의 굵은 실선으로 그린다.
⑥ 보이지 않는 부분의 나사부는 파선으로 그린다. 보통 골밑을 나타내는 선은 산봉우리보다 가는 선으로 한다.
⑦ 수나사와 암나사가 결합되어 있는 부분은 수나사쪽을 그린다.

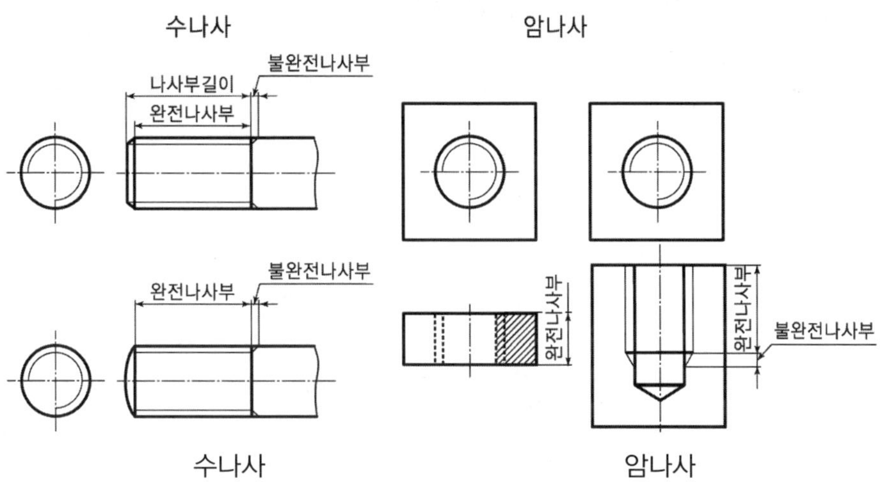

• 그림 1-7 •

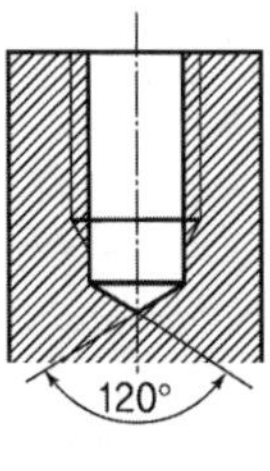

• 그림 1-8 •

⑧ 해칭은 수나사의 경우는 수나사의 산봉우리를 나타내는 선(외경)까지 나타내고, 암나사의 경우는 암나사의 내경까지 그린다.
⑨ 수나사와 암나사의 측면 도시에서 각각의 골지름은 약 3/4원으로 그린다.
⑩ 나사의 결합부, 나사 구멍은 [그림 1-9, 10]과 같이 나타낸다.

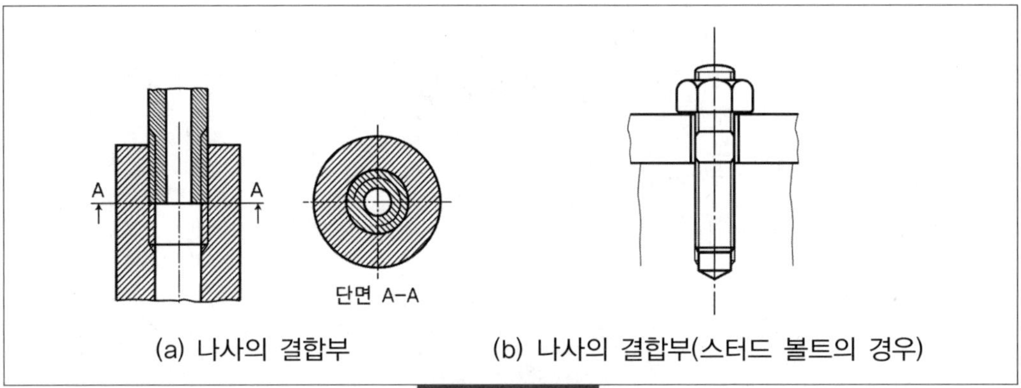

• 그림 1-9 •

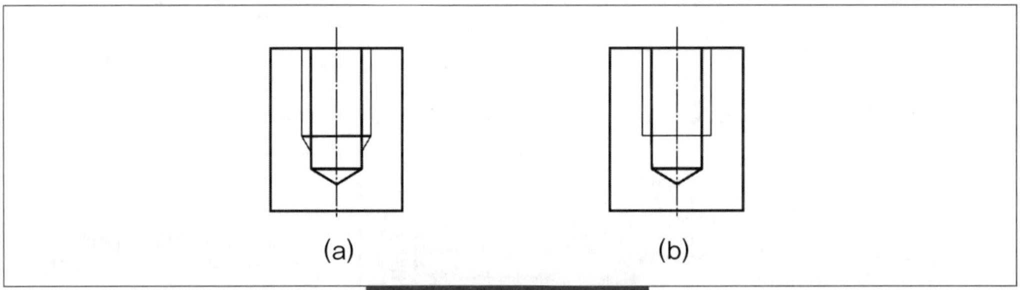

• 그림 1-10 • 나사 구멍

2 볼트, 너트, 작은 나사류의 약도

볼트, 너트, 스터드 볼트, 작은 나사류는 [그림 1-11, 12]와 같은 약도로 나타내고 다만, 더욱 간략화한 그림[그림 1-11(b), (d), (f)]에서는 불완전 나사부를 생략한다.

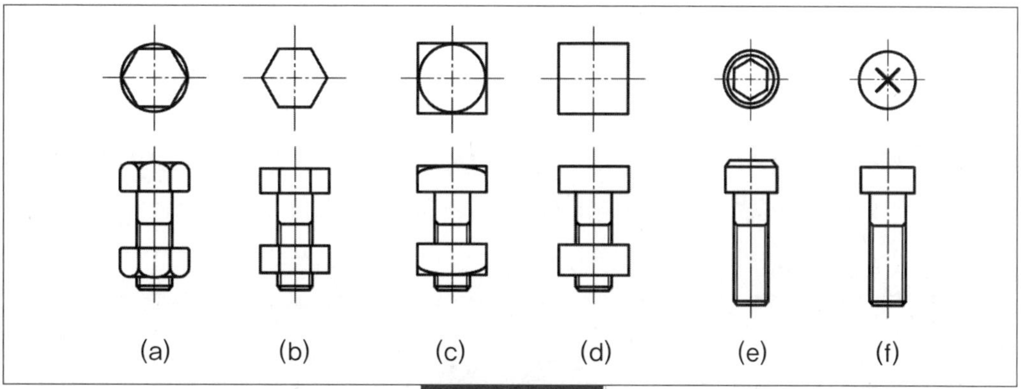

• 그림 1-11 •

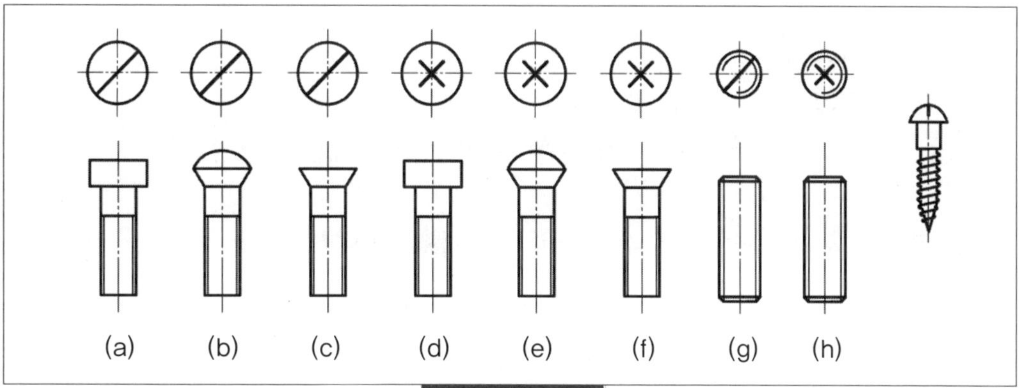

• 그림 1-12 •

3 나사의 표시방법

1) 나사의 표시방법

나사의 표시방법은 나사의 호칭, 나사의 등급, 나사산의 감김 방향 및 나사산의 줄의 수에 대하여 수나사의 산봉우리 또는 암나사의 골 밑을 표시하는 선에서 지시선을 긋고, 그 끝에 수평선을 그어 그 위에 KS B 0200(나사의 표시방법)에 규정한 방법을 사용하여 표시한다.

나사산의 감김방향	나사산의 줄의 수	나사의 호칭	–	나사의 등급

2) 나사의 호칭 표시방법

나사의 호칭은 나사의 종류를 표시하는 기호, 나사의 지름을 표시하는 숫자 및 피치 또는 25.4mm에 대한 나사산의 수(이하 산의 수라 한다)를 사용하여 다음과 같이 표시한다. 또한 [표 1-1]에 나사의 종류를 표시하는 기호 및 나사의 호칭 표시방법의 보기를 나타낸다.

(1) 피치를 밀리미터로 표시하는 나사의 경우

나사의 종류를 표시하는 기호	나사의 호칭지름을 표시하는 숫자	×	피치

다만, 미터 보통 나사 및 미니추어 나사와 같이 동일한 지름에 대하여 피치가 하나만 규정되어 있는 나사에서는 원칙으로 피치를 생략한다.

(2) 피치를 산의 수로 표시하는 나사(유니파이 나사를 제외)의 경우

나사의 종류를 표시하는 기호	나사의 지름을 표시하는 숫자	×	산의 수

다만, 관용나사와 같이 동일한 지름에 대하여 산의 수가 단 하나만 규정되어 있는 나사에서는 원칙으로 산의 수를 생략한다. 또한 혼동될 우려가 없을 때에는 "산"대신에 하이픈 "—"을 사용할 수 있다.

(3) 유니파이 나사의 경우

나사의 지름을 표시하는 숫자 또는 번호	-	산의 수	나사의 종류를 표시하는 기호

3) 나사의 등급

나사의 등급은 등급을 나타내는 숫자와 문자의 조합 또는 문자로서 표시한다. 이 경우 나사의 종류에 대한 등급의 구분은 각각 관련하는 규격에 따른다. 나사의 등급은 필요 없을 경우는 생략하여도 좋다.

4) 나사의 감김 방향

나사산의 감김방향은 왼나사의 경우에는 “좌”의 글자로 표시하고, 오른나사의 경우는 표시하지 않는다. 또한 “좌” 대신에 “L”를 사용할 수 있다.

5) 나사의 줄 수

나사산의 줄의 수는 여러 줄 나사의 경우에는 “2줄”,“3줄”등과 같이 표시하고, 한줄 나사의 경우에는 표시하지 않는다. 또한 “줄” 대신에 “N”을 사용할 수 있다.

6) 나사의 표기방법의 보기

나사의 표기방법의 보기를 [표 1–1]에 나타낸다.

표 1-1 나사의 종류를 표시하는 기호 및 나사의 호칭에 대한 표시방법

구 분		나사의 종류		나사의 종류를 표시하는 기호	나사의 호칭에 대한 표시방법
일반용	ISO 규격에 있는 것	미터 보통 나사		M	M8
		미터 가는 나사			M8 × 1
		미니추어나사		S	S0.5
		유니파이 보통나사		UNC	3/8 − 16UNC
		유니파이 가는나사		UNF	No.8 − 36UNF
		미터사다리꼴나사		Tr	Tr10 × 2
일반용	ISO 규격에 있는 것	관용 테이퍼나사	테이퍼 수나사	R	R3/4
			테이퍼 암나사	Rc	Rc3/4
			평행 암나사	Rp	Rp3/4
	ISO 규격에 없는 것	관용 평행나사		G	G1/2
		30도 사다리꼴나사		TM	TM18
		29도 사다리꼴나사		TW	TW20
		관용 테이퍼 나사	테이퍼 나사	PT	PT7
			평행 암나사	PS	PS7

구 분	나사의 종류		나사의 종류를 표시하는 기호	나사의 호칭에 대한 표시방법
특수용	관용 평행나사		PF	PF7
	후강 전선관 나사		CTG	CTG16
	박강 전선관 나사		CTC	CTC19
	자전거 나사	일반용	BC	BC3/4
		스포크용		BC 2.6
	미싱 나사		SM	SM1/4 산40
	전구 나사		E	E10
	자동차용 타이어 밸브 나사		TV	TV8
	자전거용 타이어 밸브 나사		CTV	CTV8 산30

7) 나사면의 표면 거칠기

나사면의 표면 거칠기를 나타내는 경우는 KS B 0161(표면 거칠기)에 규정 된 표면 거칠기 기호 또는 다듬질 기호를 사용하여 나사 표시의 마지막에 이것을 기입한다[그림 1-13].

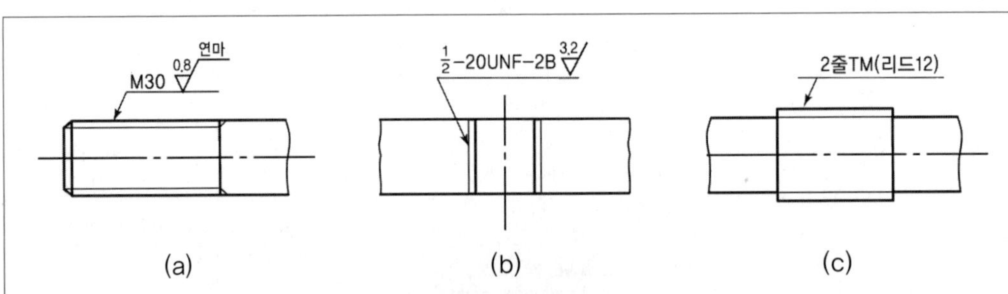

• 그림 1-13 •

8) 기타 표기방법

① 여러 줄 나사의 리드를 표시할 때에는 나사의 호칭 뒤에 괄호에 넣어 기입한다[그림 1-13(c)]. 다만, 미터 사다리꼴나사는 제외한다.

② 나사인 것을 명확히 나타내야 할 경우에는 "나사"의 글자를 나사 등급 뒤에 부기한다[그림 1-14].

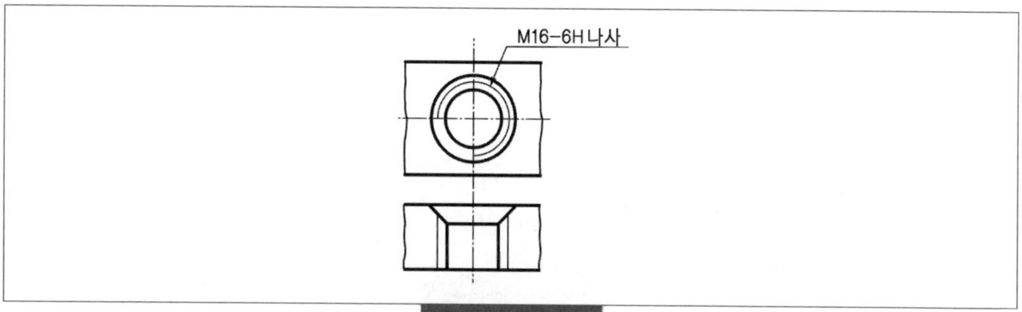

• 그림 1-14 •

③ 암나사의 유효 나사부의 길이 및 나사내기 구멍의 지름과 깊이를 표시할 경우는 [그림 1-15]의 보기에 따른다.

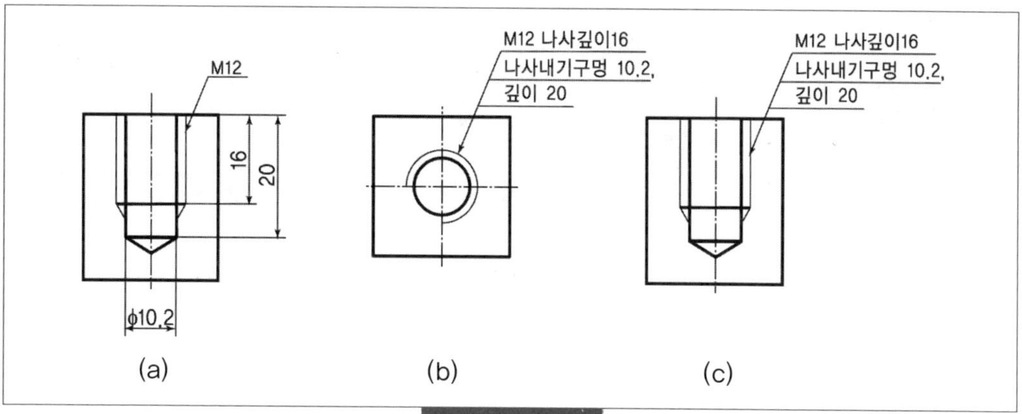

• 그림 1-15 •

④ 나사 결합부로서 암나사·수나사의 등급을 동시에 나타내야 할 경우는 [그림 1-16]에 따른다.

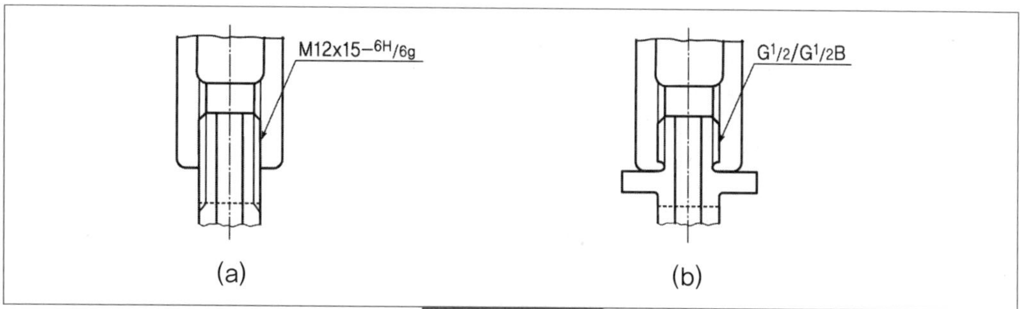

• 그림 1-16 •

⑤ 관용 테이퍼나사의 기준 지름 위치를 나타내야 할 때에는 기준 지름의 위치에 그 호칭을 기입한다 [그림 1–17].

⑥ 암나사가 관용 평행나사이고, 수나사가 관용 테이퍼 나사와의 조합일 때에는 지시선의 끝부에 그은 수평선의 위쪽에 암나사·수나사의 순으로 표시한다 [그림 1–18].

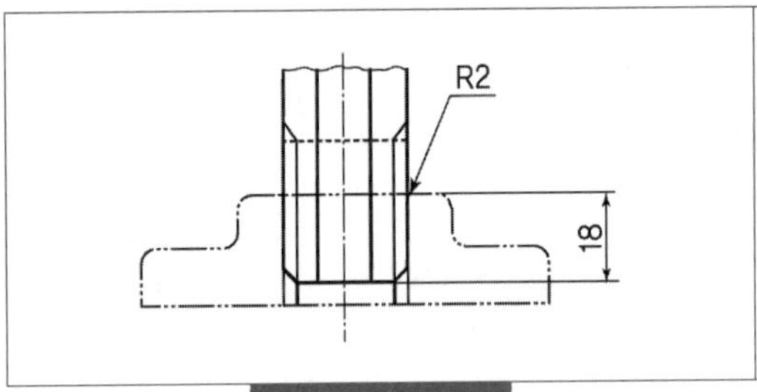

• 그림 1-17 •

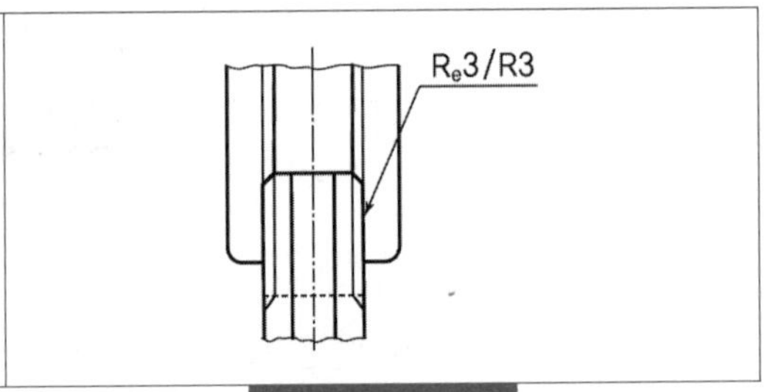

• 그림 1-18 •

4 나사산의 종류와 규격

1) 삼각나사

나사산의 모양이 정3각형에 가까운 나사의 총칭으로서 체결용으로 가장 광범위하게 사용되어지고 있고 종류는 미터나사, 유니파이나사, 관용나사 등이 있다.

(1) 미터나사

프랑스와 독일 등에서 일반용 나사로 발달하여 온 나사로서 나사의 바깥지름 및 피치를 밀리미터로 나타내고, 나사산의 각도가 60°인 삼각나사로서 일반적으로 광범위하게 사용되어지고 있다 [표 1–2].

표 1-2 미터 보통나사의 기준 치수

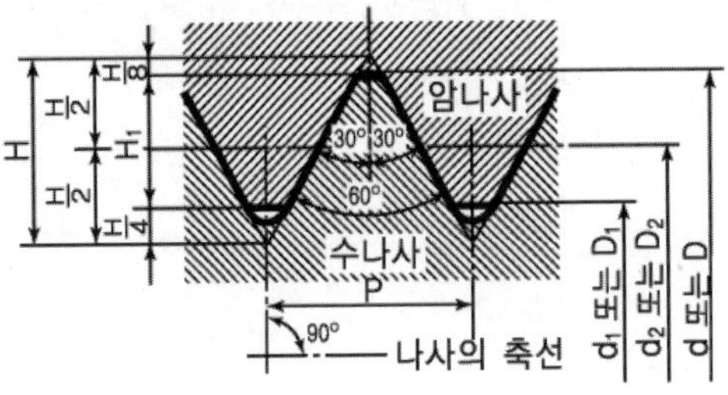

$H = 0.866025P$ $\quad d_2 = d - 0.649519P$ $\quad D = d$

$H_1 = 0.541266P$ $\quad d_1 = d - 1.082532P$ $\quad D_2 = d_2$

$D_1 = d_1$

단위 : mm

나사의 호칭			피치 P	접촉높이 H_1	암나사		
					골지름 D	유효지름 D_2	안지름 D_1
1란	2란	3란			수나사		
					바깥지름 d	유효지름 d_2	골지름 d_1
M1			0.25	0.135	1.000	0.838	0.729
	M1.1		0.25	0.135	1.100	0.938	0.829
M1.2			0.25	0.135	1.200	1.038	0.929
	M1.4		0.3	0.162	1.400	1.205	1.075
M1.6			0.35	0.189	1.600	1.373	1.221
	M1.8		0.35	0.189	1.800	1.573	1.421
M2			0.4	0.217	2.000	1.740	1.567
	M2.2		0.45	0.244	2.200	1.908	1.713
M2.5			0.45	0.244	2.500	2.208	2.013
M3			0.5	0.271	3.000	2.675	2.459
	M3.5		0.6	0.325	3.500	3.110	2.850
M4			0.7	0.379	4.000	3.545	3.242
	M4.5		0.75	0.406	4.500	4.013	3.688
M5			0.8	0.433	5.000	4.480	4.134
M6			1	0.541	6.000	5.350	4.917
		M7	1	0.541	7.000	6.350	5.917
M8			1.25	0.677	8.000	7.188	6.647
		M9	1.25	0.677	9.000	8.188	7.647
M10			1.5	0.812	10.000	9.026	8.376
		M11	1.5	0.812	11.000	10.026	9.376
M12			1.75	0.947	12.000	10.863	10.106
	M14		2	1.083	14.000	12.701	11.835
M16			2	1.083	16.000	14.701	13.935
	M18		2.5	1.353	18.000	16.376	15.294
M20			2.5	1.353	20.000	18.376	17.294
	M22		2.5	1.353	22.000	20.376	19.294
M24			3	1.624	24.000	22.051	20.752
	M27		3	1.624	27.000	25.051	23.752
M30			3.5	1.894	30.000	27.727	26.211
	M33		3.5	1.894	33.000	30.727	29.211
M36			4	2.165	36.000	33.402	31.670
	M39		4	2.165	39.000	36.402	34.670
M42			4.5	2.436	42.000	39.077	37.129
	M45		4.5	2.436	45.000	42.077	40.129
M48			5	2.706	48.000	44.752	42.587
	M52		5	2.706	52.000	48.752	46.587
M56			5.5	2.977	56.000	52.428	50.046
	M60		5.5	2.977	60.000	56.428	54.046
M64			6	3.248	64.000	60.103	57.505
	M68		6	3.248	68.000	64.103	61.505

(2) 유니파이나사

미국, 영국, 캐나다의 3국이 군사상 필요로 협정하여 생긴 나사로서 기준 산모양은 미터 나사와 같지만 나사의 호칭은 바깥지름을 인치로 한 수치로, 피치는 1인치 내에 있는 나사산의 수로 나타낸다[그림 1-19].

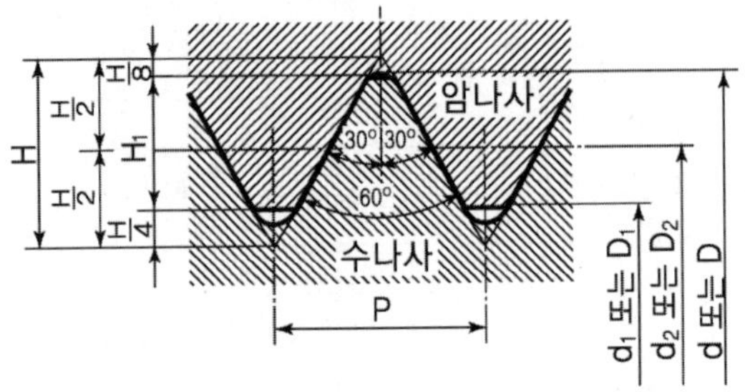

• 그림 1-19 •

(3) 관용나사

배관용 강관, 관용 부품, 유체기계 등의 접속에 사용하며, 테이퍼 나사와 평행나사가 있다. 관용 테이퍼 나사는 1/16의 테이퍼로 한다. 호칭치수는 나사의 바깥지름과 1인치 내에 있는 나사산의 수로 나타낸다.

2) 사다리꼴나사

나사산이 사다리꼴 형상과 같이 산봉우리와 골밑을 베어낸 것이 비교적 큰 대칭 단면형의 나사[그림 1-20]로 마찰이 작고 정확하게 물리므로 선반의 리드 스크루 등 동력 전달용으로 사용되며 30° 사다리꼴나사와 29° 사다리꼴나사가 있다.

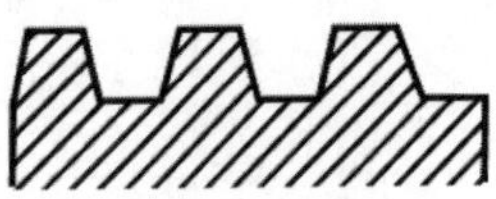

• 그림 1-20 •

3) 규격 외 나사

(1) 톱니나사

바이스와 같이 축방향으로 힘을 받는 경우에 사용되며, 나사산의 단면은 대칭이 아니다.

(2) 각나사

단면형의 정방향에 가까운 나사산을 가지고 있는 나사로 프레스 및 큰 힘을 전달하는데 사용한다.

(3) 둥근나사

사다리골 나사의 산봉우리와 골밑에 [그림 1-21]과 같이 큰 둥글기를 가진 나사

• 그림 1-21 •

03 볼트(bolt), 너트(nut), 와셔(washer)

볼트는 너트와 조립하여 사용하는 수나사를 가진 물품의 총칭이며, 볼트의 모양, 기능, 용도 등에 의하여 여러 가지 종류가 있다.

또한 너트는 축심부에 암나사가 깎여져 있는 물품의 총칭이다. 따라서 볼트·너트는 기계 부품의 상호 체결이 확실하고 더욱 보수, 수리를 위한 분해가 용이하고 취급이 간단하여 널리 사용된다.

1 볼트

볼트는 [그림 1-22]에 나타낸 6각 볼트가 가장 일반적으로 이용되어지지만 이 밖에 특수한 것도 있다.

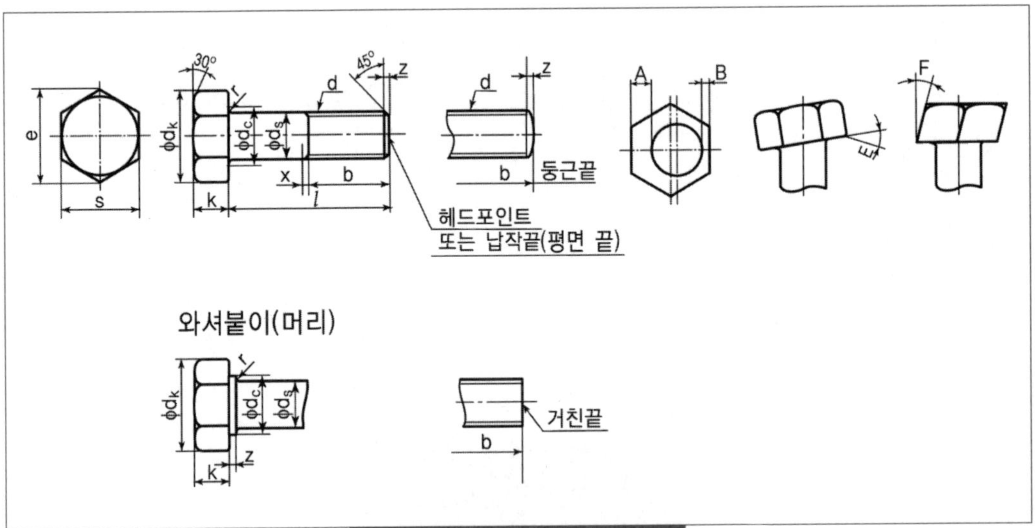

• 그림 1-22 • 보통 6각 볼트

체결용 볼트는 용도에 따라 다음과 같이 불리어진다.

① **관통볼트**(through bolt) : [그림 1-23(a)]과 같이 체결하는 기계부분 A, B에 관통하는 구멍을 두고 여기에 볼트를 끼워 넣고 볼트의 나사부를 너트로 체결한다.

② **탭 볼트**(tap bolt) : [그림 1-23(b)]과 같이 체결하는 기계부분 A, B의 한 쪽에는 관통하는 구멍을 뚫고 다른 쪽은 나사를 내어 이것을 볼트로 체결한다.

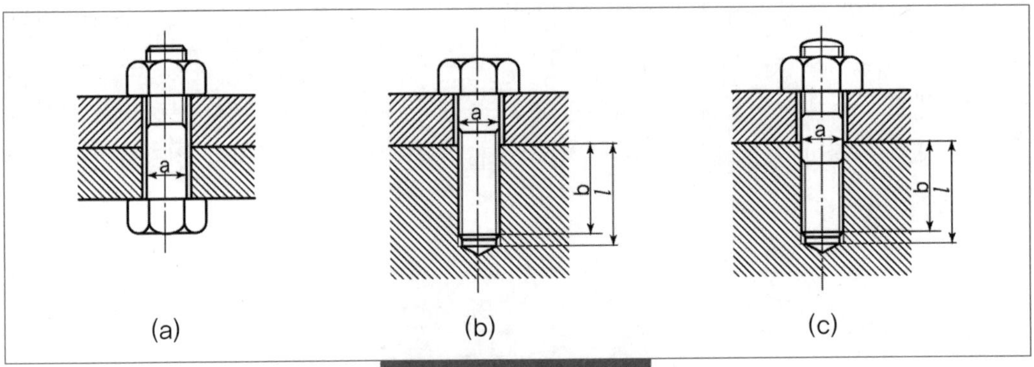

• 그림 1-23 • 관통볼트

③ **스터드 볼트(stud bolt)** : 체결되어진 기계부분 A, B의 분해, 조립을 많이 하는 경우, 스터드 볼트를 사용한다. 볼트의 양단에 나사를 내고, 한 쪽 부품에 나사 박음하여, 다른 쪽을 너트로 결합하는 것이다. 볼트 구멍은 보통 볼트의 축 지름보다 다소 크게 하여 틈새를 둔다.

용접용 볼트는 자동차 차체에 취부하고져 할 때는 **[그림 1-24]**와 같이 자리면에 돌기부를 설치하고 강판에 프로젝션 용접하여 사용한다.

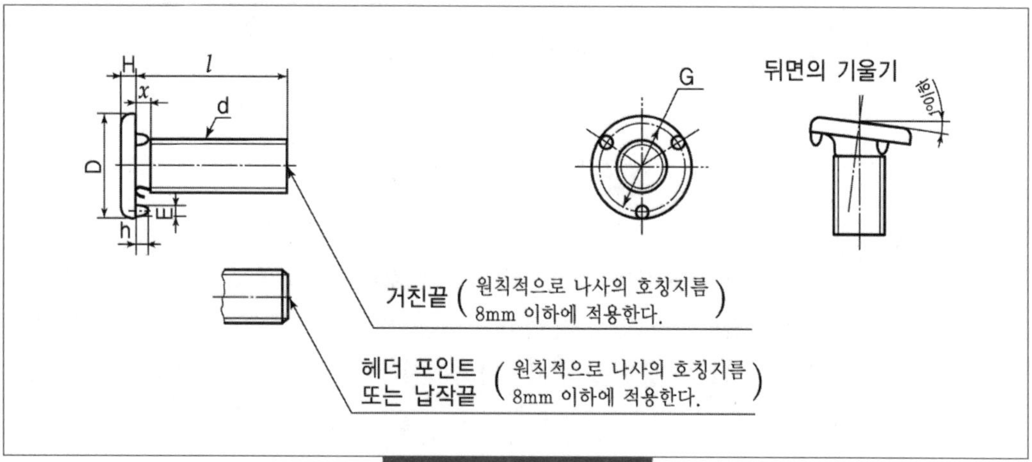

• 그림 1-24 • 용접 볼트

2 너트

가장 일반적으로 많이 사용하고 있는 6각 너트를 **[그림 1-25]**에서 보여주고 있다. 그 종류는 다양하다.

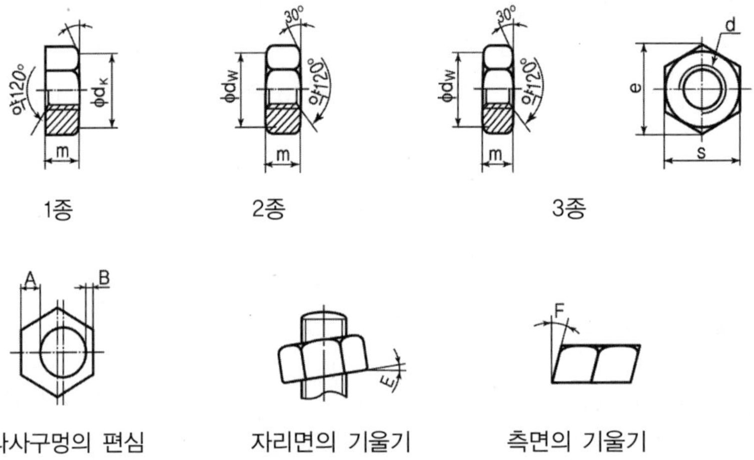

• 그림 1-25 • 6각 너트

용접용 너트는 자동차 차체에 취부하고져 할 때는 **[그림 1-26, 27, 28]**과 같이 자리면에 돌기부를 설치하고 강판에 프로젝션 용접하여 사용한다. 일반적으로 6각과 4각 및 T형 너트가 있다. 로크너트는 너트의 풀림을 방지하기 위하여 2개의 너트를 겹쳐서 죄던가 또는 특수한 모양의 너트를 말한다.

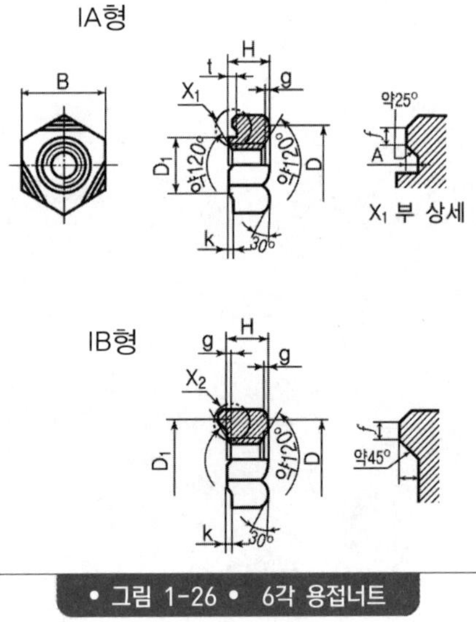

• 그림 1-26 • 6각 용접너트

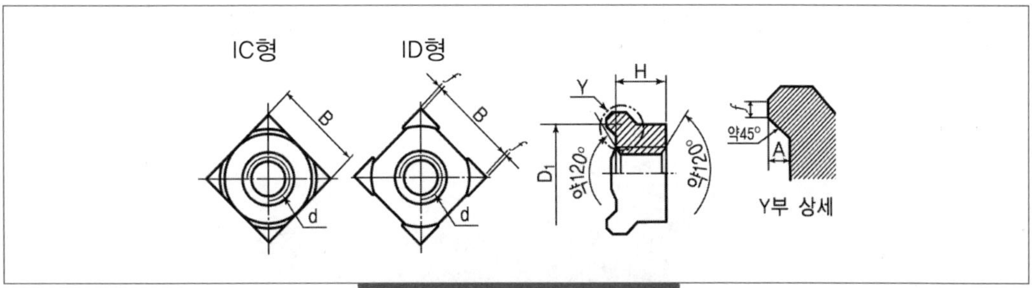

• 그림 1-27 • 4각 용접너트

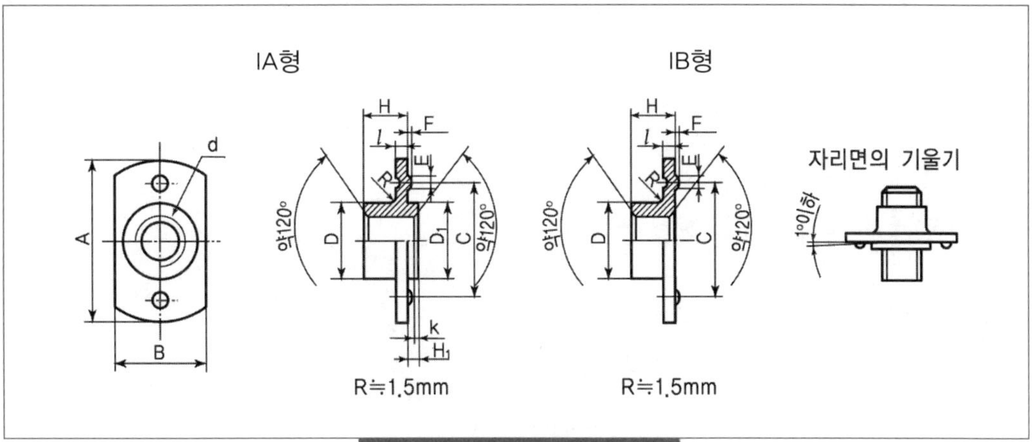

• 그림 1-28 • T형 용접 너트

3 와셔

와셔는 작은나사, 볼트, 너트 등의 자리면과 죔부 사이에 끼우는 것이며 모양, 기능 용도 등에 따라 여러 가지 종류가 있다.

① **평와셔** : 평판 모양의 와셔로서 외형으로는 둥근, 4각 등이 있으며 특히 4각형을 4각 와셔라 한다.

② **스프링 와셔** : 코일 모양을 한 와셔로서 이 와셔에는 한 줄 감기의 것, 2줄 감기의 것이 있으며 또 단면이 평탄한 것 갈퀴 모양의 것이 있다.

③ **접시 스프링 와셔** : 접시 스프링 모양을 한 와셔

CHAPTER 01 나사, 볼트, 너트 / 연습문제

나사 [1]

전공		학 번		학 년		반		성 명	

나사의 표시방법에서 바른 것을 고르시오.

01 (A)

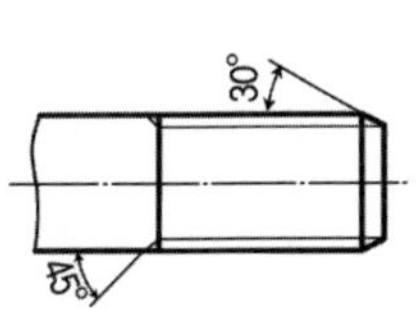

(B)

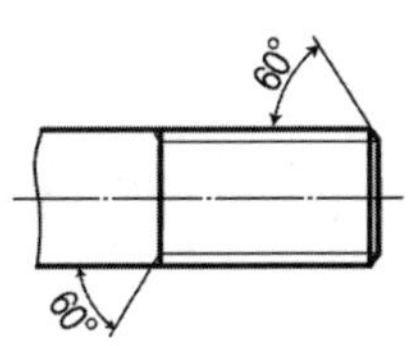

(C)

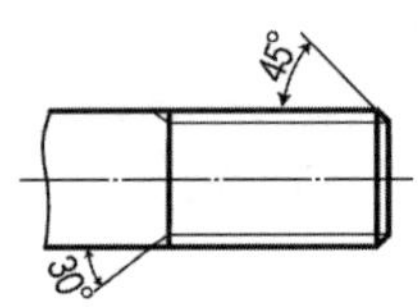

02 (A)

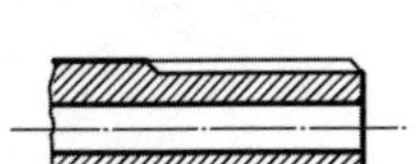

(B)

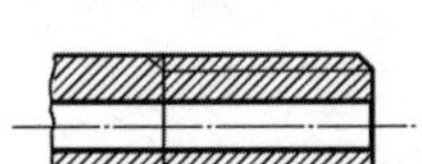

(C)

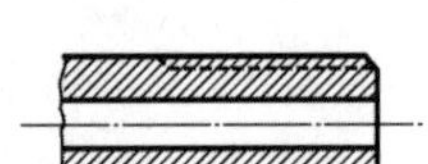

03 (A)

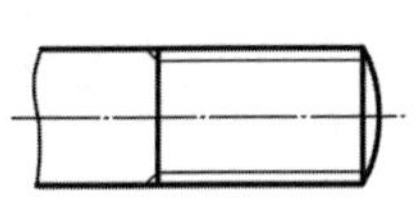

(B)

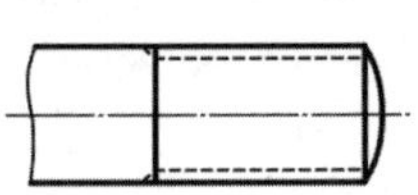

(C)

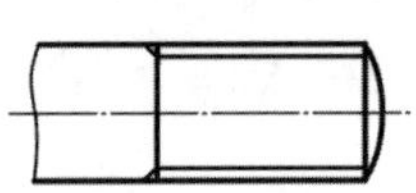

04 (A)

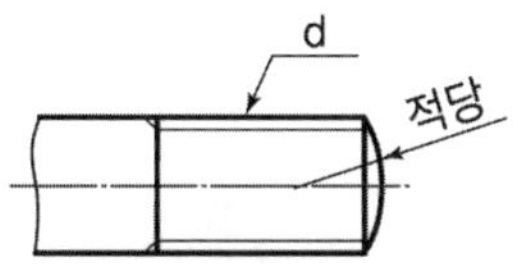

(B)

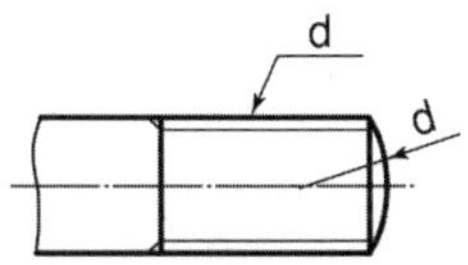

(C)

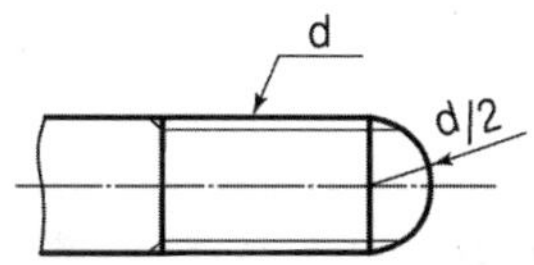

05 (A)

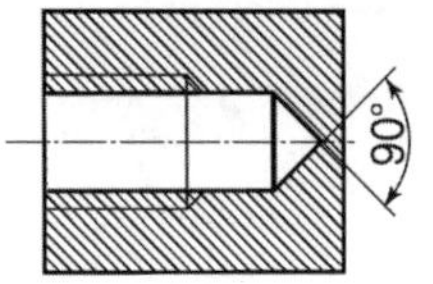

(B)

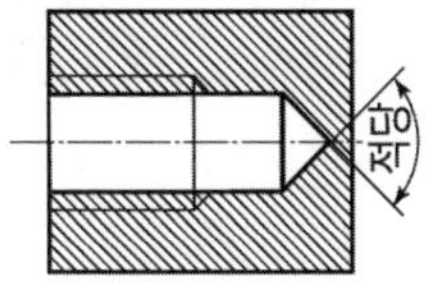

(C)

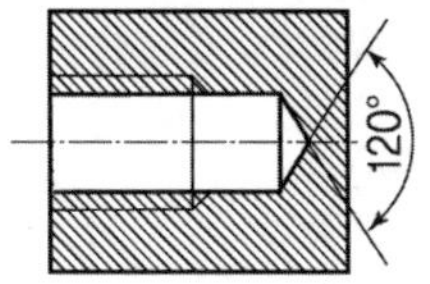

[1]		[2]		[3]		[4]		[5]	

나사 [2]

전공		학 번		학 년		반		성 명	

나사의 표시방법에서 바른 것을 고르시오.

01 (A)

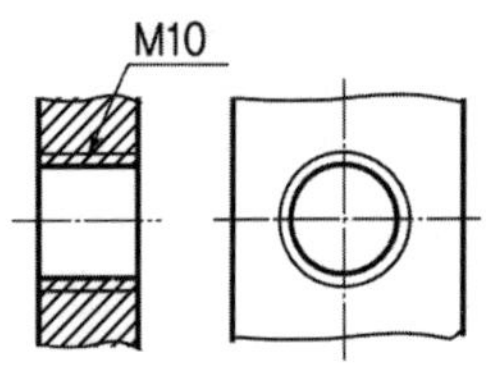

(B)

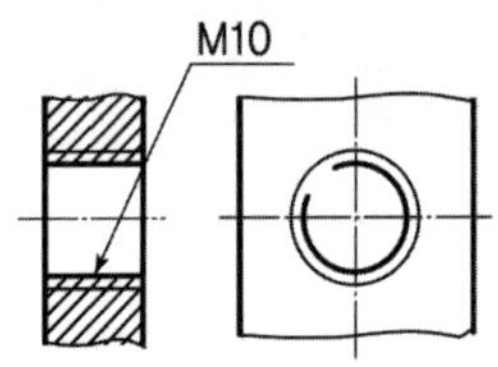

(C)

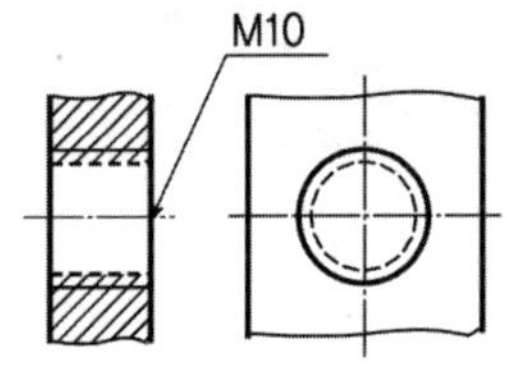

02 (A)

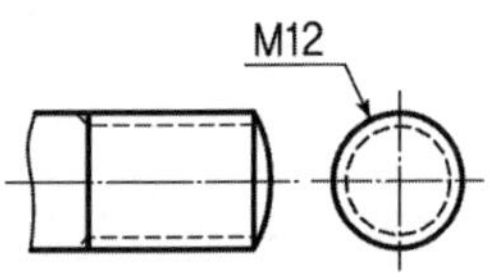

(B)

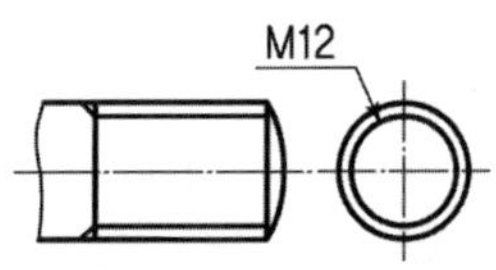

(C)

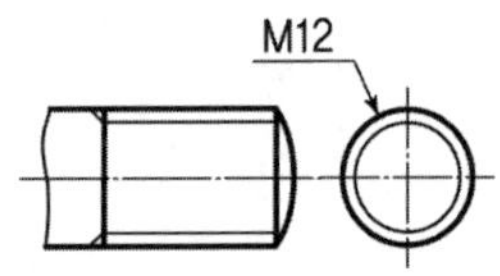

03 (A)

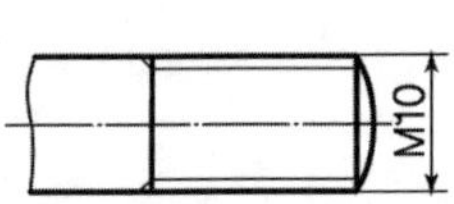

(B)

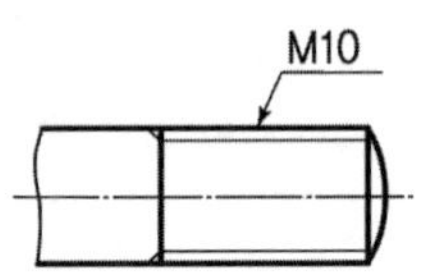

(C)

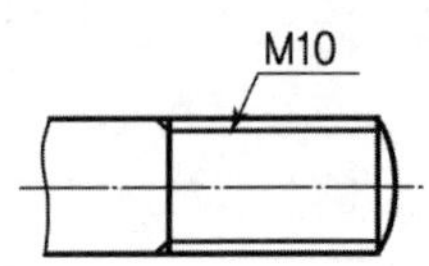

04 (A)

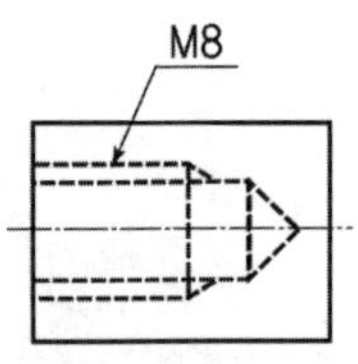

(B)

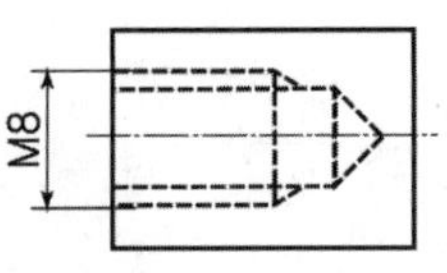

(C)

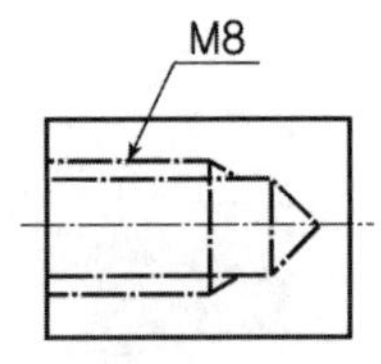

05 (A)

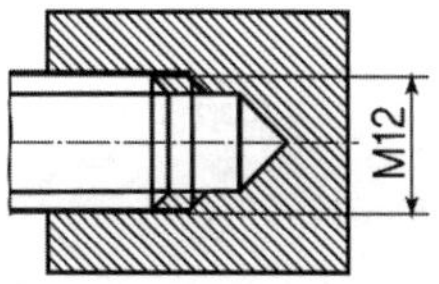

(B)

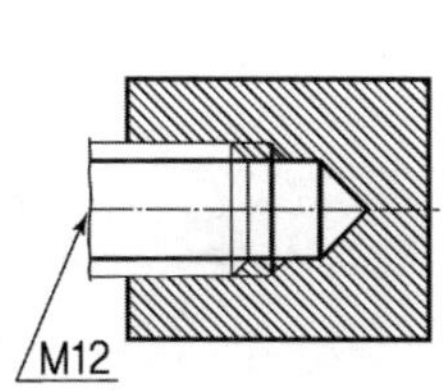

(C)

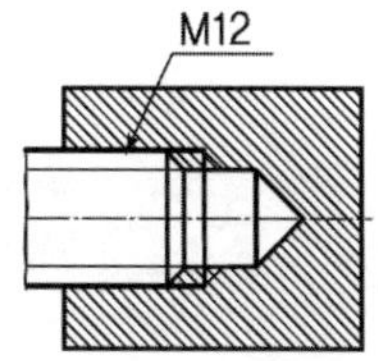

[1]		[2]		[3]		[4]		[5]	

나사 [3]

전공		학 번		학 년		반		성 명	

01 나사의 명칭을 적으세요.

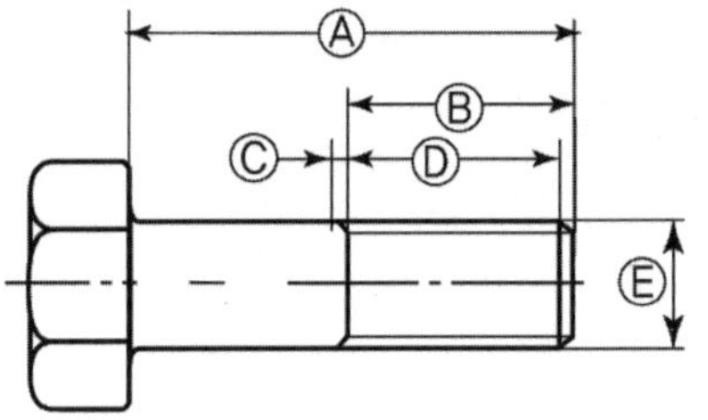

A :

B :

C :

D :

E :

02 나사의 명칭을 적으세요.

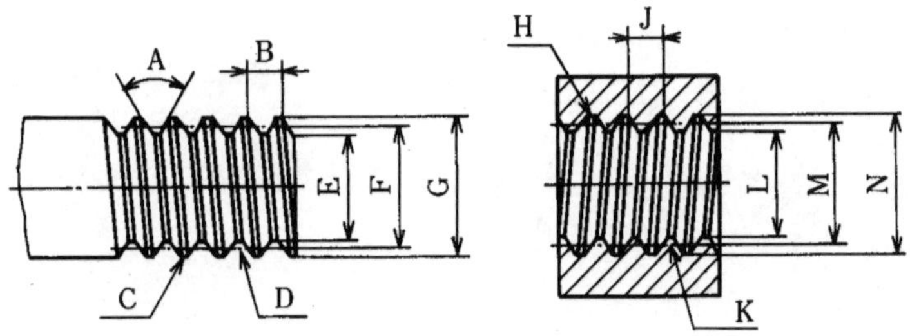

A :

B :

C :

D :

E :

F :

G :

H :

J :

K :

L :

M :

N :

나사 [4]

전공		학 번		학 년		반		성 명	

각 나사에 우측의 나사 사양을 보고 나사표기법으로 표기해 보세요.

01

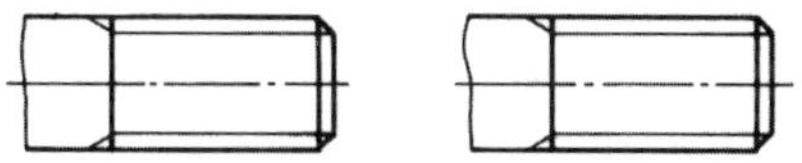

[A] [B]

	A 나사	B 나사
종류	유니파이 보통나사	유니파이 가는 나사
호칭	1/2 – 13UNC	1/2 – 13UNF
등급	2A급	2A급
줄의 수	1줄	2줄
감김방향	오른쪽	왼쪽
산의 수 (1인치)	13	13

02

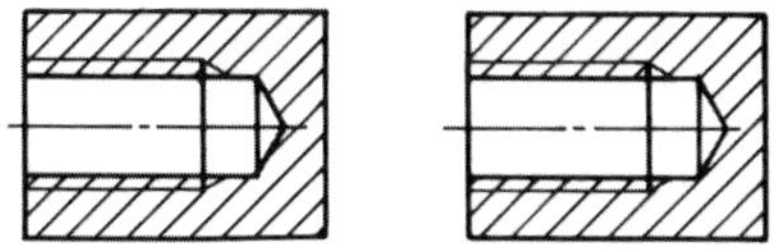

[A] [B]

	A 나사	B 나사
종류	미터 가는나사	미터 사다리꼴나사
외경	12mm	12mm
등급	2급	
피치	1.5mm	2mm
줄의 수	1줄	2줄
감김 방향	오른쪽	왼쪽

03

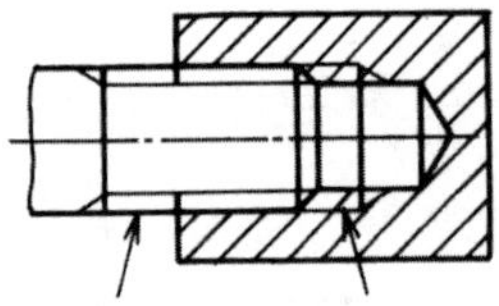

	A 나사	B 나사
종류	미터보통나사	미터보통나사
외경	10mm	10mm
등급	1급	2급
줄의 수	2줄	2줄
감김 방향	왼쪽	왼쪽
나사면의 표면 거칠기	6.3a	6.3a

나사 [5]

전공		학 번		학 년		반		성 명	

우측의 나사 사양을 보고 해당하는 번호를 왼쪽 동그라미 속에 적고, 그 사양을 나사표기법으로 도면에 표기해 보세요.

① 6각 구멍붙이 볼트 M12, 나사부 길이 20
② 홈붙이 멈춤나사, 뾰족끝 M6, 호칭길이 20
③ 4각 멈춤나사, 납작끝 M6, 호칭길이 20
④ 6각 구멍붙이 멈춤나사, 원통끝 M6, 호칭길이 20
⑤ 6각볼트 M12, 나사부 길이 40
⑥ 홈붙이 작은나사 M6, 호칭길이 25
⑦ 6각너트 1종 M24
⑧ 6각 구멍툽이 멈춤나사, 납작끝 M10, 호칭길이 40
⑨ 6각너트 3종 M24
⑩ 스터드볼트 M12, 호칭길이 40
⑪ 십자구멍붙이 둥근머리 작은나사 M6, 호칭길이 30
⑫ 홈붙이 둥근 접시나사 M6, 호칭길이 30

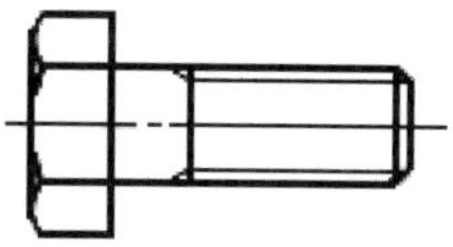
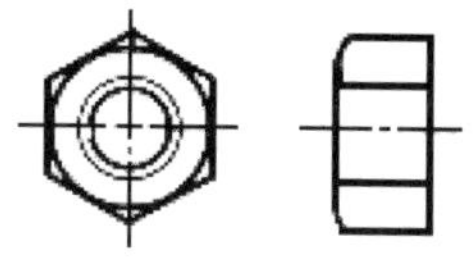
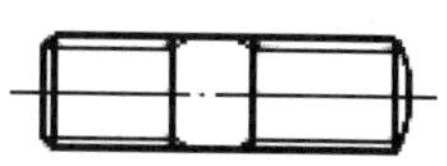
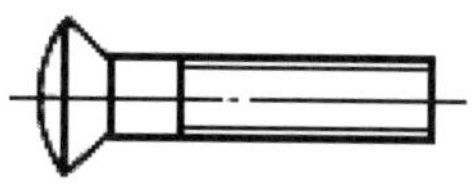
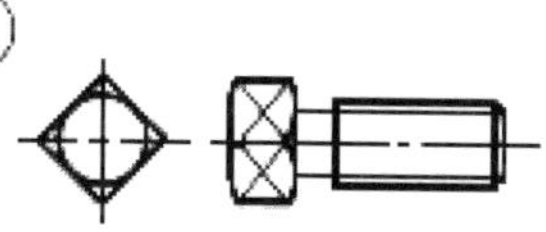
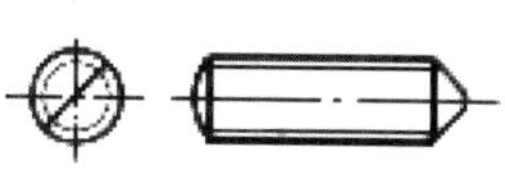

나사 [6]

전공		학 번		학 년		반		성 명	

각 번호마다 지시하는 대로 도면을 작성해 보세요.

01 F에서 보았을 때 정면도로 하여 나사를 그리세요.

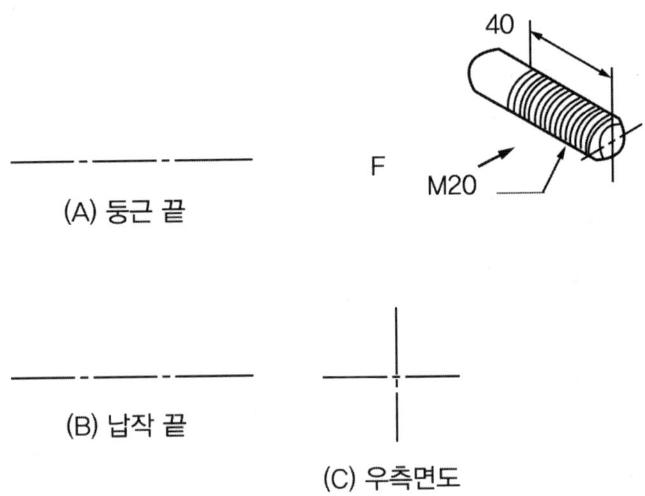

02 F에서 보았을 때 정면도로 하여 나사를 그리세요.

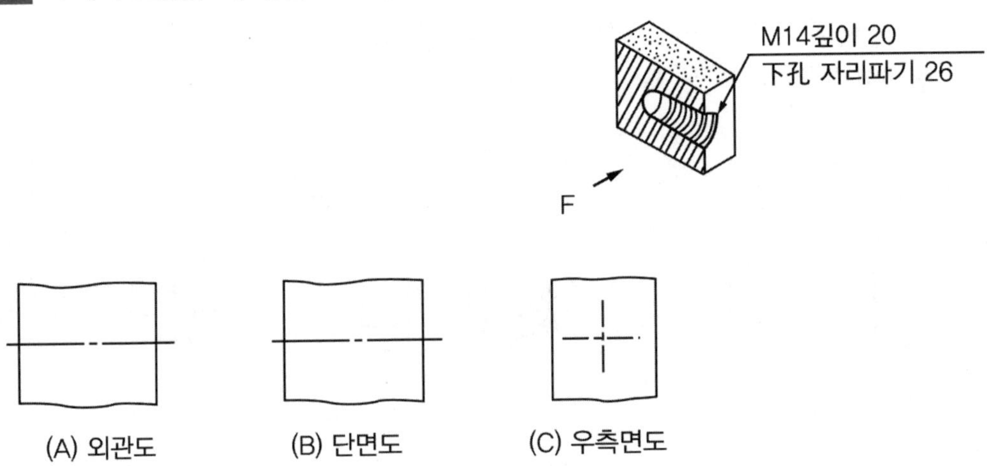

03 F에서 보았을 때 정면도로 하여 나사를 그리세요.

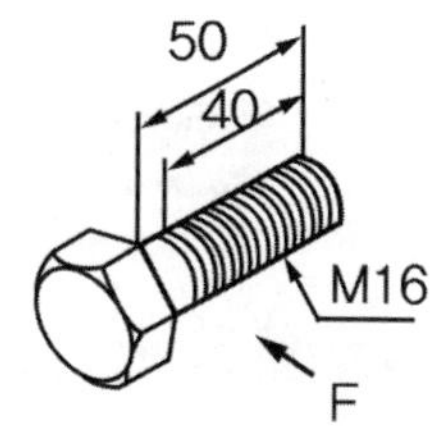

(A) 우측면도 (B) 정면도

04 육각볼트 M12, 호칭길이 54, 나사부 길이 42, 납작 끝 6각 너트 1종 M12 평와셔 12×21×2.5

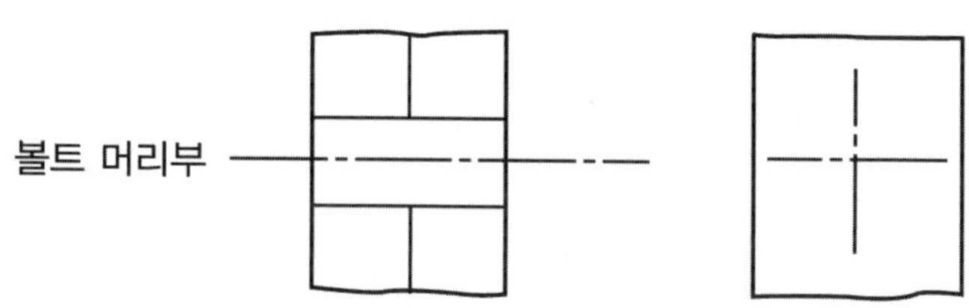

(A) 정면도(단면도) (B) 우측면도

나사 [7]

전공		학 번		학 년		반		성 명	

입체도를 참조하여 나사의 도면을 그리세요.

01 F에서 보았을 때 정면도와 조립한 나사는 온단면도로 하여 나타내세요.

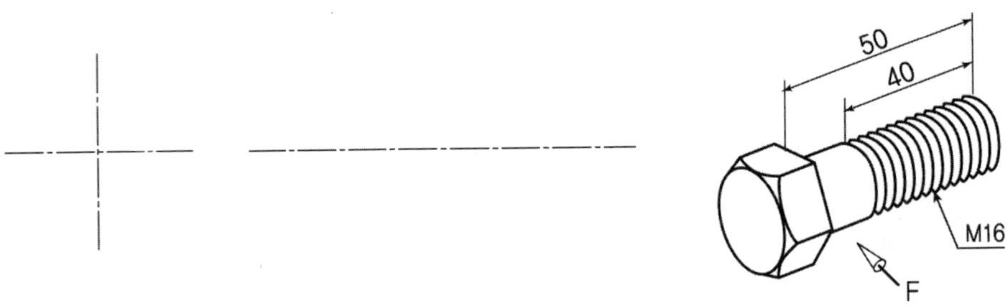

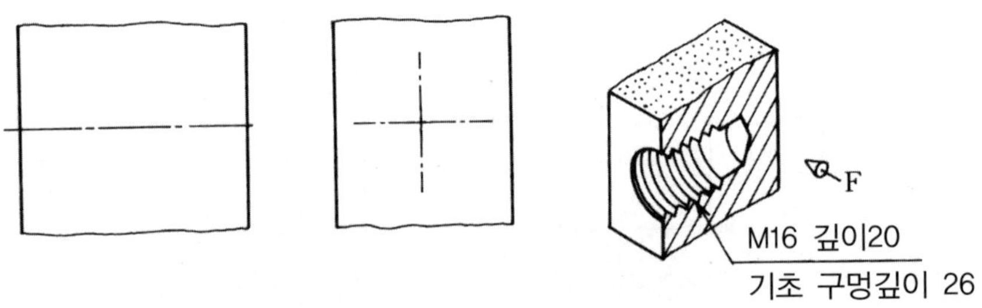

02 접시 작은 나사의 체결 단면도를 그리세요. 축척은 2 : 1로 할 것.

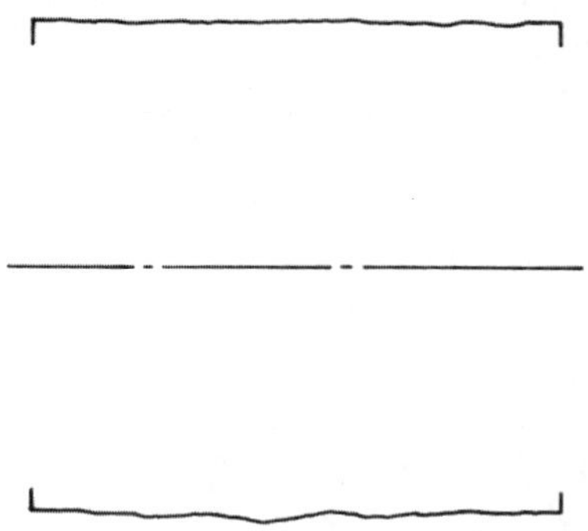

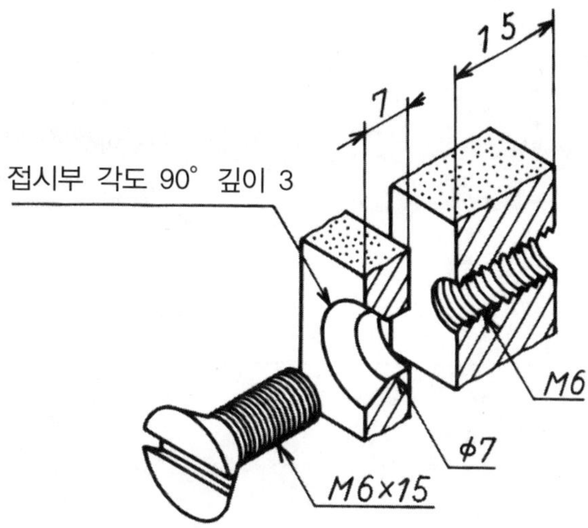

나사 [8]

전공		학 번		학 년		반		성 명	

입체도를 참조하여 나사의 도면을 그리세요.

01 ① 부품과 ② 부품을 체결볼트로 체결하세요.

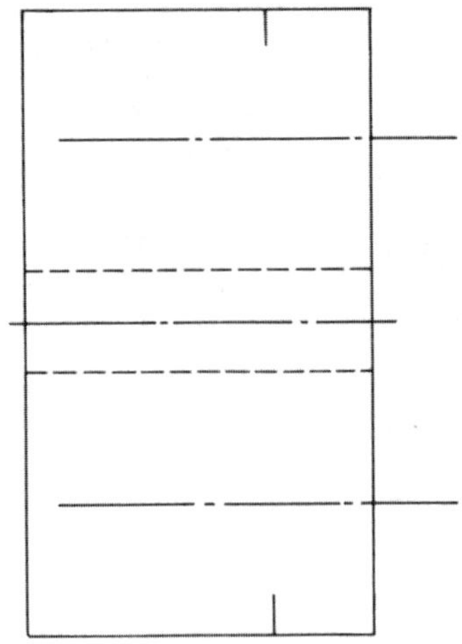

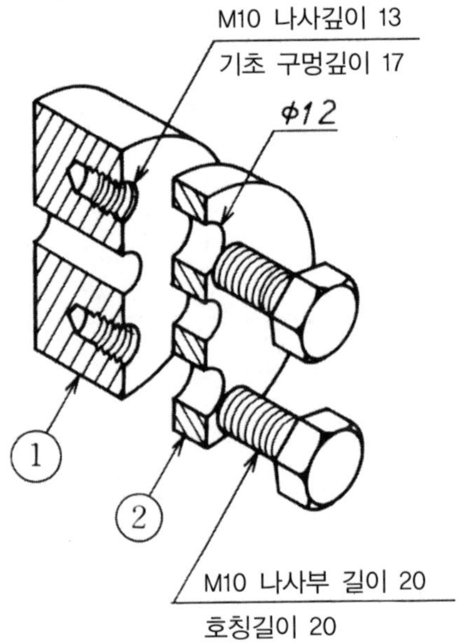

02 2개의 플랜지를 관통볼트로 체결하세요.

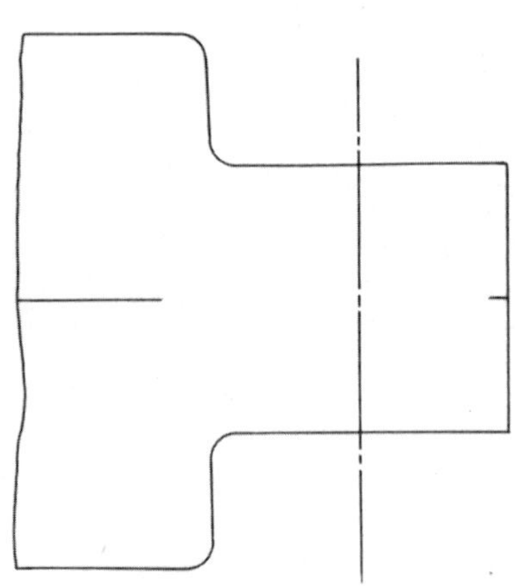

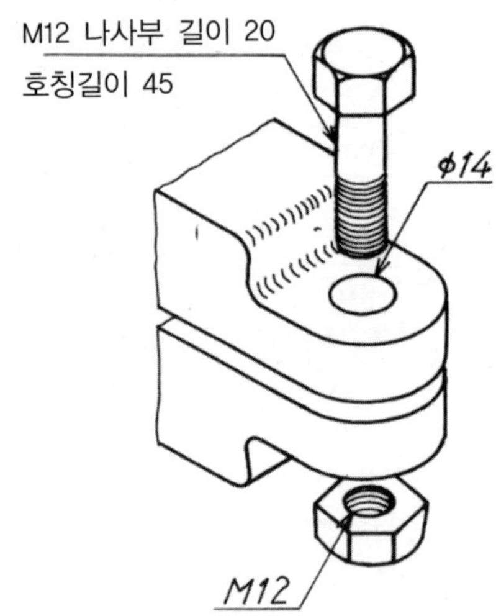

CHAPTER

02 키, 핀

01 키와 키 홈

키는 회전축에 벨트 풀리, 기어 등을 고정하는데 축에 키 홈을 파서 키를 박아 고정시키는 것으로 사용된다.

1 묻힘 키(sunk key) 및 키 홈

묻힘 키는 일반 기계에 사용되는 고정용 각형 단면의 키로 축과 보스 양쪽에 키 홈을 파고, 키를 고정하는 것으로 평행 키, 경사 키 및 머리붙이 경사 키의 3종류가 있다. 키의 크기를 결정하는 것은 호칭 치수이나 어떤 호칭 치수를 선택할 것인가는 키가 사용되는 축 지름에 의한다.

1) 모양과 치수

평행 키 및 키 홈의 모양과 치수는 [표 2-1]에 따른다. 다만, 키 끝부의 모양은 4각형으로 한다. 경우에 따라서는 [그림 2-1]에 표시한 것과 같이 하여도 좋다.

표 2-1 평행 키 및 키 홈의 모양 및 치수

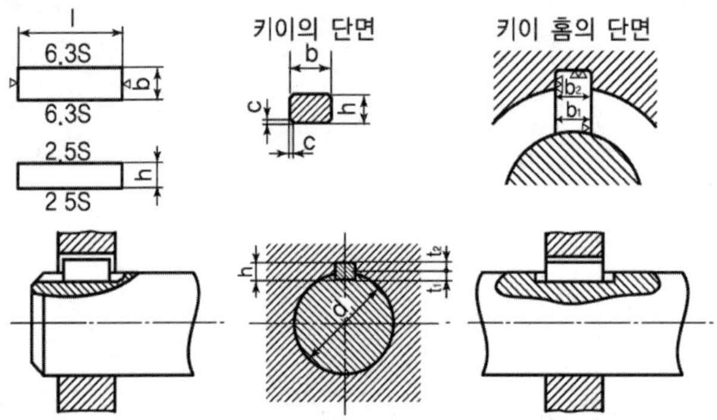

키의 호칭 치수 $b \times h$	키의 치수							키홈의 치수								참고
	b		h			c	ℓ	$b_1 \cdot b_2$의 기준 치수	정밀급	보통급		r_1 및 r_2	t_1의 기준 치수	t_2의 기준 치수	$t_1 \cdot t_2$의 허용차	적용하는 축 지름 d
	기준 치수	허용차 (h9)	기준 치수	허용차					b_1 및 b_2 허용차 (P9)	b_1 허용차 (N9)	b_2 허용차 (js9)					
2×2	2	0 −0.025	2	0 −0.025	h9	0.16 ~0.25	6~20	2	−0.006	−0.004	±0.0125	0.08 ~0.16	1.2	1.0	+0.1 0	6~8
3×3	3		3				6~36	3	−0.031	−0.029			1.8	1.4		8~10
4×4	4	0 0.030	4	0 −0.030			8~45	4	−0.012 −0.042	0 −0.030	±0.0150		2.5	1.8		10~12
5×5	5		5			0.25 ~0.40	10~56	5				0.16 ~0.25	3.0	2.3		12~17
6×6	6		6				14~70	6					3.5	2.8		17~22
(7×7)	7	0 −0.036	7	0 −0.036			16~80	7	−0.015 −0.051	0 −0.036	±0.0180		4.0	3.0	+0.2 0	20~25
8×7	8		7	0 −0.110	h11		18~90	8					4.0	3.3		22~30
10×8	10		8			0.40 ~0.60	22~110	10				0.25 ~0.40	5.0	3.3		30~38
12×8	12	0 −0.043	8				28~140	12	−0.018 −0.061	0 −0.043	±0.0215		5.0	3.3		38~44
14×9	14		9				36~160	14					5.5	3.8		44~50
(15×10)	15		10				40~180	15					5.0	5.0		50~55
16×10	16		10				45~180	16					6.0	4.3		50~58
18×11	18		11	0 −0.130			50~200	18					7.0	4.4		58~65
20×12	20	0 −0.052	12			0.60 ~0.80	56~220	20	−0.022 −0.074	0 −0.052	±0.0260	0.40 ~0.60	7.5	4.9		65~75
22×14	22		114				63~250	22					9.0	5.4		75~85
(24×16)	24		16				70~280	24					8.0	8.0		80~90
25×14	25		14				70~280	25					9.0	5.4		85~95
28×16	28		16				90~360	28					10.0	6.4		95~110
32×18	32	0 −0.062	18				90~360	32	−0.026 −0.088	0 −0.062	±0.0310		11.0	7.4		110~130
(35×22)	35	0 −0.062	22	0 −0.160		1.00 ~1.20	100~400	35	−0.026 −0.088	0 −0.062	±0.0310	0.70 ~1.00	11.0	11.0	+0.3 0	125~140
36×20	36		20				–	36					12.0	8.4		130~150
(38×24)	38		24				–	38					12.0	12.0		140~160
40×22	40		22				–	40					13.0	9.4		150~170
(42×26)	42		26				–	42					13.0	13.0		160~180
45×25	45		25				–	45					15.0	10.4		170~200
50×28	50		28				–	50					17.0	11.4		200~230
56×32	56	0 −0.074	32			1.60 ~2.00	–	56	−0.032 −0.106	0 −0.074	±0.0370	1.20 ~1.60	20.0	12.4		230~260
63×32	63		32				–	63					20.0	12.4		260~290
70×36	70		36				–	70					22.0	14.4		290~330
80×40	80		40			2.50 ~3.00	–	80				2.00 ~2.50	25.0	15.4		330~380
90×45	90	0 −0.087	45				–	90	−0.037 −0.124	0 −0.087	±0.0435		28.0	17.4		380~440
100×50	100		50				–	100					31.0	19.5		440~500

2) 키의 재료

재료는 인장강도가 60kgf/mm^2 이상으로 하고, 일반적으로 SM20C－D 또는 SM45C－D, SF55, SM35C 또는 SM45C 등을 사용한다.

3) 키의 호칭법

키의 호칭방법은 규격 번호, 종류 및 호칭치수 × 길이에 따른다. 다만, 끝부의 모양 또는 재료에 대한 특별한 지정이 있을 경우에는 이것을 기입한다. 또한 필요 없을 경우는 규격 번호를 생략하여도 좋다.

2 반달 키(woodruff key) 및 키 홈

반달 키는 일반기계에 사용되는 반달 모양으로 된 키로 축과 보스를 끼워 맞출 때 자동적으로 위치를 조정하며 키 홈 가공이 용이하며 비교적 작은 직경의 축과 경하중 축에 사용하는 것으로 A, B의 2종류가 있으며 A종은 주로 절삭가공에 의한 것이고 B종은 주로 프레스 가공 등을 한 것이다.

키의 크기를 결정하는 것은 호칭 치수이나 어떤 호칭 치수를 선택할 것인가는 키가 사용되는 축 지름에 의한다.

① **모양과 치수** : 반달 키 및 키 홈의 모양과 치수는 [표 2－2]에 따른다.
② **키의 재료** : 묻힘 키와 동일한 재료를 사용한다.

표 2-2 반달 키 및 키 홈의 모양 및 치수

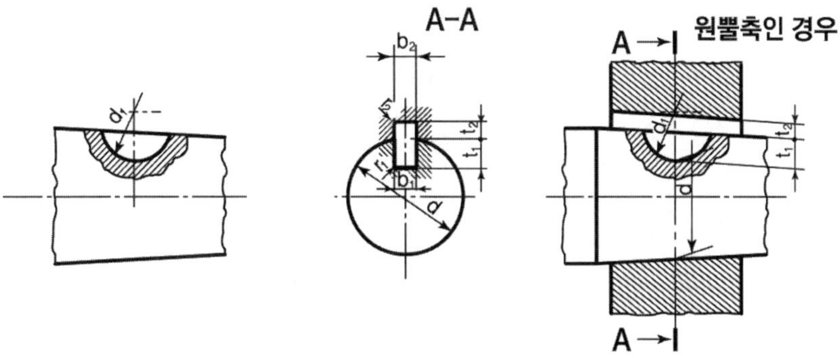

키의 호칭치수 $b \times d_0$	b_1 및 b_2의 기준 치수	보통형		조립형	t_1		t_2		r_1 및 r_2	d_1	
		b_1 허용차 (N9)	b_2 허용차 (Js9)	b_1 및 b_2 허용차 (P9)	기준 치수	허용차	기준 치수	허용차		기준 치수	허용차
1×4	1	−0.004 −0.029	±0.012	−0.006 −0.031	1.0	+0.1 0	0.6	+0.1 0	0.08~0.16	4	+0.1 0
1.5×7	1.5				2.0		0.8			7	
2×7	2				1.8		1.0			7	
2×10					2.9					10	+0.2 0
2.5×10	2.5				2.7		1.2			10	
(3×10)	3				2.5		1.4			10	
3×13					3.8	+0.2 0				13	
3×16					5.3					16	
(4×13)	4	0 −0.030	±0.015	−0.012 −0.042	3.5	+0.1 0	1.7			13	
4×16					5.0	+0.2 0	1.8		0.16~0.25	16	
4×19					6.0					19	+0.3 0
5×16	5				4.5		2.3			16	+0.2 0
5×19					5.5					19	+0.3 0
5×22					7.0	+0.3 0				22	
6×22	6				6.5		2.8			22	
6×25					7.5			+0.2 0		25	
(6×29)					8.6	+0.1 0	2.6	+0.1 0		28	
(6×32)					10.6					32	
(7×22)	7	0 −0.036	±0.018	−0.015 −0.051	6.4		2.8			22	
(7×25)					7.4					25	
(7×28)					8.4					28	
(7×32)					10.4					32	
(7×38)					12.4					38	
(7×45)					13.4					45	
(8×25)	8				7.2		3.0			25	
8×28					8.0	+0.3 0	3.3	+0.2 0	0.25~0.40	28	
(8×32)					10.2	+0.1 0	3.0	+0.1 0	0.16~0.25	32	
(8×38)					12.2					38	
10×32	10				10.0		3.3	+0.2 0	0.25~0.40	32	
(10×45)					12.8		3.4	+0.1 0		45	
(10×55)					13.8					55	
(10×65)					15.8					65	+0.5 0
(12×65)	12	0 −0.043	±0.022	−0.018 −0.061	15.2		4.0			65	
(12×80)					20.2					80	

3 미끄럼 키(sliding key) 및 키 홈

미끄럼 키는 일반기계에 사용되는 축에 고정하는 4각형 단면의 것으로 보스가 축방향으로 이동 가능할 때 사용되는 키로 구배를 주지 않고 작은 나사 등으로 축에 키를 고정한다. 페더 키(feather key)라고도 불리어지며 맞물림 클러치의 종동축에 사용되기도 한다.

4 기타 키

(1) 평키(flat key)

키가 축과 접하는 면만을 평면으로 절삭한 것이며 경하중용이다.

(2) 새들키(saddle key)

키의 한쪽을 축과 접촉하도록 절삭한 것이고, 경하중용이다.

(3) 원추 키(cone key)

축과 보스에 키 홈을 파지 않고 축 구멍을 테이퍼 구멍으로 하여 빈 원뿔을 끼워 넣어 마찰력으로 고정한다.

(4) 스플라인 축(spline shaft)

축의 둘레에 많은 키를 깎아 붙인 것으로 보스에는 적합한 홈을 파낸 것이며 큰 하중용에 사용된다.

5 키 홈의 표시방법

키 홈의 표시방법은 PART Ⅰ의 chapter 05. 8에 나타낸 방식에 의하고 실제 적용 예를 [그림 2-1, 2]에 나타낸다.

1) 묻힘 키의 경우

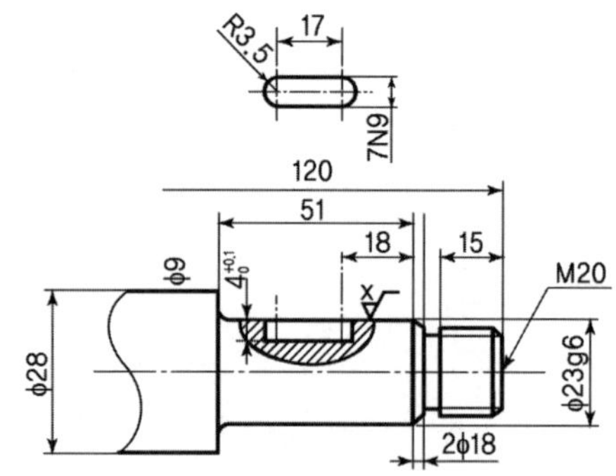

• 그림 2-1 •

2) 반달 키의 경우

핀의 호칭방법은 규격 번호 또는 규격 명칭, 종류, 호칭지름×호칭길이, 재료 및 지시사항에 따른다.

예 A 6×30 SM45C

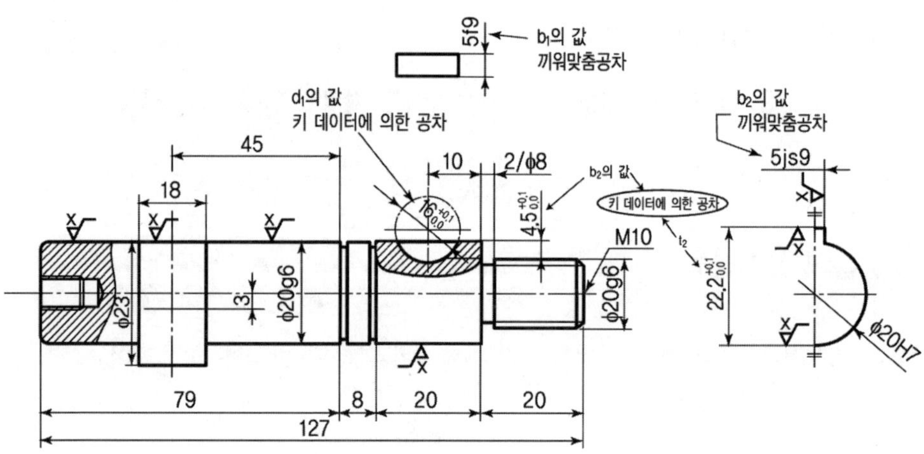

• 그림 2-2 •

02 핀

핀은 구멍에 넣어서 조인트, 위치 결정, 나사의 회전방지 등의 목적에 사용하며 종류는 다음과 같다.

1 평행 핀

직경이 같은 둥근 막대로서 부품의 관계 위치 결정 및 일정하게 유지할 때 사용하는 것이다. 종류는 끝부의 모양, 원통부 지름의 허용차 및 원통부의 표면 거칠기에 따라 구분하고 [표 2-3]의 3종류가 있다.

표 2-3

종류	끝부의 모양	원통 지름부의 허용차	원통부의 표면 거칠기	비 고
A종	한쪽이 평면 모떼기 다른 쪽이 둥근면 모떼기	m6	$R_a = 0.8\mu m$	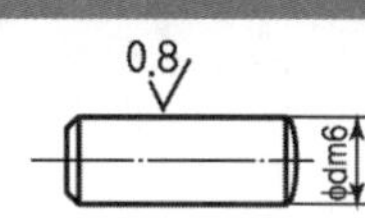
B종	양끝 모두 평면 모떼기	h8	$R_a = 1.6\mu m$	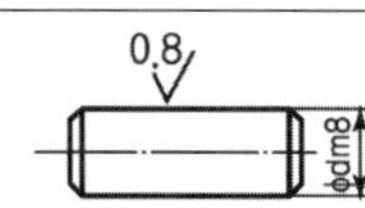
C종	양끝 모두 모떼기 안함	h11	$R_a = 3.2\mu m$	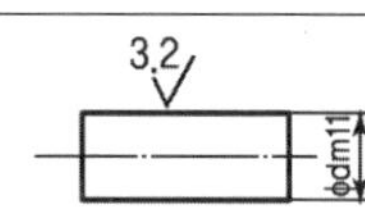

2 분할 핀

홈이 파져 있는 너트나 축에 끼워 끝을 벌려 빠져나오는 것을 방지하기 위하여 전체가 두 갈래로 되어 있다[그림 2-3].

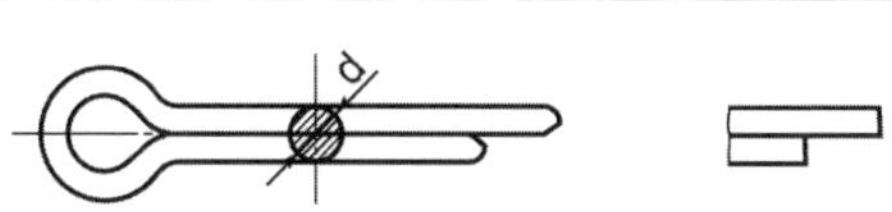

• 그림 2-3 •

3 테이퍼 핀

축에 보스를 고정할 때 사용하며 테이퍼가 1/50인 것이 많이 사용되어진다 [그림 2-4].

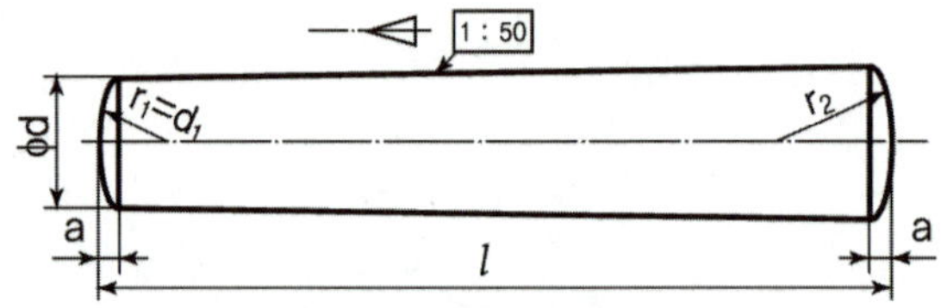

• 그림 2-4 •

CHAPTER 02

키, 핀 / 연습문제

축과 키

전공		학 번		학 년		반		성 명	

01 아래 도면(축과 묻힘 키)에서 누락된 치수 A~F까지를 KS B 1311의 규격표를 찾아 기입하시오(단, 축지름은 20mm).

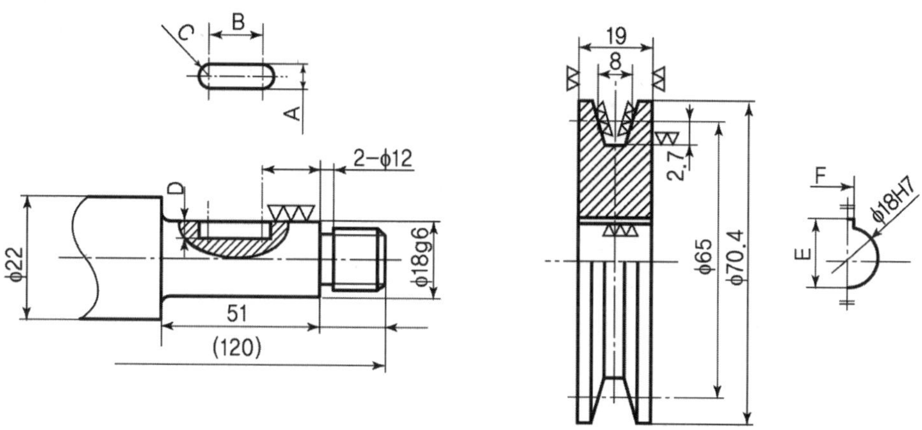

A :

B :

C :

D :

E :

F :

02 아래 도면(축과 반달 키)에서 누락된 치수 A ~ D까지를 KS B 1312의 규격표를 찾아 기입하시오(단, 축지름은 20mm).

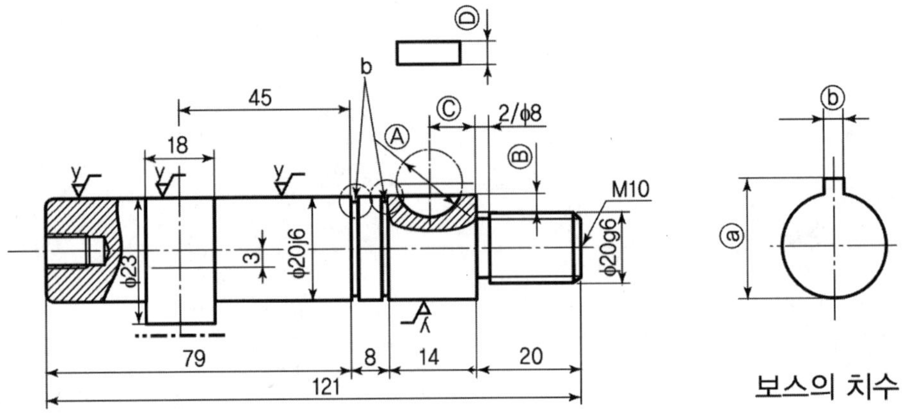

보스의 치수

A :

B :

C :

D :

CHAPTER

03 기어

기어는 큰 토크를 정확히 전달하는 기계요소로서 기계공업뿐만 아니라 일반 공업제품으로 광범위하게 이용되어지고 있다. KS에서는 "기어제도"에서 일반적으로 사용되어지는 8종류의 인벌루트 기어의 제도에 대하여 규정하고 있다.

01 기어의 종류

기어는 서로 평행한 2축 사이에 운동을 전달하는 기어인 평행축 기어[그림 3-1]와 서로 교차하는 2축 사이에 운동을 전달하는 기어인 교차축 기어[그림 3-2] 그리고 교차하지 않고 평행이 아닌 2축 즉, 어긋난 축 사이에 운동을 전달하는 기어인 어긋난 축 기어[그림 3-3]로 대별되어진다.

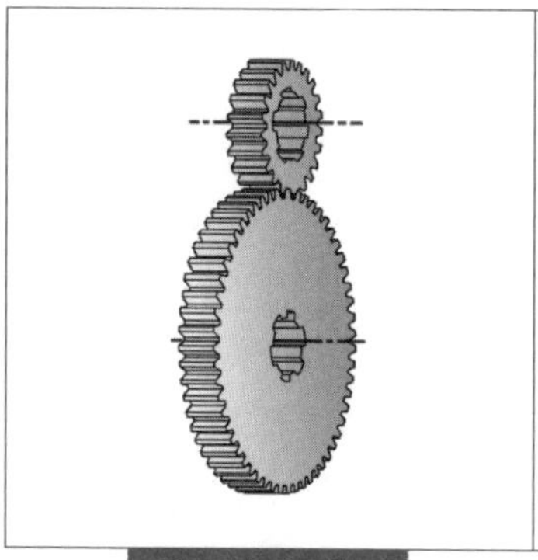

• 그림 3-1 •

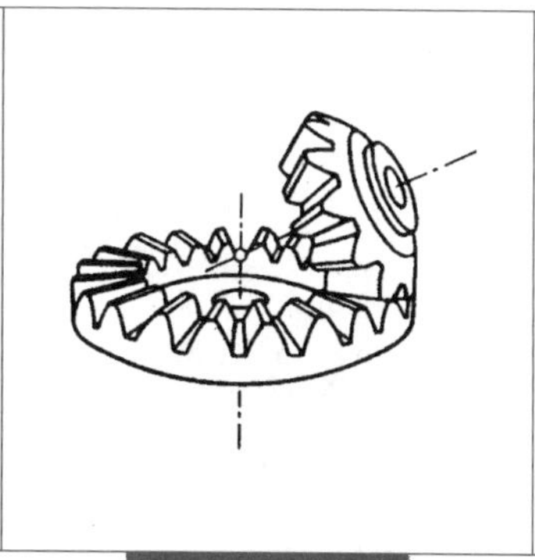

• 그림 3-2 •

• 그림 3-3 •

1 평행축 기어

① **스퍼 기어** : 잇줄이 축에 평행한 직선인 원통 기어 **[그림 3-4]**

② **헬리컬 기어** : 잇줄이 나선인 원통 기어 **[그림 3-5]**로서 자동차의 변속속기 기어로서 많이 이용되어지고 있다.

③ **더블 헬리컬 기어** : 좌우 양쪽 비틀림 헬리컬 기어가 일체로 조합된 기어 **[그림 3-6]**

• 그림 3-4 •

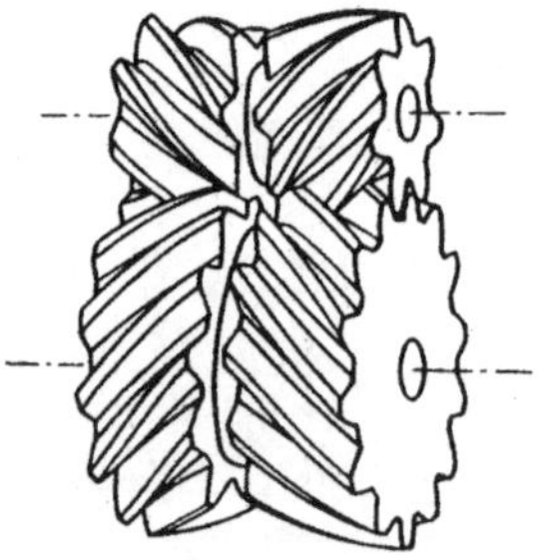

• 그림 3-5 •

• 그림 3-6 •

2 교차축 기어

1) 베벨 기어

교차하는 2축 사이에 운동을 전달하는 기준 피치면이 원추인 기어**[그림 3-7]**로서 이가 헬리컬 곡선으로 된 헬리컬 베벨 기어와 이가 곡선으로 된 스파이얼 베벨 기어가 있다.

• 그림 3-7 •

3 어긋난 축 기어

1) 하이포이드 기어

어긋난 축 사이에 운동을 전달하는데 사용하는 원추 또는 원추에 가까운 모양을 갖는 기어 [그림 3-8]로서 자동차의 종감속장치의 기어로 많이 이용되어지고 있다.

• 그림 3-8 •

2) 웜과 웜 기어

1줄 또는 여러 줄의 나사산을 갖는 원통형 또는 장고형의 나사모양인 웜과 물리는 치면을 갖는 어긋난 축 사이의 물림에 사용되는 웜 휠로 이루어지는 두 기어의 짝인 기어 [그림 3-9]로서 큰 감속비를 얻을 수 있으며, 소음과 진동이 적은 특징을 갖고 있다.

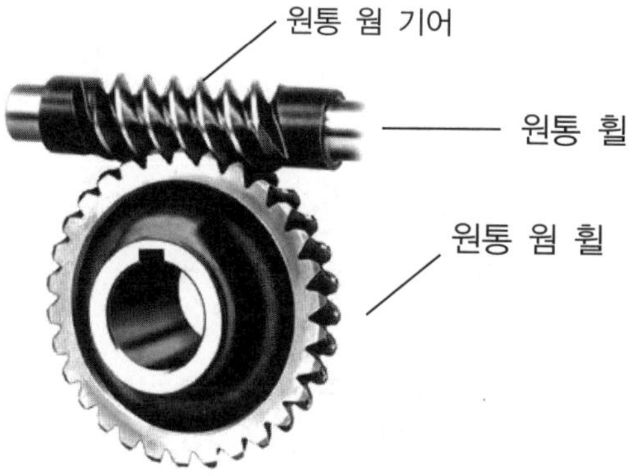

• 그림 3-9 •

4 기타의 기어

기어의 종류는 앞에서 설명한 이외에 많은 종류가 있지만 비교할 수 있는 것으로서 다음의 것이 있다.

1) 래크

[그림 3-10]과 같이 평평한 판 또는 곧은 막대의 한 면에 같은 간격으로 동형의 이를 형성한 것으로 이형은 직선으로 형성되어져 있다.

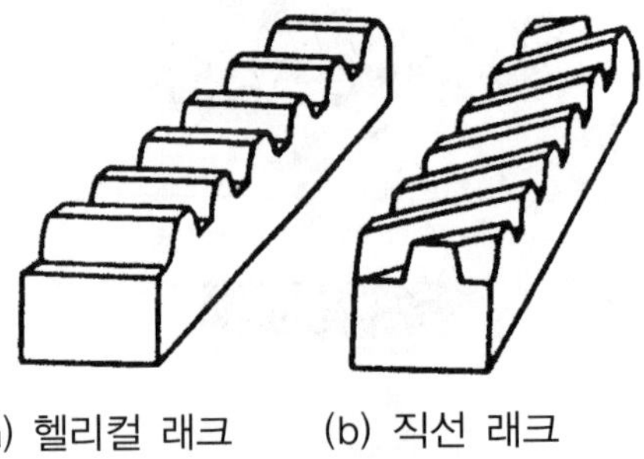

• 그림 3-10 •

2) 크라운 기어

[그림 3-11]과 같이 피치면이 평면으로 된 기어로 기준피치 원추각이 90°인 베벨기어이다. 스퍼기어에서의 래크에 상당한다.

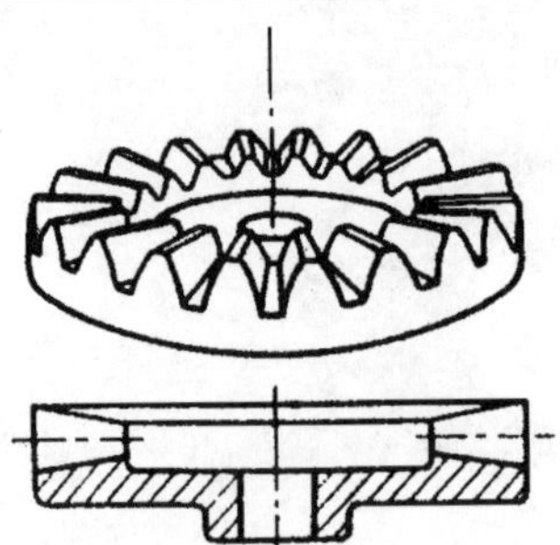

• 그림 3-11 •

02 기어의 각부 명칭과 이의 크기

1 기어의 각부 명칭

[그림 3-12]는 기어 각부의 명칭을 표시한 것이지만 다음에 각각을 설명한다.

① **피치면**(pitch surgace) : 평행축 기어에서는 서로 구름 접촉하는 원통면, 베벨기어에서는 서로 구름 접촉하는 원추면을 말한다.

② **피치원**(pitch circle) : 평행축 기어에서는 피치원통의 횡단면 즉, 축에 수직인 평면과 피치면과 교차하여 이루는 면으로서 베벨기어에서는 피치원추와 배원추와의 교선을 말한다.

③ **이끝원**(addendum circle) : 이의 끝을 통과하는 원이며, 그 직경을 기어의 바깥지름이라 한다.

④ **이뿌리원**(dedendum circle) : 이뿌리를 통과하는 원

⑤ **원주피치**(circular pitch) : 피치원 위에서 측정한 인접하고 있는 이의 대응부분 사이의 거리

⑥ **이 두께**(tooth thickness) : 피치원 위에서 측정한 이의 두께

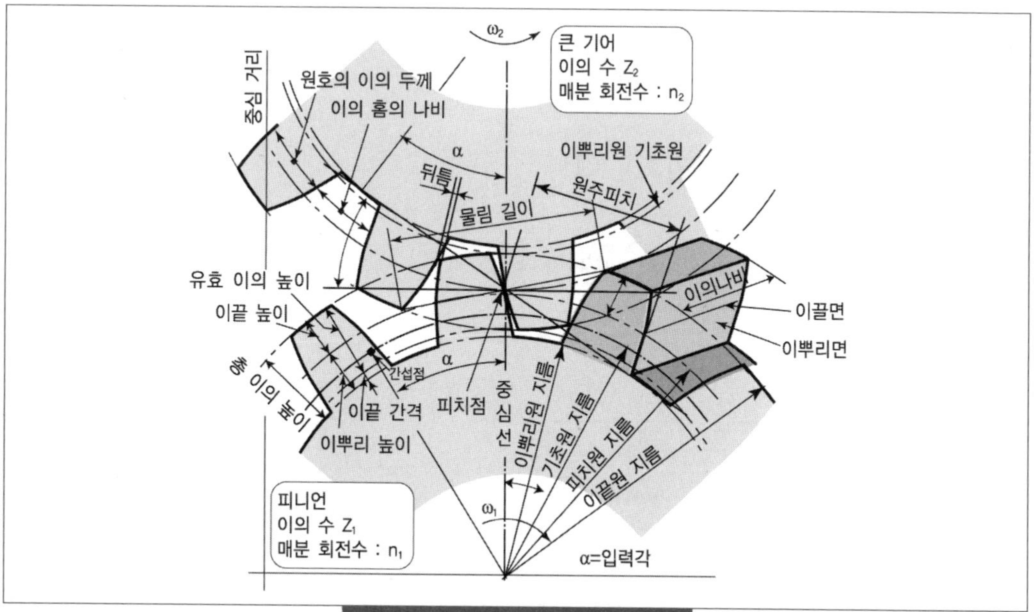

• 그림 3-12 • 기어의 각부 명칭

⑦ **이끝 높이(addendum)** : 피치원과 이끝원의 반지름의 차 즉, 피치원에서 이끝까지의 수직거리

⑧ **이뿌리 높이(dedendum)** : 피치원과 이뿌리원의 반지름의 차 즉, 피치원에서 이뿌리까지의 수직거리

⑨ **유효 이의 높이(working depth)** : 서로 물리고 있는 한 쌍의 기어의 이끝높이의 합

⑩ **총 이높이(whole depth)** : 이 전체의 이높이 방향의 길이이며, 이끝높이와 이뿌리 높이의 합과 같다.

⑪ **백래시(back lash)** : 한 쌍의 기어가 물렸을 때 이빨면간의 간격

2 이의 크기

1) 모듈(module, 기호 : m)

인벌루트 치형의 이의 크기를 나타내는데는 모듈, 지름 피치, 및 원주 피치의 3종류가 있지만 KS에서는 모듈로 나타내는 것으로 규정하고 있다.

모듈 m은 피치원의 지름 d[mm]을 잇수 z[매]로 나눈 값으로 이것을 식으로 나타내면

$$m = \frac{\text{피치원의 지름(mm)}}{\text{잇수(매)}} = \frac{d}{z}$$

로 되고 모듈값이 크면 클수록 치형은 크게 된다.

2) 원주피치(circle pitch, 기호 : CP)

원주피치는 서로 물리고 있는 두 개의 이의 중심간의 거리를 피치원의 원호에 따라 측정한 길이이다.

$$CP = \frac{\text{피치원의 둘레(mm)}}{\text{잇수(매)}} = \frac{\pi d}{z}$$

3) 지름피치(diametral pitch, 기호 : DP)

지름피치는 모듈의 역수로 인치에 의한 치형의 크기를 표시하는 것이다.

$$DP = \frac{\text{잇수(매)}}{\text{피치원의 지름(mm)}} = \frac{z}{d}$$

4) 표준기어와 전위기어

기준 래크의 기준 피치선이 평기어의 기준 피치원에 접하고 있는 기어를 표준기어라고 하고 접하고 있지 않는 기어를 전위기어라고 한다.

03 기어의 제도

1 부품도의 항목표 및 그림의 기입사항

기어의 부품도는 표 및 그림을 병용하고 각 기입사항은 다음과 같다.

① 항목표에는 원칙적으로 이절삭, 조립, 검사 등에 필요한 사항을 기입한다.
② 그림에는 주로 기어의 이절삭 전의 기계가공을 끝낸 기어 소재를 제작하는 데 필요한 치수를 기입한다.
③ 재료·열처리·경도 등에 관한 사항은 필요에 따라 표의 비고란 또는 그림 속에 적당히 기입한다.
④ [그림 3-13~22]에 각종 기어 부품도의 보기를 나타낸다. 도형, 수치 및 비고내용 등은 모두 보기이며 기어 특유의 치수 이외는 기입을 생략한 것도 있다.
⑤ 이 규격은 그림의 치수에는 치수 허용차를 생략한 것이나 실제 도면에는 필요한 치수 허용차를 모두 기입할 필요가 있다.

2 도시방법

1) 선의 사용방법

① 잇봉우리 원은 굵은 실선으로 표시한다.
② 피치원은 가는 일점 쇄선으로 표시한다.
③ 이끝원은 가는 실선으로 표시한다. 다만, 축에 직각인 방향에서 본 그림을 단면으로 도시할 때는 이골의 선은 굵은 실선으로 표시한다[그림 3-13~20, 22, 27].

④ 이골원은 기입을 생략하여도 좋고 특히 베벨기어 및 웜 휠의 축 방향에서 본 그림에서는 원칙적으로 생략한다 [그림 3-18~20, 22].

⑤ 잇줄방향은 통상 3개의 가는 실선으로 표시한다 [그림 3-16, 17, 19~21, 28(a)~(c), 30(a), 31(d)~(e), 32(a) 참조].

⑥ 주 투영도를 단면으로 도시할 때는 외접 헬리컬 기어의 잇줄방향은 지면에서 앞의 잇줄방향을 3개의 가는 이점 쇄선으로 표시한다 [그림 3-14].

⑦ 내접 헬리컬 기어의 잇줄방향은 3개의 가는 실선으로 표시한다 [그림 3-15].

2) 도시 예

(1) 스퍼 기어

단위 : mm

스 퍼 기 어					
기어치형		전위	다듬질 방법		호브 절삭
기준 래크	치형	보통이	정밀도		KS B 1405 5급
	모듈	6	비고	상대기어 전위량	0
	압력각	20°		상대기어 잇수	50
잇수		18		중심 거리	207
기준 피치원 지름		108		백래시	0.20 ~ 0.89
전위량		+3.16		* 재료	
전체 이높이		13.34		* 열처리	
이두께	벌림 이두께	(벌림 잇수=3)		* 경도	

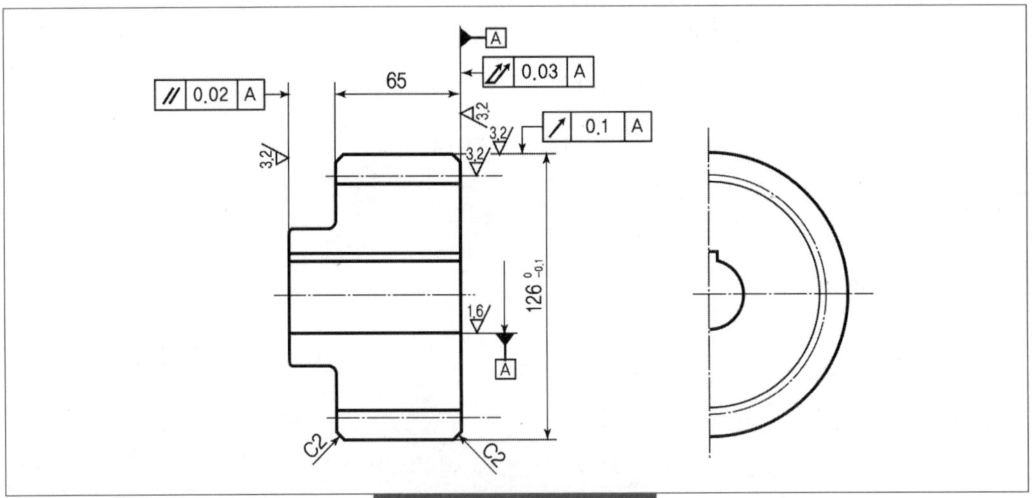

• 그림 3-13 • 스퍼 기어

(2) 헬리컬 기어

단위 : mm

헬리컬 기어					
기어치형		표준	전체 이높이		9.40
치형 기준평면		치직각	이두께	오버핀(볼) 치수	(볼지름 = 7.144)
기준 래크	치형	보통이			
	모듈	4	다듬질 방법		연삭 다듬질
	압력각	20°	정밀도		KS B 1405 1급
잇수		19	비고	상대기어 전위량	0
비틀림각		26.7°		중심 거리	96.265
				기초원 지름	78.783
비틀림 방향		왼쪽		* 재료	SNCM415
				* 열처리	침탄 퀜칭
*리드		531.385		* 경도	HRC 55 ~ 61
				유효 경화층 깊이	0.8 ~ 1.2
기준 피치원 지름		85.071		백래시	0.15 ~ 0.31
				치형 수정 및 크라우닝을 할 것	

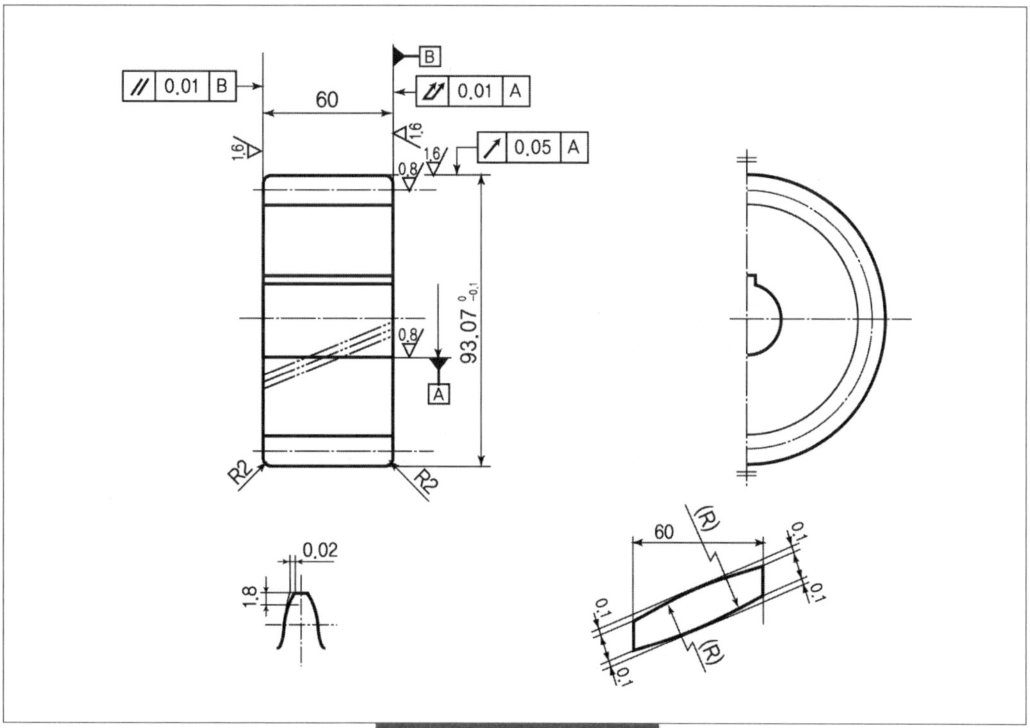

• 그림 3-14 • 헬리컬 기어

(3) 내접 헬리컬 기어

단위 : mm

내접 헬리컬기어					
기어치형		표준	전체 이높이		6.75
치형 기준평면		치직각			
기준 래크	치형	보통이	이두께	오버핀(볼)	
	모듈	3		치수	(볼지름 = 5.000)
	압력각	20°	다듬질 방법		피니언 커터 절삭
잇수		84	정밀도		KS B 1405 5급
비틀림각		29.6333°(29°38′)	비 고	백래시	0.15 ~ 0.69
비틀림 방향		도시		* 재료	SCM435
*리드				* 열처리	퀜칭 템퍼링
기준 피치원 지름		289.918		* 경도	HB 241 ~ 302

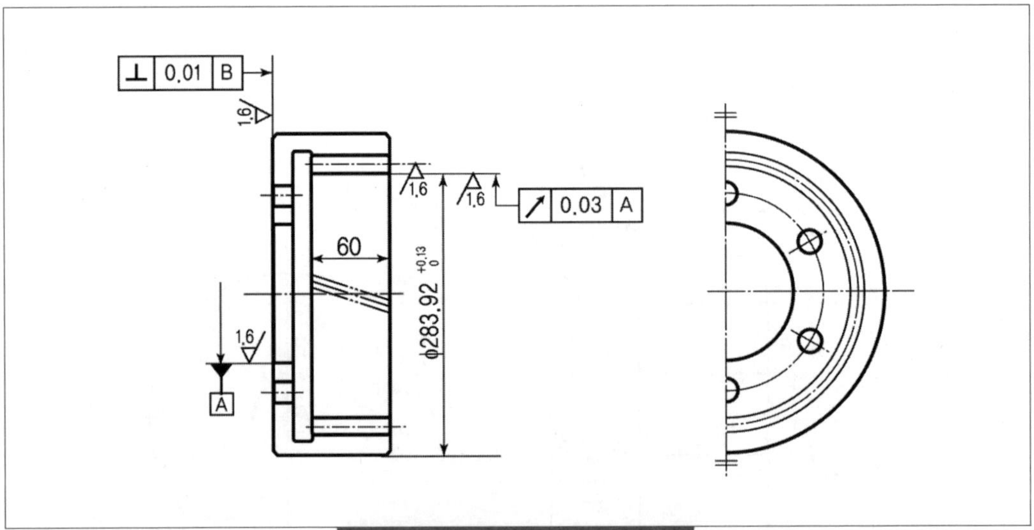

• 그림 3-15 • 내접 헬리컬 기어

(4) 이중 헬리컬 기어

단위 : mm

<table>
<tr><th colspan="6">이중 헬리컬 기어</th></tr>
<tr><td colspan="2">기어치형</td><td>표준</td><td rowspan="4">이두께</td><td rowspan="4">황줄 이두께
(치직각)</td><td rowspan="4">(캘리퍼 이높이
= 10.05)</td></tr>
<tr><td colspan="2">치형 기준평면</td><td>치직각</td></tr>
<tr><td rowspan="3">기준
래크</td><td>치형</td><td>보통이</td></tr>
<tr><td>모듈</td><td>10</td></tr>
<tr><td>압력각</td><td>20°</td><td colspan="2">다듬질 방법</td><td>호브 절삭</td></tr>
<tr><td colspan="2">잇수</td><td>92</td><td colspan="2">정밀도</td><td>KS B 1405 4급</td></tr>
<tr><td colspan="2">비틀림각</td><td>25°</td><td rowspan="5">비 고</td><td rowspan="5">상대기어 잇수
중심 거리
백래시
* 재료
* 열처리
* 경도</td><td rowspan="5">20
617.89
0.3 ~ 0.85</td></tr>
<tr><td colspan="2">비틀림 방향</td><td>도시</td></tr>
<tr><td colspan="2">*리드</td><td></td></tr>
<tr><td colspan="2">기준 피치원 지름</td><td>1015.105</td></tr>
<tr><td colspan="2">전체 이높이</td><td>22.5</td></tr>
</table>

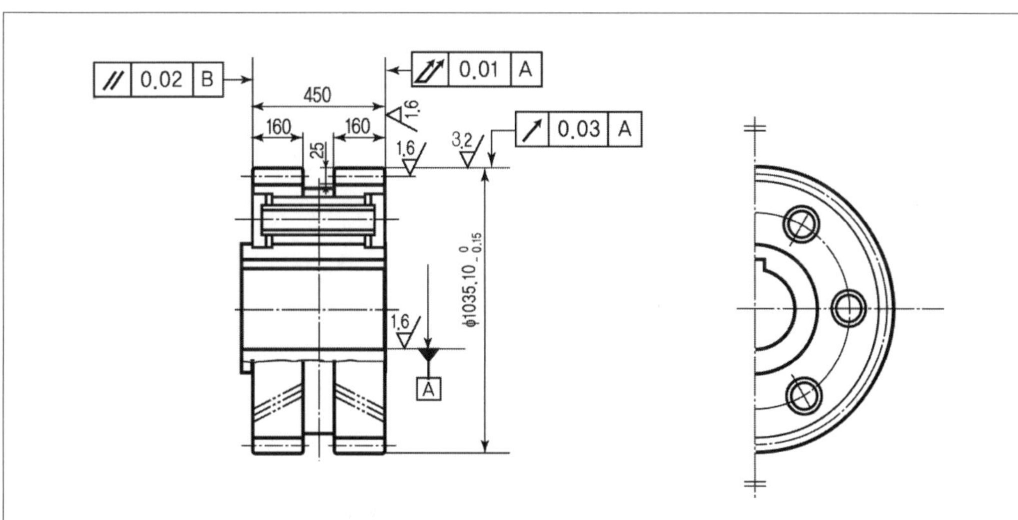

• 그림 3-16 • 이중 헬리컬 기어

(5) 나사 기어

단위 : mm

<table>
<tr><th colspan="8">나사 기어</th></tr>
<tr><th colspan="2">구 별</th><th>피니언</th><th>(기어)</th><th colspan="2">구 별</th><th>피니언</th><th>(기어)</th></tr>
<tr><td colspan="2">기어 치형</td><td colspan="2">표준</td><td rowspan="4">이두께</td><td>황줄 이두께
(치직각)</td><td></td><td></td></tr>
<tr><td colspan="2">치형 기준평면</td><td colspan="2">치직각</td><td>황줄 이두께
(치직각)</td><td>(캘리퍼 = 2.033)</td><td></td></tr>
<tr><td rowspan="3">기준
래크</td><td>치형</td><td colspan="2">보통이</td><td rowspan="2">오버핀
(볼)치수</td><td rowspan="2"></td><td rowspan="2"></td></tr>
<tr><td>모듈</td><td colspan="2">2</td></tr>
<tr><td>압력각</td><td colspan="2">20°</td><td colspan="2">다듬질 방법</td><td colspan="2">호브 절삭</td></tr>
<tr><td colspan="2">잇수</td><td>13</td><td>(26)</td><td colspan="2">정밀도</td><td>KS B 1405 4급</td><td></td></tr>
<tr><td colspan="2">축각</td><td colspan="2">90°</td><td rowspan="5">비 고</td><td colspan="3" rowspan="5">백래시 0.11 ~ 0.4</td></tr>
<tr><td colspan="2">비틀림각</td><td>45°</td><td>(45°)</td></tr>
<tr><td colspan="2">비틀림 방향</td><td colspan="2">오른쪽</td></tr>
<tr><td colspan="2">*리드</td><td>115.51</td><td></td></tr>
<tr><td colspan="2">기준 피치원 지름</td><td>36.769</td><td>(73.539)</td></tr>
</table>

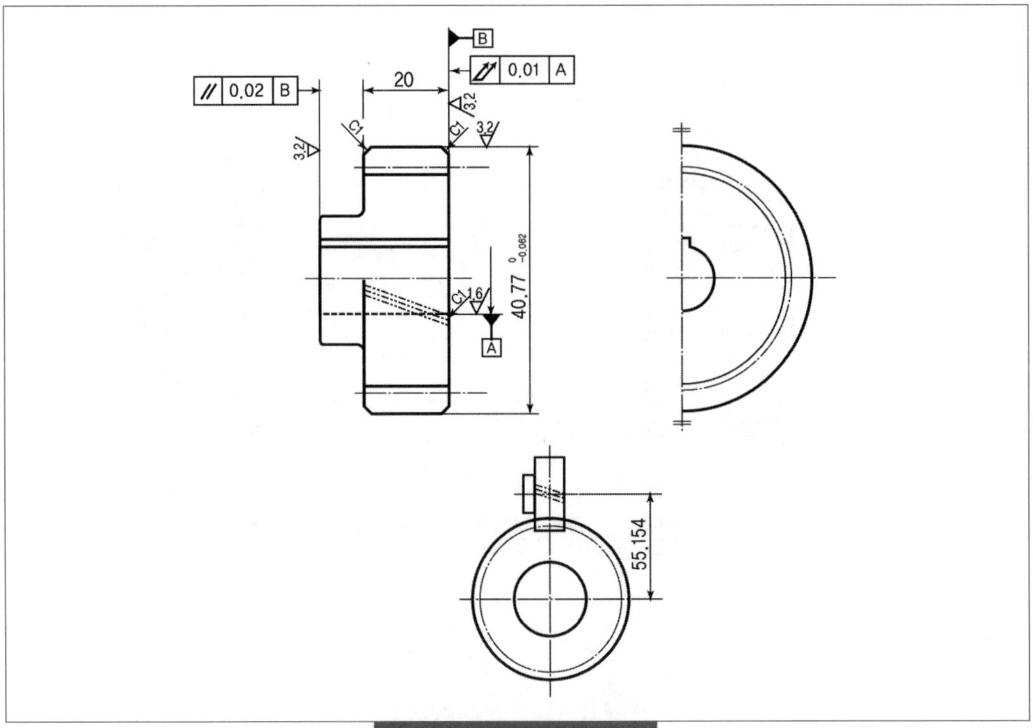

• 그림 3-17 • 나사 기어

(6) 직선 베벨 기어

단위 : mm

직선 베벨 기어					
구 별	피니언	(기어)	구 별	기어	(피니언)
치형	글리손식		기준 피치 원추각	60°39′	(29°21′)
모듈	6		이골 원추각	57°32′	
압력각	20°		잇봉우리 원추각	62°28′	
잇수	48	(27)	이두께 - 측정 위치	바깥 끝 잇봉우리원부	
축각	90°		이두께 - 황줄 이두께 (치직각)	캘리퍼 4.14	
기준 피치원 지름	288	(162)	다듬질 방법	절삭	
이높이	13.13		정밀도	KS B 1405 4급	
이끝 높이	4.11	(45°)	비 고 - 백래시	0.2~0.5	
이뿌리 높이	오른쪽		이접촉	KS B 1417 구분 B	
원추거리	165.22		* 재료	SCM420H	
			* 열처리		
			* 유효 경화층 깊이	0.9~1.4	
			* 경도	HRC 60±3	

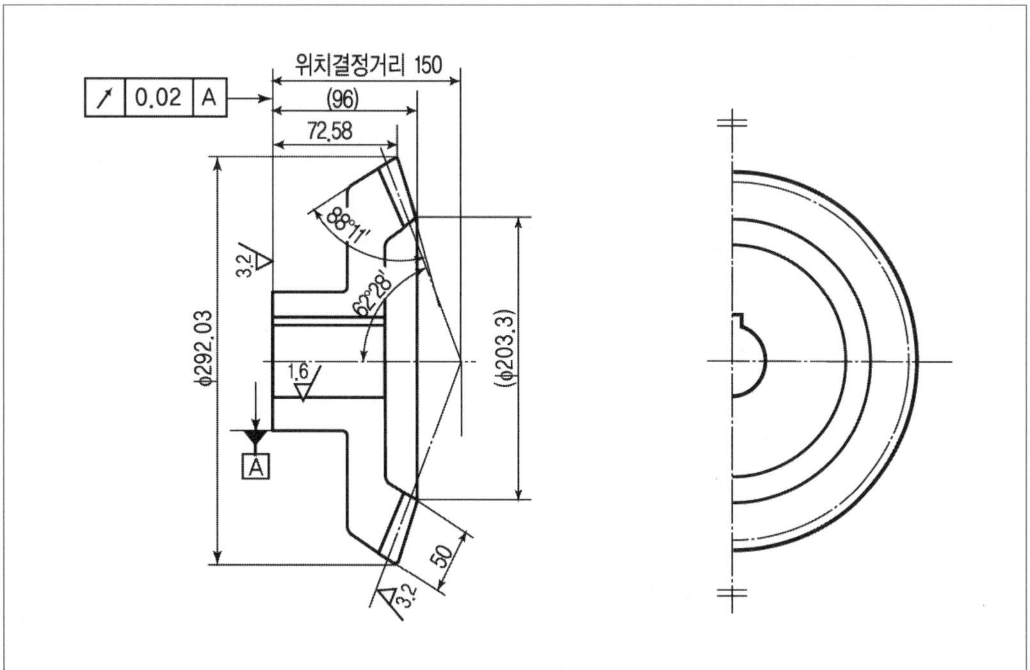

• 그림 3-18 • 직선 베벨 기어

(7) 스파이럴 베벨 기어

단위 : mm

<table>
<tr><th colspan="7">스파이럴 베벨 기어</th></tr>
<tr><th>구 별</th><th>피니언</th><th>(기어)</th><th colspan="2">구 별</th><th>기 어</th><th>(피니언)</th></tr>
<tr><td>치형</td><td colspan="2">글리손식</td><td colspan="2">원추거리</td><td colspan="2">159.41</td></tr>
<tr><td>이절삭 방법</td><td>스프레이드
블레이드법</td><td></td><td colspan="2">기준 피치 원추각</td><td>60°24′</td><td>(29°36′)</td></tr>
<tr><td>커터 지름</td><td>304.8</td><td></td><td colspan="2">이골 원추각</td><td>57°27′</td><td></td></tr>
<tr><td>모듈</td><td colspan="2">6.3</td><td colspan="2">잇봉우리 원추각</td><td>62°09′</td><td></td></tr>
<tr><td>압력각</td><td colspan="2">20°</td><td rowspan="2">이두께</td><td>측정 위치</td><td>바깥끝 잇봉우리원부</td><td></td></tr>
<tr><td>잇수</td><td>44</td><td>(25)</td><td>원호 이두께</td><td>8.06</td><td></td></tr>
<tr><td>축각</td><td colspan="2">90°</td><td colspan="2">다듬질 방법</td><td colspan="2">연삭</td></tr>
<tr><td>비틀림각</td><td colspan="2">35°</td><td colspan="2">정밀도</td><td>KS B 1412 4급</td><td></td></tr>
<tr><td>비틀림 방향</td><td>오른쪽</td><td></td><td rowspan="5">비 고</td><td colspan="3" rowspan="5">백래시 0.18~0.23
* 재료 SCM420H
* 열처리 침탄 퀜칭 템퍼링
* 유효 경화층 깊이 1.0~1.5
* 경도 HRC 60±3</td></tr>
<tr><td>기준 피치원 지름</td><td>277.2</td><td></td></tr>
<tr><td>이높이</td><td colspan="2">11.89</td></tr>
<tr><td>이끝 높이</td><td>3.69</td><td></td></tr>
<tr><td>이뿌리 높이</td><td>8.20</td><td></td></tr>
</table>

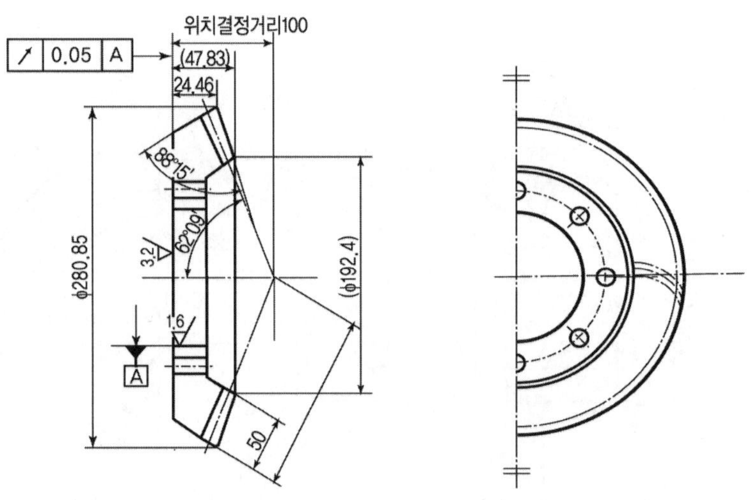

• 그림 3-19 • 스파이럴 베벨 기어

(8) 하이포이드 기어

단위 : mm

<table>
<tr><th colspan="7">하이포이드 기어</th></tr>
<tr><th>구 별</th><th>피니언</th><th>(기어)</th><th colspan="2">구 별</th><th>기어</th><th>(피니언)</th></tr>
<tr><td>치형</td><td colspan="2">글리손식</td><td colspan="2">원추거리</td><td colspan="2">159.41</td></tr>
<tr><td>이절삭 방법</td><td colspan="2">성형 이절삭법</td><td colspan="2">기준 피치 원추각</td><td>74°43′</td><td></td></tr>
<tr><td>커터 지름</td><td>228.6</td><td></td><td colspan="2">이골 원추각</td><td>68°25′</td><td></td></tr>
<tr><td>모듈</td><td>5.12</td><td></td><td colspan="2">잇봉우리 원추각</td><td>76°0′</td><td></td></tr>
<tr><td>평균 압력각</td><td colspan="2">21.15°</td><td rowspan="2">이두께</td><td>측정 위치</td><td>바깥끝 잇봉우리원부에서 16mm</td><td></td></tr>
<tr><td>잇수</td><td>41</td><td></td><td>황줄 이두께
(치직각)</td><td>4.148
캘리퍼 = 1.298</td><td></td></tr>
<tr><td>축각</td><td colspan="2">90°</td><td colspan="2">다듬질 방법</td><td colspan="2">래핑 다듬질</td></tr>
<tr><td>비틀림각</td><td>26°25′</td><td>(50°0′)</td><td colspan="2">정밀도</td><td colspan="2">KS B 1412 3급</td></tr>
<tr><td>비틀림 방향</td><td>오른쪽</td><td></td><td rowspan="7">비 고</td><td colspan="3" rowspan="7">백래시 0.15 ~ 0.25
이접촉 KS B 1417 구분 B

* 재료 SCM420H

* 열처리 침탄 켄칭 템퍼링
* 유효 경화층 깊이 0.8 ~ 1.3
* 경도 HRC 60 ± 3</td></tr>
<tr><td>오프셋량</td><td colspan="2">38</td></tr>
<tr><td>오프셋 방향</td><td colspan="2">아래쪽</td></tr>
<tr><td>기준 피치원 지름</td><td>210</td><td></td></tr>
<tr><td>이높이</td><td>10.886</td><td></td></tr>
<tr><td>이끝 높이</td><td>1.655</td><td></td></tr>
<tr><td>이뿌리 높이</td><td>9.231</td><td></td></tr>
</table>

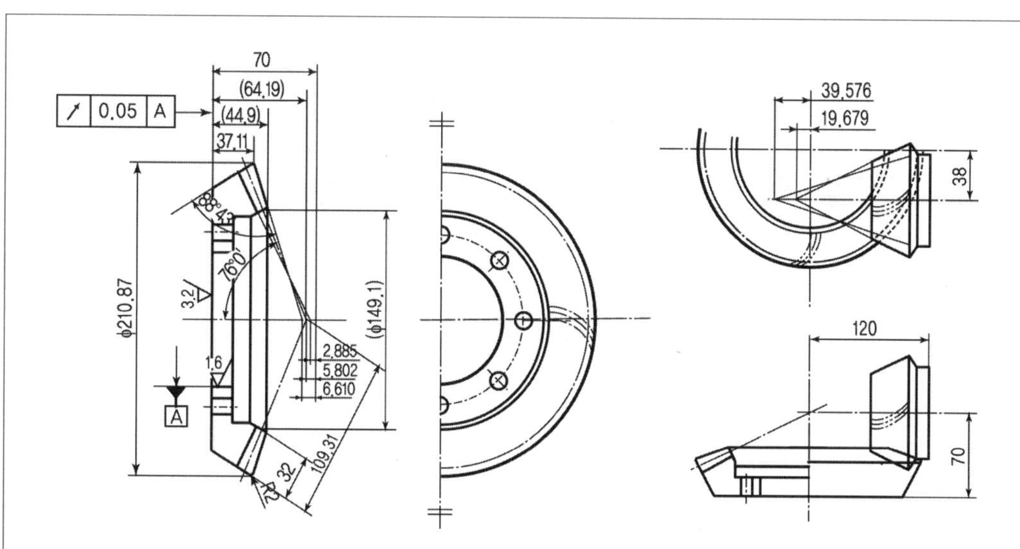

• 그림 3-20 • 하이포이드 기어

(9) 웜

단위 : mm

웜				
치형	KS B 1416 3형	이두께	활줄 이두께 (치직각)	캘리퍼 이높이 = 8
축방향 모듈	8			
줄수	2		오버핀 치수	
비틀림 방향	오른쪽		핀 지름	
기준 피치원 지름	80	백래시		0.21 ~ 0.35
지름계수	10.00	중심거리		200
리드각	11°18′36″	이접촉		KS B 1417 구분 B
다듬질 방법	연삭	* 재료		SM48C
* 정밀도		* 열처리		치면 고주파 퀜칭
		* 경도		HRC 50~55

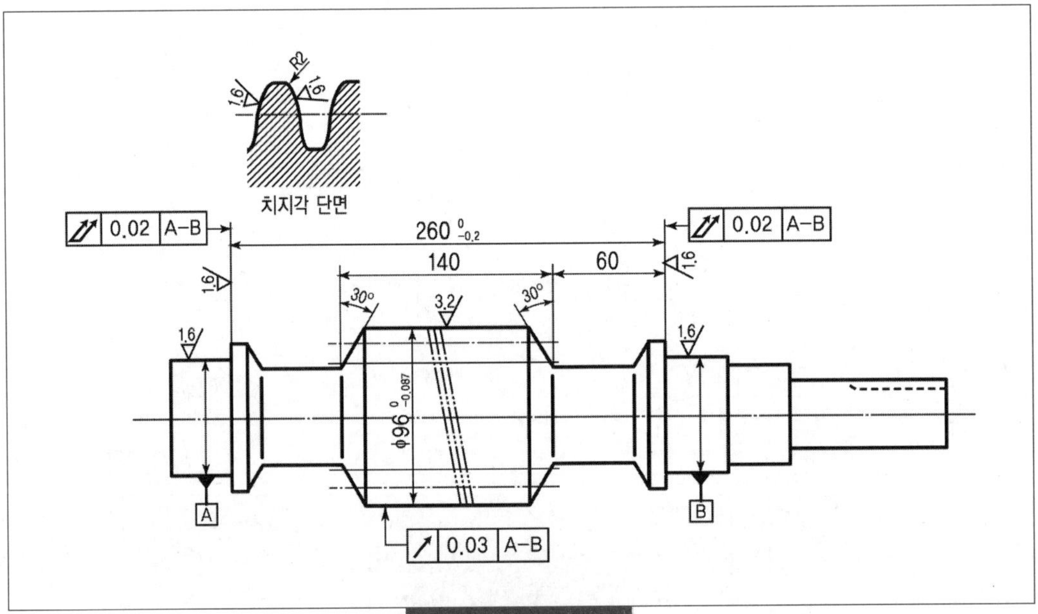

• 그림 3-21 • 웜

(10) 웜 휠

단위 : mm

웜 휠				
상대 웜 치형		KS B 1416 3형	다듬질 방법	호브 절삭
축방향 모듈		8	* 정밀도	
줄수		40	백래시 (피치 원둘레 방향)	0.21 ~ 0.35
기준 피치원 지름		320		
상대 웜	줄수	2	참고 이두께 (활줄이두께)	12.32
	비틀림 방향	오른쪽	(캘리퍼 이높이)	8.12
	기준 피치원 지름	80	전위량	0
	리드각	11°18′36″	이접촉	KS B 1417 구분 B
			* 재료	PBC 2B

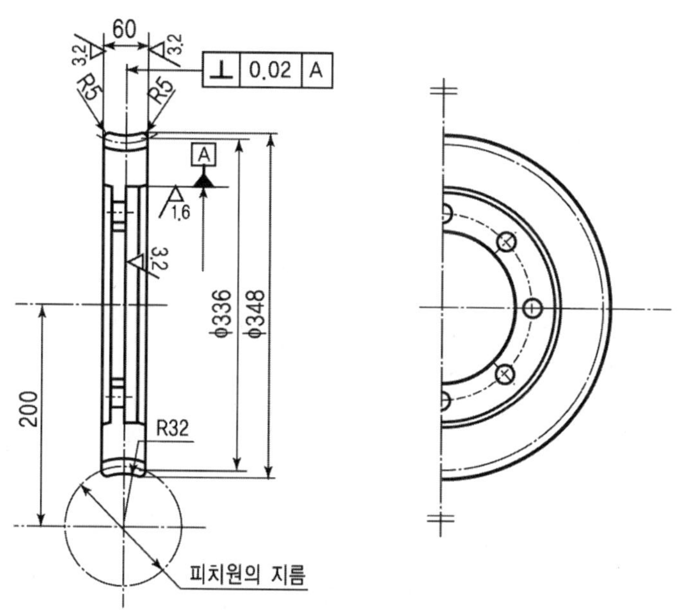

• 그림 3-22 • 웜 휠

3) 치형의 상세 및 치수 측정방법의 도시

치형의 상세 및 치수 측정방법을 명시할 필요가 있을 때는 도면 안에 도시한다[그림 3-23].

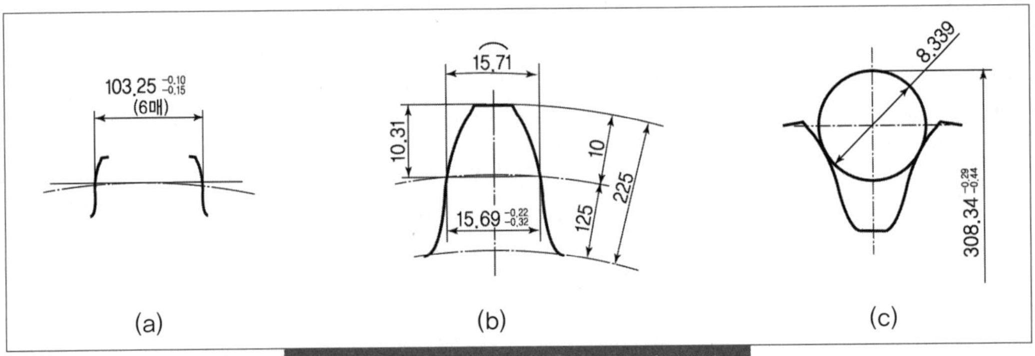

• 그림 3-23 • 치형의 상세 및 치수 측정방법

4) 이 모떼기의 도시

이의 모떼기에 대하여는 [그림 3-24]에 표시한다.

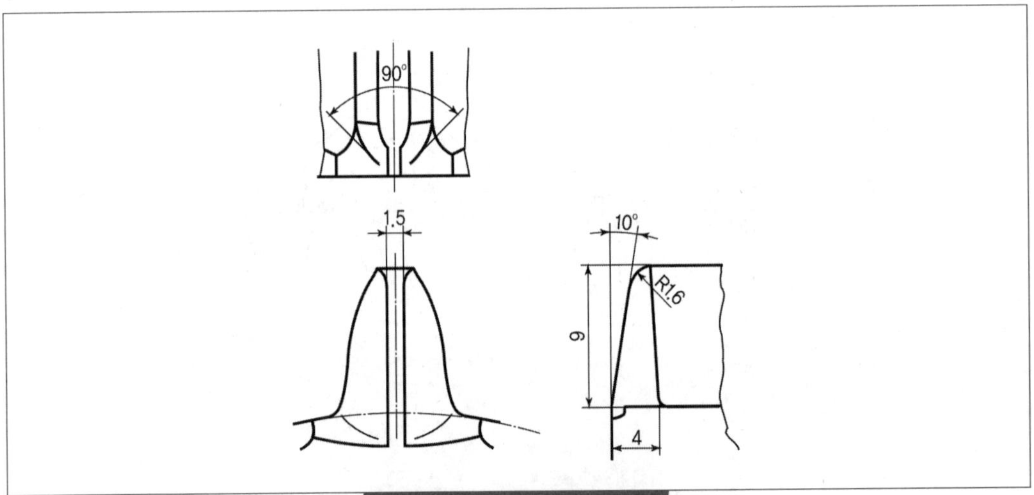

• 그림 3-24 • 이의 모떼기

5) 이 위치의 도시

이의 위치를 명시할 필요가 있을 때는 [그림 3-25] 및 [그림 3-26]의 보기에 따른다.

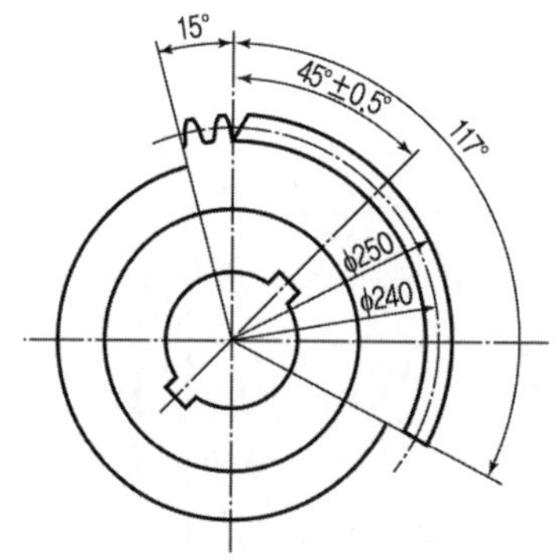

• 그림 3-25 • 섹터 기어

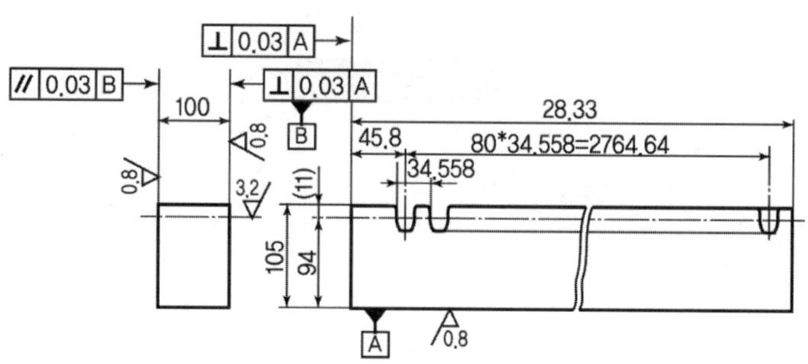

• 그림 3-26 • 래크

6) 맞물리는 기어의 도시

맞물리는 1쌍의 기어의 도시는 [그림 3-27]의 보기에 따른다.

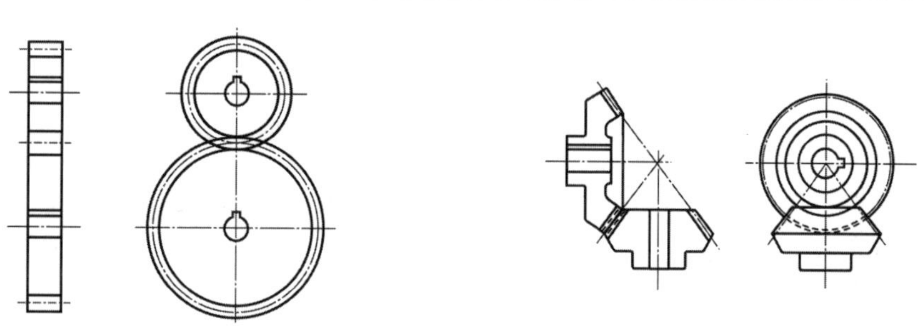

• 그림 3-27 •

① 맞물림부의 잇 봉우리 원은 모두 굵은 실선으로 표시한다.
② 주투영도를 단면으로 도시할 때는 맞물림부의 한쪽 잇 봉우리 원을 표시하는 선은 가는 파선 또는 굵은 파선으로 표시한다[그림 3-28 ~ 32].

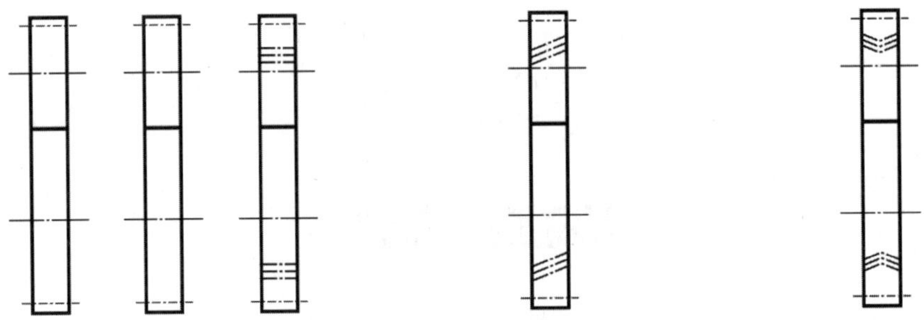

(a) 스퍼 기어 (b) 헬리컬 기어 (c) 이중 헬리컬 기어

• 그림 3-28 •

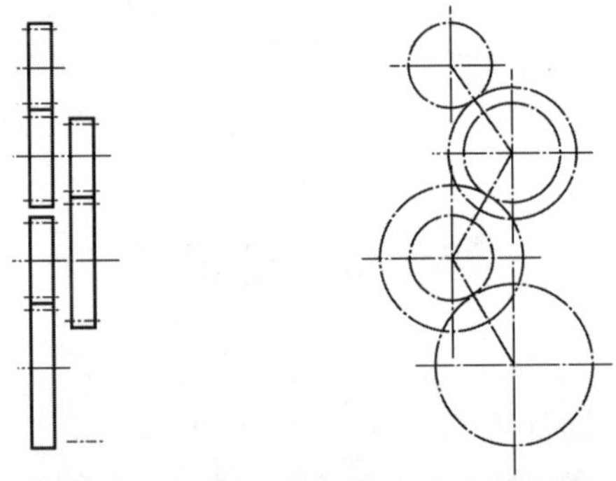

• 그림 3-29 • 일련의 스퍼 기어의 간략도

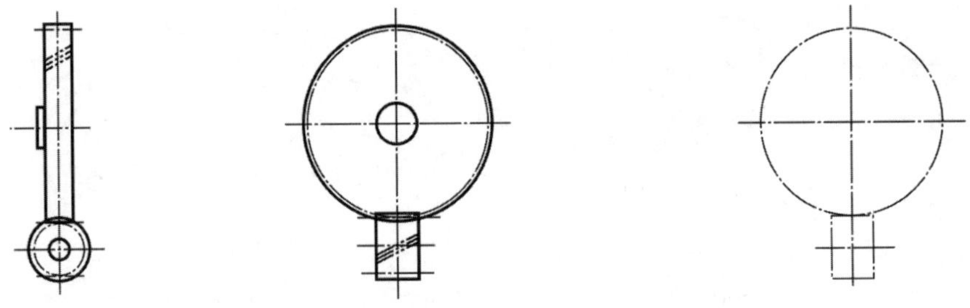

(a) 스퍼 기어 (b) 헬리컬 기어 (c) 이중 헬리컬 기어

• 그림 3-30 • 맞물리는 나사기어의 간략도

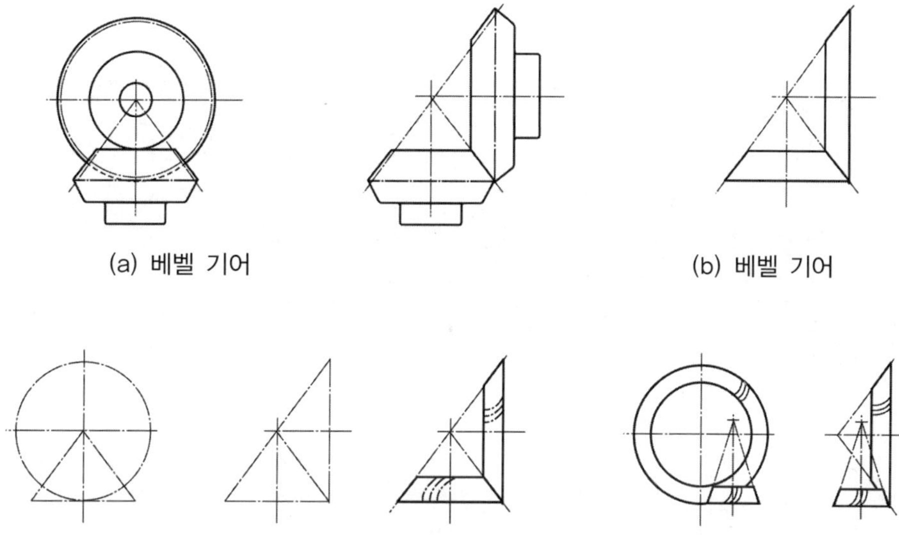

(a) 베벨 기어 (b) 베벨 기어

(c) 베벨 기어 (d) 스파이얼 베벨기어 (e) 하이포이드기어

• 그림 3-31 •

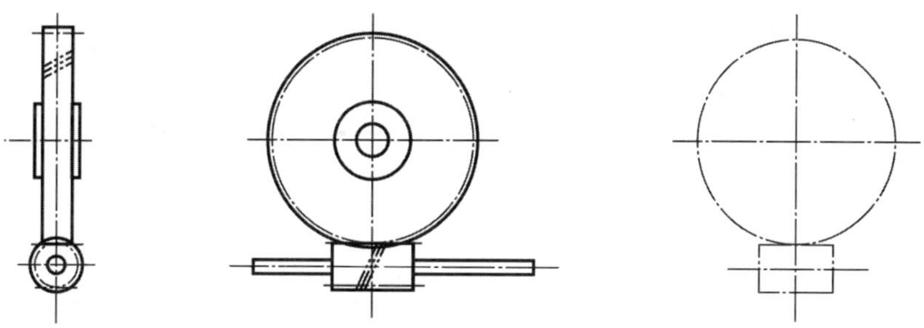

(a) (b) (c)

• 그림 3-32 • 맞물리는 웜 및 웜 휠의 간략도

CHAPTER 03

기어 / 연습문제

기어 [1]

전공		학 번		학 년		반		성 명	

기어의 표시법으로서 올바르게 표시된 것을 골라 아래 란에 기입하세요.

01

[A]

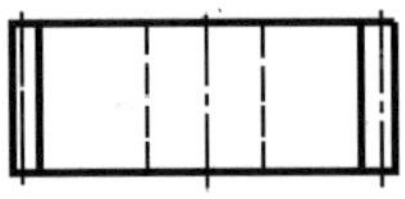

[B]

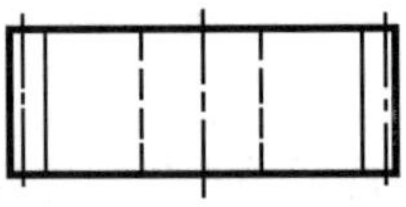

[C]

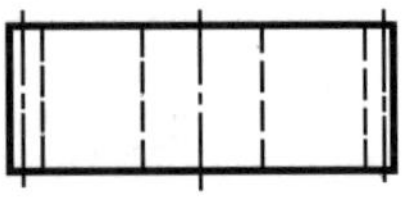

02

[A]

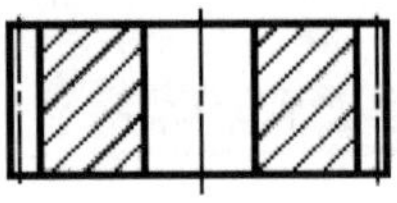

[B]

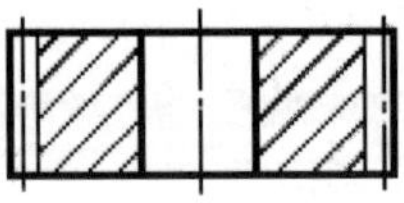

[C]

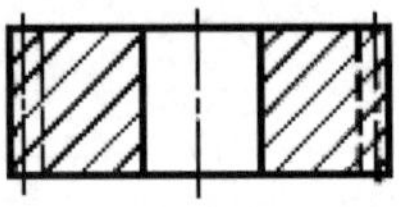

03

[A]

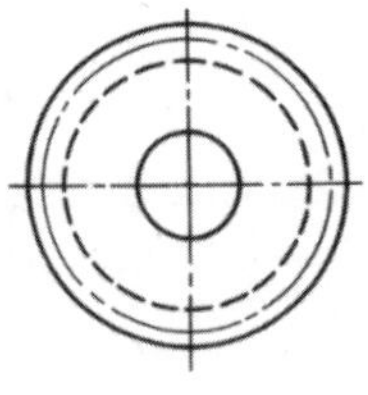

[B]

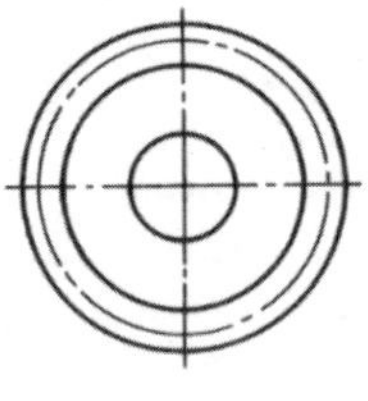

[C]

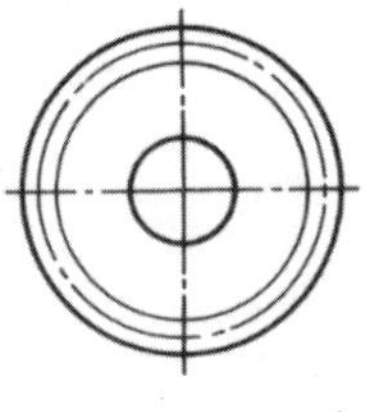

04

[A]

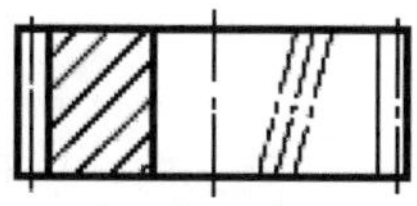

[B]

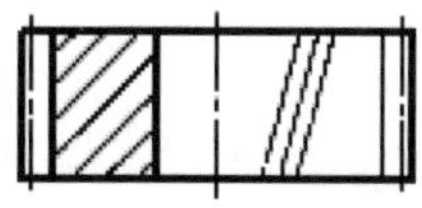

[C]

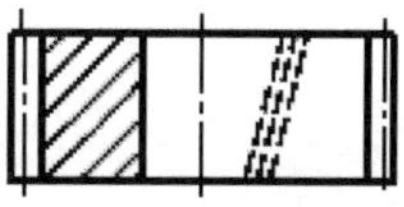

05

[A]

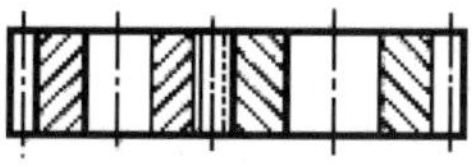

[B]

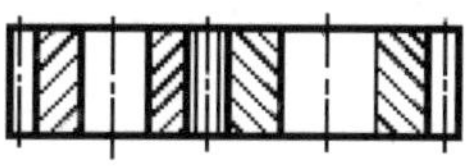

[C]

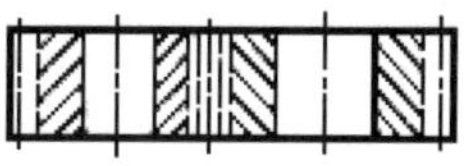

[1]		[2]		[3]		[4]		[5]	

기어 [2]

전공		학 번		학 년		반		성 명	

입체도와 기어제도를 직선을 연결하고 괄호 안에 기어의 명칭을 적어 넣으세요.

01

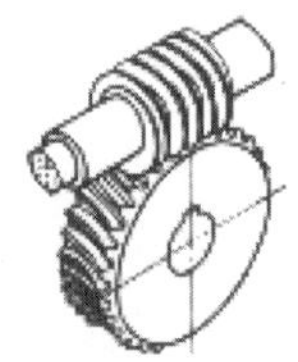

[A]

02

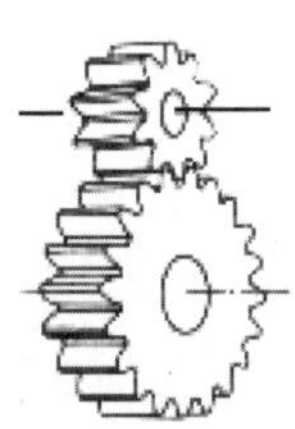

[B]

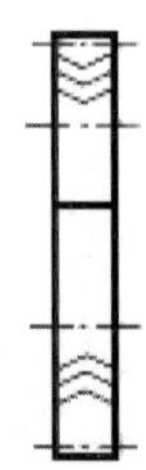

03

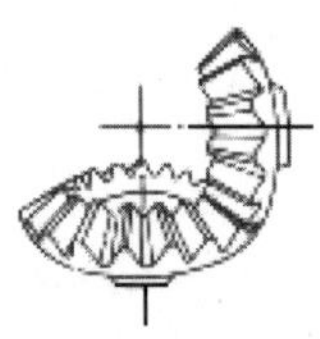

[B]

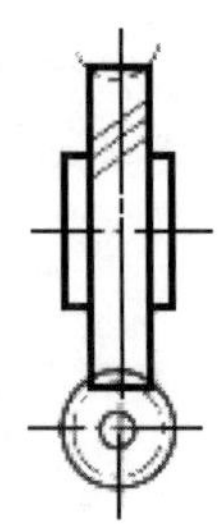

04

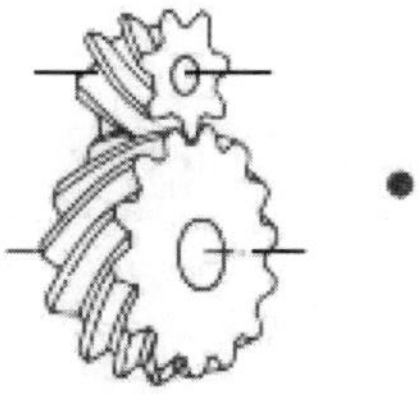

[D]

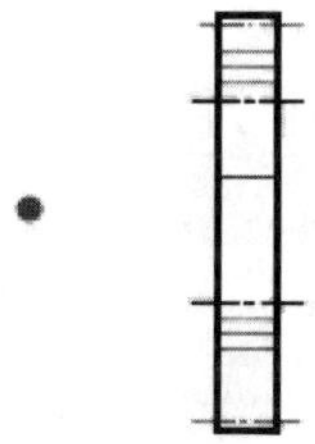

05

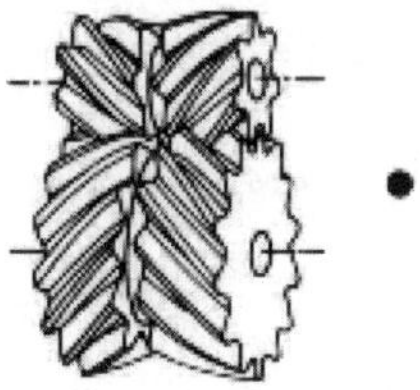

[E]

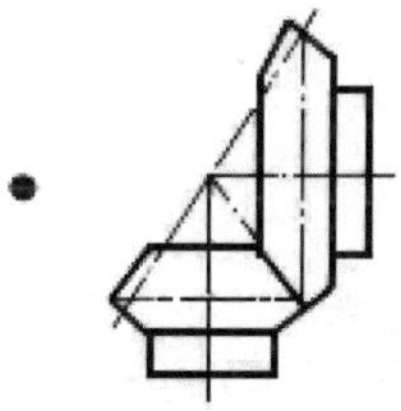

기어 [3]

전공		학 번		학 년		반		성 명	

지시에 따라 표 및 도면을 완성하세요.

01 모듈이 2.5, 잇수 40개인 표준 스퍼기어의 명칭과 치수를 표에 기입하세요.

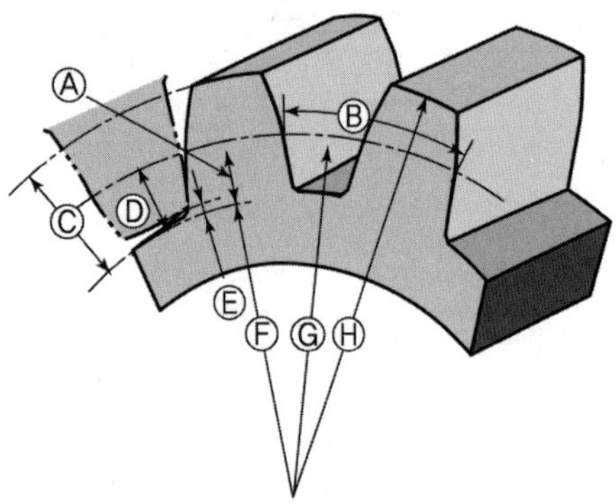

번호	명 칭	치 수
A		
B		
C		
D		
E		
F		
G		
H		

02 표준 스퍼기어의 조립단면도를 그리세요. 단, 모듈은 2, 기어폭은 14mm로 한다.

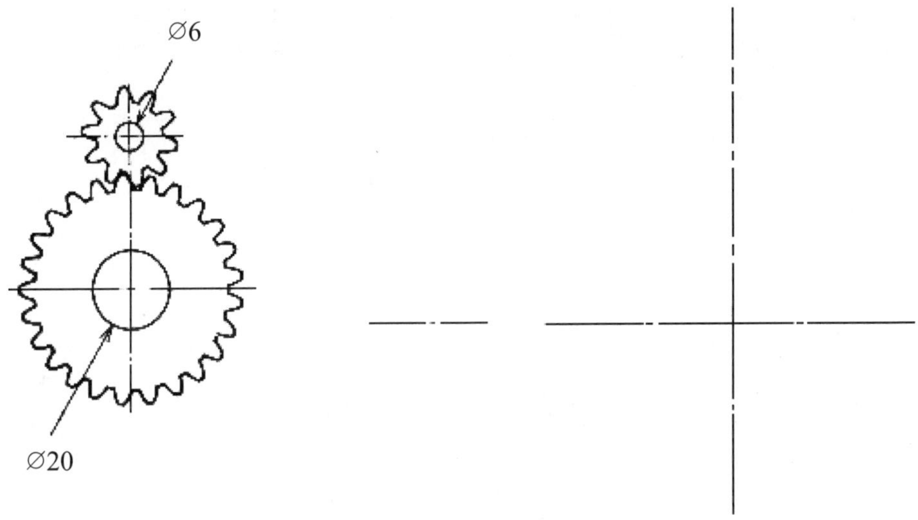

기어 [4]

전공		학 번		학 년		반		성 명	

01 기어제도에 있어서 (　　　)에 선의 종류를 적으세요. 또한 물음에 답하세요.

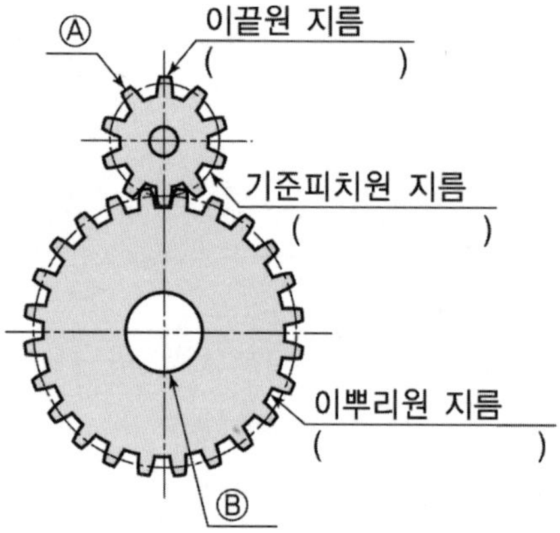

m=3

[1] 기어 A, B의 기준 피치원 지름은?

$d_A =$　　　　$d_B =$

[2] 기어 A, B의 중심거리는 ?

$a =$

[3] 기어 A가 400회전하면 기어 B는 몇 회전하는가?

$N_B =$

02 입체도를 참조하여 지시에 따라 도면을 그리세요.

모듈 m = 2.5

(1) 기준 피치원 지름 =

(2) 이끝원 지름 =

(3) 이뿌리원 지름 =

(4) 이끝 높이 =

(5) 이뿌리 높이 =

(6) 총 이높이 =

(7) 이끝 간격 =

(8) 원주피치 =

기어 [5]

전공		학 번		학 년		반		성 명	

다음의 스퍼기어의 요목표를 작성하세요.

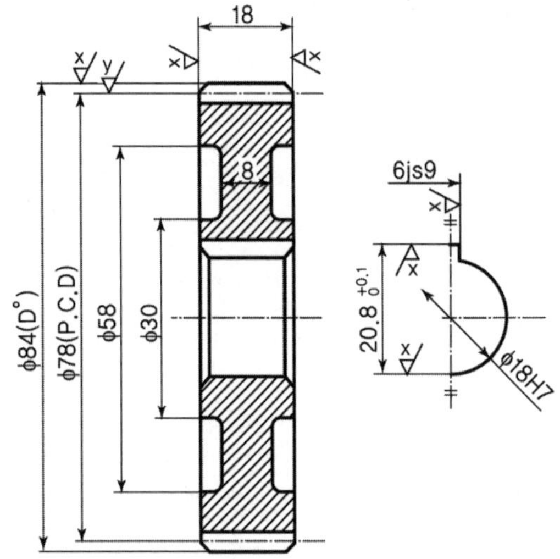

스퍼기어 요목표

기어치형		표 준
공구	치 형	보통이
	모 듈	3(M)
	압력각	20°
잇 수		26
피치원 지름		
가공방법		
정밀도		

기어 [6]

전공		학 번		학 년		반		성 명	

다음의 헬리컬기어의 요목표를 작성하세요.

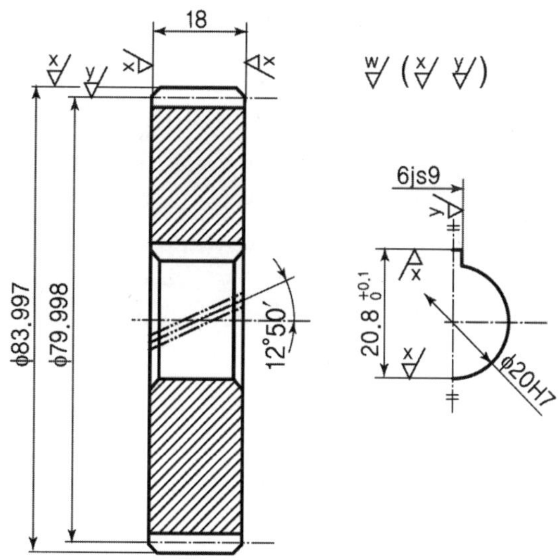

헬리컬기어 요목표		
이모양 기준단면		이직각
기어치형		표준
공구	치 형	보통이
	모 듈	2(M)
	압력각	20°
잇 수		39
비틀림각 및 방향		15°50′(좌)
리 드		
피치원 지름		

memo

CHAPTER

04 축 및 축이음

01 축

1 축의 종류

축이라는 명칭은 매우 일반적으로 사용되어지고 있지만 「축과는 강도 또는 변형, 그 외 기계적 필요조건을 갖추고 베어링에 지지되어 회전 또는 왕복운동을 하게 하는 것」의 총칭으로 종류는 다음과 같다.

1) 축에 작용하는 하중에 따른 분류

① **굽힘 작용을 주로 받는 축** : 차량의 차축, 자동차의 앞차축. 차축(axle)

② **비틀림 작용을 주로 받는 축** : 일반 동력전달에 이용되는 축. 전동축(shaft)

③ **굽힘, 비틀림, 인장, 압축 등의 하중을 동시에 2종류 이상 받는 축** : 굽힘을 받는 전동축, 윈치(winch)의 드럼축, 프로펠러 축 등.

④ **공작기계류에 있어서 바이트를 취부, 직접 일을 하는 축** : 선반의 주축, 스핀들. 이 들 내에 스핀들은 직경에 비해 짧은 축으로 강도는 물론 필요하지만 그것보다도 변형이 작고 형이 정확하고 마모에 견디는 것이 필요하다.

2) 축의 형식에 따른 분류

① **직선축** : 보통 사용하는 직선의 축
② **곡선축** : 엔진, 컴프레셔 등의 크랭크축으로서 왕복운동을 회전운동으로, 또한 회전운동을 왕복운동으로 하는 부분에 사용되어지고 있는 축

3) 축의 단면 형상에 따른 분류

둥근축, 중공(中空) 둥근축, 4각축, 6각축이 이용되어지지만 일반적으로 둥근축이 이용되어지고 그것은 동일 중량에서는 둥근축이 가장 강도가 있고 공작이 쉬우며 고속도 회전시에 균형이 좋고 또한 중량 경감의 목적에서 중공 둥근축으로 하는 것이 있지만 제작비가 높다. 4각 또는 6각 등의 축은 저속도의 경우에 이용되어지고 있다.

2 축의 재료

축은 기계의 주요부분을 이루는 것으로 일반적으로 탄소강을 사용한다. 특히 구조가 간단하고 저하중의 것에는 연강(0.2 ~ 0.3%C) 또는 경강(0.4 ~ 0.5%C)을 사용하는 것이 많다. 고속도 하중의 축에는 단조강, Cr－Mo강, Ni－Cr강, Ni－Cr－ Mo강 등을 목적에 따라 사용한다.

최근에 크랭크축 등의 형상이 복잡한 축에는 미하나이트 등의 주물을 이용하는 것이 일반적으로 되고 있다.

3 축의 제도법

① 축의 단면이 균일하고 길이가 길 때는 파단하여 짧게 그린다.
② 치수는 실제 치수를 기입한다.
③ 축은 길이방향으로 절단하거나 단면 도시를 하지 않는다. 단, 부분 단면은 가능하다.
④ 모떼기 및 평면 표시는 치수 기입법에 따른다.
⑤ 축에 있는 널링의 도시는 [그림 4－1]과 같이 나타낸다.

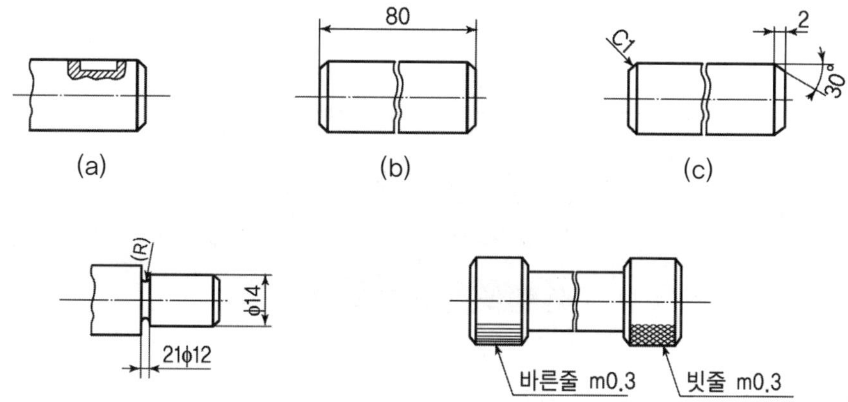

(a) (b) (c) (d) (e)

• 그림 4-1 •

02 축이음

2개의 회전축을 연결하여 한쪽의 동력을 다른 쪽으로 전달하는 데 사용하는 장치를 축이음(shaft coupling)이라 하며, 사용 목적에 의해 분류되어진다.

1 축이음의 종류

1) 슬리브 이음(sleeve coupling)

주철로 된 원통 속에 두 축을 넣고 키로서 고정하여 키에 의해서 회전력을 전달한다. 일반적으로 축의 지름이 30mm 이하로 매우 작을 때 사용한다. 또한 축 방향으로 인장이 걸리는 것에는 부적당하다.

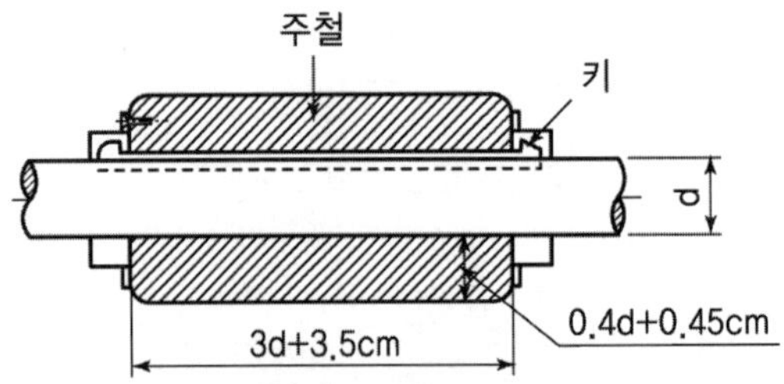

• 그림 4-2 • 슬리브 이음

2) 플랜지 이음(flange coupling)

가장 널리 사용되는 축 이음으로 [그림 4-3]에 표시된 바와 같이 양축 끝에 주철로 만들어진 주철제 플랜지를 키이로서 고정하고, 이 플랜지들을 여러 개의 볼트 또는 리머 볼트로서 이음을 한다. 보통 축지름이 50~150mm에서 사용되며 강력전달용으로 사용되고 플랜지 지름이 커져서 축심이 어긋나면 원심력으로 진동이 발생하기 쉽다.

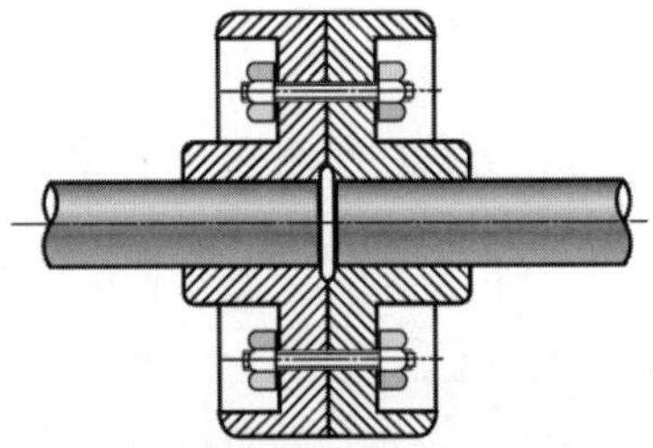

• 그림 4-3 • 플랜지 이음

3) 플랙시블 이음(flexible coupling)

2축의 축선을 정확히 일치시키기 어려운 경우에나 충격, 진동을 방지하는 경우에 사용하는 것으로 [그림 4-4]와 같이 가죽이나 고무 등 탄성이 있는 시임을 축 사이에 넣고 축을 연결하는 축 이음으로 축 방향으로 축의 작은 이동과 전기 절연의 역할을 한다.

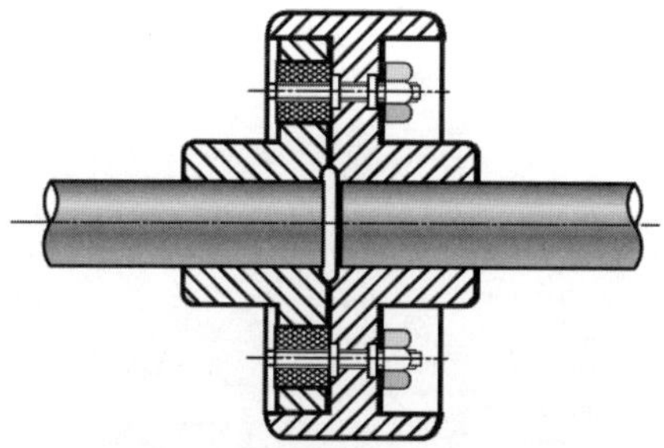

• 그림 4-4 • 플랙시블 이음

4) 자재 이음(universal joint)

2축이 일직선 상에 있지 않고 서로 어떤 각도로 교차하는 경우에 사용되는 축 이음이다.

5) 클러치(cluch)

2축의 연결을 필요에 따라서 단속하는 경우의 축 이음을 클러치라고 하고 클러치에는 맞물림 클러치, 마찰 클러치, 유치 클러치 등으로 대별되어진다.

2 축이음 설계 시 유의사항

① 센터의 맞춤이 완전히 이루어 질 것.
② 회전 균형이 완전 하도록 할 것.
③ 설치 분해가 용이 하도록 할 것.
④ 전동에 의해 이완되지 않을 것.
⑤ 토크 전달에 충분한 강도를 가질 것.

memo

CHAPTER

05 벨트풀리와 스프로킷

01 벨트풀리

1 평 벨트와 평 벨트풀리

1) 평 벨트

평 벨트는 가죽, 섬유, 고무, 강철 등으로 이루어져 있는 것으로 2개의 축에 고정된 평 벨트풀리에 벨트를 감아 이들 사이의 마찰에 의하여 동력을 전달하는 벨트로서, 형상에 따라 평판형, 링크형, 톱니형, 원형 등이 있다.

(1) 평 벨트의 특징

① 정확한 속도비를 얻지는 못하나 충격하중을 흡수하여 진동을 감소시킨다.
② 급격한 하중변화가 올 경우 미끄럼에 의한 무리한 전동을 방지해 준다.
③ 구조가 간다하고 제작비가 적게 들고 전동효율이 높다.

2) 평 벨트풀리

평 벨트 풀리의 구성은 림, 암, 보스의 3부분으로 구성되어 있으며, 종류는 구조에 따라 일체형과 분할형으로 하고 바깥 둘레면의 모양에 따라 접촉면을 중앙부를 약간 높게 한 C형과 평형인 F형으로 구분한다 [그림 5-1].

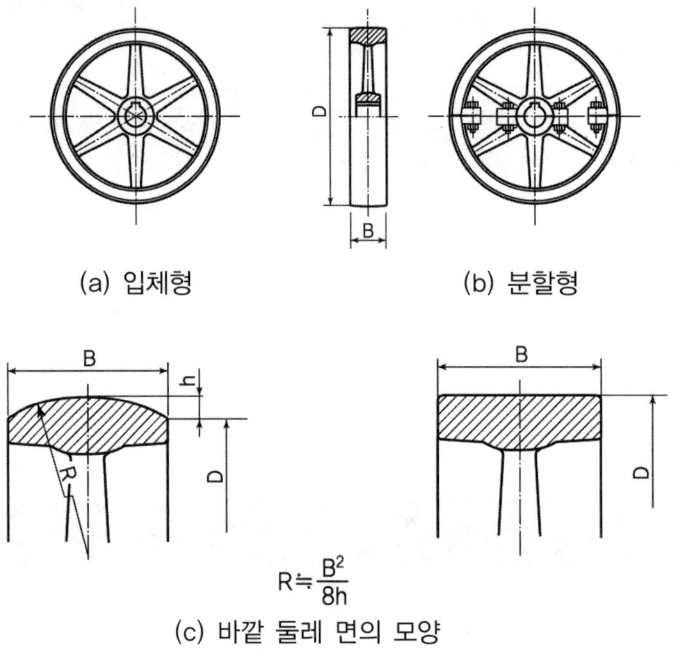

• 그림 5-1 • 평 벨트 풀리의 종류

3) 평 벨트풀리의 호칭방법

평 벨트풀리의 호칭방법은 명칭, 종류, 호칭지름 × 호칭 나비 및 재료에 따른다.

[보 기] 평 벨트풀리 일체형 C・125×25・주철
평 벨트풀리 분할형 F・125×25・주강

4) 풀리의 재료

주철이 가장 많이 사용되나 고속용은 알루미늄 경합금 및 강철 등이 사용된다.

5) 평 벨트풀리의 도시법

① 벨트풀리는 축 직각방향의 투상을 정면도로 한다.
② 벨트풀리와 같이 대칭인 것은 그 일부분만을 도시한다.

③ 암과 같은 방사형의 것은 수직 중심선 또는 수평 중심선가지 회전하여 투상한다.
④ 암은 길이 방향으로 절단하여 단면을 도시하지 않는다.
⑤ 암의 단면형은 도형밖에 회전 단면을 도시한다.
㉮ 도형 안에 도시할 때에는 가는 실선으로, 도형밖에 도시할 때에는 굵은 실선으로 표시한다.
㉯ 단면형은 대개 타원이며, 타원을 그릴 때에는 근사화법으로 원호를 그린다.
⑥ 암의 테이퍼 부분 치수를 기입할 때 치수 보조선은 경사선(수평과 60° 또는 30°)으로 긋는다.

2 V벨트와 V벨트 풀리

1) V 벨트

V벨트는 밀착성을 주기 위하여 사다리꼴 단면을 가진 이은 자리가 없는 로프로서 속에 무명이나 삼으로 된 실 또는 조각을 몇 개의 층으로 겹쳐 넣고 마찰력을 증진시키기 위하여 표피부분은 고무를 입혀서 사용한다.

(1) V벨트가 평 벨트보다 유리한 것

① 회전비를 크게 할 수 있다. 보통은 7 : 1, 최대는 10 : 1로 할 수 있다.
② 운전이 원활하고 정숙하며, 충격을 완화시킨다.
③ 비교적 작은 장력으로 많은 동력을 전달할 수 있고 베어링 마찰에 의한 동력 손실이 적다.
④ 짧은 거리의 운전이 가능하고, 장소를 적게 차지한다.

(2) V벨트의 종류

V벨트에는 M형, A형, B형, C형, D형, E형이 있다. 그 단면 치수는 [표 5-1]과 같다.

표 5-1 V벨트의 종류

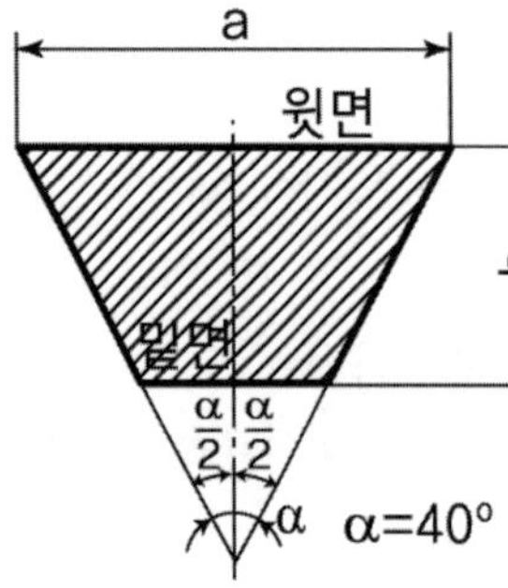

종 류	a	b
M	10.0	5.5
A	12.5	9.0
B	16.5	11.0
C	22.0	14.0
D	31.5	19.0
E	38.0	25.5

2) V벨트 풀리

V벨트 풀리는 주로 주철제가 많이 사용되며, 풀리의 홈부분의 모양과 치수는 호칭 지름에 따라서 다르다 [표 5-2].

표 5-2 V벨트 풀리 홈부분의 모양 및 치수

(단위 : mm)

V벨트의 종류	호칭지름	α (°)	l_0	k	k_0	e	f	r_1	r_2	r_3	(참고) V벨트의 두께
M	50 이상 71 이하 71 초과 90 이하 90 초과	34 36 38	8.0	2.7	6.3	−(1)	9.5	0.2~0.5	0.5~1.0	1~2	5.5
A	71 이상 100 이하 100 초과 125 이하 125 초과	34 36 38	9.2	4.5	8.0	15.0	10.0	0.2~0.5	0.5~1.0	1~2	9
B	125 이상 160 이하 160 초과 200 이하 200 초과	34 36 38	12.5	5.5	9.5	19.0	12.5	0.2~0.5	0.5~1.0	1~2	11
C	200 이상 250 이하 250 초과 315 이하 315 초과	34 36 38	16.9	7.0	12.0	25.5	17.0	0.2~0.5	1.0~1.6	2~3	14
D	355 이상 450 이하 450 초과	36 38	24.6	9.5	15.5	37.0	24.0	0.2~0.5	1.6~2.0	3~4	19
E	500 이상 630 이하 630 초과	36 38	28.7	12.7	19.3	44.5	29.0	0.2~0.5	1.6~2.0	4~5	25.5

주 (1) M형은 원칙적으로 한 줄만 걸친다.

표 5-3 홈부의 각 부분 치수 허용차 (단위 : mm)

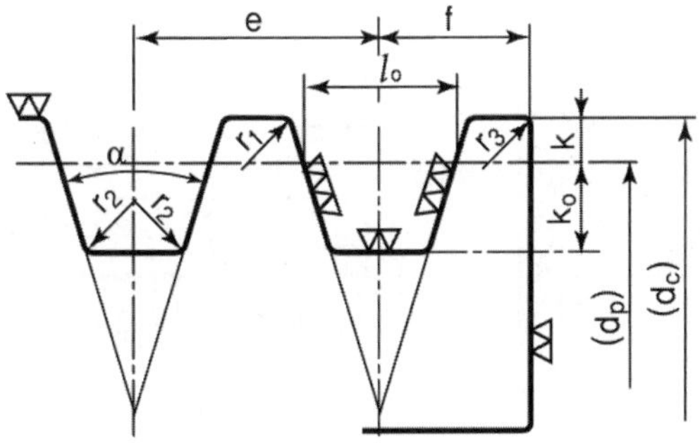

<table>
<tr><th>V벨트의 종류</th><th>α(°)의 허용차</th><th>k 의 허용차</th><th>e 의 허용차</th><th>f 의 허용차</th></tr>
<tr><td>M</td><td rowspan="6">±0.5</td><td rowspan="3">+0.2
0</td><td>–</td><td rowspan="4">±1</td></tr>
<tr><td>A</td><td rowspan="2">±0.4</td></tr>
<tr><td>B</td></tr>
<tr><td>C</td><td>+0.3
0</td><td rowspan="3">±0.5</td></tr>
<tr><td>D</td><td>+0.4
0</td><td>+2
−1</td></tr>
<tr><td>E</td><td>+0.5
0</td><td>+3
−1</td></tr>
</table>

02 스프로킷

1 스프로킷의 형식

체인이 감겨지는 바퀴를 스프로킷 휠이라 하고 롤러 체인용 스프로킷은 주강 또는 고급 주철 등으로 만든다. 롤러 체인용 스프로킷의 기준 치형은 S치형과 U치형의 2종류가 있으며, KS B 1407(롤러 체인용 스프로킷 치형)에서 치형의 모양과 치수에 대하여 규정하고 있다.

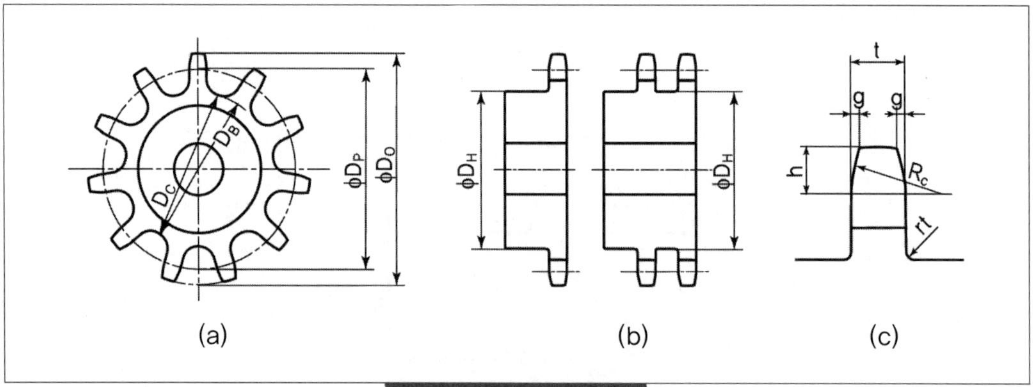

• 그림 5-2 • 스프로킷

2 스프로킷의 제도법

① 바깥지름은 굵은 실선, 피치원은 가는 일점 쇄선, 이뿌리원은 가는 실선 또는 굵은 파선으로 표시한다.

㉮ 이뿌리원은 기입을 생략하여도 좋다.

㉯ 축에 직각 방향에서 본 그림(주 투상도)을 단면으로 도시할 때에는 이뿌리선은 굵은 실선으로 기입한다.

② 스프로킷 부품도에는 그림 및 요목표를 병용한다.

(단위 : mm)

요 목 표		
롤러 체인	호칭 번호	60
	피치	19.05
	바깥 지름	11.91
	잇수	17
스프로킷	치형	S
	피치원 지름(D_P)	103.67
	바깥 지름(D_O)	113
	이뿌리원 지름(D_B)	91.76
	이뿌리 길이(D_C)	91.32

㉮ 표에는 원칙적으로 이의 특성을 나타내는 사항을 기입한다. 이의 절삭에 필요한 치수는 기호 등을 사용하여 표로 한다.

㉯ 그림에는 주로 스프로킷 소재를 제작하는데 필요한 치수를 기입한다.

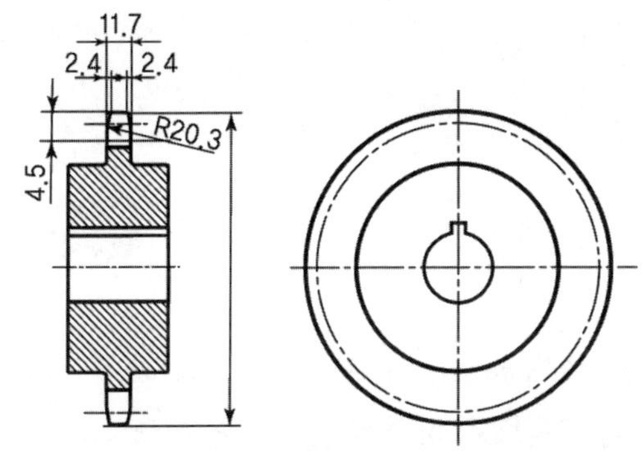

• 그림 5-3 • 스프로킷 제도법

CHAPTER 05

벨트풀리와 스프로킷 / 연습문제

벨트풀리

전공		학 번		학 년		반		성 명	

아래 도면(V벨트 풀리)에서 누락된 치수 A ~ H까지를 KS B 1400의 규격표를 찾아 기입하시오(단, V벨트 풀리는 B형으로 하고 호칭지름은 250mm임).

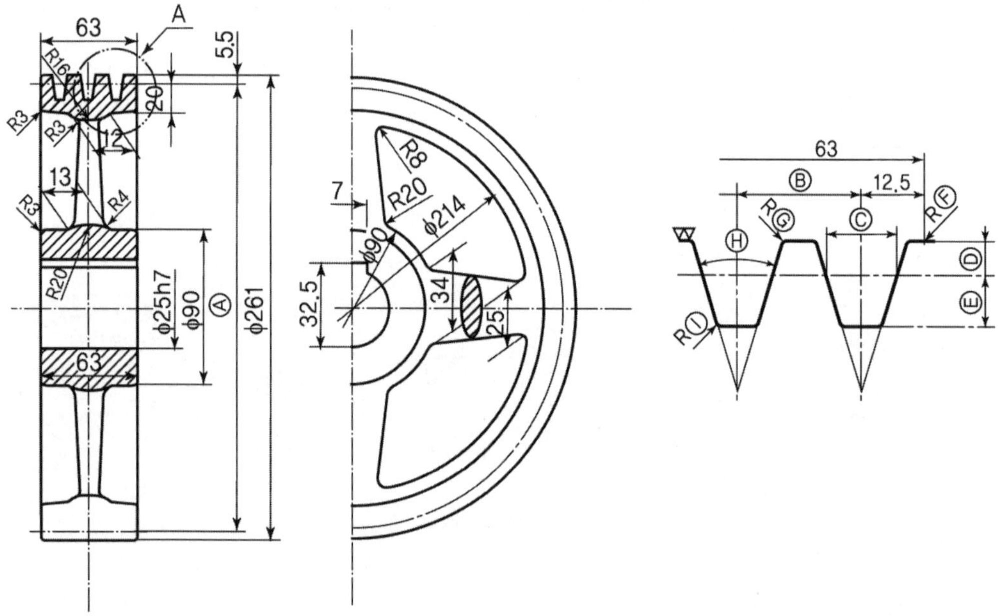

A :

B :

C :

D :

E :

F :

G :

H :

스프로킷

전공		학 번		학 년		반		성 명	

아래 도면(스프로킷)에서 누락된 치수 A~H까지를 KS B 1400의 규격표를 찾아 기입하시오.

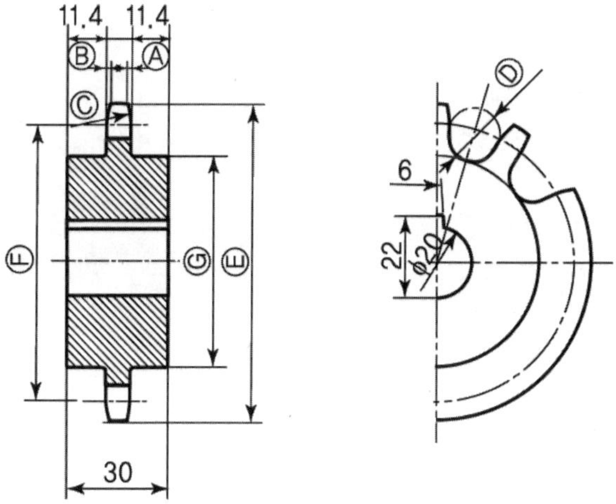

요목표	
구 분	소형 체인 휠
잇 수	19
지 름	Ⓕ
호 칭	40
피 치	Ⓗ
롤러바깥지름	Ⓓ

A :

B :

C :

D :

E :

F :

G :

H :

memo

CHAPTER

06 베어링

01 베어링의 종류

회전축에 가해지는 하중을 마찰저항을 작게 받도록 지지하여 주는 기계요소를 베어링(bearing)이라 하며, 베어링과 접촉하고 있는 회전축 부분을 저널(journal)이라 한다.

1 하중의 작용방향에 따른 분류

① **레이디얼 베어링(radial bearing)** : 축에 직각 하중을 받는 하중
② **드러스트 베어링(thrust bearing)** : 축방향으로 하중을 받는 베어링
③ **원뿔 베어링(conical bearing)** : 축방향과 축과 직각방향의 하중을 동시에 받는 베어링

2 접촉방법에 따른 분류

① **구름베어링(rolling bearing)** : 축과 베어링 면 사이에 전동 체인 롤러나 볼을 끼워 구름운동을 하는 베어링
② **미끄럼 베어링(sliding bearing)** : 축과 베어링 면이 직접 접촉하며 미끄럼 운동을 하는 베어링

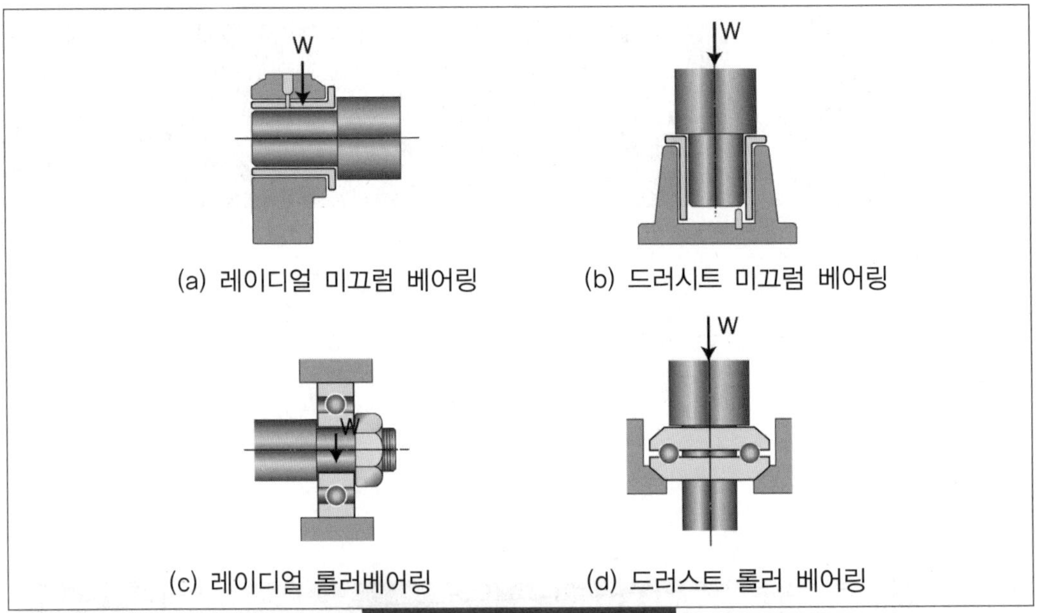

• 그림 6-1 • 베어링의 종류

02 구름 베어링

구름(롤링) 베어링을 전동체의 종류에 따라 나누면 볼 베어링과 롤러 베어링, 니들 베어링 등으로 나눈다. 베어링의 구조는 내륜, 외륜 전동체, 리테이너의 4개로 되어 있어 내륜은 축에 고정되고 외륜은 하우징에 고정된다.

1) 구름(롤링) 베어링의 특징

구름 베어링의 장점으로는 마찰저항이 적고, 동력 손실이 적다. 또한 윤활방법이 편리하고 밀봉장치의 교정이 쉽고, 저널의 길이를 짧게 할 수 있다.

2) 구름 베어링의 단점

① 충격에 약하므로 취급에 유의해야 한다.
② 축과 축사이의 거리가 극히 짧은 데는 사용할 수 없다.
③ 가격이 비싸다.

1 구름(롤링) 베어링의 호칭번호

구름 베어링의 치수에는 mm계열과 inch계열이 있는데 mm치수는 ISO에 의한 국제적으로 표준화되어 있다. 호칭번호는 KS B 2012에 의하여 다음과 같이 규정하고 있다.

1) 베어링의 호칭 번호

호칭번호는 기본 번호와 보조 기호로 구성되며, 그들의 배열은 원칙적으로 [표 6-1]에 따른다.

표 6-1 기본 번호와 보조 기호의 배열

기본 번호			보조 기호					
베어링 계열 기호	안지름 번호	접촉각 기호	유지기 기호	실기 기호 실드 기호	궤도륜 모양 기호	조합 기호	내부 틈새 기호	등급 기호

비고 1. 접촉각 기호 및 보조기호에 대하여는 해당하는 것만을 왼쪽에서 순서대로 배열한다.

2) 베어링의 기본 번호

베어링의 형식(원칙적으로 접촉각을 제외한다) 및 치수계열을 표시하는 베어링 계열기호는 다음에 따른다.

(1) 형식번호(첫 번째 숫자)

1 : 볼렬 자동 조심형

2, 3 : 복렬 자동 조심형(큰너비)

6 : 단열 홈형

7 : 단열 앵귤러 컨택트형

N : 원통 롤러형

(2) 치수계열(두 번째 숫자)

0, 1 : 특별 경 하중형
2 : 경 하중형
3 : 중간 하중형
4 : 중 하중형

(3) 안지름 번호(세 번째, 네 번째 숫자)

① 00 : 안지름 10mm
01 : 안지름 12mm
02 : 안지름 15mm
03 : 안지름 17mm

② 안지름 20mm 이상 500mm 미만의 안지름은 다음의 식으로 나타낼 수 있다.

안지름 번호 × 5 = 안지름 치수

예 안지름 번호 05 ------ 안지름 치수 = 25mm
안지름 번호 16 ------ 안지름 치수 = 80mm

(4) 등급번호(다섯번째 이후의 기호)

무기호 : 보통급 H : 상급
P : 정밀급 SP : 초 정밀급

3) 호칭번호의 예

(1) 6204

62 04

04 → 안지름 기호(호칭 베어링 안지름 20mm)
62 → 베어링 계열 기호(치수계열 02의 단열 깊은 홈 볼 베어링)

(2) 608C2P6

60 8 C2 P6

- 등급기호(6급)
- 내부틈새 기호(C2 틈새)
- 안지름 번호(호칭 베어링 안지름 18mm)
- 베어링 계열기호(치수계열 10의 단열 깊은 홈 볼 베어링)

(3) 6203ZZ

62 03 ZZ

- 실드 기호(양쪽 실드붙이)
- 안지름 번호(호칭 베어링 안지름 17mm)
- 안지름 번호(호칭 베어링 안지름 18mm)
- 베어링 계열기호(치수계열 02의 단열 깊은 홈 볼 베어링)

(4) 7210CDP5

72 10 C DT P5

- 등급기호(5급)
- 조합기호(병렬 조합)
- 접촉각 기호(호칭 접촉각 10° 초과 22° 이하)
- 안지름 번호(호칭 베어링 안지름 18mm 링)
- 베어링 계열기호(치수계열 02의 단열 앵귤러 볼 베어링)

(5) NA4906V

NA49 06 V

- V — 유지기 기호(유지기 없음)
- 06 — 안지름 번호(호칭 베어링 안지름 30mm)
- NA49 — 베어링 계열기호(치수계열 49의 솔리드형 침상 롤러 베어링)

2 구름 베어링의 도시법

구름 베어링은 하중 계산에 의해 내구 년수의 것을 베어링 전문회사의 제품을 선택하여 채용하는 경우가 대부분으로 제도로서는 단지 사용하기 위한 그림을 그리는 것이 좋다. 구름 베어링 제도는 KS B 0004에 규정하고 있다.

1) 상세한 도시방법

베어링의 세부에 걸쳐서 상세히 도형, 치수 등을 기입할 필요가 있는 그림은 KS B 0001에 따른다.

2) 간략한 도시방법

베어링은 지장이 없는 한 다음의 방법으로 간략히 도시한다.

① 베어링의 윤곽을 그리고, 기타는 도형에서 베어링의 형식이 이해될 정도로 그리려면 [표 6-2, 3의 1.2~1.16]에 따른다. 이때, 참고로 표시하는 비례 치수에 의한 작도법을 사용하면 편리하다. 단, 그림이 회전축의 방향으로 투상한 모양을 표시하는 경우에는 [표 6-3의 1.21]과 같이 그린다.

② 베어링의 윤곽을 그리고 단순히 베어링인 것을 표시하는 도시의 기호를 기입할 때에는 [표 6-3의 2.1]에 따른다.

③ 베어링의 윤곽을 그리고 베어링의 형식을 표시하는 도시기호를 기입할 때에는 [표 6-2, 3의 2.2~2.16]에 따른다. 다만, 그림이 회전축의 방향으로 투상된 모양을 표시하는 경우에는 [표 6-3의 2.21]과 같이 그린다.

표 6-2 구름베어링의 약도 방법 (1)

미끄럼 베어링	깊은 홈 볼베러링	앵귤러 볼베어링	자동조심 볼베어링	원통형 롤러 베어링				
				NJ	NU	NF	N	NN
	1.2	1.3	1.4	1.5	1.6	1.7	1.8	1.9
		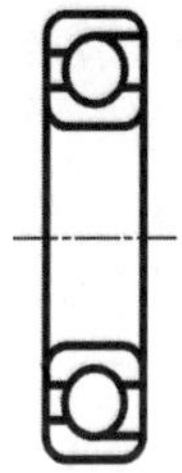	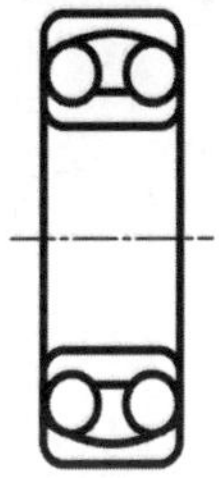	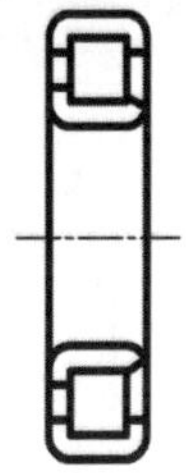	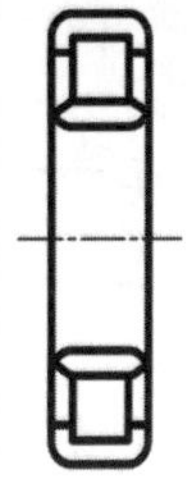	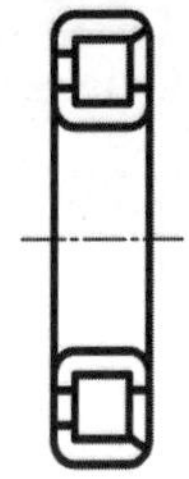		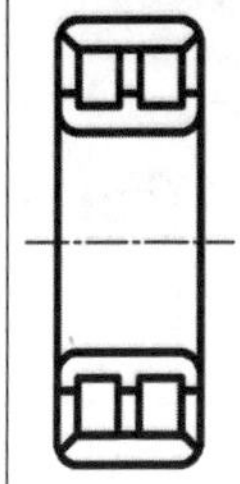
2.1	2.2	2.3	2.4	2.5	2.6	2.7	2.8	2.9
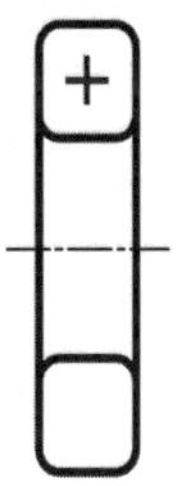	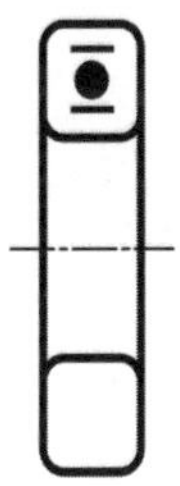			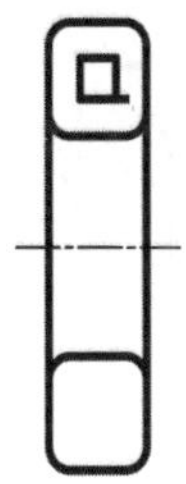	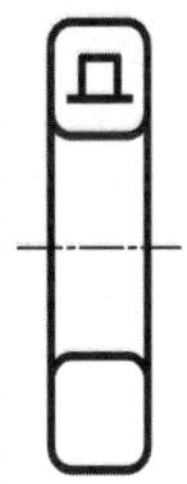	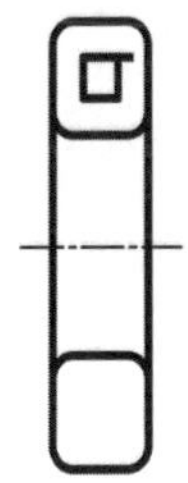	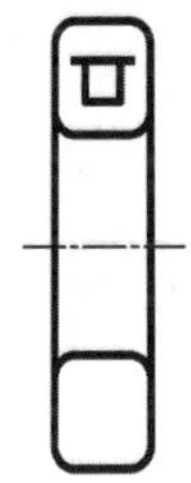	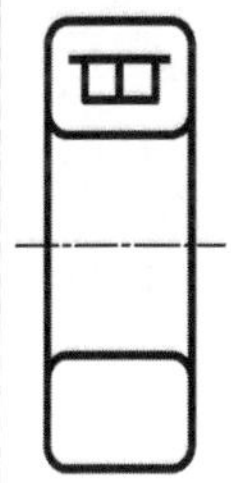
3.1	3.2	3.3	3.4	3.5	3.6	3.7	3.8	3.9
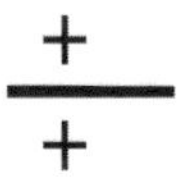		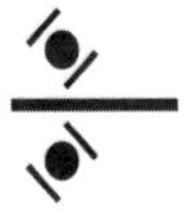		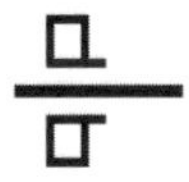	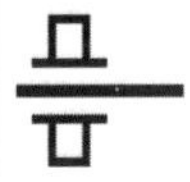	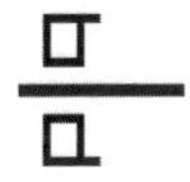	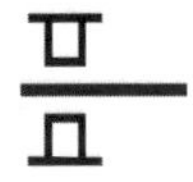	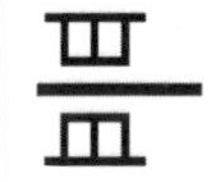

표 6-3 구름베어링의 약도 방법 (2)

침상 롤러 베어링		원추 롤러베어링	저동조심 롤러 베어링	정면자리 트러스트 베어링		트러스트 자동 롤러베어링	깊은 홈 볼 베어링
NN	RNA			단식	복식		
1.10	1.11	1.12	1.13	1.14	1.15	1.16	1.21
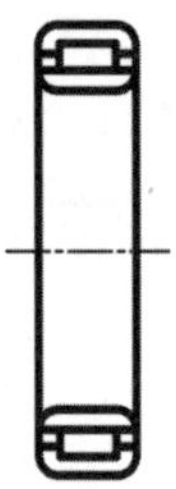		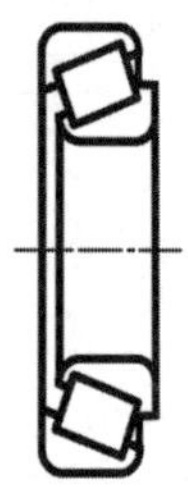	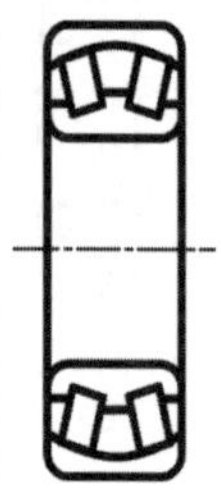	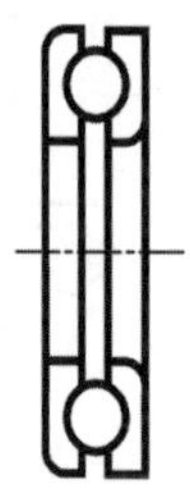	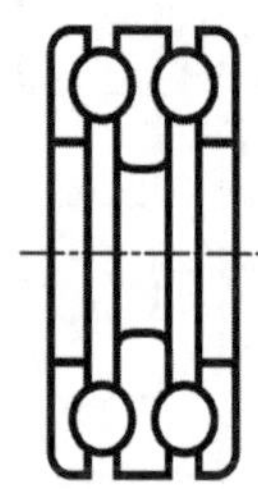	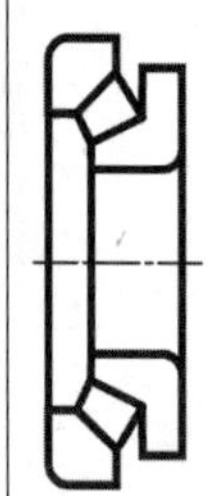	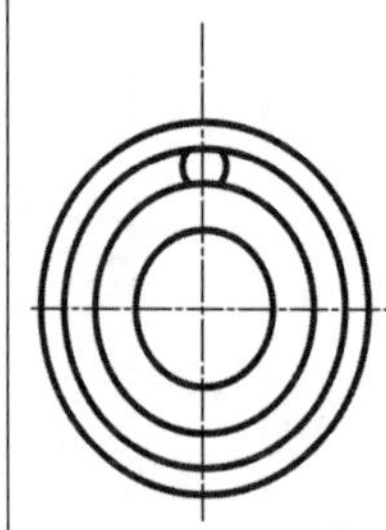
2.10	2.11	2.12	2.13	2.14	2.15	2.16	2.21
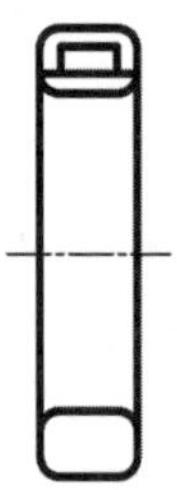	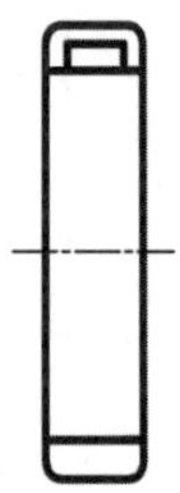	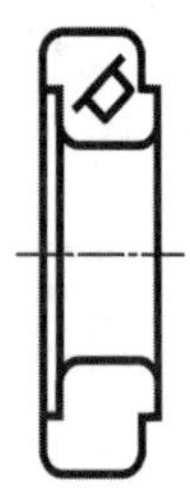	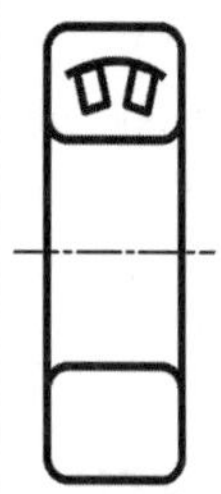	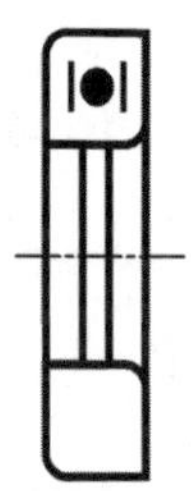	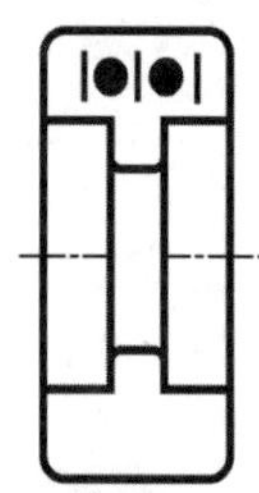	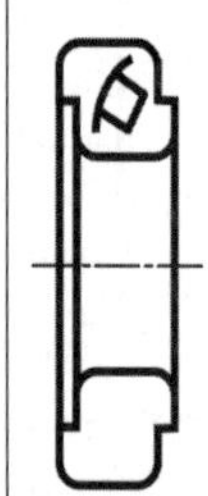	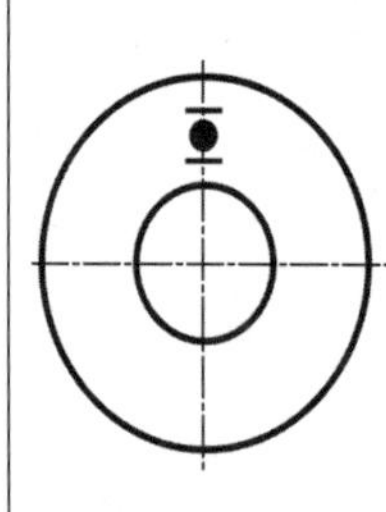
3.10	3.11	3.12	3.13	3.14	3.15	3.16	3.10
	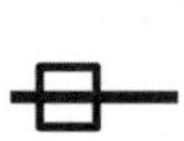	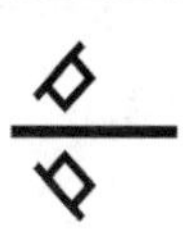		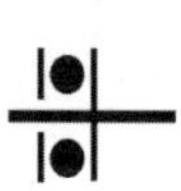	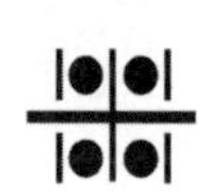	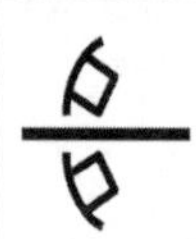	

3) 호칭번호의 기입방법

2)의 ①~③의 어느 경우에서나 인출선을 사용하여 KS B 2012에서 규정된 베어링의 호칭번호를 병행 기록할 수 있다. 인출선의 화살표는 [그림 6-2]와 같이 베어링의 그림의 윤곽에 대고 다른 끝의 수평선 위에 호칭번호를 기입한다.

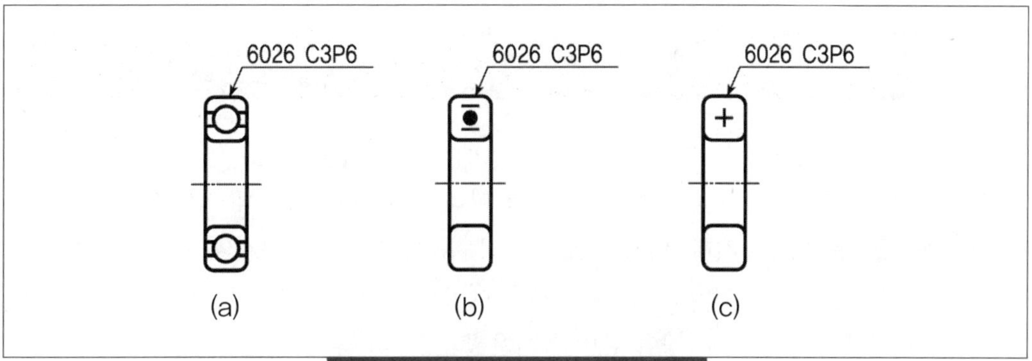

• 그림 6-2 • 호칭번호의 기입방법

4) 계통을 표시하는 경우의 도시방법

계통을 표시하기 위하여 뼈대만으로 표시하는 그림의 경우는 베어링의 표시는 [표 6-2, 3의 3.1~3.16] 및 [그림 6-3]의 보기에 따른다.

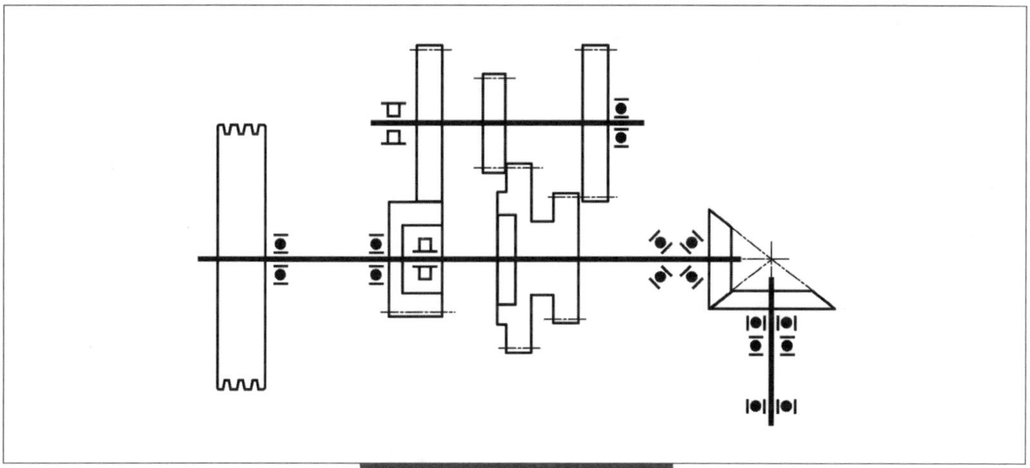

• 그림 6-3 • 계통도의 보기

03 미끄럼 베어링

미끄럼 베어링을 축에 하중이 받는 방향에 따라 레이디얼 미끄럼 베어링과 드러스트 미끄럼 베어링으로 나뉘어진다. 미끄럼 베어링에는 단체 베어링인 부시와 분할 베어링이 있다. 분할 베어링은 2개로 나뉘어 아래쪽의 것을 베이스, 위쪽의 것을 캡이라 한다. 베어링이 상하로 분할되어 있어 조립 조정이 용이하고 윤활유를 미끄럼면에 공급해 주는 오일 구멍은 압력 분포가 낮은 부분에 만든다.

1 미끄럼 베어링의 장점

① 구조가 간단하고 가격이 싸다.
② 베어링의 수리가 용이하다.
③ 충격에 대하여 견디는 힘이 크다.
④ 베어링에 작용하는 하중이 클 때 사용한다.

2 미끄럼 베어링의 단점

① 시동 때 마찰 저항이 크다.
② 윤활유의 주유에 주의를 해야 한다.

PART

03

부 록

01 실습도면

02 연습문제 정답

※ 참고문헌

요소공차 검토

기계제도&도면해독

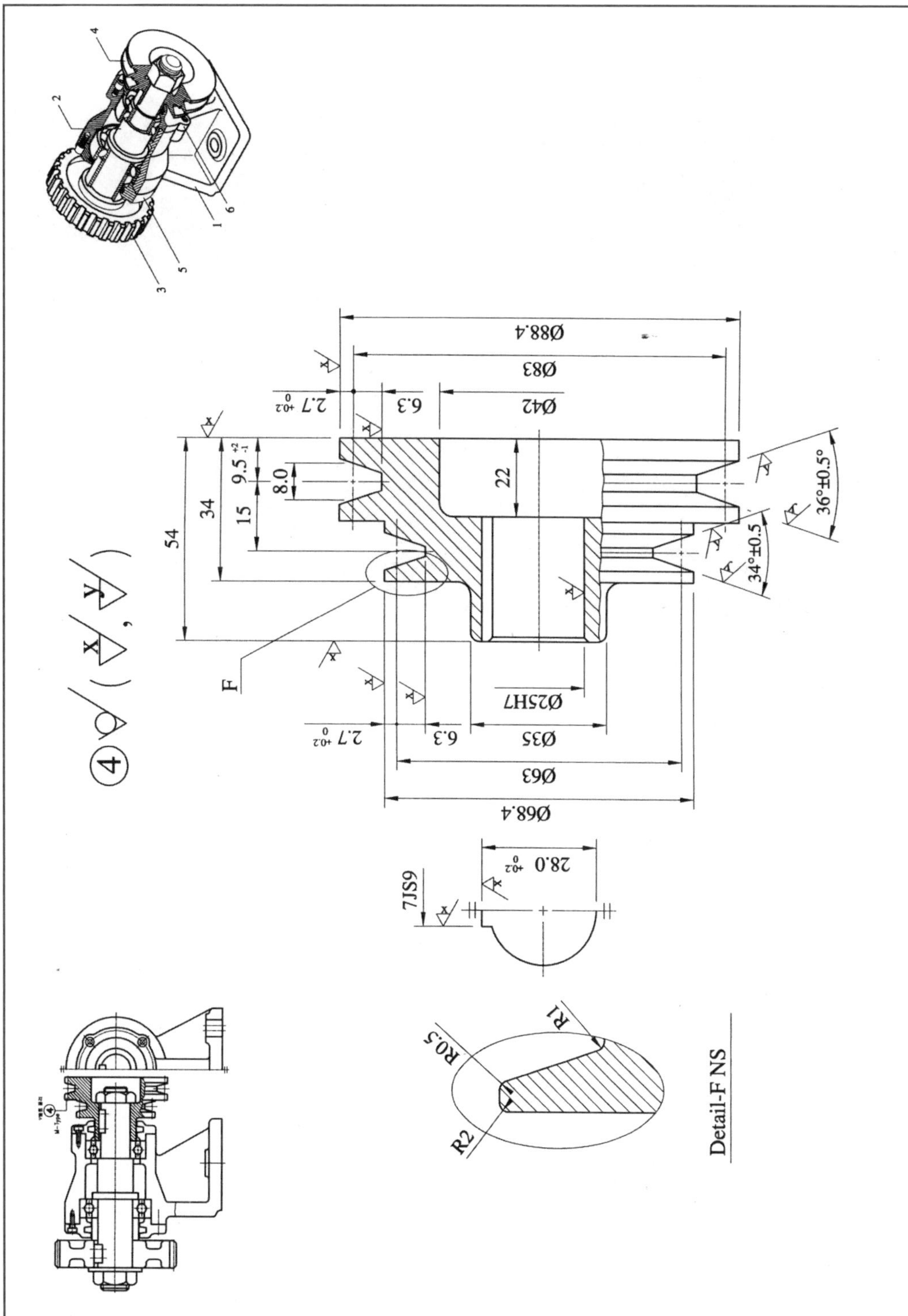
④
54
34
15
9.5 +2 -1
8.0
22
F
Ø88.4
Ø83
Ø42
2.7 +0.2 0
6.3
Ø25H7
Ø35
Ø63
Ø68.4
36°±0.5°
34°±0.5
28.0 +0.2 0
7JS9
R1
R0.5
R2
Detail-F NS

기어의 작도는 소재 치수 이외의 치수는 요목표를 작성하여 표시한다.
소재의 외경은
모듈X(잇수+2)로 계산한다.
피치원 직경(PCD)은 모듈X잇수로 계산한다.
기어는 기어와 피니언이 접촉하여 동력을 전달하는 치형 부분이 다듬질 가공이 이루어져야하고 축과 결합되는 중간 끼워맞춤, 키 삽입부에 대한 공차가 필요하다.

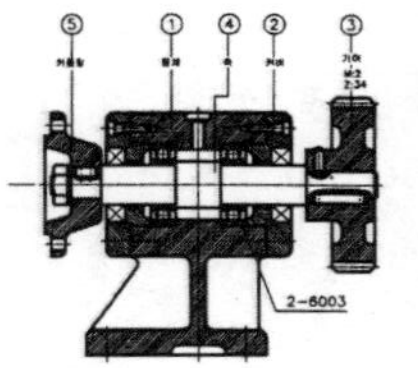

③ W(X, Y)

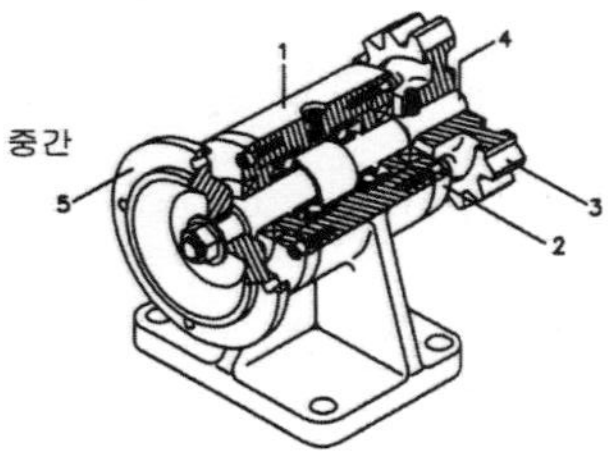

스 퍼 어 기 어		
기어치형		표준
공구	치형	보통이
	모듈	2
	압력각	20°
잇 수		34
피치원지름		68
다듬질방법		호브절삭

요목표
기어는 소재치수 이외의 치수는 대부분 요목표를 작성하여 표시한다.

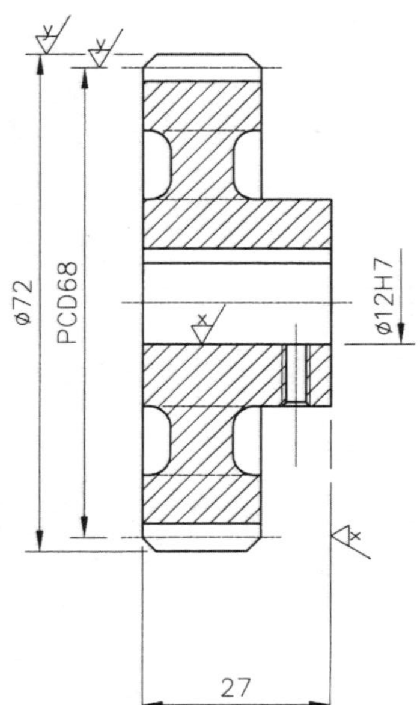

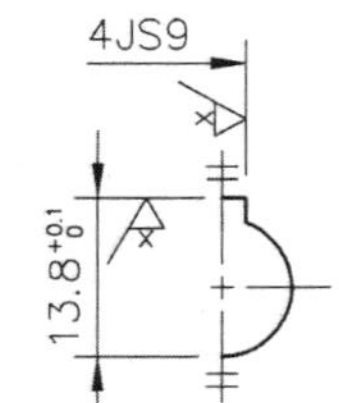

이 기어는 회전토크에 대해서는 묻힘키로, 축방향의 이동에 대해서는 축 부분의 단과 고정나사로 움직임을 제한하고 있다.

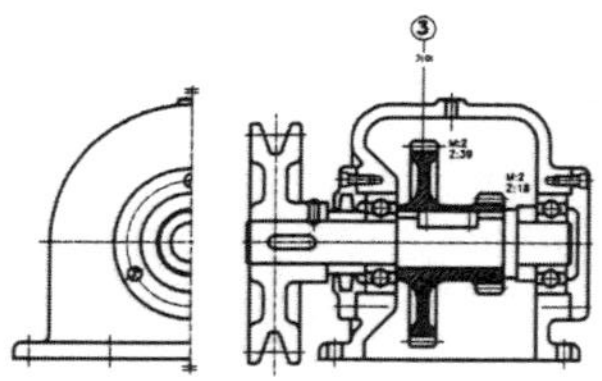

기어 부품으로 소재 치수 이외의 치수는 요목표를 작성하여 기입한다.
기어의 투상은 부분단면법을 이용하여 기어의 일부분을 투상할 수도 있으며 이 도면과 같이 전단면도법을 이용해도 된다. 측면도는 전체를 나타내지 않고 키가 삽입되는 부분을 나타내는 안쪽만을 투상하여 나타낸다.
특히, 내경에 대한 이의 흔들림 공차를 사용하여 이의 흔들림을 제한할 수 있다.

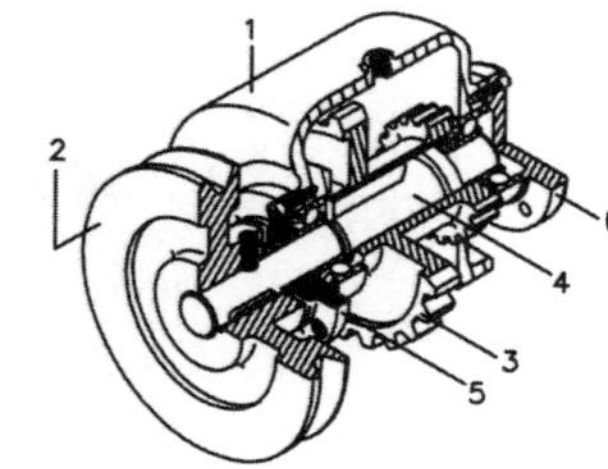

③ W(X, Y)

스퍼기어			
구분 \ 품번		③-a	③-b
기어치형			
기준래크	치형		
	모듈		
	압력각		
잇수			
피치원지름			

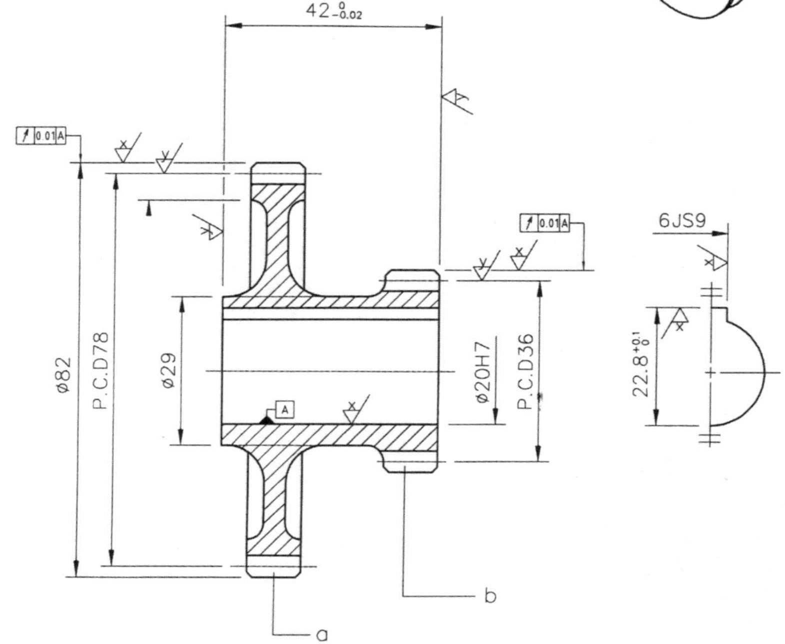

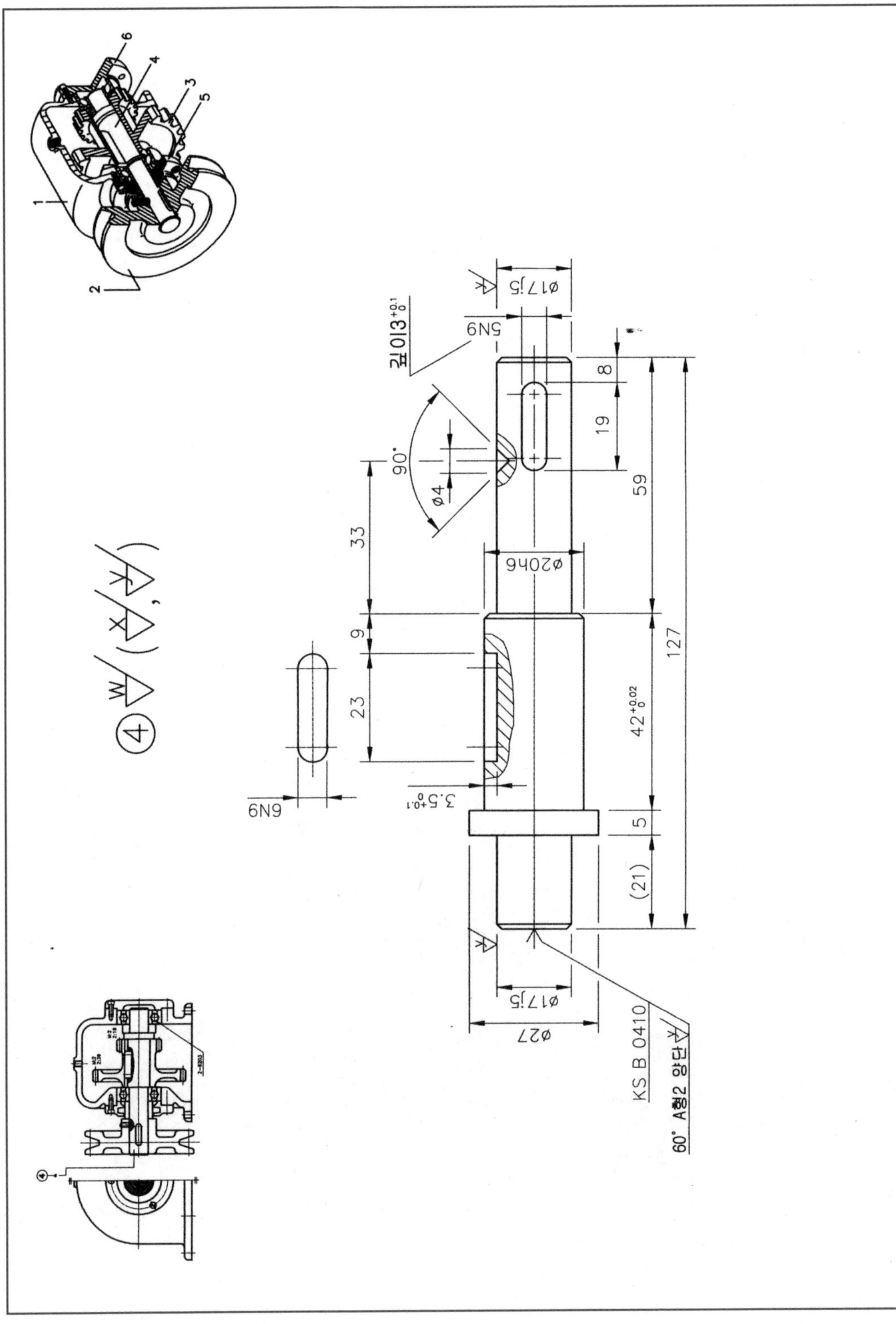
④
Ø17j5
5N9
깊이3 +0.1 0
90°
Ø4
33
9
23
Ø20h6
8
19
59
127
42 +0.02 0
5
(21)
3.5 +0.1 0
6N9
Ø27
KS B 0410
60° A형2 양단

연습문제 정답

PART 01 기초제도

제1장 _ 제도의 규격

척도 29page

01

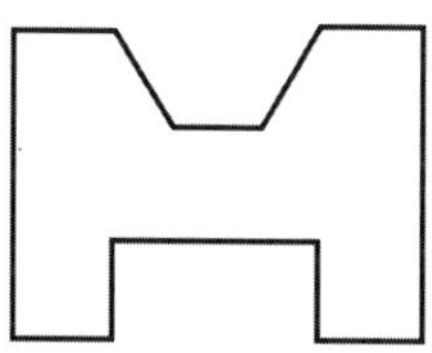

02

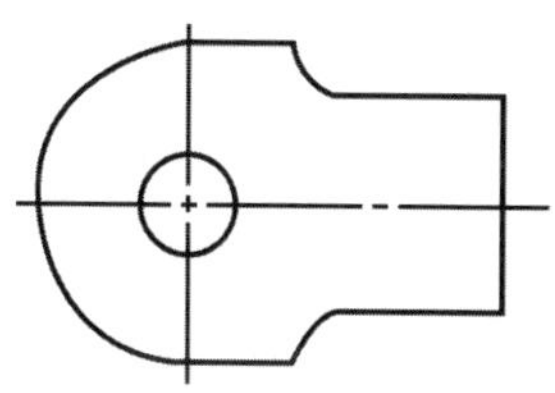

선[1] 31page

01

번호	선의 명칭	선의 종류	선의 형상	번호	선의 명칭	선의 종류	선의 형상
1	외형선	굵은실선		6	가상선	가는 이점 쇄선	
2	중심선	가는 일점 쇄선		7	파단선	파형의 가는 실선	
3	치수 보조선	가는 실선		8	절단선	가는 일점 쇄선	
4	치수선	가는 실선		9	지시선	가는 실선	
5	숨은선	굵은 파선 또는 가는 파선		10	해칭선	가는 실선	

02

좌측 아래에서 시계방향으로 7, 9, 3, 10, 4, 6, 2, 4, 2, 1, 5, 8, 7, 6

선[2] 33page

01

번호	명 칭	형 상	선의 종류
예	치수보조선		가는 실선
A	가상선		가는 이점 쇄선
B	숨은선		굵은 파선, 가는 파선
C	외형선		굵은 실선
D	해칭선		가는 실선
E	파단선		파형의 가는 실선
F	중심선		가는 일점 쇄선 가는 실선
G	지시선		가는 실선
H	절단선	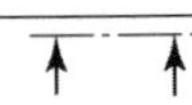	가는 실선
J	치수선		가는 실선
K	치수 보조선		가는 실선

선[3] 34page

[1]	C	[2]	B	[3]	C	[4]	B

선[4] 35page

A	C6, 27, 28, 29, 32, 33	B	20, 22	C	7, 6	D	K, G
E	18, 19, 23, 24	F	16	G	33, 30	H	26, 33

선[5] 36page

01

A	외형선	B	숨은선	C	외형선	D	외형선

02

치수보조선	B	외형선	F	절단선	J	가상선	H	중심선	E
숨은선	G	파단선	K	지시선	A	치수선	D	해칭	C

제2장 _ 투상법

투상법[1] 52page

01

A	1각법	B	3각법	C	3각법	D	3각법	E	1각법	F	1각법

02

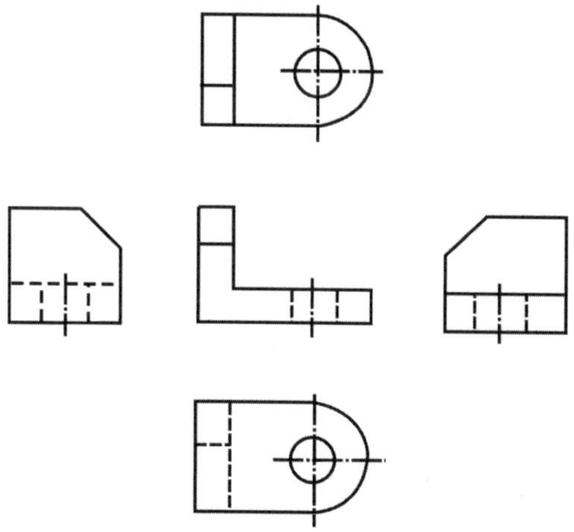

투상법[2] 54page

[1]	D	[2]	A	[3]	B	[4]	C	[5]	D	[6]	B

투상법[3] 56page

[1]	S	[2]	D	[3]	F	[4]	N	[5]	A
[6]	J	[7]	U	[8]	H	[9]	B	[10]	R

투상법[4] 58page

[1]	A	[2]	B	[3]	B	[4]	C	[5]	A	[6]	C

투상법[5] 60page

[1]	H	[2]	G	[3]	C	[4]	B	[5]	R	[6]	F
[7]	L	[8]	D	[9]	S	[10]	E	[11]	A	[12]	M

투상법[6] 62page

[1]	F	[2]	D	[3]	B

투상법[7] 64page

01

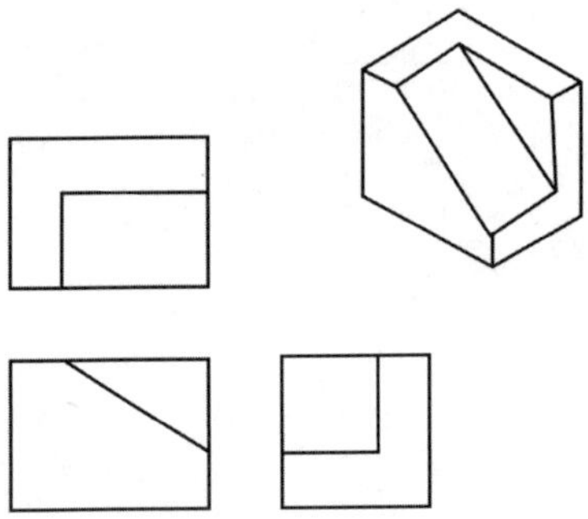

02

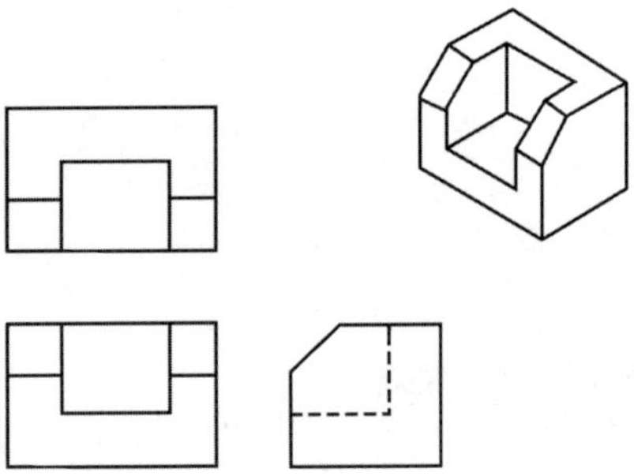

03

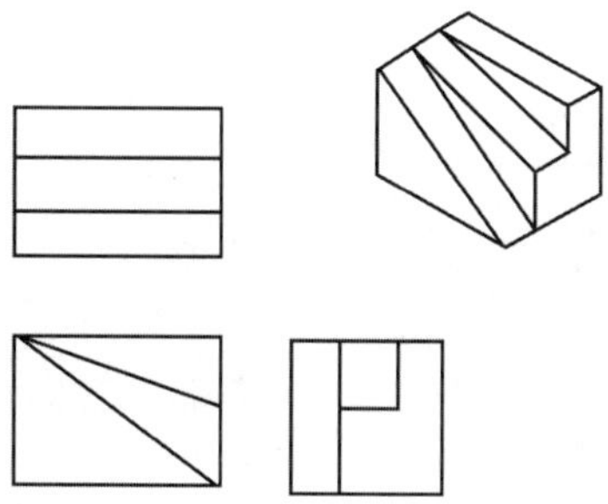

04

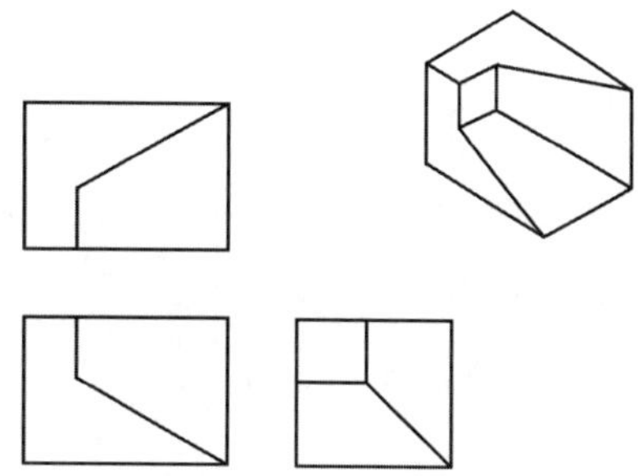

05

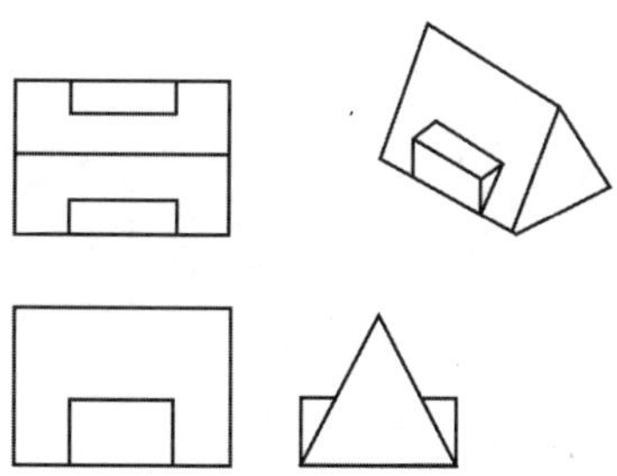

06

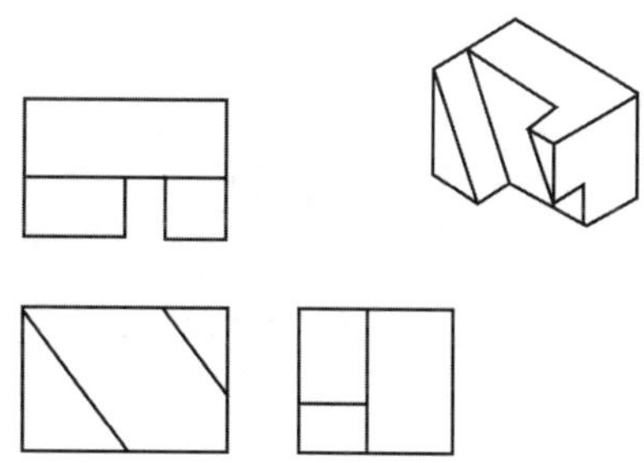

07

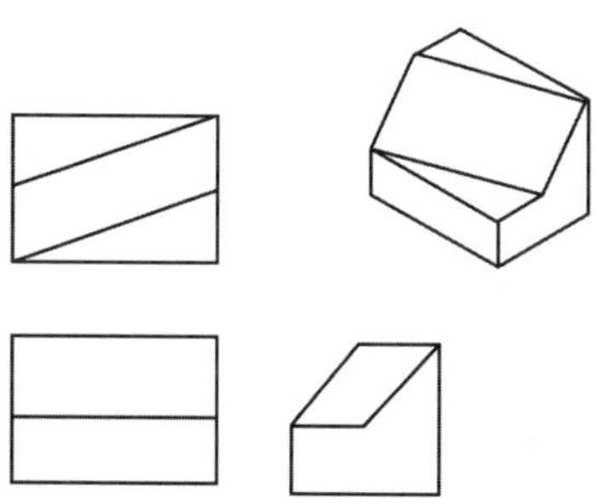

08

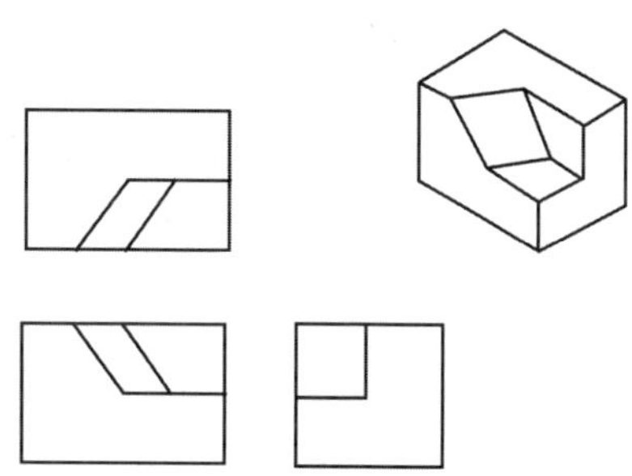

투상법[8] 66page

01

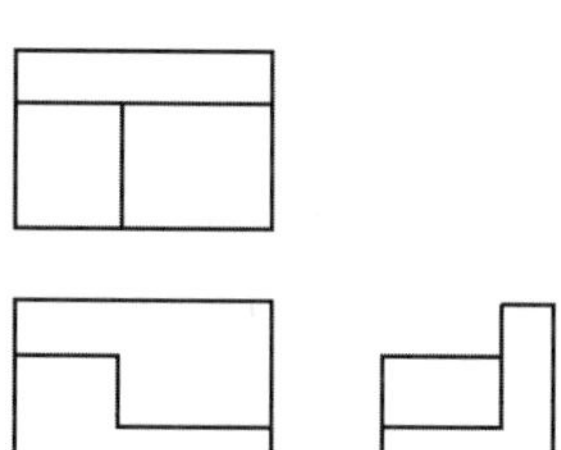

02

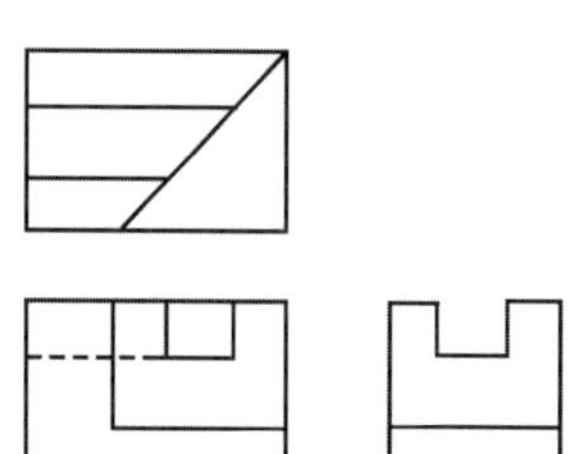

03

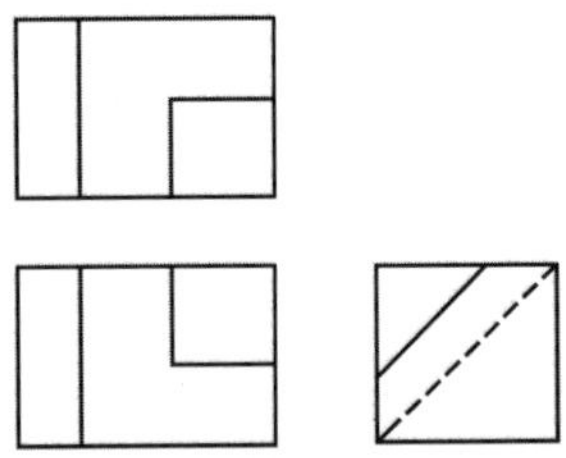

04

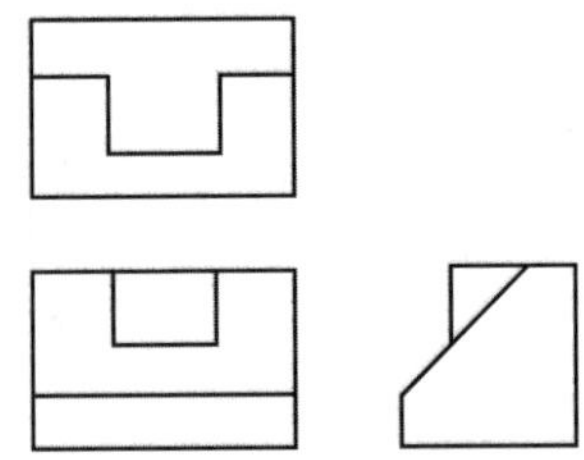

05

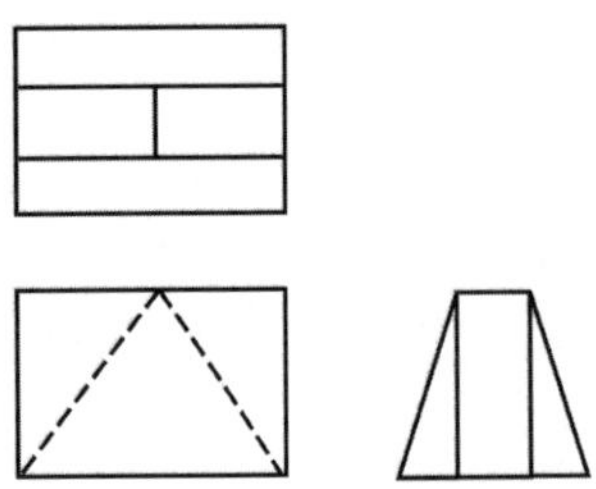

06

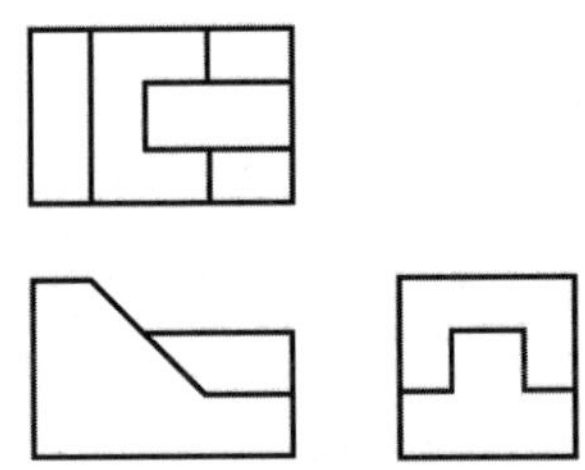

07

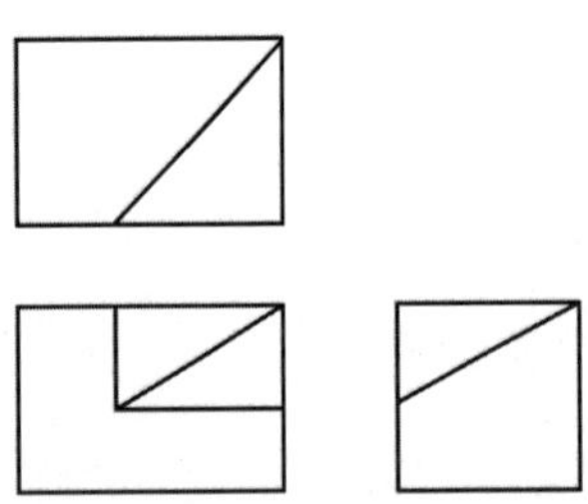

08

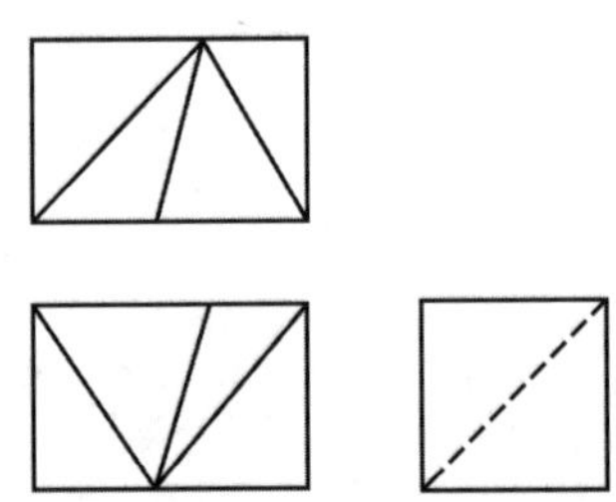

09

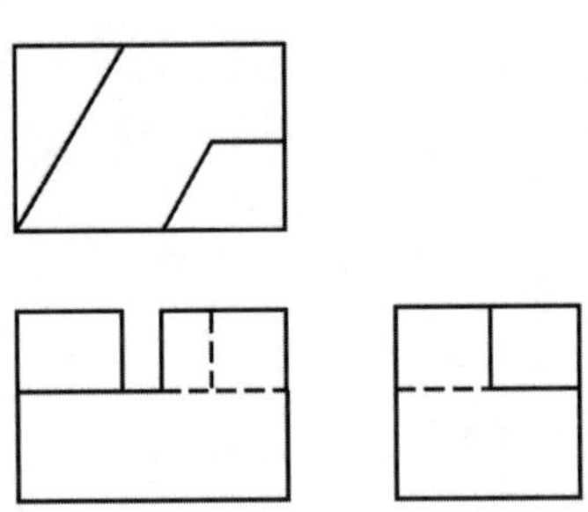

10

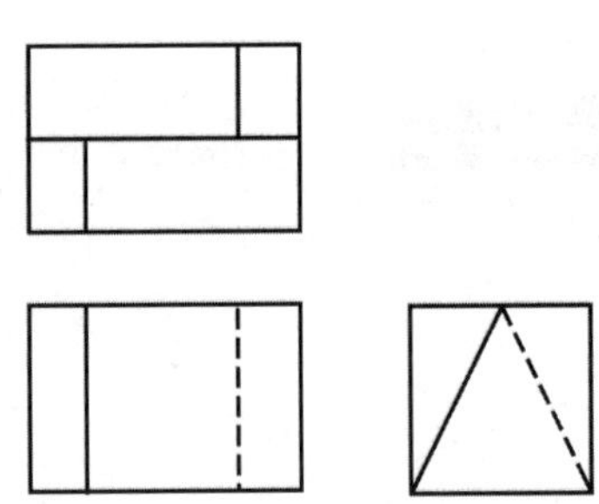

11

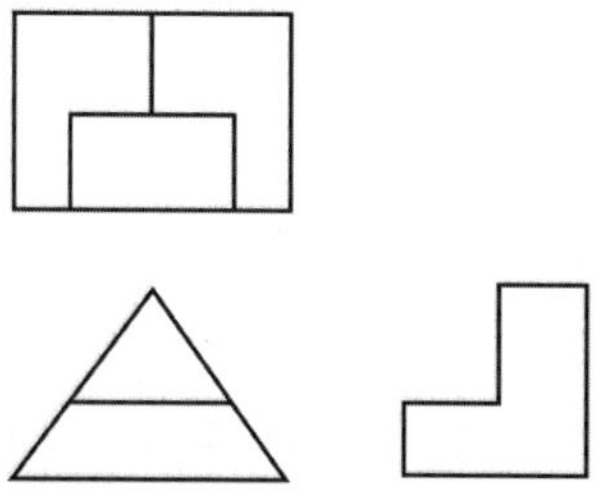

12

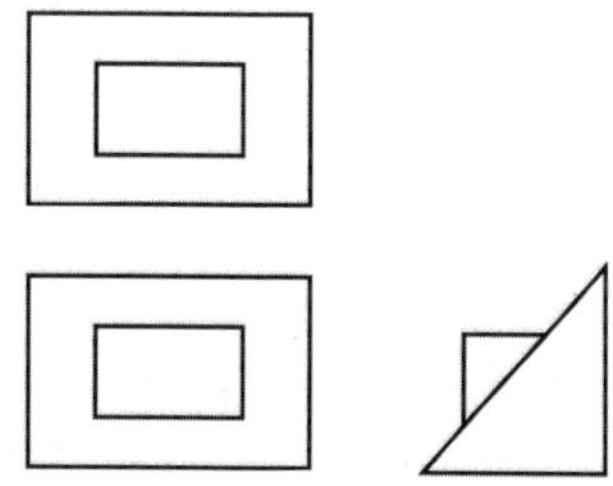

투상법[9] 68page

01

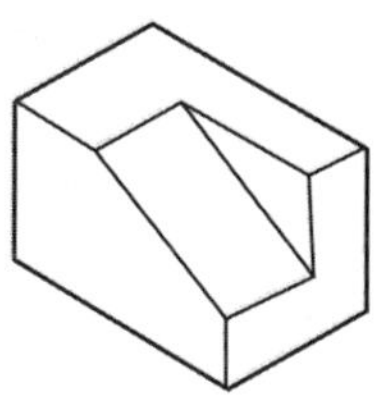

02

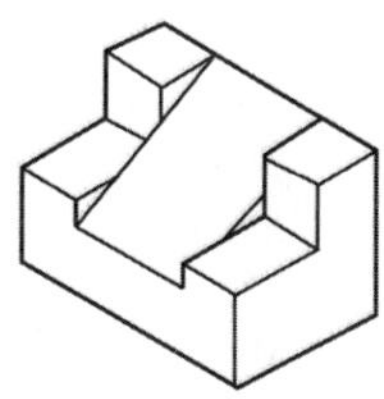

03

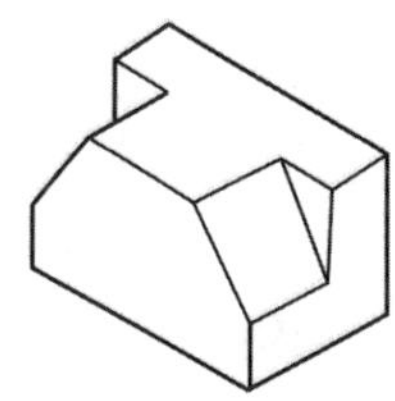

04

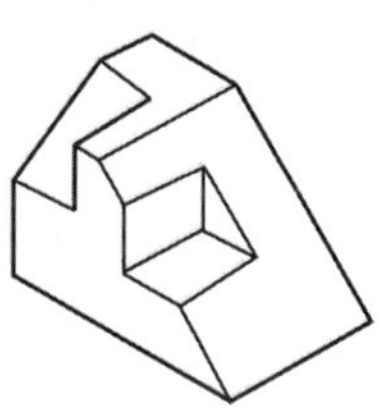

05

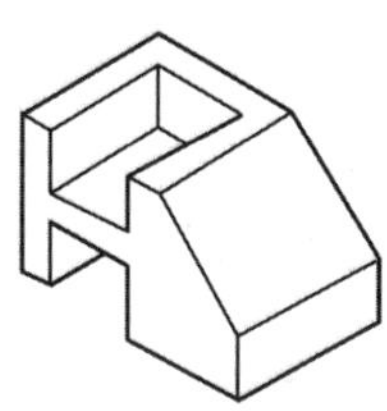

06

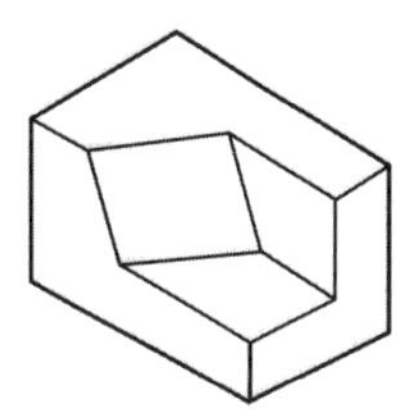

투상법[10] 69page

01

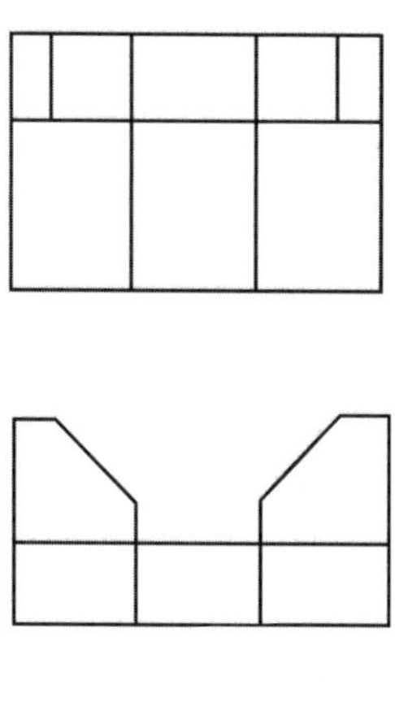

02

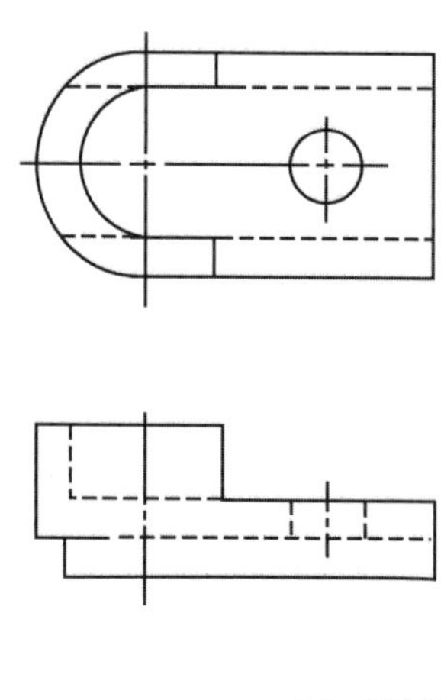

보조 투상법 70page

01

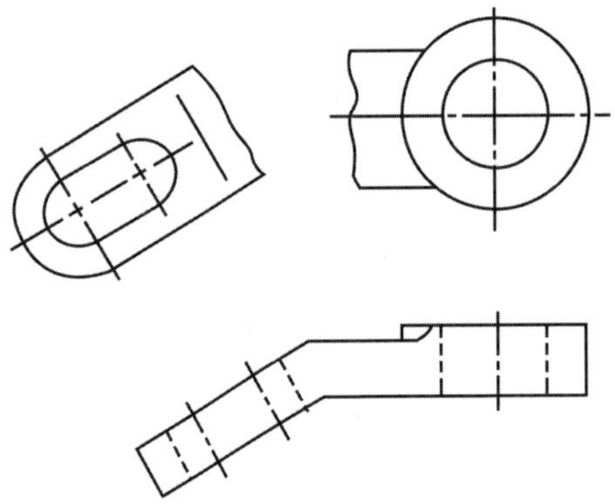

02

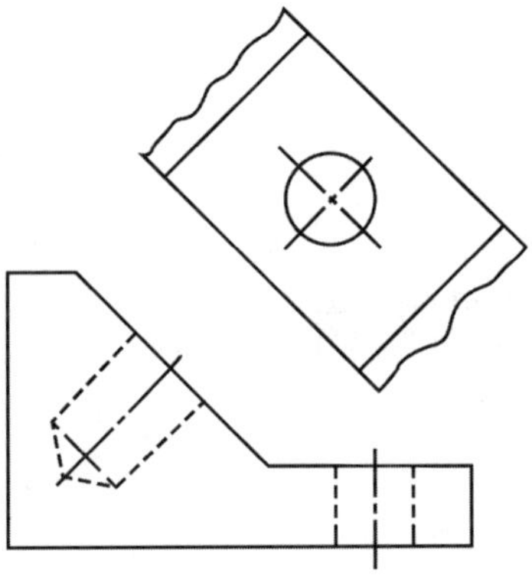

제3장 _ 단면도

단면도 작성법[1] 81page

[1]	C	[2]	C	[3]	A	[4]	A	[5]	B

단면도 작성법[2] 83page

01

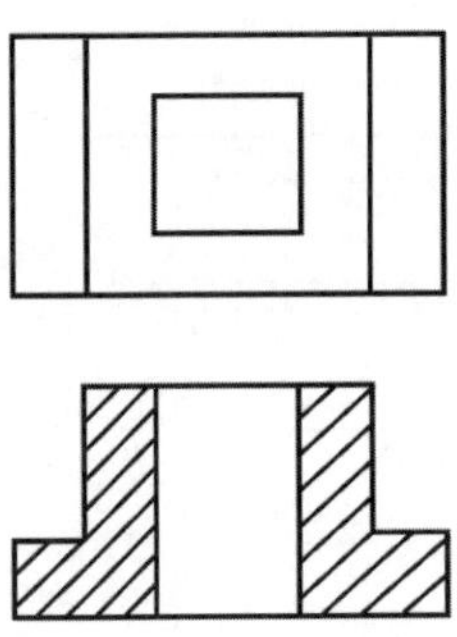

02

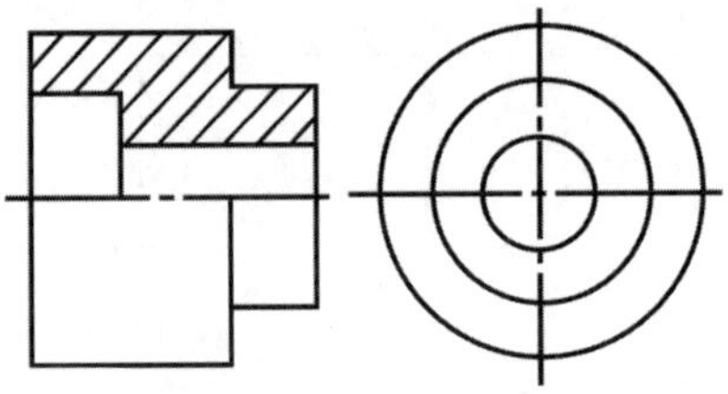

03

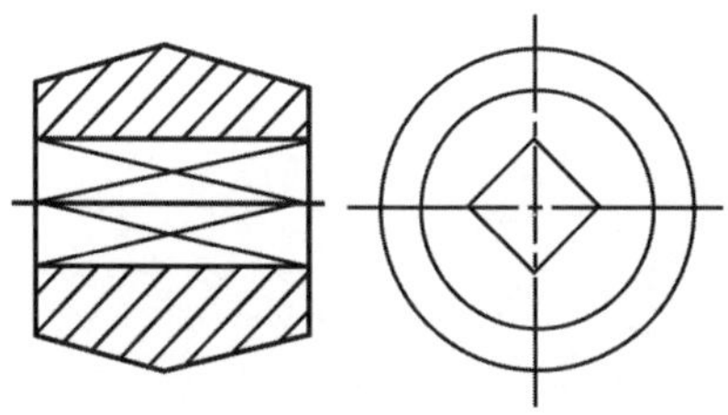

04

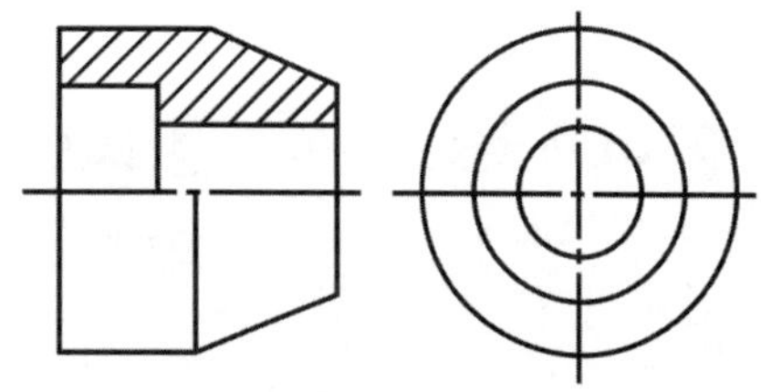

05

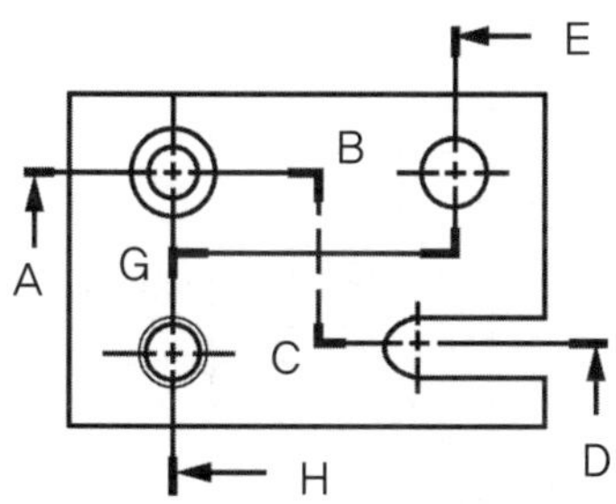

06

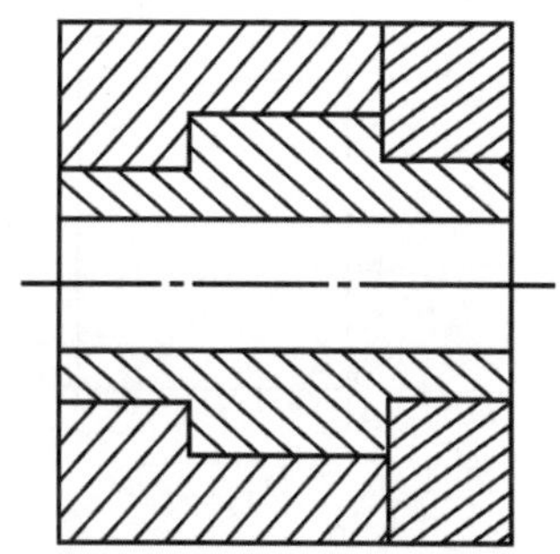

단면도 작성법[3] 85page

01

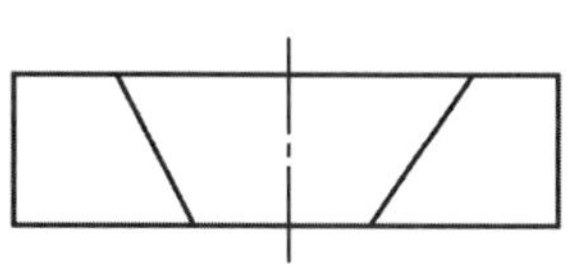

02

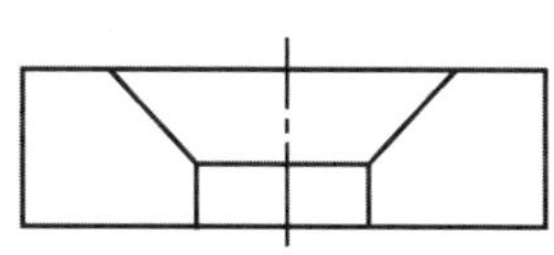

03

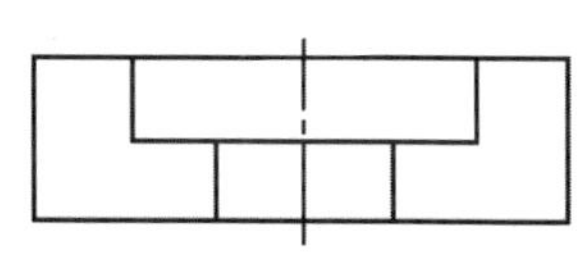

04

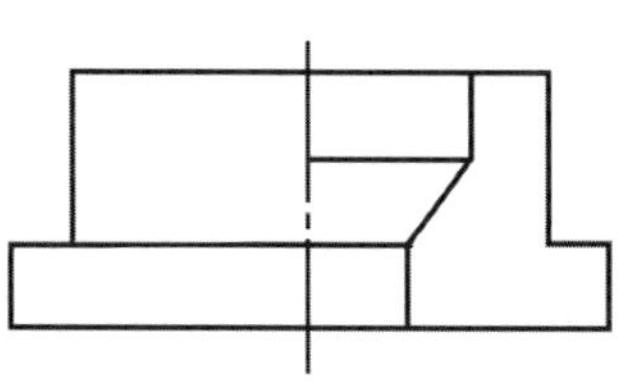

05

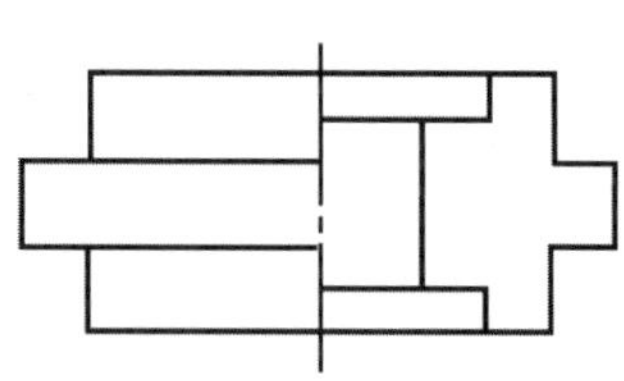

06

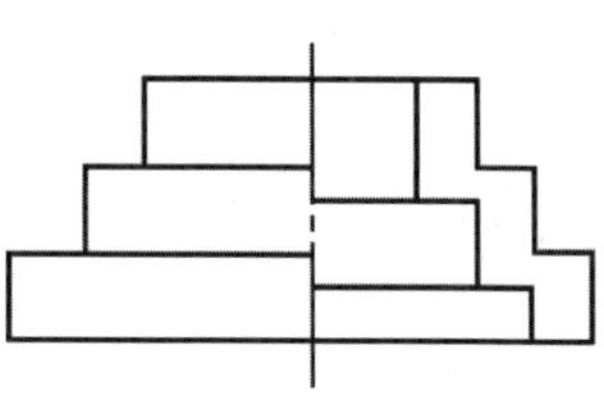

단면도 작성법[4] 86page

지시한 대로 도면을 완성하시오.

01

[1]

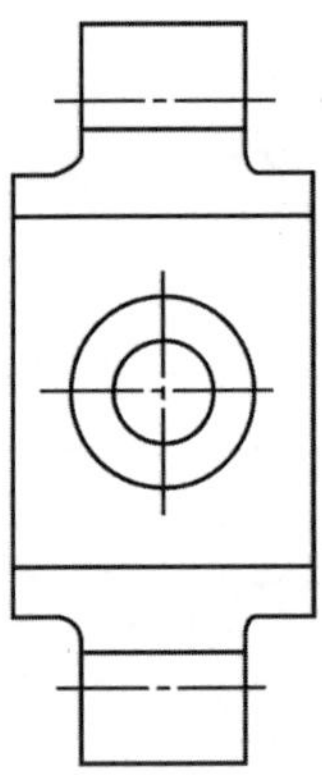

[2]

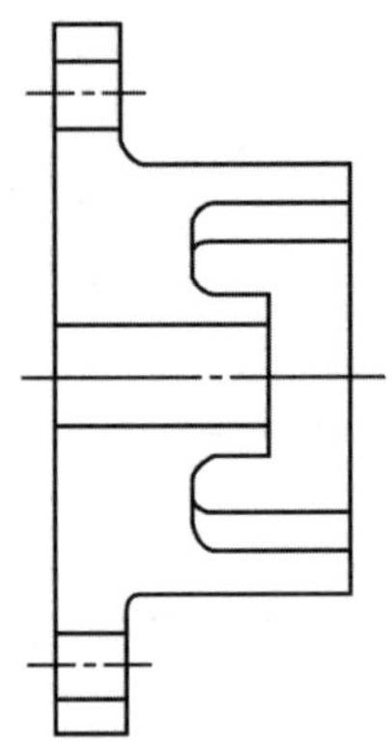

02

[1]

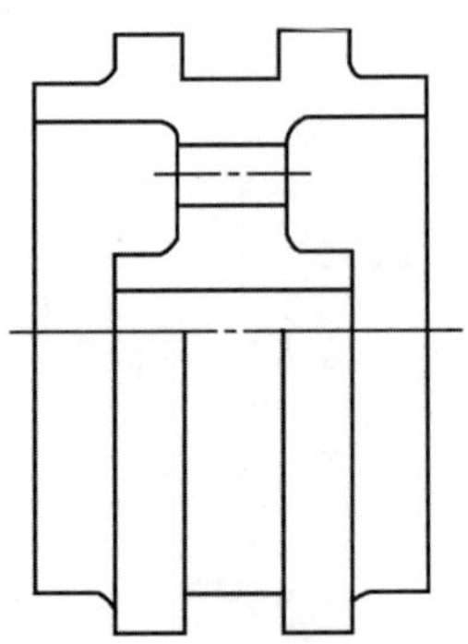

[2]

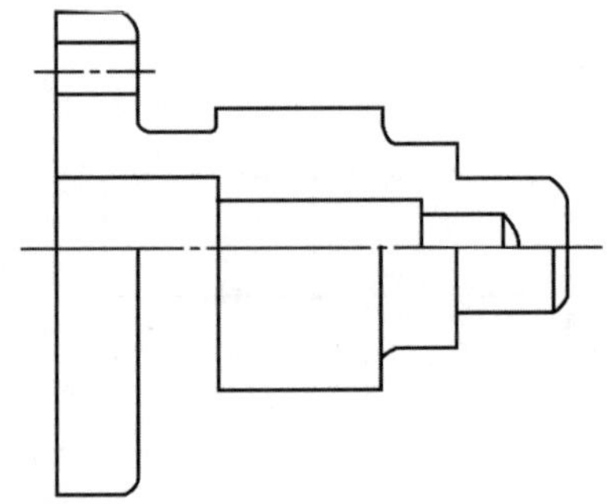

정면도를 온 단면도로 나타내세요.

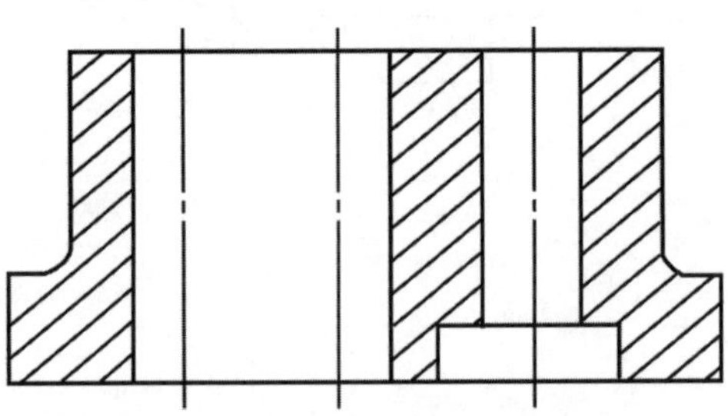

단면도 작성법[5] 88page

지시한 대로 도면을 완성하시오.

01

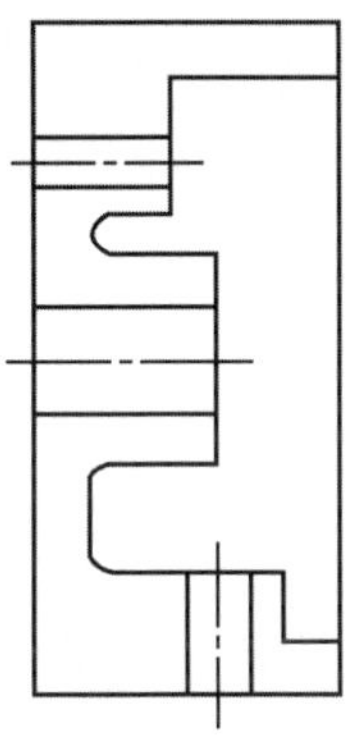

02

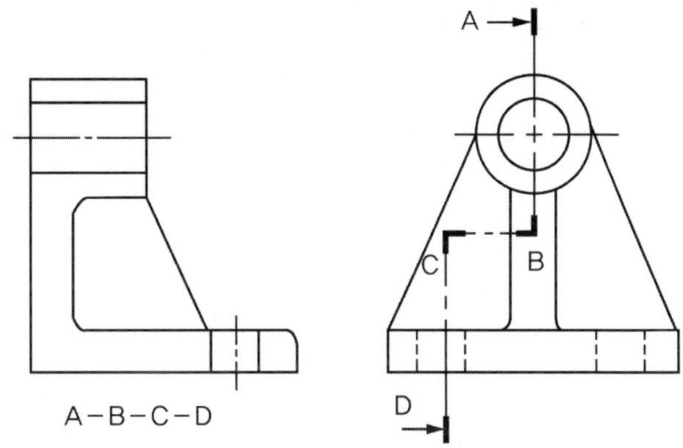

03

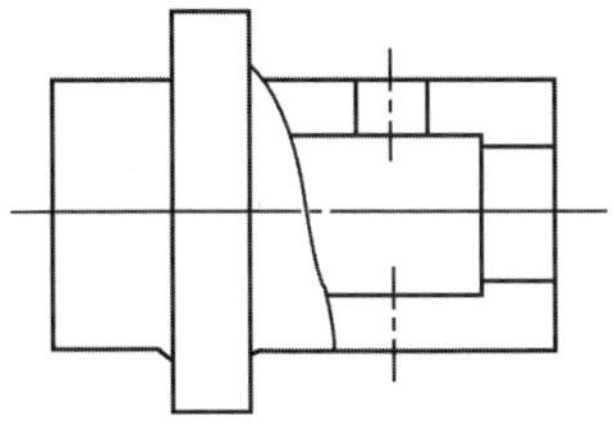

04

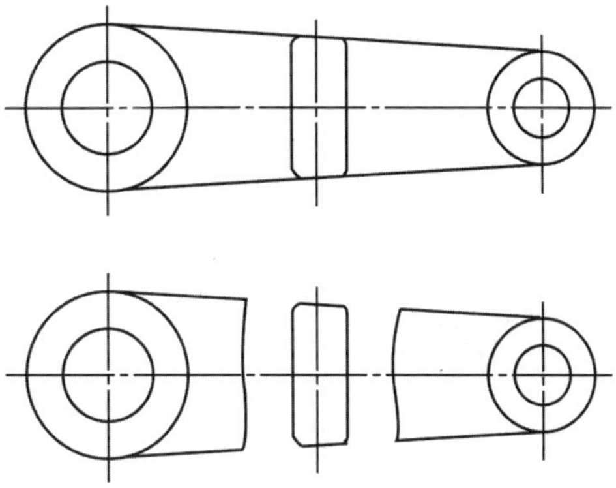

정면도를 한쪽 단면도로 나타내세요.

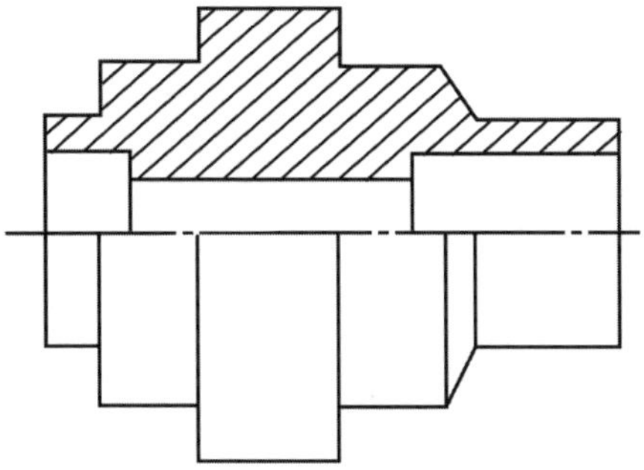

단면도 작성법[6] 90page

01

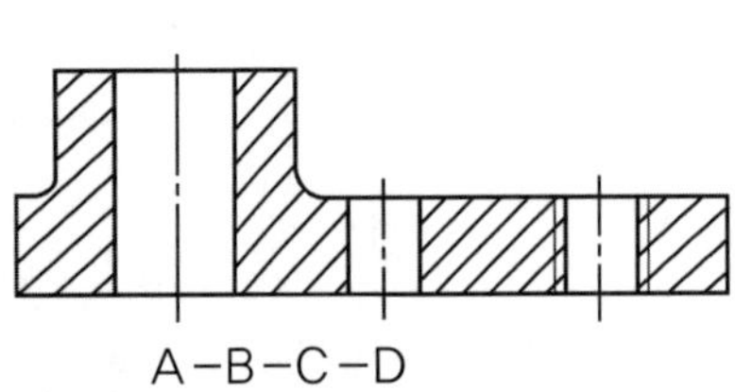

02

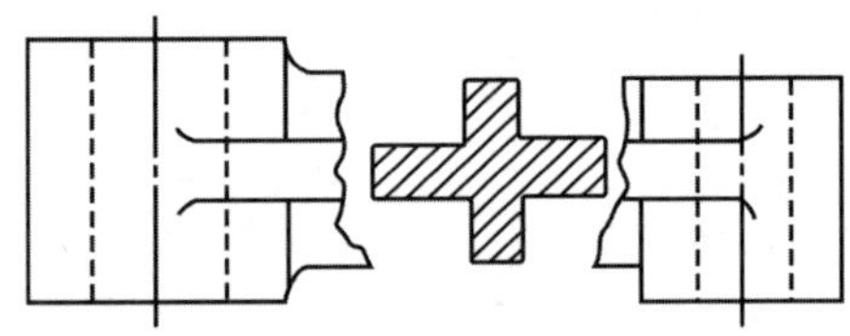

단면도 작성법[7] 91page

01

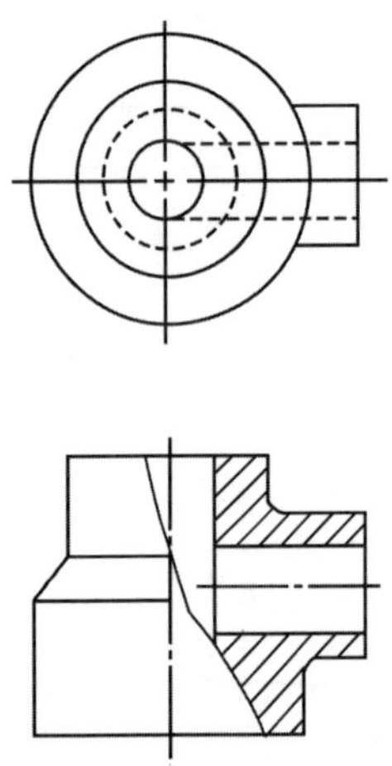

02

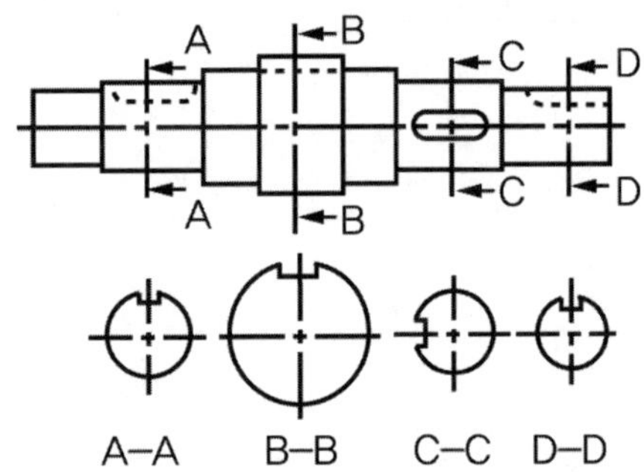

단면도 작성법[8] 92page

01

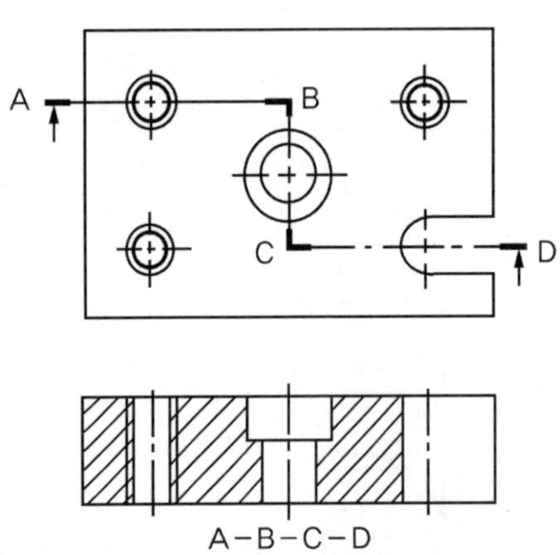

02

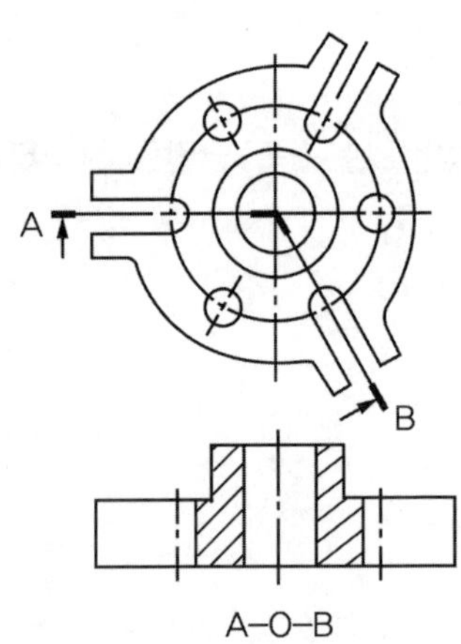

단면도 작성법[9] 94page

[1]	B	[2]	C	[3]	C	[4]	A

제5장 _ 치수 기입법

치수 기입법[1] 157page

[1]	A	[2]	C	[3]	B	[4]	A	[5]	C

치수 기입법[2] 158page

[1]	B	[2]	C	[3]	A	[4]	B	[5]	A

치수 기입법[3] 159page

입체도의 치수를 정 투상도에 기입하세요.

[1] 원호

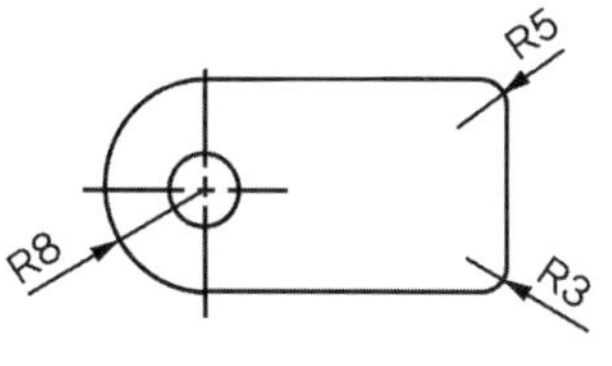

[2] 구면

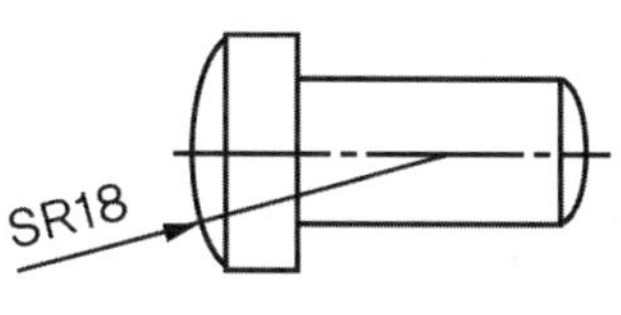

[3] 직경

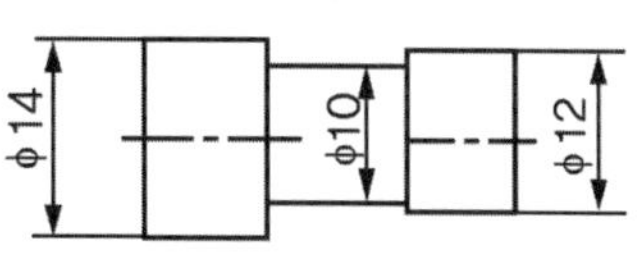

[4] 정방형

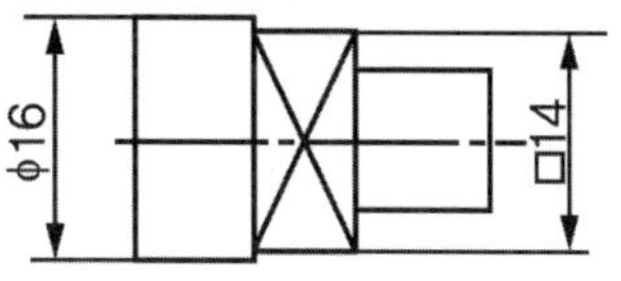

[5] 45° 모따기

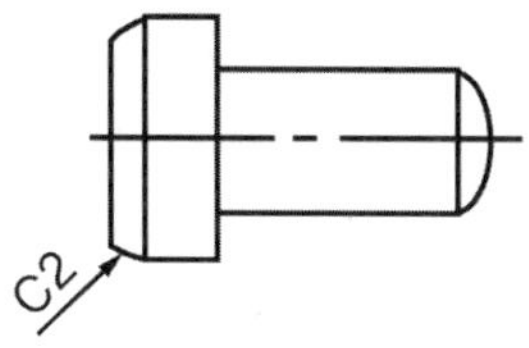

[6] 30° 모따기

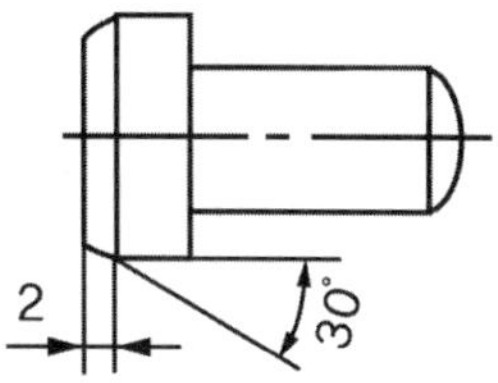

[7] 드릴구멍

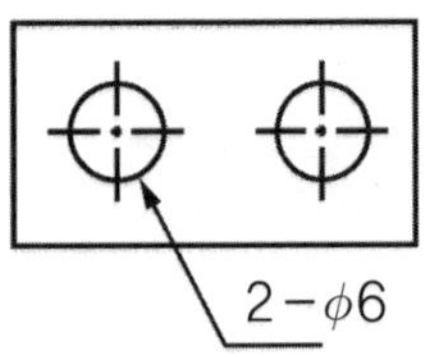

[8] 나사구멍

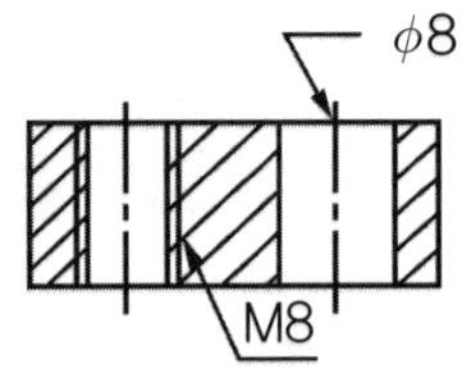

[9] 호

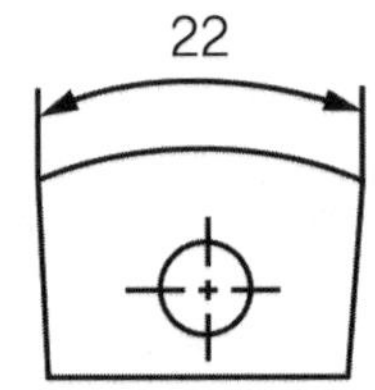

[10] 현

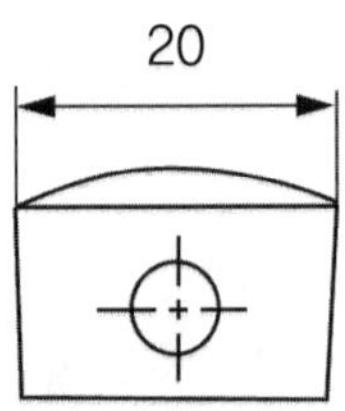

치수 기입법[4] 161page

입체도의 치수를 정 투상도에 기입하세요.

[1] 원호

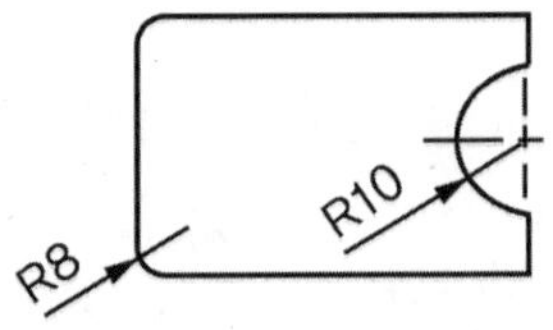

[2] 원호

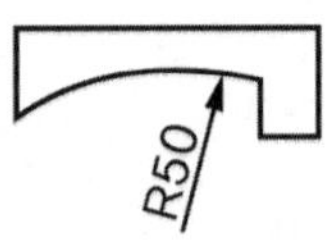

[3] 직경

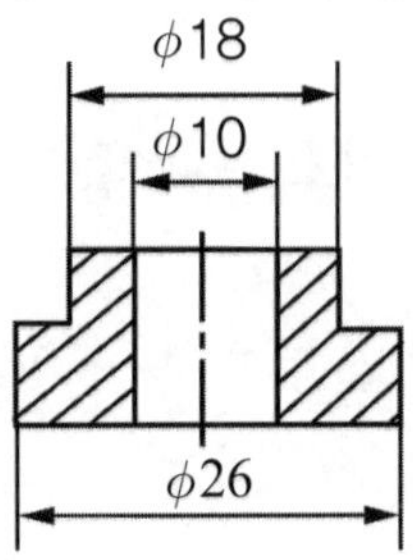

[4] 직경

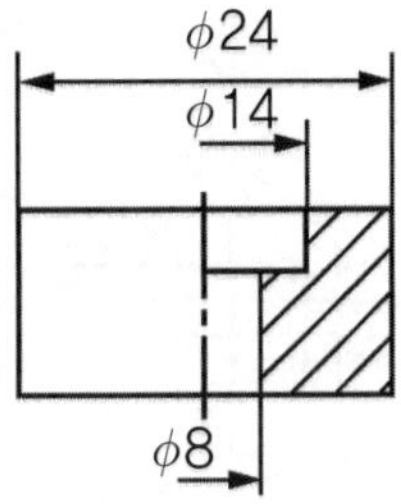

[5] 각도

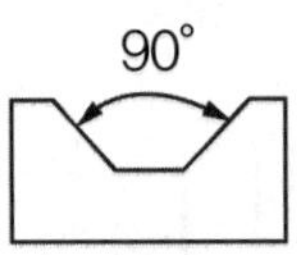

[6] 각도

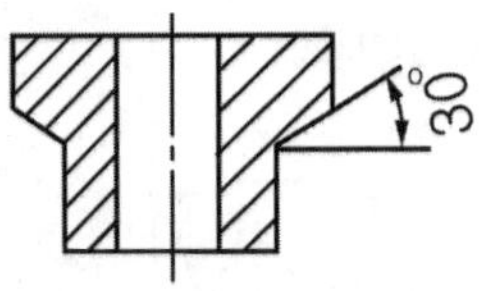

[7] 직경

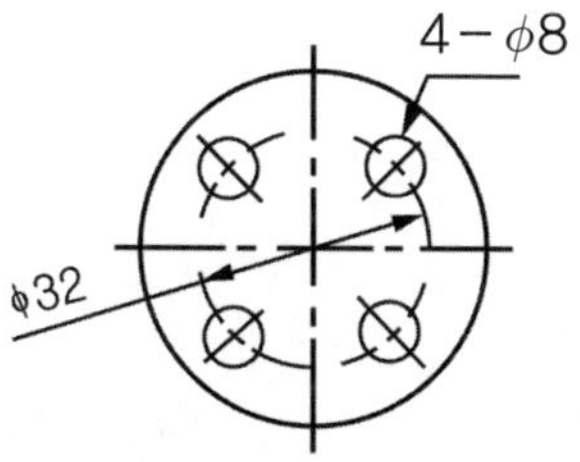

[8] 각도

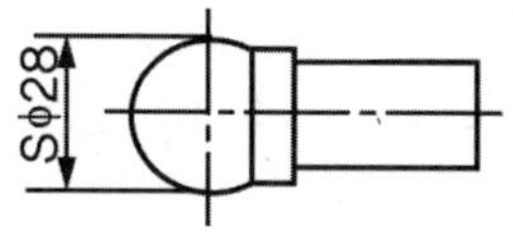

[9] 누전 치수기입

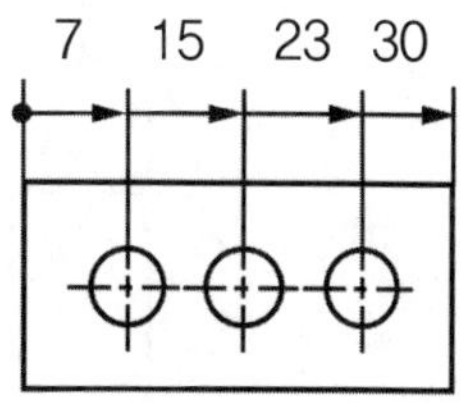

[10] 기준 기입

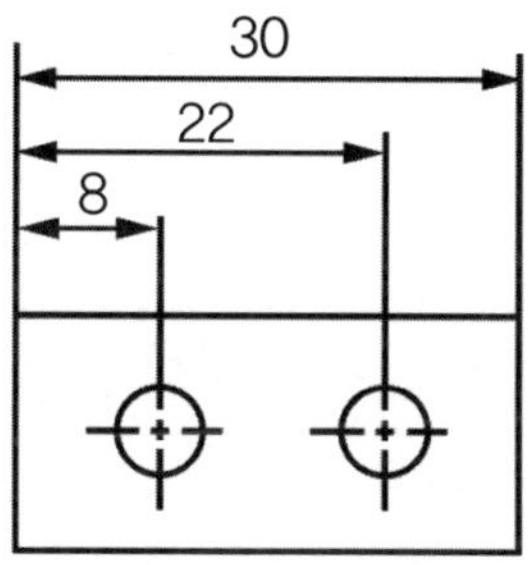

치수 기입법[5] 163page

01

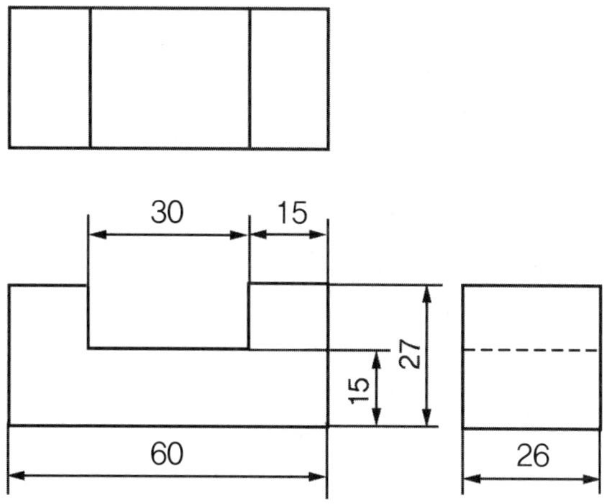

02

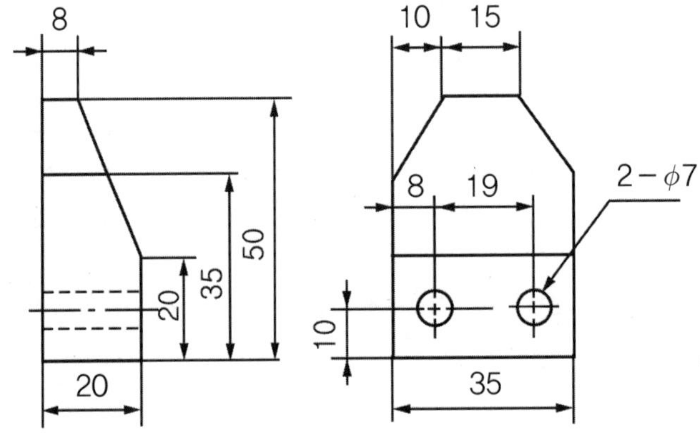

치수 기입법[6] 165page

01

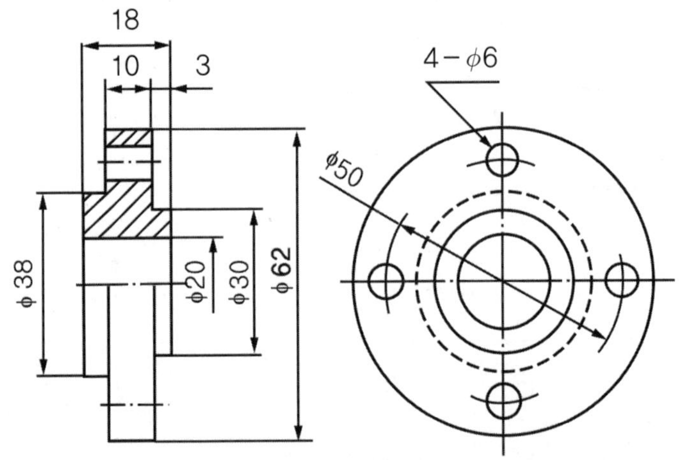

02

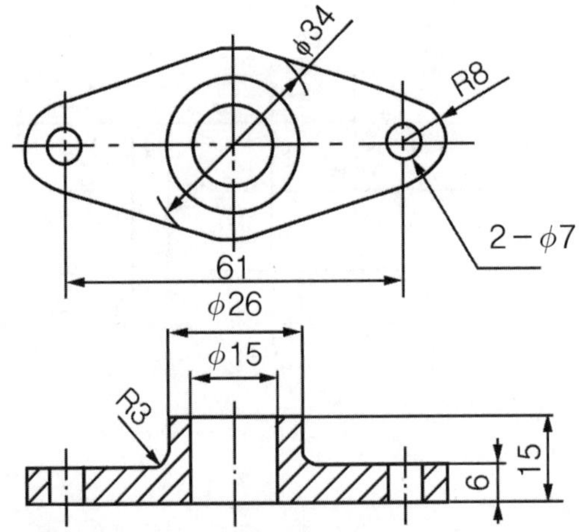

치수 기입법[7] 167page

01

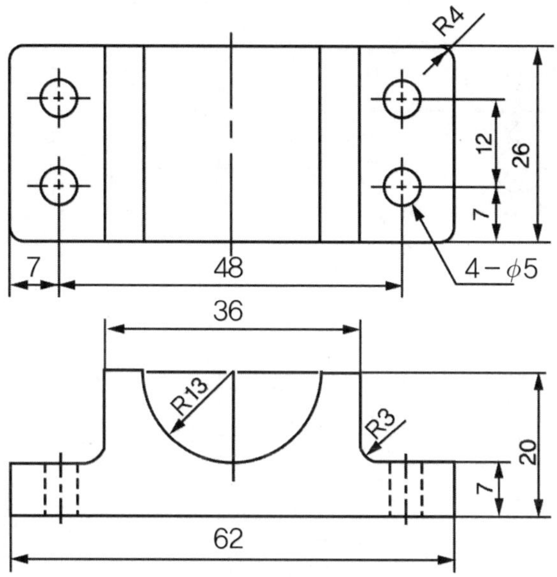

02

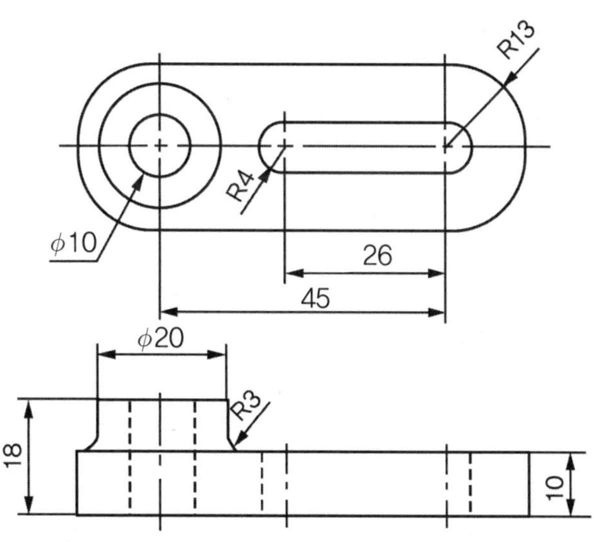

치수 기입법[8] 169page

01

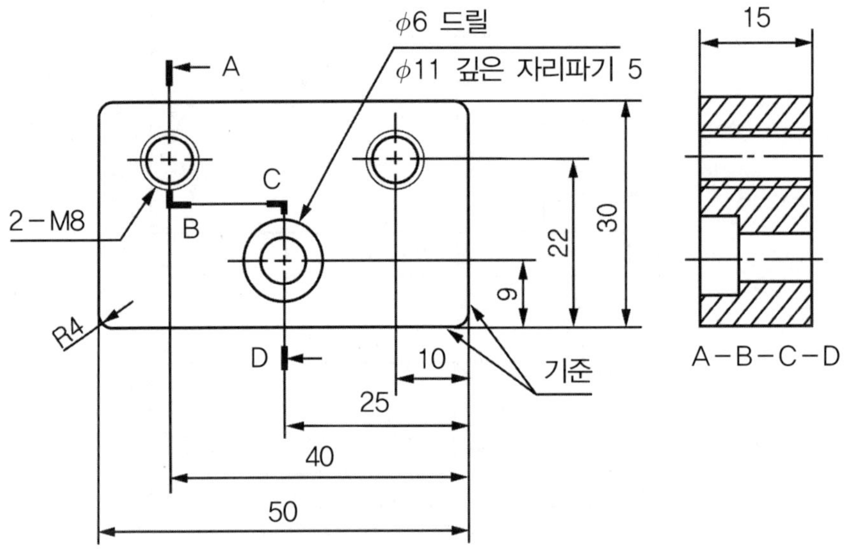

02

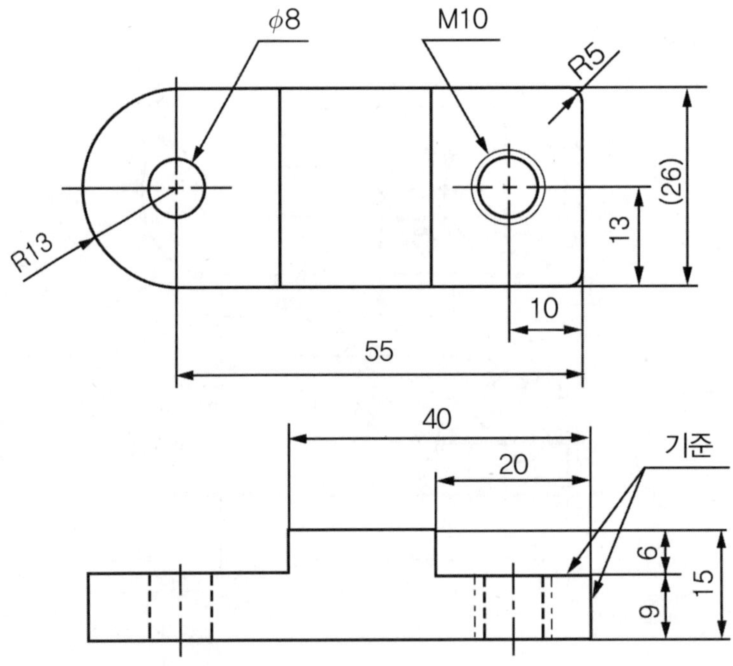

치수 기입법[9] 171page

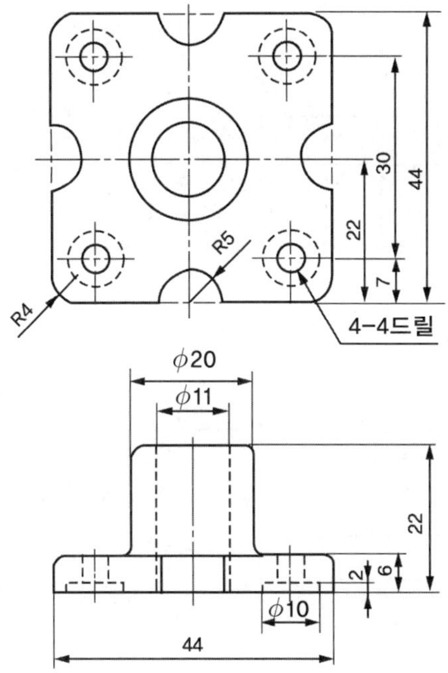

치수 기입법[10] 172page

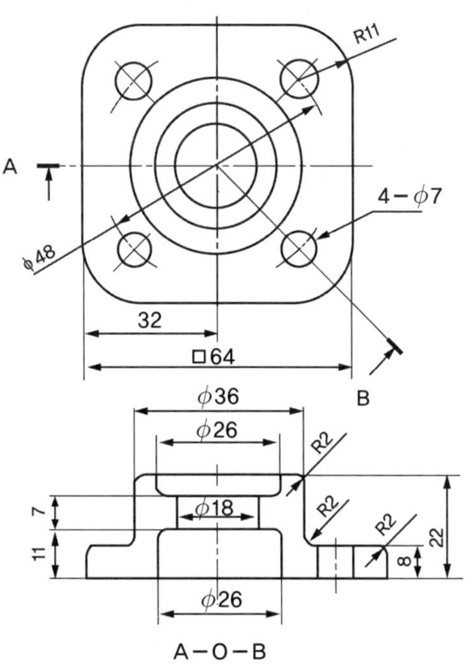

치수 기입법[11] 173page

01

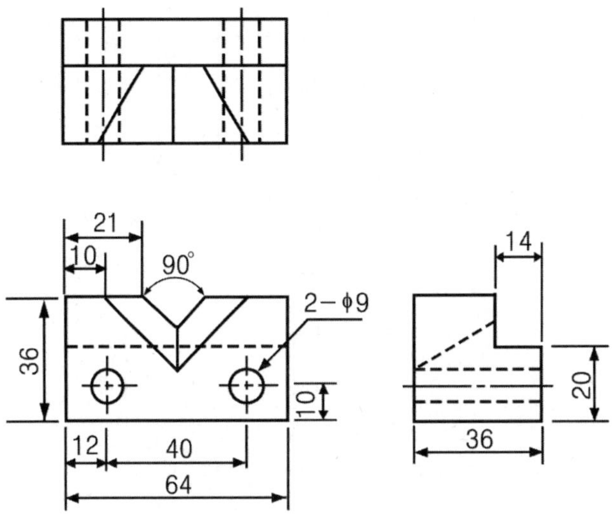

02

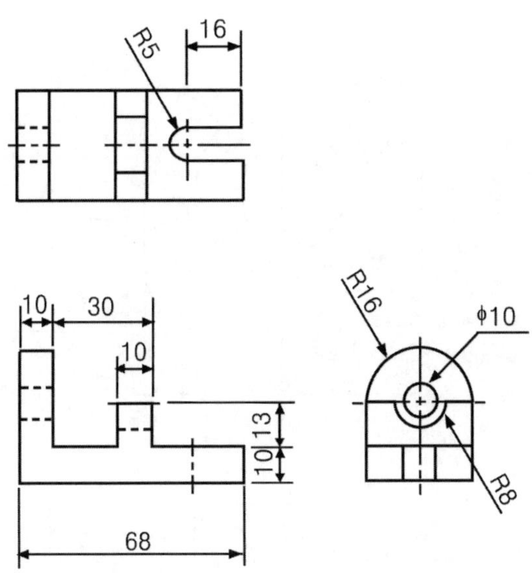

치수 기입법[12] 175page

01

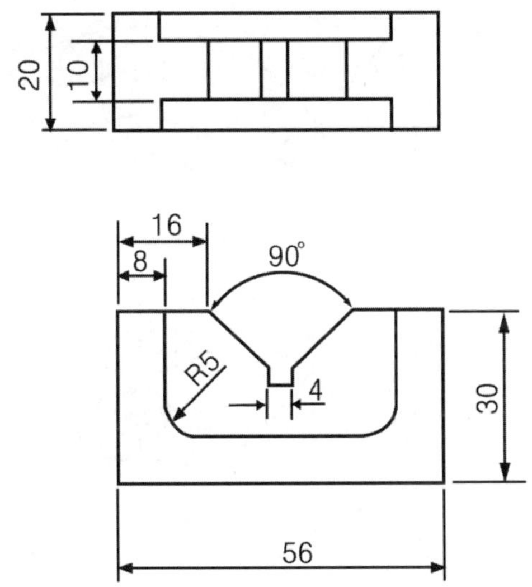

02

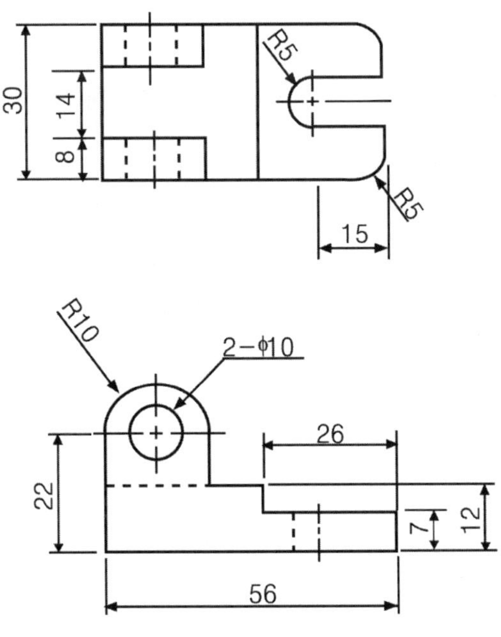

치수 기입법[13] 177page

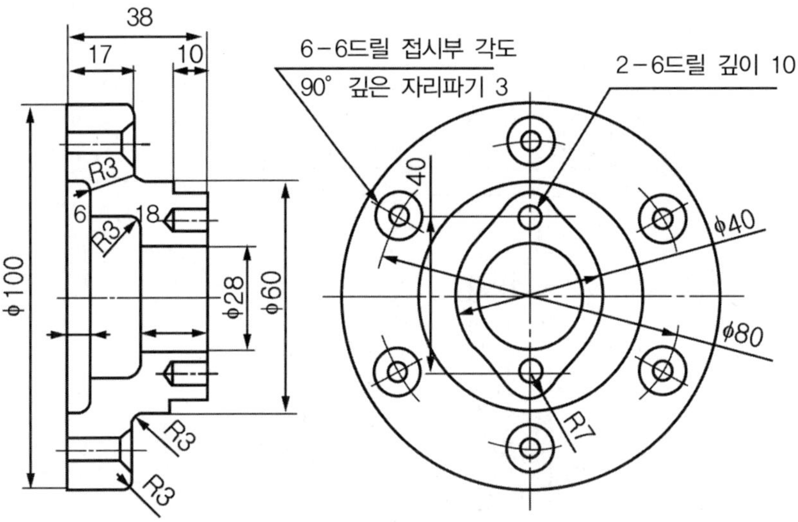

제6장 _ **치수공차 및 끼워 맞춤**

치수공차 및 끼워 맞춤[1] 199page

01

	구 멍	축
(A) 기준 치수	D = 32.000	d = 32.000
(B) 최대 허용치수	A = 32.025	a = 31,950
(C) 최소 허용치수	B = 32.000	b = 31.911
(D) 치수 공차	T = 0.025	t = 0.039
(E) 최대틈새	C = 0.114	최소틈새 c = 0.05

02

(A) 구멍의 위 치수허용차 = + 0.046 구멍의 아래 치수허용차 = 0

(B) 축의 위 치수허용차 = −0.010 축의 아래 치수허용차 = −0.029

(C) 구멍의 최대 허용치수 A = 80.046 축의 최대 허용치수 a = 79.99

(D) 최대 틈새 C = 0.075 최소 틈새 c = 0.01

치수공차 및 끼워 맞춤[2] 201page

01

[1] $114^{+0.3}_{-0.1}$ [2] $103^{\pm 0.1}$

[3] $520^{+0.3}_{-0.1}$ [4] $85^{+0.01}_{-0.02}$

[5] $720^{0}_{-0.01}$ [6] $680^{+0.01}_{-0.02}$

02

	기준 치수	최대 허용치수	최소 허용치수
[1]	$20^{+0.021}_{0}$	20.021	20.000
[2]	$40^{-0.009}_{-0.051}$	39.991	39.975
[3]	$55^{-0.021}_{-0.051}$	54.979	54.949
[4]	$64^{-0.030}_{-0.076}$	63.97	63.924
[5]	$80^{\pm 0.015}$	80.015	79.985
[6]	$120^{-0.072}_{-0.159}$	119.928	119.841

치수공차 및 끼워 맞춤[3] 202page

01

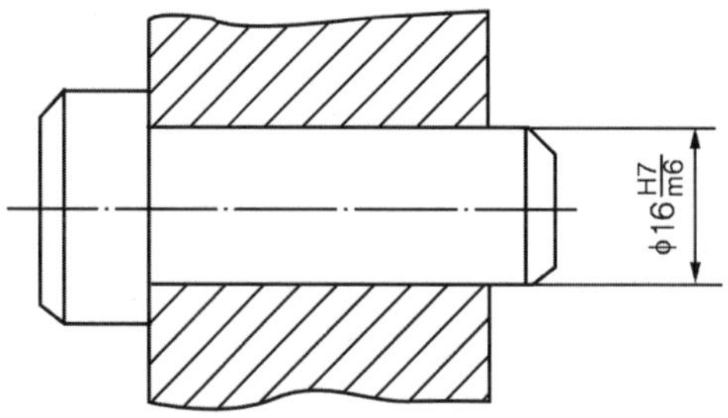

02

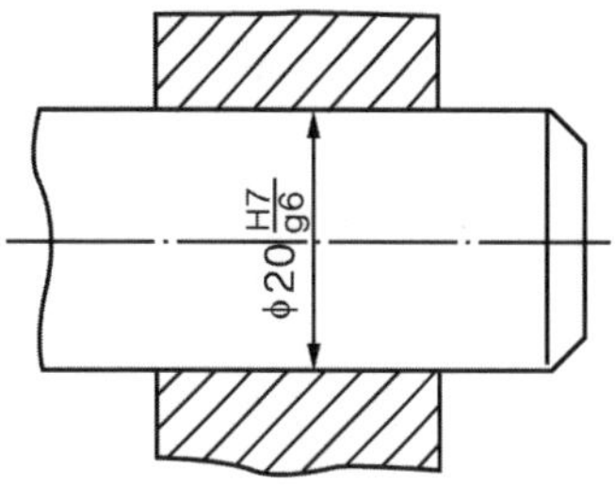

치수공차 및 끼워 맞춤[4] 203page

01

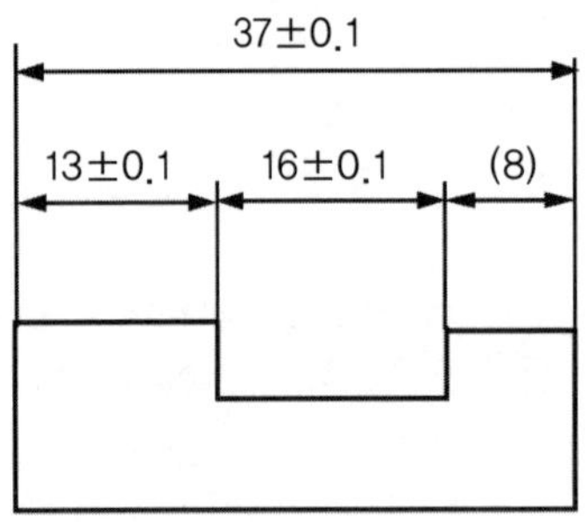

02

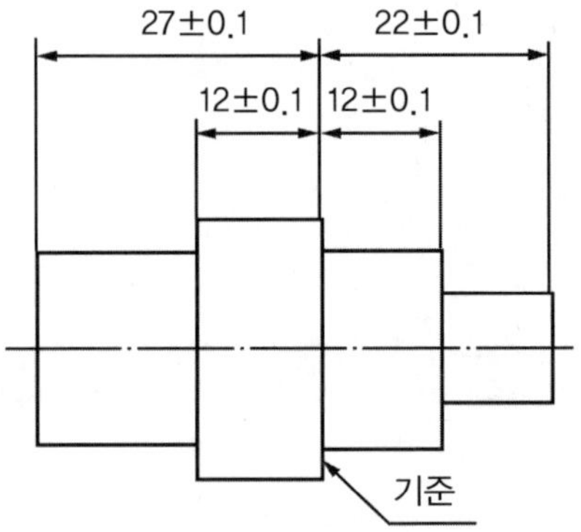

치수공차 및 끼워 맞춤[5] 204page

01

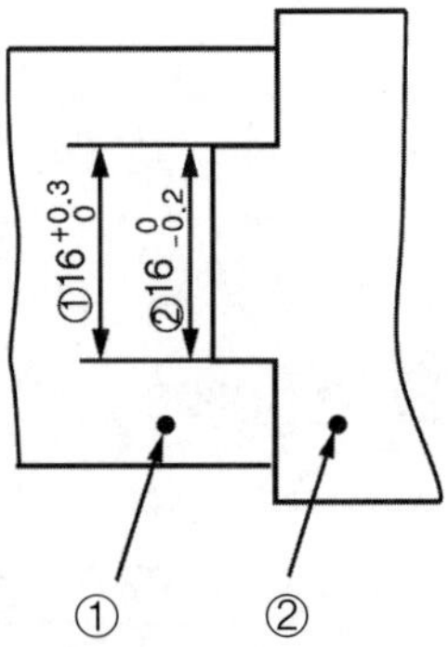

02

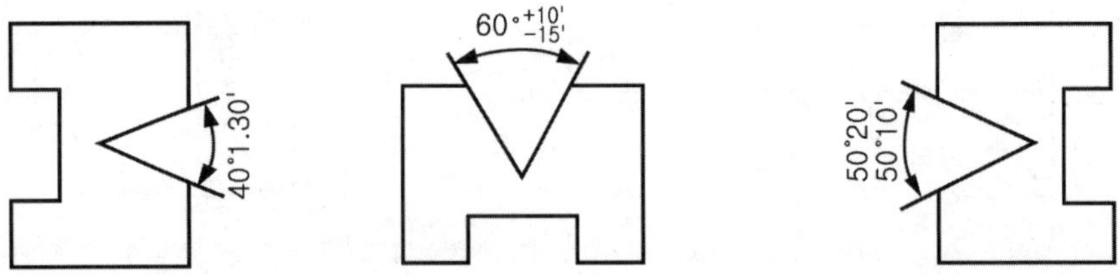

제7장 _ 표면 거칠기

표면 거칠기[1] 244page

[1]	A	[2]	C	[3]	A	[4]	B	[5]	B

표면 거칠기[2] 246page

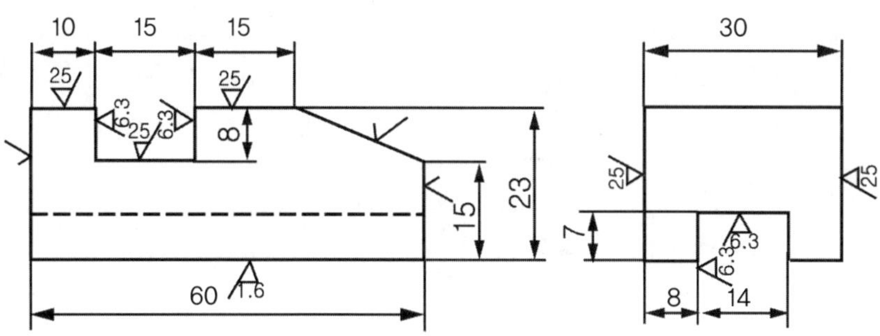

표면 거칠기[3] 247page

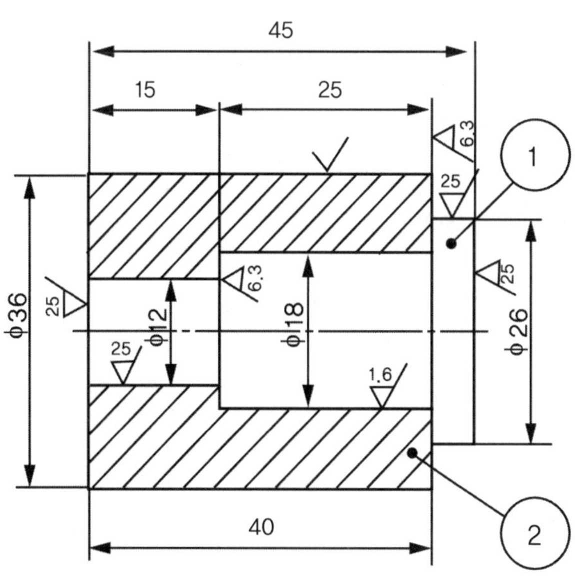

제8장 _ 기하공차

기하공차[1] 289page

번호	공차의 종류	기 호	번호	공차의 종류	기 호
1	동축도	◎	8	진원도	○
2	진직도	—	9	경사고	∠
3	면의 윤곽도	⌓	10	원통도	⌭
4	직각도	⊥	11	선의 윤곽도	⌒
5	위치도	⌖	12	평행도	//
6	대칭도	⌯	13	원주 흔들림	↗
7	평면도	▱	14	온 흔들림	⌰

기하공차[2] 290page

[1]	A	[2]	B	[3]	D	[4]	C	[5]	C	[6]	C

기하공차[3] 292page

01

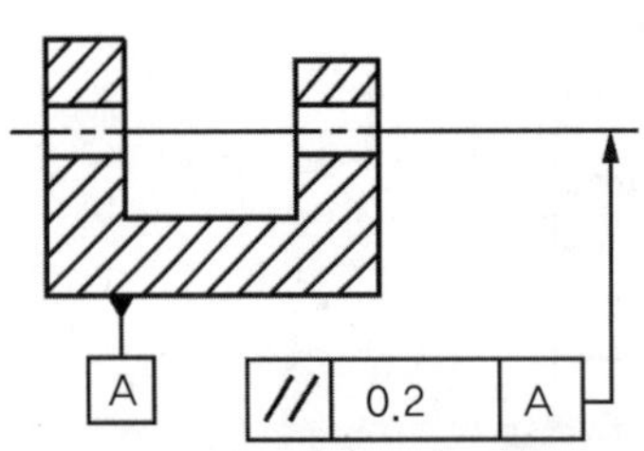

02

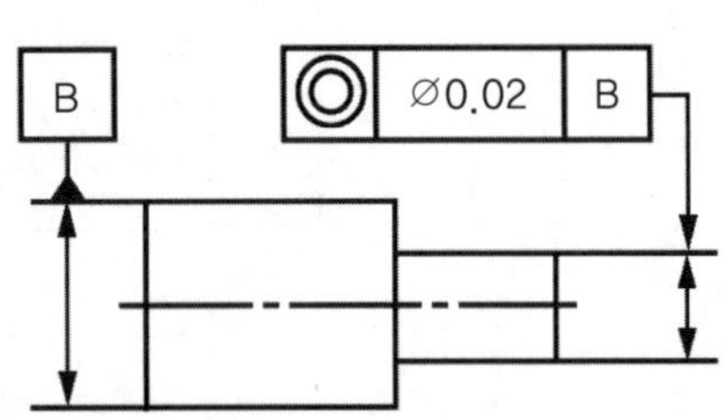

03

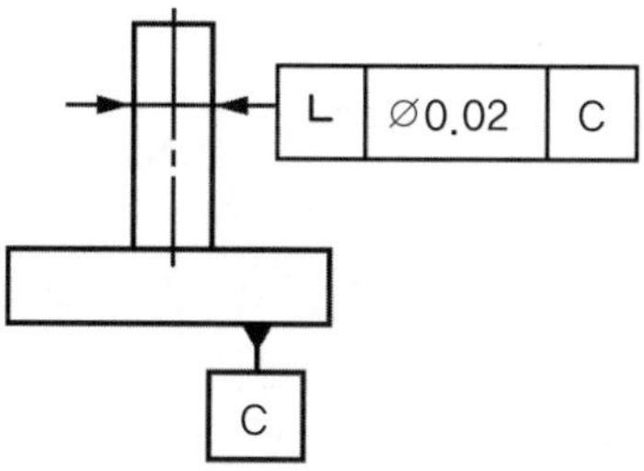

04

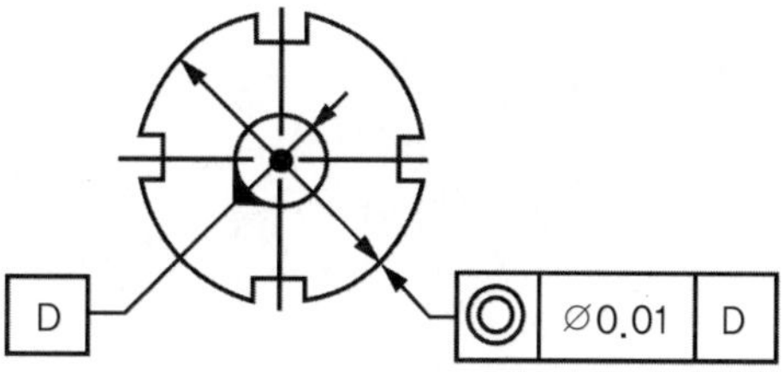

PART 02 기계요소 제도

제1장 _ 나사, 볼트, 너트

나사[1] 314page

[1]	C	[2]	B	[3]	A	[4]	B	[5]	C

나사[2] 316page

[1]	A	[2]	C	[3]	B	[4]	A	[5]	C

나사[3] 318page

01
A : 볼트 길이
B : 나사부 길이
C : 불완전나사부
D : 유효나사부
E : 나사의 호칭지름

02
A : 나사산의 각도
B : 피치
C : 나사의 산봉우리
D : 나사의 골
E : 골지름
F : 유효지름
G : 바깥지름
H : 나사의 골
J : 피치
K : 나사의 산봉우리
L : 안지름
M : 유효지름
N : 골지름

나사[4] 319page

01

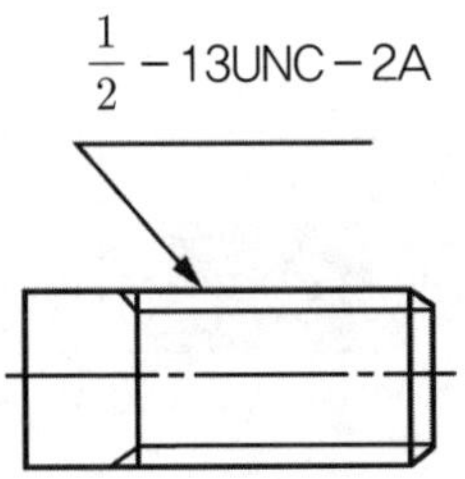

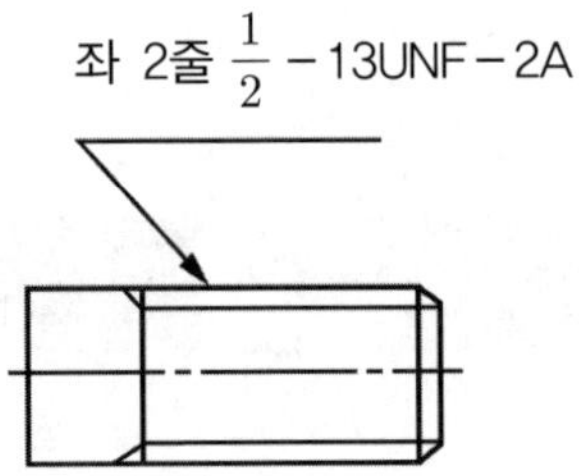

02

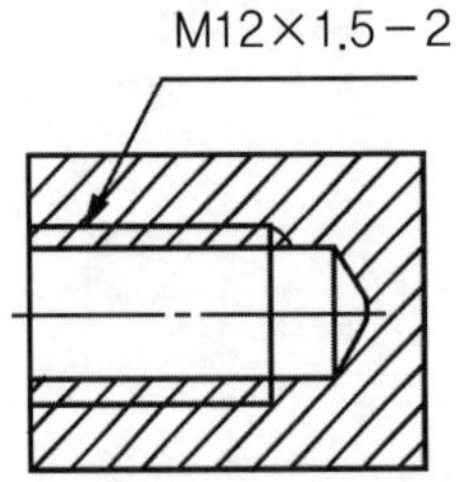

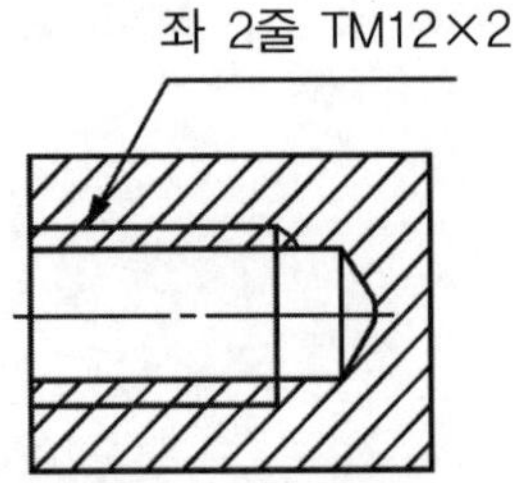

03

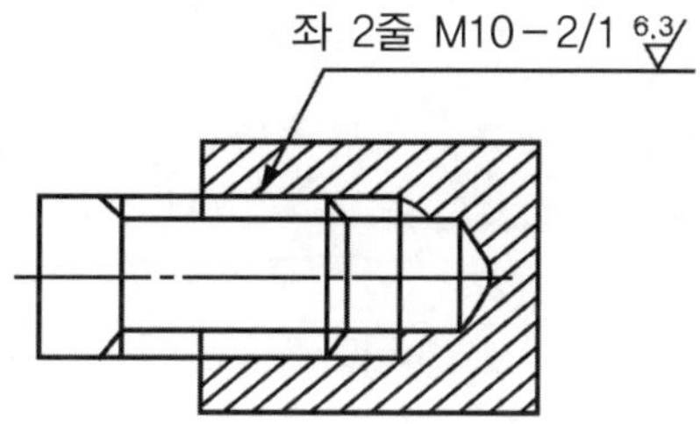

나사[5] 321page

⑤

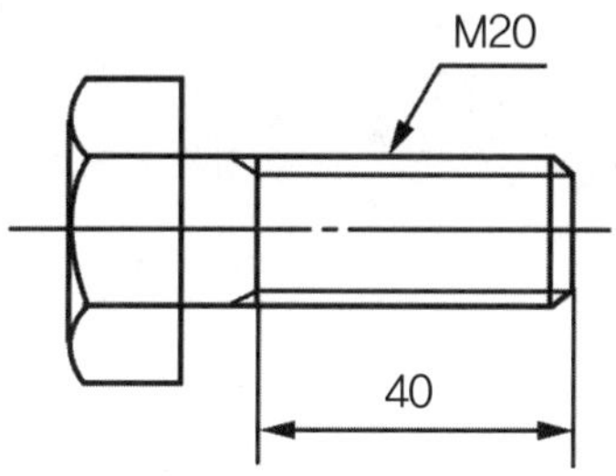

⑫

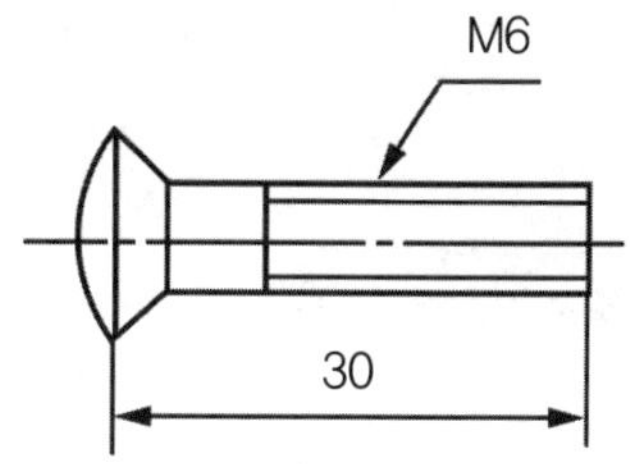

⑦

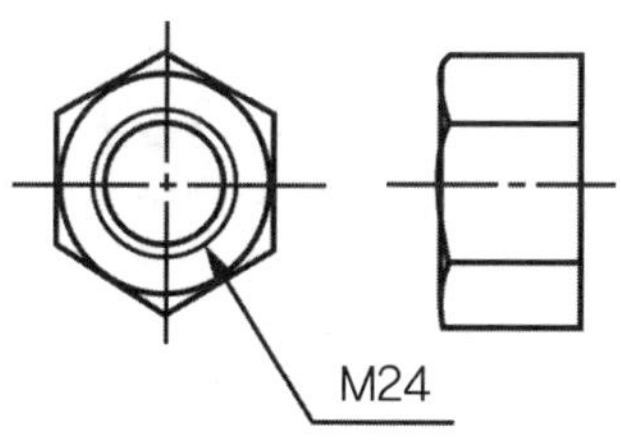

③

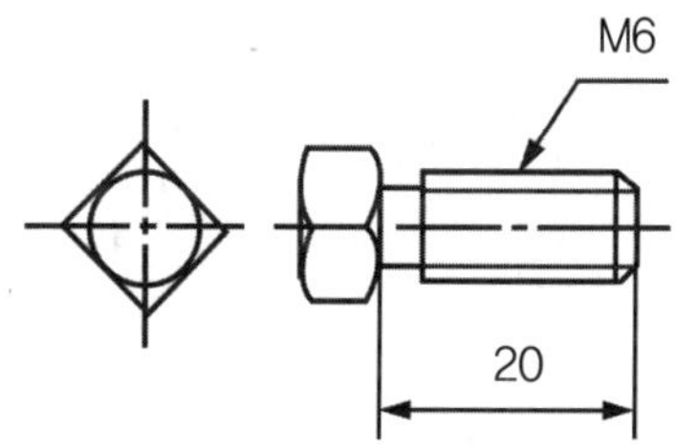

⑩

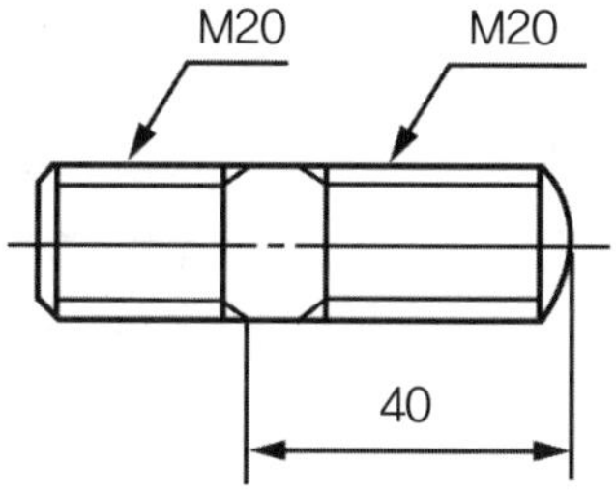

②

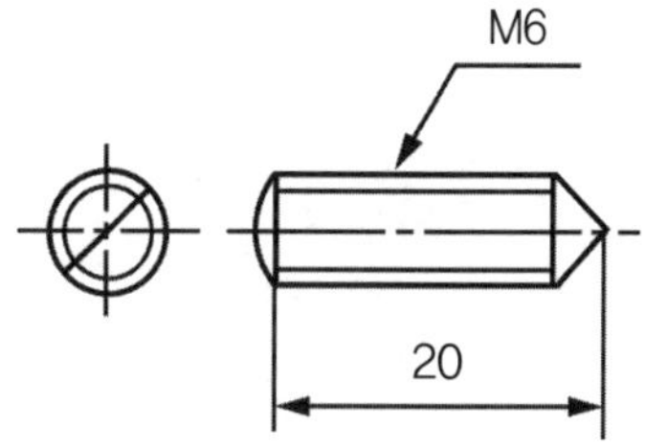

나사[6] 322page

01

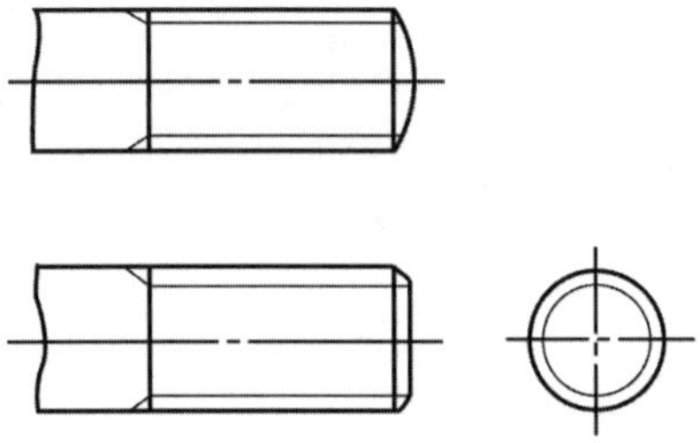

02

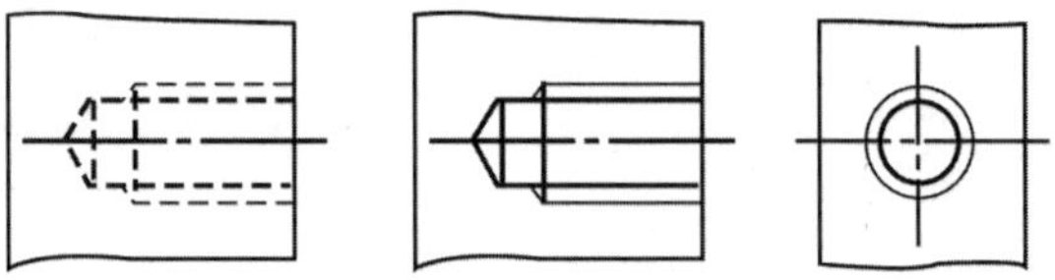

03

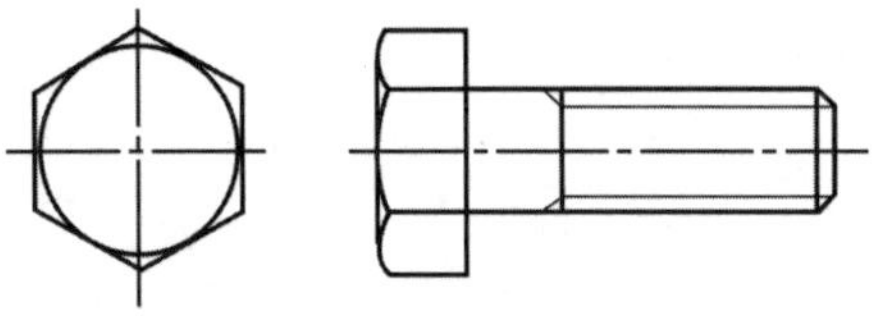

04

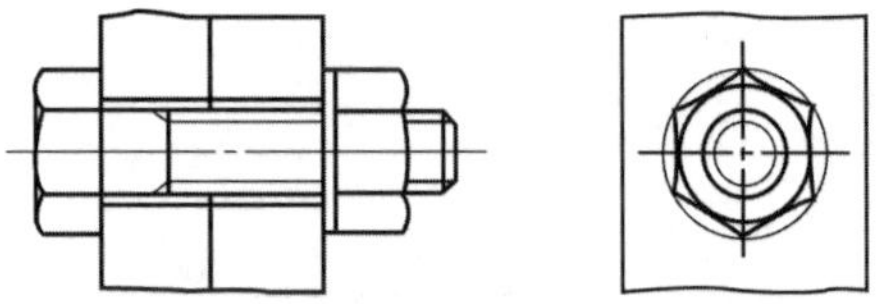

나사[7] 324page

01

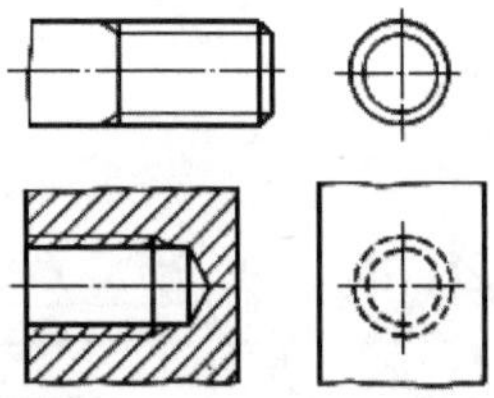

02

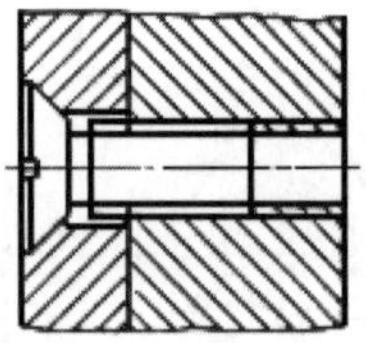

나사[8] 326page

01

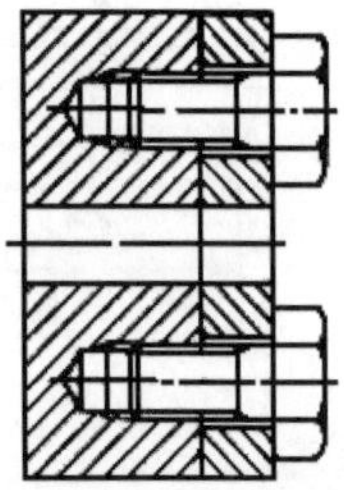

02

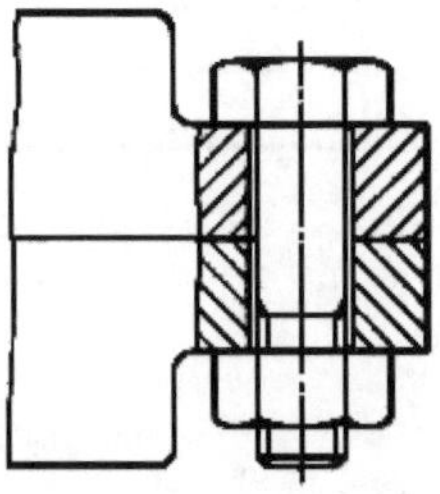

제2장 _ 키, 핀

축과 키 335page

01 A : 6N9 B : 10 C : R3
D : 3.5 E : 22.8 F : 6js9

02 A : ϕ16 B : 5 C : 7 D : 4N9

제3장 _ 기어

기어[1] 358page

[1]	B	[2]	A	[3]	C	[4]	B	[5]	A

기어[2] 360page

[1]	(C) 웜기어	[2]	(D) 스퍼기어	[3]	(E) 베벨기어
[4]	(A) 헬리컬기어	[5]	(B) 더블 헬리컬기어		

기어[3] 362page

01

번호	명 칭	치 수
A	이뿌리 높이	3.125
B	원주 피치	7.85
C	총 이의 높이	5.625
D	이끝 높이	2.5
E	이끝 틈새	0.625
F	이뿌리원 지름	93.75
G	피치원 지름	100
H	이끝원 지름	105

02

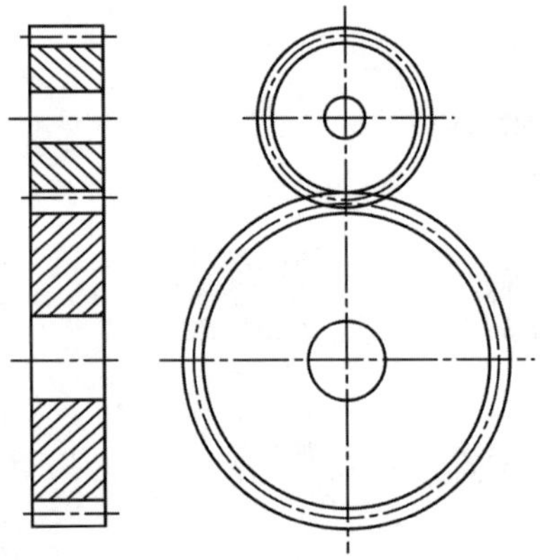

기어[4] 364page

01 [1] $d_A = $ 30 $d_B = $ 75

[2] $a = $ 52.5

[3] $N_B = $ 120회전

02 (1) 기준 피치원 지름 = 45

(2) 이끝원 지름 = 50

(3) 이뿌리원 지름 = 38.75

(4) 이끝 높이 = 2.5

(5) 이뿌리 높이 = 3.125

(6) 총 이높이 = 5.625

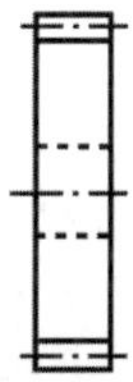
(A) 외관도

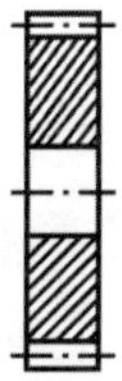
(B) 단면도

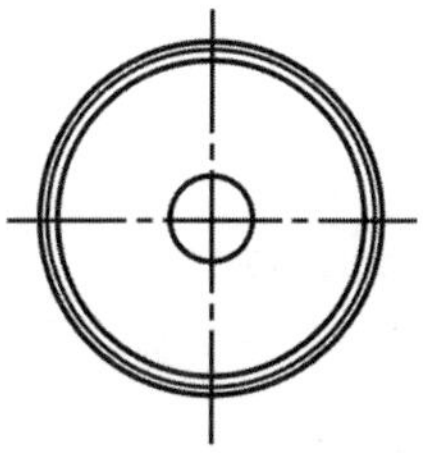
(C) 우측면도

기어[5] 366page

스퍼기어 요목표		
기어치형		표 준
공구	치 형	보통이
	모 듈	3(M)
	압력각	20°
잇 수		26
피치원 지름		78
가공방법		호빙머신
정밀도		KS B 1405, 3급

기어[6] 367page

헬리컬기어 요목표		
이모양 기준단면		이직각
기어 치형		표준
공구	치 형	보통이
	모 듈	2(M)
	압력각	20°
잇 수		39
비틀림각 및 방향		15°50′(좌)
리 드		1103.227
피치원 지름		∅79.998

제5장 _ 벨트풀리와 스프로킷

벨트풀리 382page

A : ϕ250

B : 19±0.4

C : 12.5

D : 5.5

E : 9.5

F : R2

G : R0.5

H : 38°±0.5

스프로킷 383page

A : 1.6

B : 1.6

C : R13.5

D : 3.94

E : ϕ84

F : 77.16

G : ϕ82

H : 77.16

참고 문헌

1. 기계제도문제집(1)/パクー社/近藤 巖 外 1

2. 기계제도문제집(2)/パクー社/近藤巖

3. [도면해독] 기계요소제도/미전사이언스/신동명 外 2/2006

4. [Version up] 기계제도 AutoCAD 실습/미전사이언스/박상신 外 4/2006

•신동명 現 오토테크컨설팅 대표

前 가톨릭상지대학교 자동차모터스포츠과 교수

•신창락 現 동양미래대학교 로봇공학과 교수

•박재우 現 경남정보대학교 기계계열 교수

기계제도 & 도면해독 [요소공차 검토]

초 판 인쇄 | 2022년 8월 10일
초 판 발행 | 2022년 8월 16일
개 정 1판 발행 | 2025년 10월 10일

저 자 | 신동명 · 신창락 · 박재우
발 행 인 | 조규백
발 행 처 | 도서출판 구민사
(07293) 서울특별시 영등포구 문래북로 116, 604호(문래동3가 46, 트리플렉스)
전 화 | (02) 701-7421(~2)
팩 스 | (02) 3273-9642
홈페이지 | www.kuhminsa.co.kr

신고번호 | 제2012-000055호 (1980년 2월 4일)
I S B N | 979-11-6875-617-5 93550

값 29,000원